Protel 99 SE 项目式教程

主编 张辉

参编 李一平 陈华林 朱志伟

孙晓芸 刘晓渡 张立平

主审 王彦

Protel 99 SE Xiangmushi Jiaocheng

SWJUP 西南交通大学出版社

内容提要

本书以教学研究与实践中的真实项目和产品作为载体，融入国家职业标准与PCB设计的主流技术，并结合操作技能、职业素养和工艺标准，对Protel 99 SE的使用方法进行了详细且深入的讲解。

全书内容涉及：Protel 99 SE的安装、项目与文件的管理、原理图的设计、PCB的设计、原理图元件的制作、PCB封装的制作等。本书注重学习的规律与方法，其内容安排是从简单原理图的设计到复杂的层次原理图的设计，从单面板的设计到多层板的设计，遵循由浅入深的学习规律。同时，本书既有独立的技能培养项目，也有综合的实训项目，可针对不同层次的学生，选择实训项目，进行个性化教学。

本书可作为高等职业院校和高等专科院校电子信息、应用电子及相关专业的教学用书，也适用于中职相关专业，亦可作为社会从业人员的业务参考书及培训用书。

图书在版编目（CIP）数据

Protel 99 SE项目式教程 / 张辉主编. 一成都：西南交通大学出版社，2014.9（2023.7重印）
ISBN 978-7-5643-3398-0

Ⅰ. ①P… Ⅱ. ①张… Ⅲ. ①印刷电路－计算机辅助设计－应用软件－高等职业教育－教材 Ⅳ. ①TN410.2

中国版本图书馆CIP数据核字（2014）第204994号

Protel 99 SE项目式教程

主编 张 辉

*

责任编辑 李芳芳
助理编辑 宋彦博
特邀编辑 韩迎春
封面设计 米迦设计工作室
西南交通大学出版社出版发行
四川省成都市二环路北一段111号西南交通大学创新大厦21楼
邮政编码：610031 发行部电话：028-87600564
http: //www.xnjdcbs.com
四川森林印务有限责任公司印刷

*

成品尺寸：185 mm × 260 mm 印张：19.75
字数：492千字
2014年9月第1版 2023年7月第3次印刷
ISBN 978-7-5643-3398-0
定价：48.00元

课件咨询电话：028-81435775

前　言

Protel 设计软件是世界上第一套将 EDA 设计环境引入 Windows 平台的开发工具。Protel 99 SE 是 Altium 公司成熟的板级电路设计系统，它将原理图绘制、PCB 设计、设计规则检查、元器件库与元件封装库制作、文档报表输出以及逻辑器件设计等完美融合，为使用者提供了全面的设计解决方案，是电子线路设计人员首选的 EDA 设计软件。

根据本书作者的经验，PCB 的设计与制作只有通过大量的操作与实践才能快速并很好地掌握。为此，本书内容编排力求实用、科学。全书精心选取了 13 个独立项目和 1 个综合实训项目，由易到难、由浅入深，符合认知和职业成长规律。在书中，作者努力做到不仅进行知识的讲述，更注重项目的操作与设计，以便读者能更快更好地掌握相关技能。

本书的内容编排如下：

项目一和项目二为 Protel 99 SE 基础部分。其中，项目一为认识和安装 Protel 99 SE，项目二为管理 Protel 99 SE 的数据库和文件。

项目三至项目五介绍了电路原理图设计系统，包括原理图设计环境的设置、电气规则检查、简单原理图设计、层次原理图的设计等。

项目六介绍了建立原理图元器件库并制作元器件的方法。

项目七介绍了原理图报表的制作和原理图的输出。

项目八至项目十详细介绍了 PCB 设计系统，包括 PCB 的设计基础、设计方法、设计步骤等。

项目十一介绍了 PCB 元器件封装的制作与元器件封装库的管理。

项目十二介绍了 PCB 报表文件的生成与 PCB 图的输出。

项目十三介绍了 PCB 的制作工艺。

项目十四为综合实训项目，要求学习者综合运用前面各个项目的知识进行设计训练。

附录一为上机测试样卷。本样卷借鉴职业资格考试的要求来设计，方便教学使用。附录二为书中出现的专有名词的中英文对照，希望能给学习者提供多一些帮助。

本书的每一个项目都是来自作者多年教学工作的真实训练项目，通过了反复验证，能较为有效地在有限的课时内帮助学生掌握相关知识与技能。此外，本书的每个项目都配有技能测试，以便于实施理实一体化教学，也方便学习者自学。

本书由武汉铁路职业技术学院张辉担任主编，负责大纲的拟定与全书的统稿和定稿工作，并负责项目三、项目四、项目九、项目十、项目十四及附录一、附录二的编写。参加编写的人员还有：张立平（项目一）、陈华林（项目二）、朱志伟（项目五和项目十一）、刘晓渡（项目六和项目七）、孙晓芸（项目八）、李一平（项目十二和项目十三）。

武汉铁路职业技术学院王彦担任本书主审，她提出了许多宝贵的意见，并给予了大量的支持、鼓励和指导，在此表示衷心感谢。在编写过程中，我们参阅了许多同行专家的文献，借鉴了工程技术人员的设计思路，在此一并真诚致谢。

电子技术在不断变化，要熟练掌握PCB设计技术，学习者需要在设计过程中不断地摸索和积累，逐步提高自己的设计水平。本书在实施理实一体化的课堂教学方面进行了探索，希望能对广大师生有所帮助。但由于作者的水平有限，书中难免有疏忽及不恰当的地方，恳请广大教师同行及读者指正，并请您将阅读过程中发现的错误或建议发送至电子邮箱369577546@qq.com，以帮助我们不断完善本教材。

编　者

2014年6月

目　录

项目一
认识和安装 Protel 99 SE

学习任务 1　认识 Protel 99 SE

一、Protel 99 SE 简介

Protel 系列软件是澳大利亚 Altium 公司开发的大型电子线路设计软件。随着技术的发展，它不断地升级版本。Protel 99 SE 是一个全面、集成、全 32 位的电路设计系统。Protel 99 SE 具有很强的数据交换能力和 3D 模拟功能，可实现电路设计时从概念到成本的全过程。

二、Protel 99 SE 的功能

Protel 99 SE 的功能体现在以下六个模块：

（1）电路原理图设计系统（Advanced Schematic 99 SE）：此模块是一个功能完备的电路原理图编辑器，主要用于设计电路原理图、设计电路元器件、生成各种电路原理图报表等。

（2）电路仿真系统（Advanced SIM 99 SE）：此模块提供模拟、数字信号进行电路原理图仿真，为用户提供完整而直观的解决方案。

（3）印制电路板设计系统（Advanced PCB 99 SE）：此模块主要用于设计印制电路板（PCB）、设计元件封装、生成印制电路板的各种报表及输出 PCB 图。

（4）自动布线系统（Advanced Route 99 SE）：此模块是一个自动布线系统，使用方便，布线效率高。

（5）可编程逻辑器件设计系统（Advance PLD 99 SE）：此模块是一个 PLD 开发环境，可以设计 PLD 可编程逻辑器件。

（6）PCB 信号完整性分析（Advanced Integrity 99 SE）：此模块提供精确的物理信号分析，用于分析 PCB 设计和检查设计参数。

此外，Protel 99 SE 还具有自然语言帮助系统和良好的兼容性。

自然语言帮助系统运用高级的自然语言技术，支持字的不同形式、广泛的同义词表、字序规则等。它的自然语言帮助顾问使用户向帮助系统查询时就像向朋友提问题一样。

Protel 99 SE 可兼容多种文件格式，如其他版本的 Protel、TANGO、OrCAD、EDIF 等，

并且输入/输出形式丰富，包括 ECO、DXF 等。它支持中文 Windows 平台以及 Windows 上的所有输出设备。

三、Protel 99 SE 的运行环境要求

1. 基本配置

① PC 机；

② 操作系统为 Microsoft Windows 95、Microsoft Windows 98、Microsoft Windows NT4.0 及以上版本；

③ CPU 为 Pentium Ⅱ 处理器；

④ 32 MB 内存；

⑤ 300 MB 硬盘；

⑥ 15 英寸显示器，分辨率为 800×600。

2. 建议配置

① CPU 为 Pentium Ⅱ 233MHz 处理器；

② 128 MB 以上内存；

③ 500 MB 以上空余空间的硬盘；

④ 17 英寸显示器，分辨率为 1 024×768。

学习任务 2　安装 Protel 99 SE

Protel 99 SE 的安装十分简便。安装前应准备好 Protel 99 SE 安装软件和软件的序列号。安装过程主要包括安装基本软件、安装补丁和安装汉化软件三部分。

一、基本软件的安装

步骤 1：将 Protel 99 SE 软件光盘放入计算机光盘驱动器，打开安装文件夹，如图 1.1 所示。

名称	修改日期	类型	大小
Design Explorer 99	2013/5/15 14:38	文件夹	
Protel99se	2013/5/15 14:39	文件夹	
第二大步Protel99SP6b补丁	2005/10/16 16:34	文件夹	
第三大步Protel99汉化	2013/5/15 14:39	文件夹	
data1.cab	1999/12/6 13:14	360压缩	557 KB
data1.hdr	1999/12/6 13:17	HDR 文件	154 KB
data2.cab	1999/12/6 13:17	360压缩	52,589 KB
help.htm	2008/7/18 22:55	Internet 快捷方式	1 KB
ikernel.ex_	1999/11/13 8:50	EX_ 文件	251 KB
layout.bin	1999/12/6 13:17	BIN 文件	1 KB
Protel 99 SE Supplement.pdf	1999/12/6 12:36	Adobe Acrobat ...	1,198 KB
reader.txt	2010/4/22 11:43	文本文档	1 KB
Setup.exe	1999/11/4 3:53	应用程序	35 KB
Setup.ini	1999/12/6 13:14	配置设置	1 KB
setup.inx	1999/12/6 13:14	INX 文件	154 KB
Sn.txt	2001/3/20 8:34	文本文档	1 KB
安装说明.txt	2010/4/29 18:51	文本文档	1 KB

图 1.1　安装文件夹

步骤 2：打开安装序列号文件 Sn.txt，如图 1.2 所示。

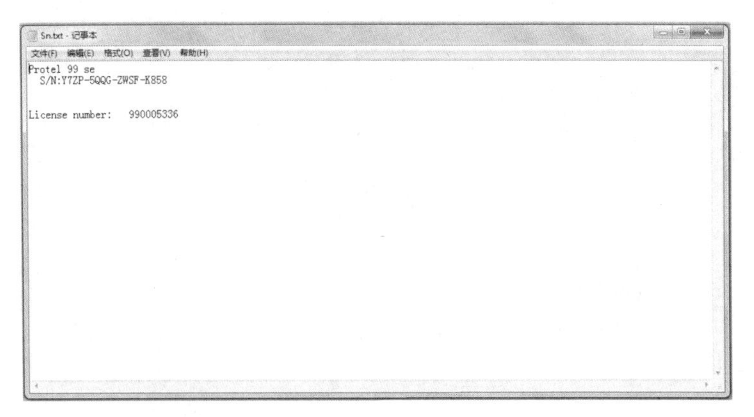

图 1.2　序列号

步骤 3：执行安装文件夹上的 Setup.exe 程序，如图 1.3 所示。

名称	修改日期	类型	大小
Design Explorer 99	2013/5/15 14:38	文件夹	
Protel99se	2013/5/15 14:39	文件夹	
第二大步Protel99SP6b补丁	2005/10/16 16:34	文件夹	
第三大步Protel99汉化	2013/5/15 14:39	文件夹	
data1.cab	1999/12/6 13:14	360压缩	557 KB
data1.hdr	1999/12/6 13:17	HDR 文件	154 KB
data2.cab	1999/12/6 13:17	360压缩	52,589 KB
help.htm	2008/7/18 22:55	Internet 快捷方式	1 KB
ikernel.ex_	1999/11/13 8:50	EX_ 文件	251 KB
layout.bin	1999/12/6 13:17	BIN 文件	1 KB
Protel 99 SE Supplement.pdf	1999/12/6 12:36	Adobe Acrobat ...	1,198 KB
reader.txt	2010/4/22 11:43	文本文档	1 KB
Setup.exe	1999/11/4 3:53	应用程序	35 KB
Setup.ini	1999/12/6 13:14	配置设置	1 KB
setup.inx	1999/12/6 13:14	INX 文件	154 KB
Sn.txt	2001/3/20 8:34	文本文档	1 KB
安装说明.txt	2010/4/29 18:51	文本文档	1 KB

图 1.3　安装文件夹中的 Setup.exe 程序

这时会弹出如图 1.4 所示 Protel 99 SE 的安装界面，单击 Next 按钮，弹出如图 1.5 所示的 Protel 99 SE 的用户注册对话框。

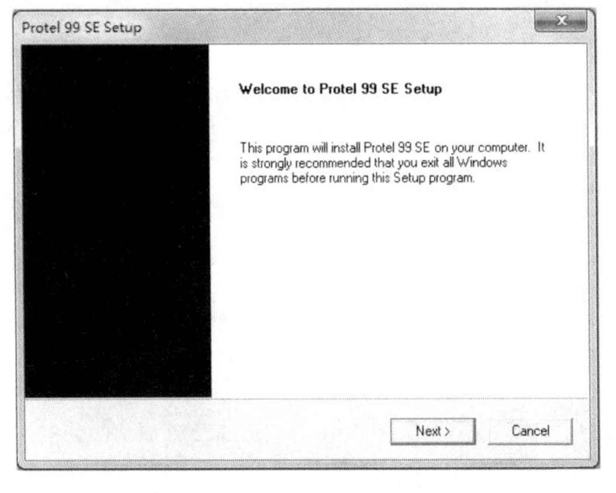

图 1.4　Protel 99 SE 的安装界面

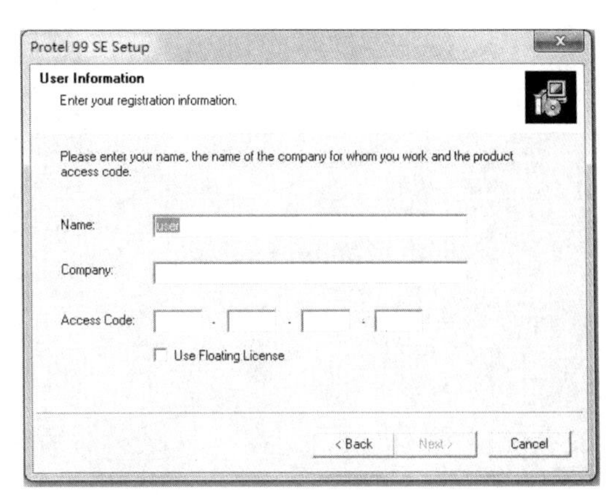

图 1.5　Protel 99 SE 的用户注册对话框

此时，用户需要输入 Name（用户名）、Company（用户单位）和 Access Code（软件序列号），如图 1.6 所示。

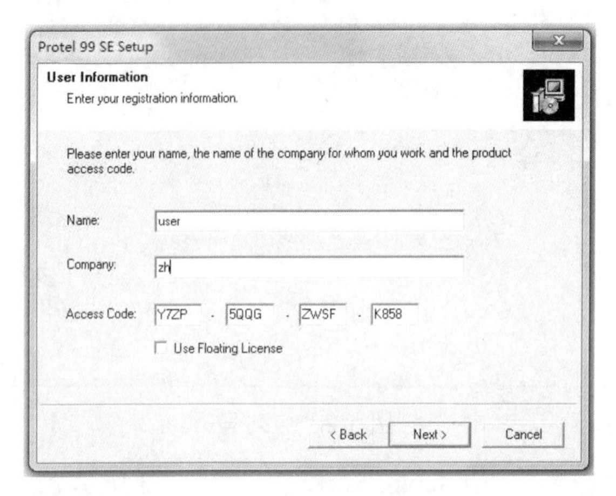

图 1.6 输入 Name、Company 和 Access Code

步骤 4：依次点击 Next 按钮，直到单击 Finish 按钮完成基本软件的安装（见图 1.7～1.12）。

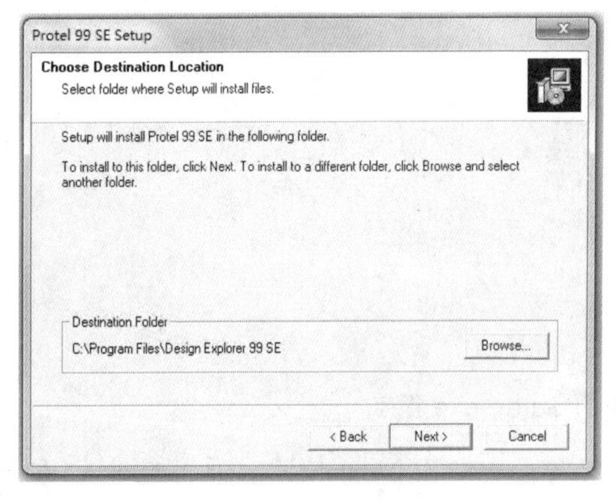

图 1.7 软件安装位置界面

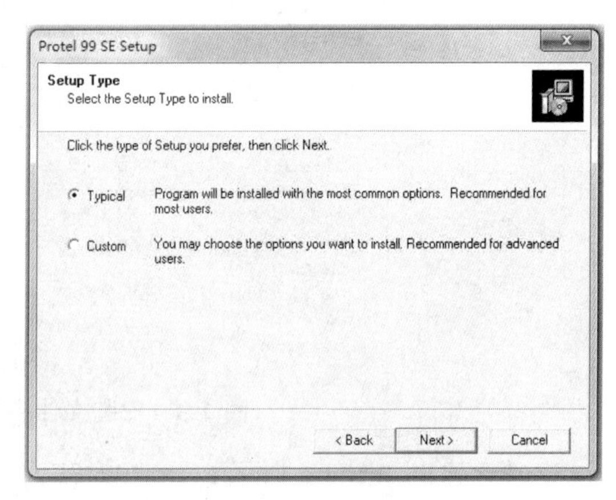

图 1.8 软件安装类型界面

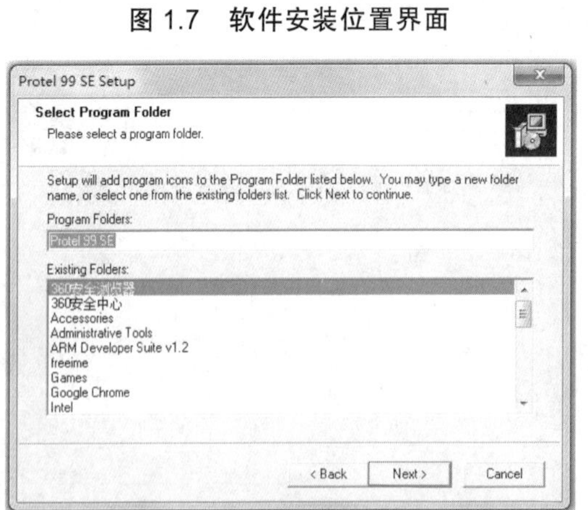

图 1.9 软件安装文件夹界面

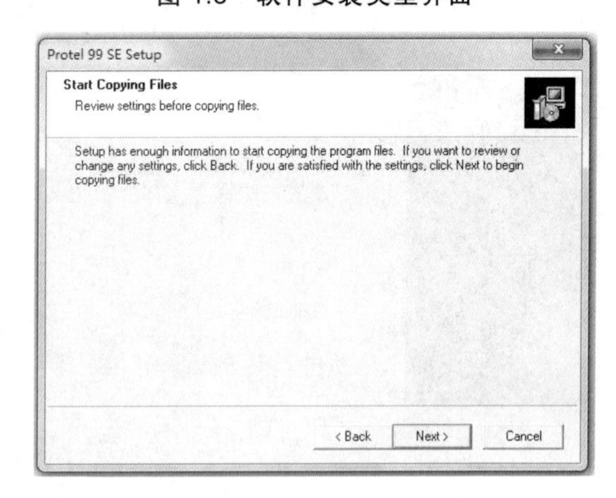

图 1.10 软件安装准备界面

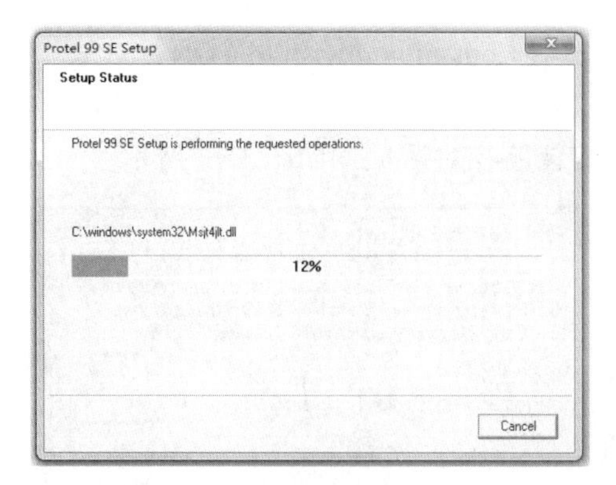

图 1.11 软件安装进程

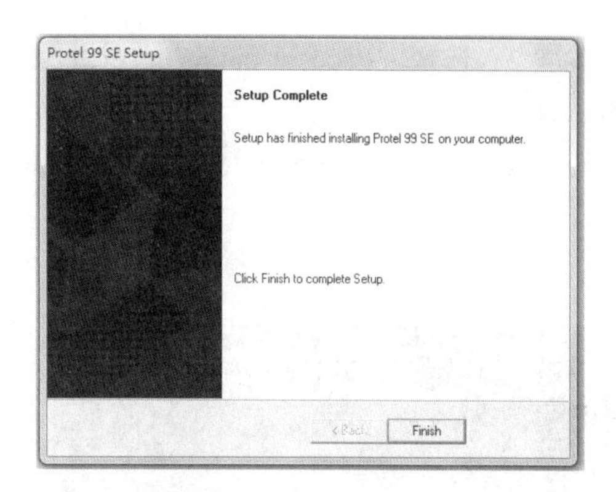

图 1.12 软件安装完成

二、补丁软件的安装

为了解决 Protel 99 SE 软件使用中遇到的问题，Altium 公司相继推出了一些补丁软件。目前最新的补丁是 Protel 99 SE Service Pack 6。

步骤 1：打开安装文件夹，找到 Protel 99 SP6B 补丁文件夹，如图 1.13 所示。打开此文件夹，选择 Protel 99 SE Service Pack 6.exe 文件，如图 1.14 所示。

图 1.13 补丁文件夹

图 1.14 选择 Protel 99 SE Service Pack 6.exe 文件

双击执行 Protel 99 SE Service Pack 6.exe 文件，此时会出现如图 1.15 所示的版权说明对话框。

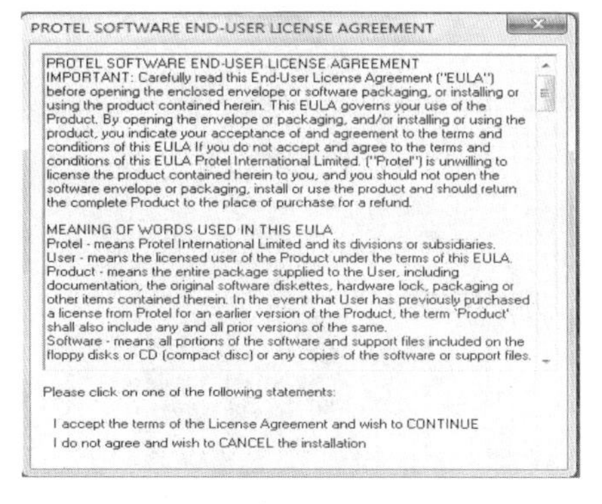
PROTEL SOFTWARE END-USER LICENSE AGREEMENT

PROTEL SOFTWARE END-USER LICENSE AGREEMENT
IMPORTANT: Carefully read this End-User License Agreement ("EULA") before opening the enclosed envelope or software packaging, or installing or using the product contained herein. This EULA governs your use of the Product. By opening the envelope or packaging, and/or installing or using the product, you indicate your acceptance of and agreement to the terms and conditions of this EULA If you do not accept and agree to the terms and conditions of this EULA Protel International Limited. ("Protel") is unwilling to license the product contained herein to you, and you should not open the software envelope or packaging, install or use the product and should return the complete Product to the place of purchase for a refund.

MEANING OF WORDS USED IN THIS EULA
Protel - means Protel International Limited and its divisions or subsidiaries.
User - means the licensed user of the Product under the terms of this EULA.
Product - means the entire package supplied to the User, including documentation, the original software diskettes, hardware lock, packaging or other items contained therein. In the event that User has previously purchased a license from Protel for an earlier version of the Product, the term `Product' shall also include any and all prior versions of the same.
Software - means all portions of the software and support files included on the floppy disks or CD (compact disc) or any copies of the software or support files.

Please click on one of the following statements:

I accept the terms of the License Agreement and wish to CONTINUE
I do not agree and wish to CANCEL the installation

图 1.15 版权说明对话框

步骤 2：选择“I accept the terms of the License Agreement and wish to CONTINUE”，弹出如图 1.16 所示的对话框。

初始化后，出现 Protel 99 SE Service Pack 6 安装路径对话框，如图 1.17 所示。

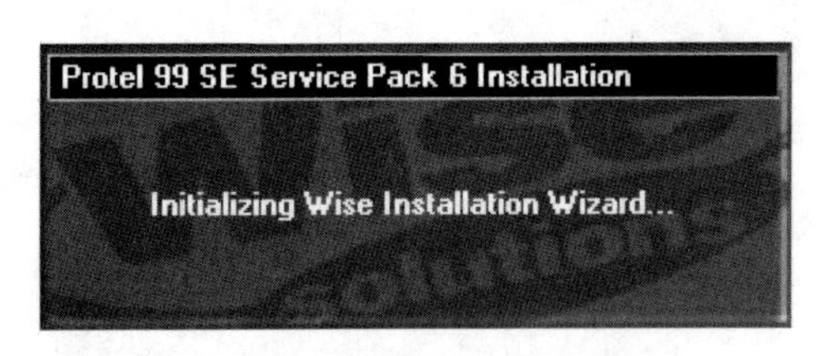

图 1.16　Protel 99 SE Service Pack 6 安装向导

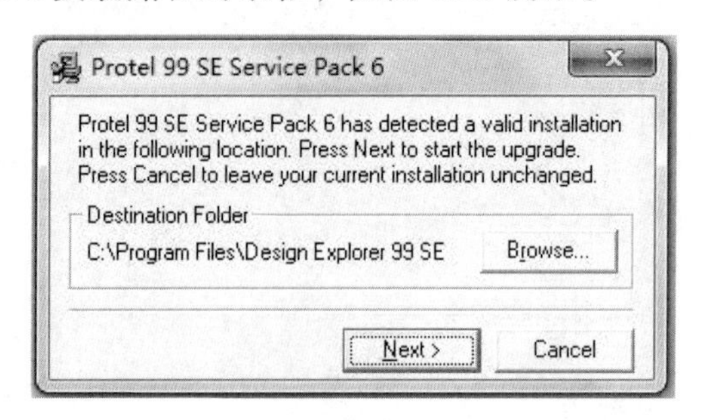

图 1.17　Protel 99 SE Service Pack 6 安装路径对话框

单击 Next 按钮，软件自动进行安装，如图 1.18 所示。

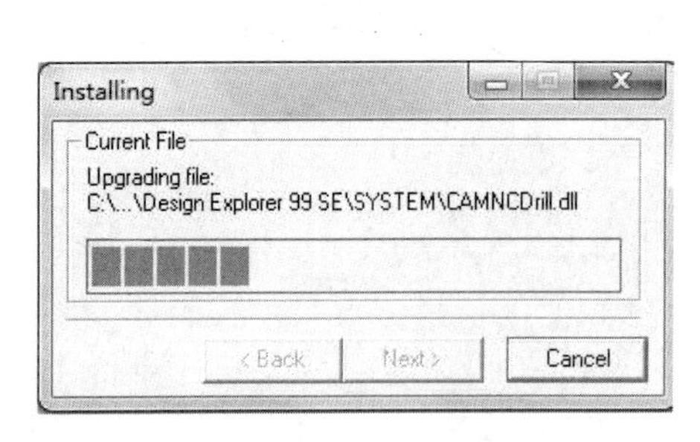

图 1.18　安装进程

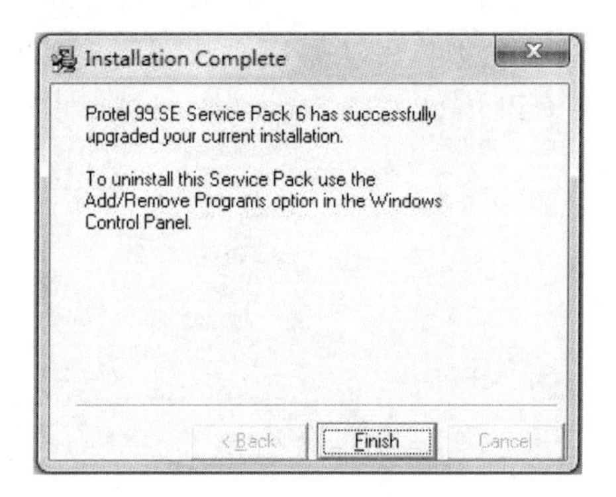

图 1.19　补丁安装完成

点击 Finish 按钮，安装完成，如图 1.19 所示。

三、汉化软件的安装

Protel 99 SE 汉化功能给初学者提供了方便。建议初学者进行汉化安装。

步骤 1：打开光盘上安装文件夹中的 Protel 99 汉化文件夹，如图 1.20 所示。

名称	修改日期	类型	大小
Design Explorer 99	2013/5/15 14:38	文件夹	
Protel99se	2013/5/15 14:39	文件夹	
第二大步Protel99SP6补丁	2005/10/16 16:34	文件夹	
第三大步Protel99汉化	2013/5/15 14:39	文件夹	
data1.cab	1999/12/6 13:14	360压缩	557 KB
data1.hdr	1999/12/6 13:17	HDR 文件	154 KB
data2.cab	1999/12/6 13:17	360压缩	52,589 KB
help.htm	2008/7/18 22:55	Internet 快捷方式	1 KB
ikernel.ex_	1999/11/13 8:50	EX_ 文件	251 KB
layout.bin	1999/12/6 13:17	BIN 文件	1 KB
Protel 99 SE Supplement.pdf	1999/12/6 12:36	Adobe Acrobat ...	1,198 KB
reader.txt	2010/4/22 11:43	文本文档	1 KB
Setup.exe	1999/11/4 3:53	应用程序	35 KB
Setup.ini	1999/12/6 13:14	配置设置	1 KB
setup.inx	1999/12/6 13:14	INX 文件	154 KB
Sn.txt	2001/3/20 8:34	文本文档	1 KB
安装说明.txt	2010/4/29 18:51	文本文档	1 KB

图 1.20　打开 Protel 99 汉化文件夹

如图 1.21 所示为汉化软件的安装步骤。

名称	修改日期	类型	大小
gb4728	2005/10/16 16:34	文件夹	
第1步 先启动一遍99然后安装 中文菜单c...	2013/5/15 14:39	文件夹	
第2步 安装汉字模块pcb_hz	2013/5/15 14:39	文件夹	
第3步 国标元件	2013/5/15 14:39	文件夹	
第4步 国标模板	2013/5/15 14:39	文件夹	
最后一步 安装CAD转换程序 如果需要的...	2013/5/15 14:39	文件夹	
安装说明.txt	2003/3/20 22:27	文本文档	1 KB
刻录光盘的注意.txt	2003/8/6 17:30	文本文档	1 KB

图 1.21　汉化软件的安装步骤

步骤一：安装中文菜单。文件夹中的内容如图 1.22 所示。

名称	修改日期	类型	大小
CLIENT99SE.rcs	1999/3/29 10:24	RCS 文件	243 KB
setup.bat	2003/1/6 17:36	Windows 批处理...	1 KB
setup	2003/1/6 22:43	指向 MS-DOS 程...	1 KB

图 1.22　中文菜单安装文件

执行 setup 文件，自动完成安装。

步骤二：安装汉字模块。文件夹中的内容如图 1.23 所示。

名称	修改日期	类型	大小
ENGLISH.LIB	1999/3/29 10:24	LIB 文件	14 KB
Font.DDB	1999/3/29 10:24	DDB 文件	192 KB
FONT.EXE	1999/3/29 10:24	应用程序	174 KB
HANZ.LIB	1999/3/29 10:24	LIB 文件	1,145 KB
hanzi.lgs	1999/3/29 10:24	LGS 文件	1 KB
hanzi1.lib	1999/3/29 10:24	LIB 文件	18 KB
pcbhz.zip	1999/3/29 10:24	360压缩	743 KB
setup.bat	2003/1/6 18:36	Windows 批处理...	1 KB

图 1.23　汉字模块安装文件

执行 FONT.EXE 文件，自动完成安装。

步骤三：安装国际元件模块。文件夹中的内容如图 1.24 所示。

名称	修改日期	类型	大小
GB4728.ddb	1999/3/29 10:24	DDB 文件	1,496 KB
setup.bat	2003/1/6 18:42	Windows 批处理...	1 KB
setup	2003/1/6 22:42	指向 MS-DOS 程...	1 KB

图 1.24　国际元件模块安装文件

执行 setup 文件，自动完成安装。

步骤四：安装国际模板。文件夹中的内容如图 1.25 所示。

名称	修改日期	类型	大小
GUOBIAO Template.DDB	1999/3/29 10:24	DDB 文件	196 KB
setup.bat	2003/1/6 18:47	Windows 批处理...	1 KB
setup	2003/1/6 22:41	指向 MS-DOS 程...	1 KB

图 1.25　国际模板安装文件

执行 setup 文件，自动完成安装。

软件安装完成后，桌面上会生成快捷方式图标。双击该图标便可进入 Protel 99 SE 编辑界面。

学生职业技能测试项目

系（部）______________

专　　业______________

课　　程______________

项目名称　认识和安装 Protel 99 SE

一、项目名称：认识和安装 Protel 99 SE

二、测试目的

（1）检查学生对 Protel 99 SE 的基本了解。

（2）检查学生安装 Protel 99 SE 的能力。

三、测试内容（图表、文字说明、技术要求、操作要求等）

1. 认识 Protel 99 SE

（1）列出 Protel 99 SE 的基本功能。

（2）列出 Protel 99 SE 的运行环境要求。

2. 安装 Protel 99 SE

（1）说明安装基本软件的流程。

（2）说明安装补丁软件的方法。

（3）说明安装汉化软件的方法。

注：测试时间为 30 分钟。

四、评分标准

序号	评分点名称	评分点评分标准	评分点配分
1	列出 Protel 99 SE 的基本功能	正确得 10 分，否则 0 分	10
2	列出 Protel 99 SE 的运行环境要求	正确得 10 分，否则 0 分	10
3	说明安装基本软件的流程	正确得 50 分	50
4	说明安装补丁软件的方法	正确得 15 分	15
5	说明安装汉化软件的方法	正确得 15 分	15

五、有关准备

材料准备（备料、图或文字说明）	安装说明
设备准备（设备标准、名称、型号、精确度、数量等）	计算机、Protel 99 SE 安装软件
场地准备（面积、考位、照明、电水源等）	可在计算机中心机房测试
操作人数（个人独立完成或小组协作完成）	一人，个人独立完成
特殊要求说明	无

六、需要说明的问题和要求

（1）测试应在学生学习完相应内容之后进行。
（2）测试之前应进行必要的练习。

七、评分记录

班级＿＿＿＿＿＿＿　学生姓名（学号）＿＿＿＿＿＿＿＿＿＿＿＿＿＿

序号	评分点名称	评分点配分	评分点实得分
1	列出 Protel 99 SE 的基本功能	10	
2	列出 Protel 99 SE 系统要求及运行环境	10	
3	说明安装基本软件的流程	50	
4	说明安装补丁软件的方法	15	
5	说明安装汉化软件的方法	15	

评委签名＿＿＿＿＿＿＿＿＿＿＿＿＿＿
考核日期＿＿＿＿＿＿＿＿＿＿＿＿＿＿

项目二
管理 Protel 99 SE 的数据库与文件

学习任务 1　启动 Protel 99 SE
学习任务 2　创建新数据库
学习任务 3　设置设计数据库的格式
学习任务 4　Protel 99 SE 主菜单栏和工具栏管理
学习任务 5　设置数据库文件名、更改数据库文件保存路径
学习任务 6　打开已有的数据库
学习任务 7　解析设计管理器功能
学习任务 8　设置 Protel 99 SE 的界面环境
学习任务 9　Protel 99 SE 文件管理

学习任务 1　启动 Protel 99 SE

安装 Protel 99 SE 后，有两种方式启动软件。一种是双击桌面上的 Protel 99 SE 快捷方式图标，另一种是在“开始”菜单的“程序”下拉菜单中选择 Protel 99 SE 文件夹，然后单击 Protel 99 SE 程序图标，进入 Protel 99 SE 程序。图 2.1 所示为 Protel 99 SE 启动界面。

图 2.1　Protel 99 SE 启动界面

启动 Protel 99 SE 后，首先进入设计管理器（Design Explorer）初始界面，如图 2.2 所示。

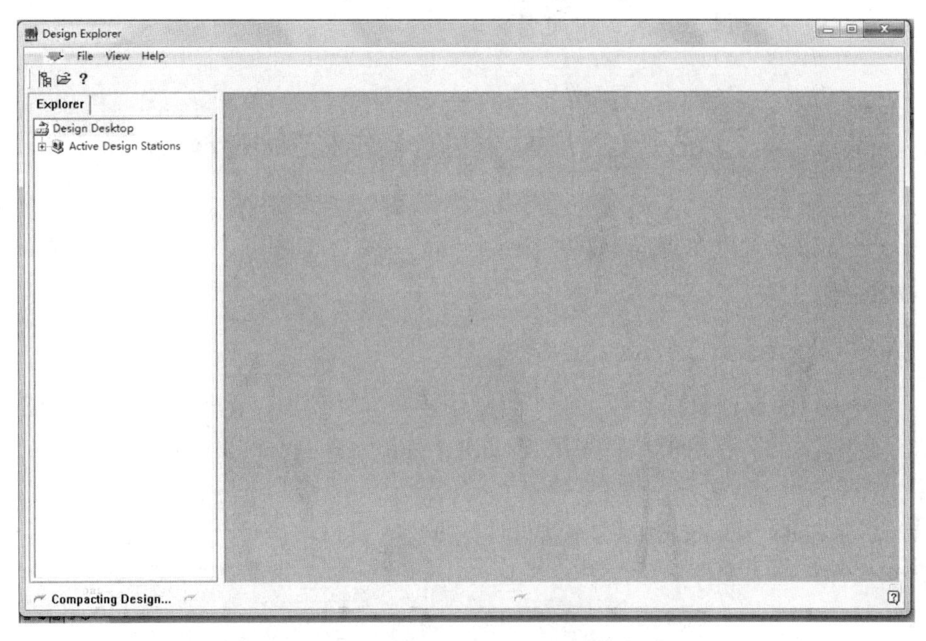

图 2.2　Protel 99 SE 设计管理器初始界面

进入 Protel 99 SE 的设计环境后需要创建一个新的数据库文件（*.ddb），或是打开一个已经创建好的数据库文件。

学习任务 2　创建新数据库

在如图 2.2 所示的 Design Explorer 初始界面中单击 File 菜单中的 New 命令，系统将弹出新建设计数据库的对话框，如图 2.3 所示。

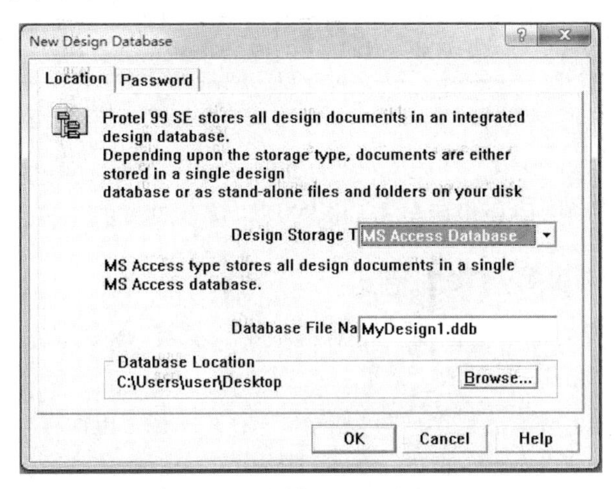

图 2.3　新建设计数据库对话框

所谓设计数据库，是用于集中存放一项设计任务或者设计工程的各种文档的数据库（Database）。数据库文件以*.ddb为扩展名。

学习任务3　设置设计数据库的格式

Protel 99 SE的设计数据库有两种格式，用户可以在如图2.3所示对话框中的Design Storage Type选项中选择要创建的数据库文件格式。

一、MS Access Database格式

选择这种格式的设计数据库后在设计过程中将全部文件存储在单一的数据库中，即所有的原理图、PCB文件、材料清单、网络表、ERC等都保存一个*.ddb文件中，在资源管理器中只能看到唯一的*.ddb文件。

选择MS Access Database格式创建设计数据库，可以将所设计的数据库保密。在图2.3所示的新建设计数据库文件对话框中，单击Password标签，打开文件密码设置选项卡，如图2.4所示。

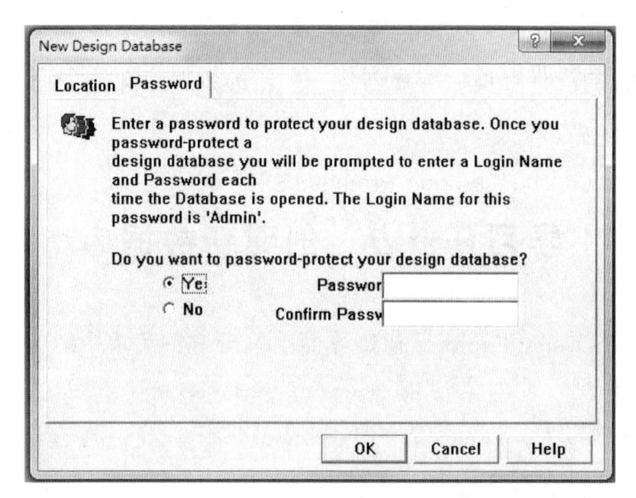

图2.4　MS Access Database格式的文件密码设置选项卡

先在"是否设置密码来保护设计库文件"的询问下方选择Yes单选按钮，然后在Password文本框内重复输入设置的密码，最后单击OK按钮以确认设置的正确性。

二、Windows File System格式

在图2.3所示的新建设计数据库文件对话框中，选择Design Storage Type选项中的Windows File System，如图2.5所示。

Windows File System格式的数据库可以看作一个文件夹，里面存放用户创建的下级文件夹或设计文档。用户能够在Windows的资源管理器中对这种格式的数据库中的各种设计文档（如原理图、PCB文件、材料清单、网络表、ERC等）进行复制、粘贴等操作。

选择Windows File System格式后，不能设置数据库的密码。

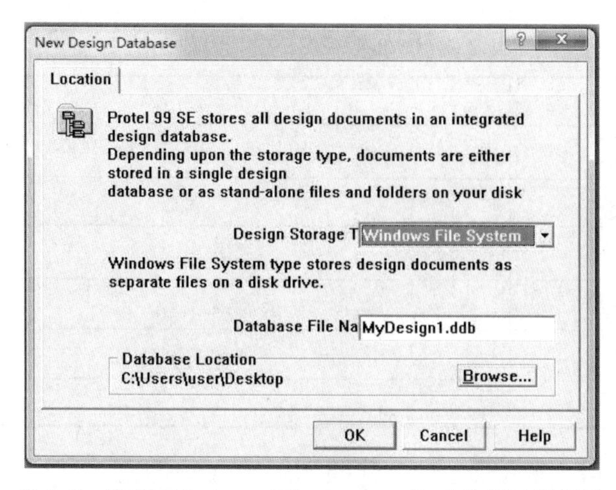

图 2.5　选择 Windows File System 格式的设计数据库

学习任务 4　Protel 99 SE 主菜单栏和主工具栏

一、Protel 99 SE 主菜单栏

Protel 99 SE 主菜单栏如图 2.6 所示。

File　Edit　View　Window　Help

图 2.6　Protel 99 SE 主菜单栏

各菜单功能如表 2.1 所示。

表 2.1　Protel 99 SE 主菜单栏各菜单功能

菜单名称	功　能
File（文件操作）	用于文件管理，包括对文件的新建、打开、关闭等
Edit（文件编辑）	用于对文件的编辑操作，包括文件的剪切（Cut）、复制（Copy）、粘贴（Paste）等
View（视图菜单）	用于打开和关闭设计管理器、状态栏、命令行等
Window（窗口菜单）	主要用于管理窗口的形式、多个窗口的排列方式等
Help（帮助菜单）	用于打开帮助文件

二、Protel 99 SE 主工具栏

Protel 99 SE 主工具栏中各工具按钮如图 2.7 所示，其位置可以随用户的需要而设定。

图 2.7　Protel 99 SE 主工具栏工具按钮

其功能如表 2.2 所示。

表 2.2　Protel 99 SE 主工具栏的功能

工具	功　　能
	打开/关闭管理器切换按钮
	打开文件
	对象剪贴
	对象复制
	对象粘贴
?	帮助

学习任务 5　设置数据库文件名、更改数据库文件保存路径

一、设置数据库文件名

在图 2.3 所示对话框的 Location 选项卡中，软件默认的数据库文件名是 My Design1.ddb，用户可以在 Database File Name 文本框中输入所要创建的数据库文件名。文件的扩展名为.ddb。

二、更改数据库文件保存路径

在图 2.3 所示对话框的 Location 选项卡中，显示当前数据库文件存放的默认路径。如果需要修改保存路径，单击 Browse 按钮，弹出如图 2.8 所示的对话框。

图 2.8　修改保存路径对话框

根据需要选择数据库文件保存路径，然后单击 New Design Database 对话框中的 OK 按钮，关闭该对话框，进入该数据库的设计环境，如图 2.9 所示。

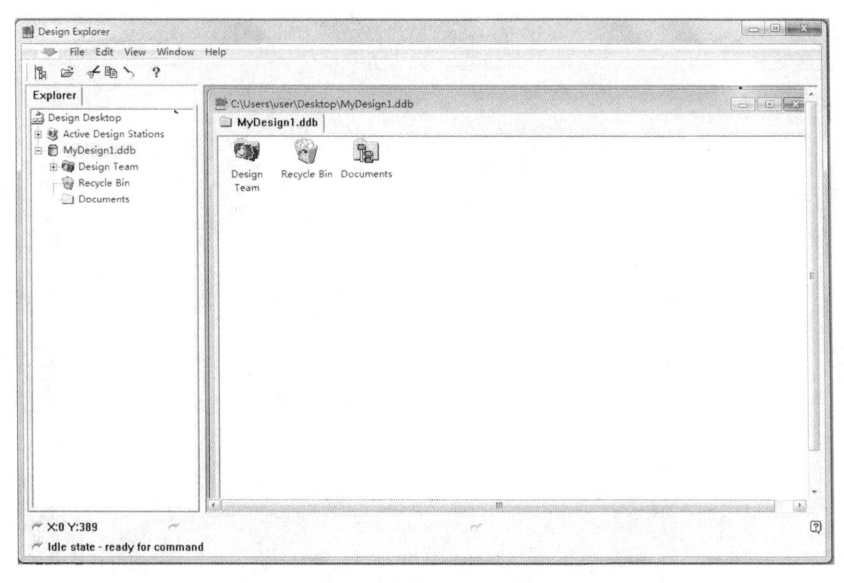

图 2.9　数据库设计环境

设计管理器分为左右两个窗口，左边为设计导航栏，里面是数据库的树状结构目录。右边为设计窗口，即设计管理器的工作窗口。

学习任务 6　打开已有的数据库

Protel 99 SE 可以打开硬盘或磁盘上已有的设计数据库文件，以便对指定的数据库进行编辑和修改。打开已有的设计数据库的过程如下：

（1）在如图 2.2 所示的 Design Explorer 界面中单击 File 菜单中的 Open 命令，如图 2.10 所示，系统弹出如图 2.11 所示的 Open Design Database 对话框。

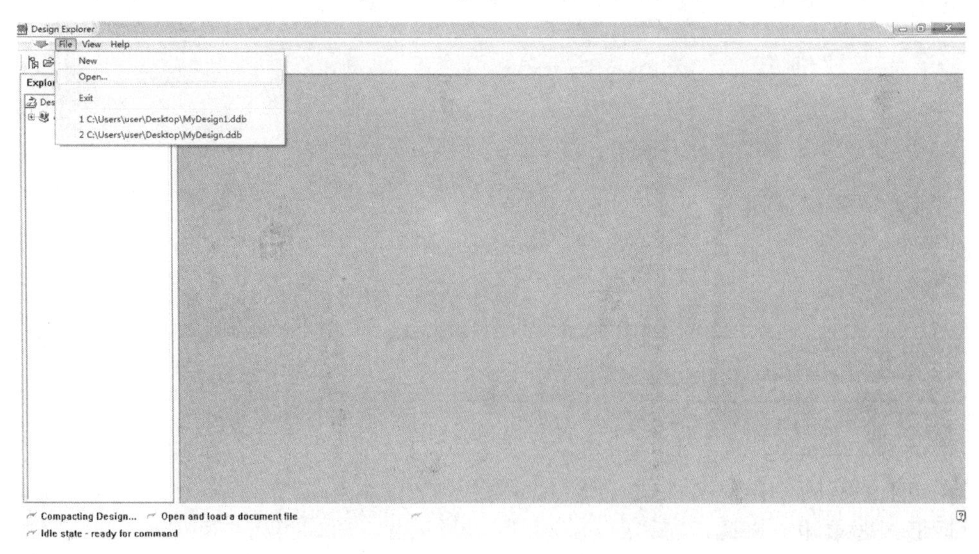

图 2.10　执行 File 菜单中的 Open 命令

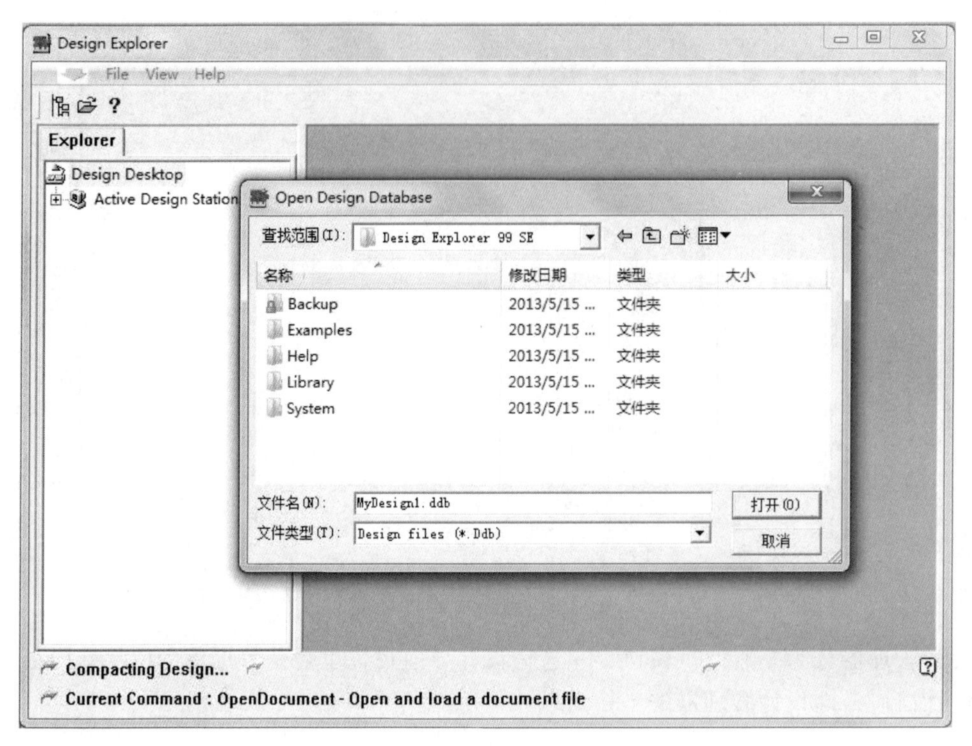

图 2.11　Open Design Database 对话框

（2）选中要打开的数据库文件，单击打开按钮，将该设计数据库文件调入 Protel 99 SE 设计管理器，如图 2.12 所示。

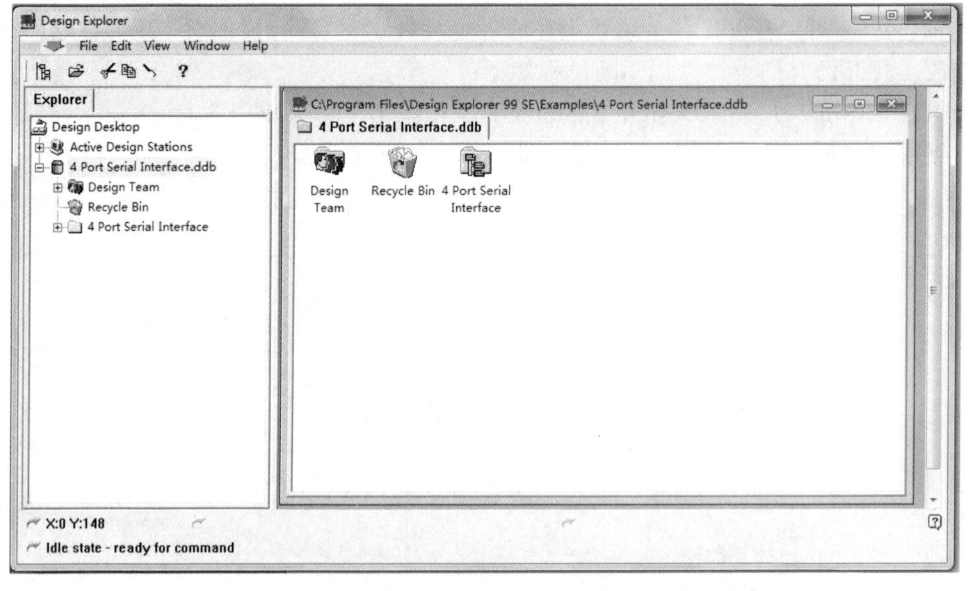

图 2.12　打开数据库文件

（3）如果原有的数据库文件设有密码，在打开数据库文件之前，系统会弹出如图 2.13 所示的对话框，要求输入密码。

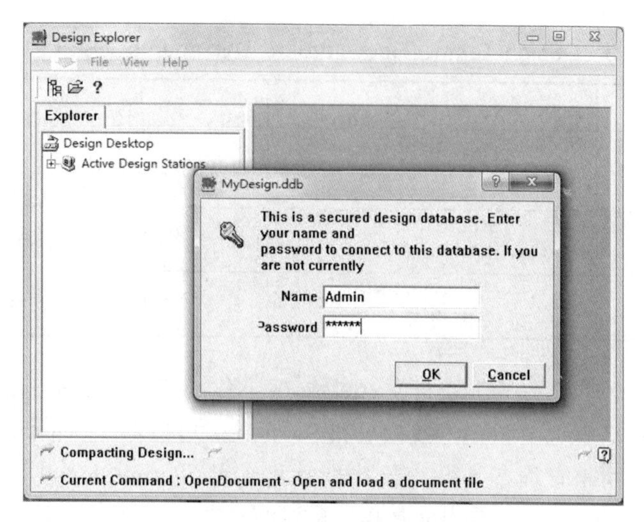

图 2.13　输入密码对话框

在图 2.13 所示对话框的 Name 文本框中输入“Admin”（管理员），在 Password 文本框中输入正确的数据库密码，然后单击 OK 按钮，打开数据库文件，如图 2.14 所示。

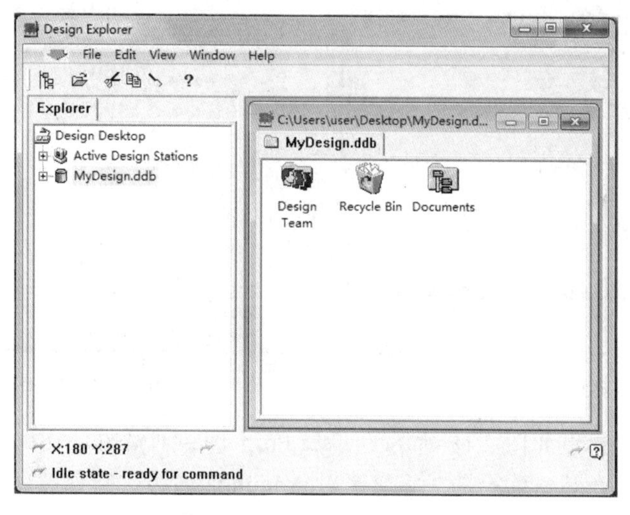

图 2.14　打开数据库界面

学习任务 7　解析设计管理器功能

在新建或打开一个数据库文件后，系统将自动装入 3 个文件夹，如图 2.15 所示。

图 2.15　设计工作组等文件夹

各文件夹的功能如表 2.3 所示。

表 2.3　Design Team、Recycle Bin、Documents 文件夹的功能

图　标	名　称	功　能
Design Team	Design Team （设计工作组）	用于存放设计小组成员、权限及相关信息
Recycle Bin	Recycle Bin （回收站）	用于存放或恢复被删除的文档或文件夹
Documents	Documents （文件夹）	用于存入设计数据文档或文件夹

Design Team（设计工作组）文件夹用来管理工作小组。在 Design Team 子目录下有 Members（成员管理）、Permissions（授权）和 Sessions（监控器）三个部分，如图 2.16 所示。

其中，Members 用来管理参与设计开发的小组成员，Permissions 用来给开发小组成员设置不同的权限，Sessions 用来查看当前数据库的情况。

Members 主要由 Admin（数据库管理员）和 Guest（客户）组成，如图 2.17 所示。

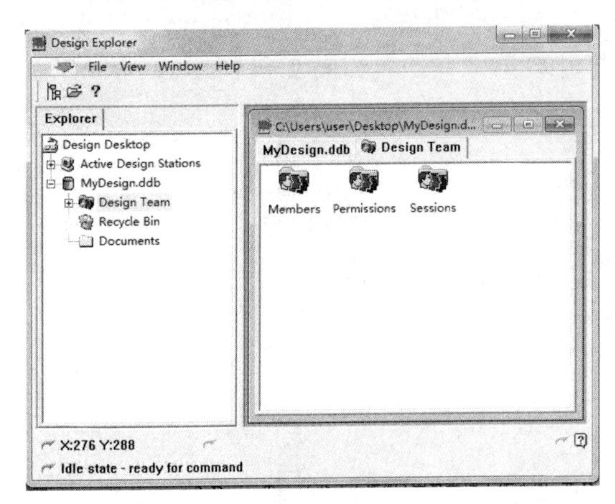

图 2.16　Design Team 子目录

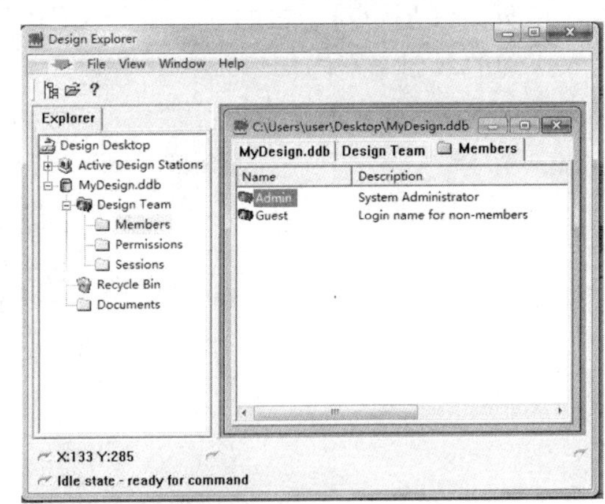

图 2.17　Members 子菜单

单击“Admin”，弹出如图 2.18 所示的 User Properties 对话框，在此对话框中，可设置用户相关描述和密码。值得注意的是，一般不对 Admin 的名称进行修改。

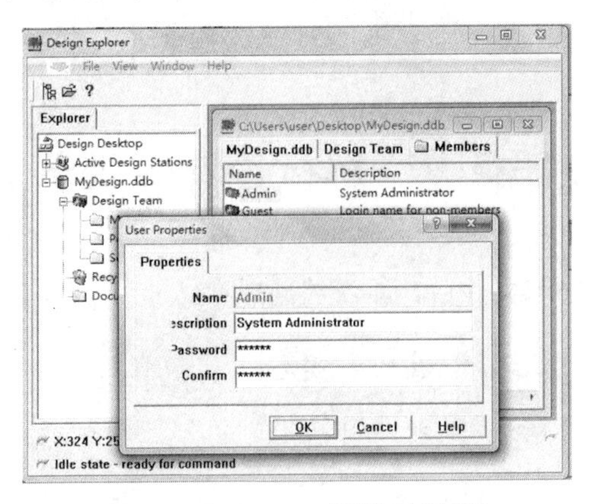

图 2.18　Admin 属性对话框

单击“Guest”，弹出如图 2.19 所示的对话框，在此对话框中可设置客户的名称、相关描述、密码等。

根据设计组需要，可相应地增加设计组成员。单击主菜单栏 File 菜单中的 New member，弹出如图 2.20 所示的对话框。在此对话框中可按需要修改名称、描述，并加设密码，如图 2.21 所示，然后单击 OK 按钮完成新成员设置，如图 2.22 所示。

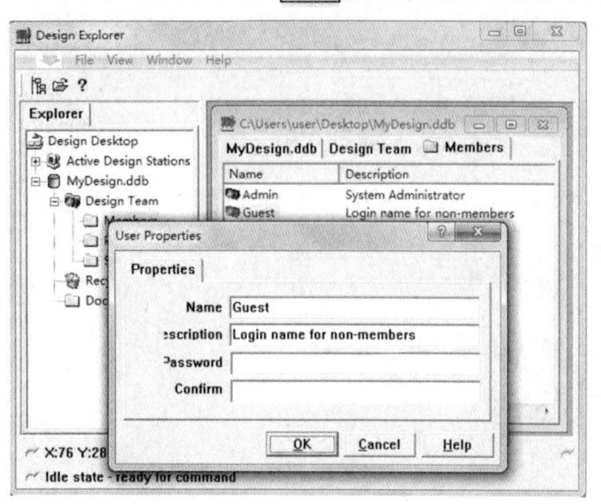

图 2.19 Guest 属性对话框

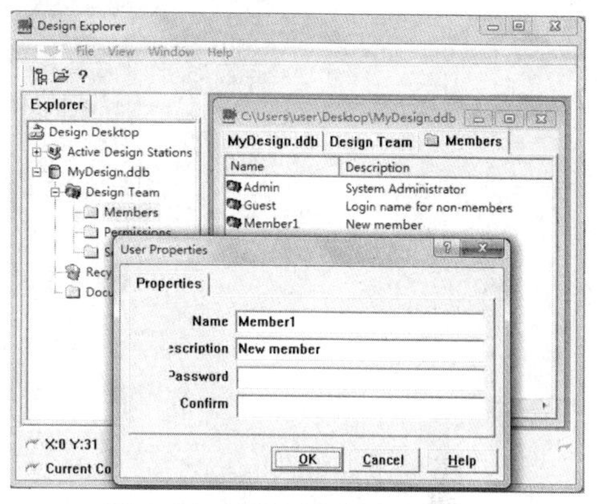

图 2.20 增加新成员对话框

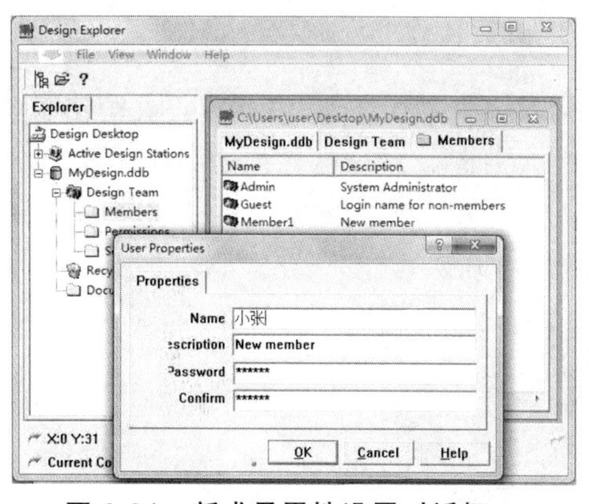

图 2.21 新成员属性设置对话框

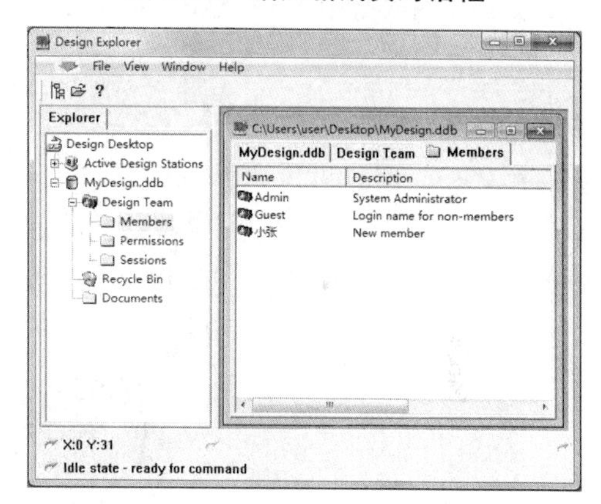

图 2.22 增加新成员后的界面

Permissions 文件夹包含 Admin、Guest 和 All members 等成员的权限设置，如图 2.23 所示。单击“Admin”，弹出如图 2.24 所示的对话框。权限设置的选项有 Read（读）、Write（写）、Delete（删除）和 Create（创建）四种，可根据需要选择。

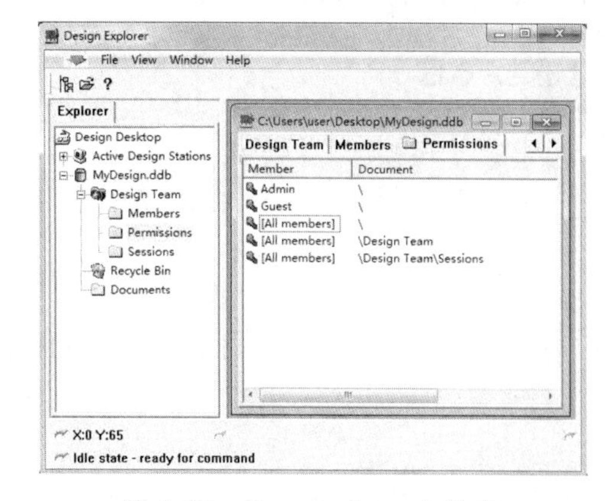

图 2.23 Permissions 文件夹

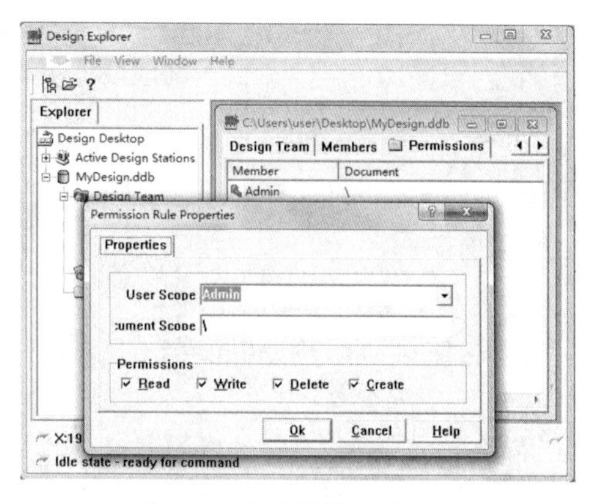

图 2.24 权限设置对话框

Sessions 文件夹用来查看当前数据库的情况，包括当前数据库被使用的情况、在哪个工作站被哪个用户使用等，如图 2.25 所示。

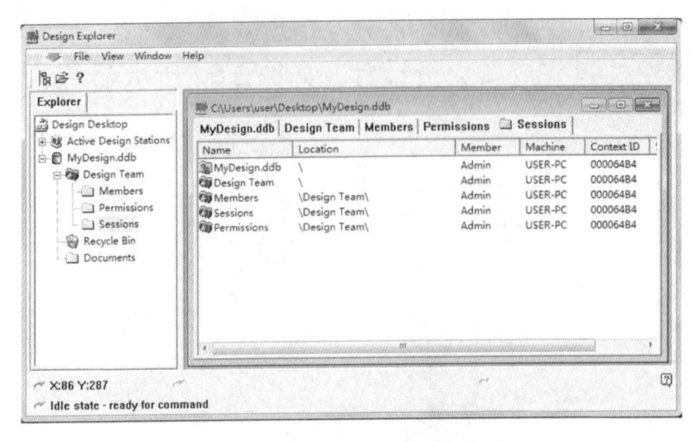

图 2.25　Sessions 文件夹

学习任务 8　设置 Protel 99 SE 的界面环境

Protel 99 SE 对运行的硬件环境有一定的要求，高分辨率是提高 Protel 99 SE 绘图质量的重要因素之一。用户可以通过设置 Protel 99 SE 的界面环境，达到良好的绘图显示效果。

在图 2.2 所示的设计管理器初始界面中单击左上角的 ![] 图标，在下拉菜单中选择 Preferences 命令，弹出界面参数设置对话框，如图 2.26 所示。

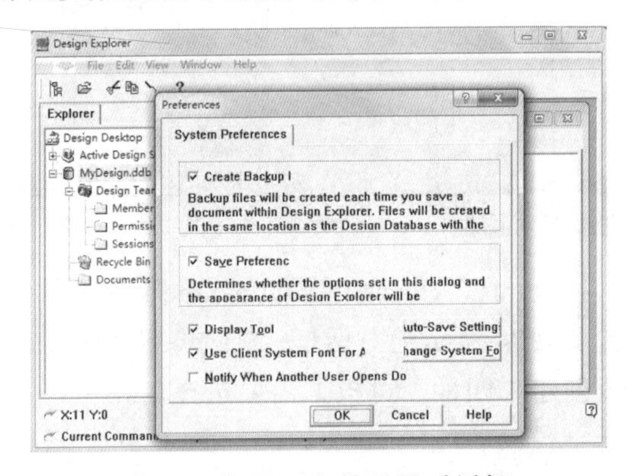

图 2.26　界面参数设置对话框

1. 设置自动创建备份文件

在图 2.26 所示的界面参数设置对话框中勾选 Create Backup Files 复选框，系统将自动备份保存修改前的图形文件。

2. 设置保存系统参数

如果想将所做的参数设置保存下来，则可以勾选 Save Preferences 复选框，系统将保存之前用户所做的参数设置。

3. 自动保存文件

为了防止因计算机死机、停电等造成的设计内容丢失，单击如图 2.26 所示的对话框中的

Auto-Save Settings 按钮，弹出如图 2.27 所示的 Auto Save 对话框。在此对话框中可设置各参数，使系统每隔一段时间自动将内存中的修改信息保存在后备文件中，这样即使出现死机或停电现象，丢失的内容也只是备份后定时时间内修改的内容。

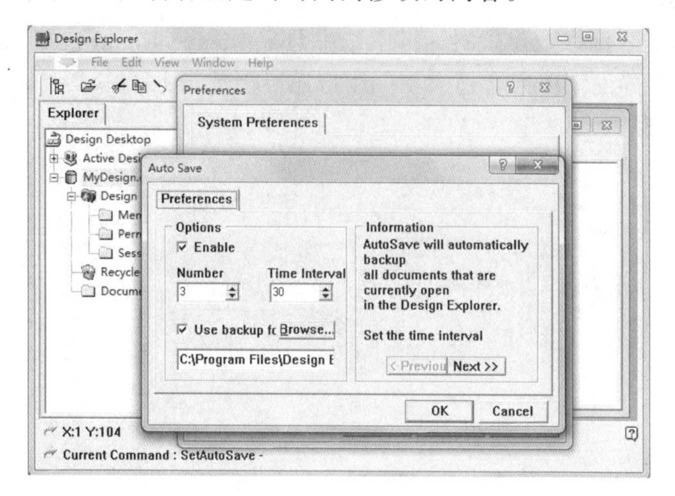

图 2.27　Auto Save 对话框

Auto Save 对话框的设置情况如下：

- Enable：选中该复选框，才能对 Options 的选项进行设置。
- Number：该文本框用于设定自动保存文件的备份数，最多为 10。系统默认值为 3，即建立 3 个备份文件，每隔一段时间系统会循环更新这 3 个备份文件。
- Time Interval：该文本框可以设定文件备份的间隔时间，单位为分钟。备份间隔时间越短，断电产生的损失就越小，但是太频繁的存盘操作会影响计算机的反应速度。一般以 5～15 min 为宜。
- Use backup folder：选中该复选框，系统会将备份保存在指定的备份文件夹中。可以单击 Browse 按钮后，在弹出的如图 2.28 所示窗口中设置、修改备份文件夹的路径，也可以在 Use backup folder 复选框下面的文本框内直接输入备份文件夹的路径。

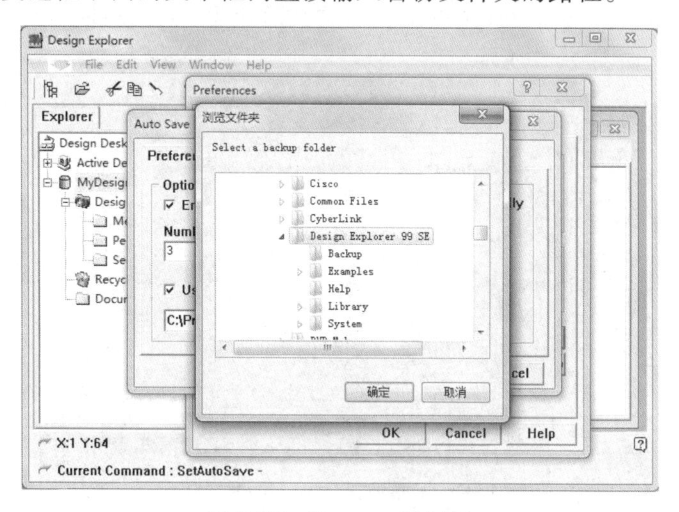

图 2.28　Browse 对话框

Information 框主要用来显示设置信息。用户可以单击 Next 或 Previous 按钮来查看下一页或上一页的信息。

4. 系统字体设置

在图 2.26 所示的界面参数设置对话框中选中 Use Client Systems Font For All Dialogs 复选框，系统会自动调整界面字体为合适大小。用户还可以单击 Change System Font 按钮，弹出如图 2.29 所示的对话框。

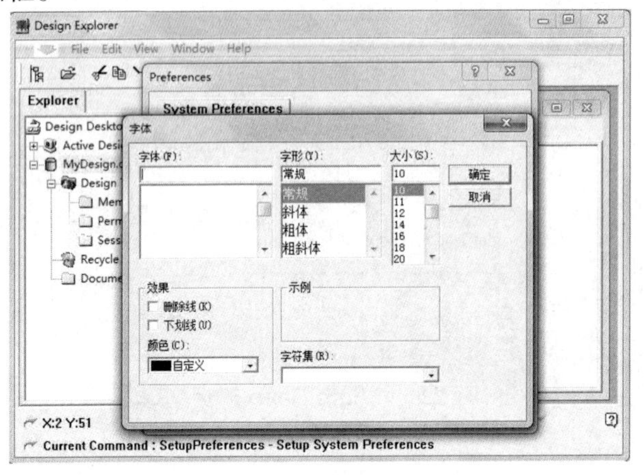

图 2.29　系统字体设置对话框

通过此对话框可以设置字体类型、大小、效果、颜色等。在中文 Windows 操作系统下使用时，一般默认字体为“常规”，大小为 10。

5. Notify When Another User Opens Documents

勾选此项后，当别的用户打开此文档时将发出通知。

学习任务 9　Protel 99 SE 文件管理

电路设计项目包括原理图设计、网络表等文本设计及 PCB 设计多个过程。Protel 99 SE 提供了多个编辑器，如图 2.30 所示。

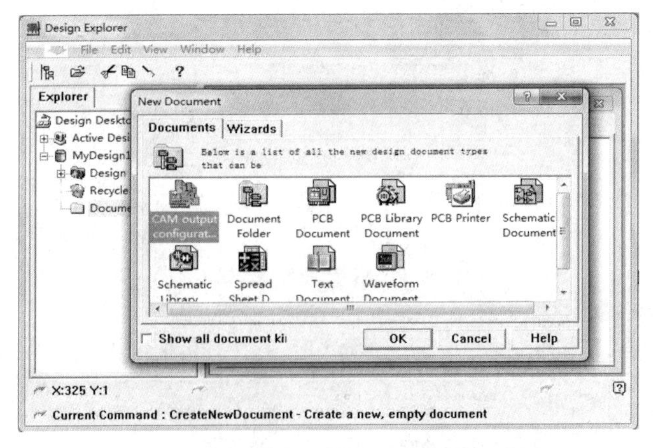

图 2.30　Protel 99 SE 提供的多个编辑器

Protel 99 SE 还提供了两个向导，即印制电路板生成向导（Printed Circuit Board Wizard）和可编程逻辑设计 CUPL 向导（PLD-CUPL Wizard），如图 2.31 所示。

这些编辑器和向导可以生成设计电路需要的各种文件。

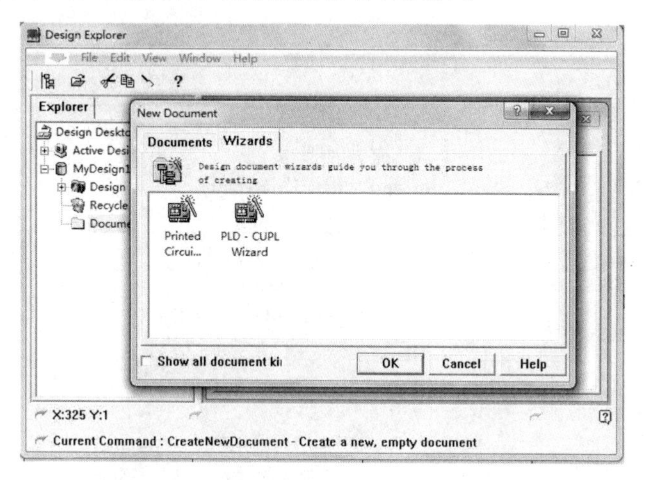

图 2.31 Protel 99 SE 提供的两个向导

在建立一个新的设计数据库后，如果用户没有进入具体的设计操作界面，如 Schematic 原理图设计界面，此时，系统菜单栏仅包括五个下拉菜单：File（文件）、Edit（编辑）、View（视图）、Windows（窗口）和 Help（帮助）。

一般情况下，一个电子线路设计项目中的所有文件都保存在一个设计数据库中。Protel 99 SE 有 10 种不同类型的文件，如表 2.4 所示。

表 2.4 Protel 99 SE 中 10 种不同类型的文件

图标	名称和文件类型	文件扩展名
CAM output configurat...	CAM 输出文件 CAM output configuration	.cam
Document Folder	文档文件夹 Document Folder	—
PCB Document	印制电路板文件 PCB Document	.PCB
PCB Library Document	印制电路板元器件库文件 PCB Library Document	.LIB
PCB Printer	印制电路板打印输出文件 PCB Printer	.PPC
Schematic Document	电路原理图文件 Schematic Library Document	.Sch

续表 2.4

图标	名称和文件类型	文件扩展名
Schematic Library ...	电路原理图元器件库文件 Spread Sheet Document	.Lib
Spread Sheet D...	表格处理文件 Spread Sheet Document	.spd
Text Document	文本处理文件 Text Document	.Txt
Waveform Document	波形处理文件 Waveform Document	.WVF

在使用 Protel 99 SE 时，经常会遇到一些文件管理操作，如文件的新建、打开、复制等，下面一一介绍。

1. 新建文件

在打开或新建设计数据库*.ddb（以 My Design1 为例）后，选择该数据库文件下面的 Documents 文件夹，如图 2.32 所示。

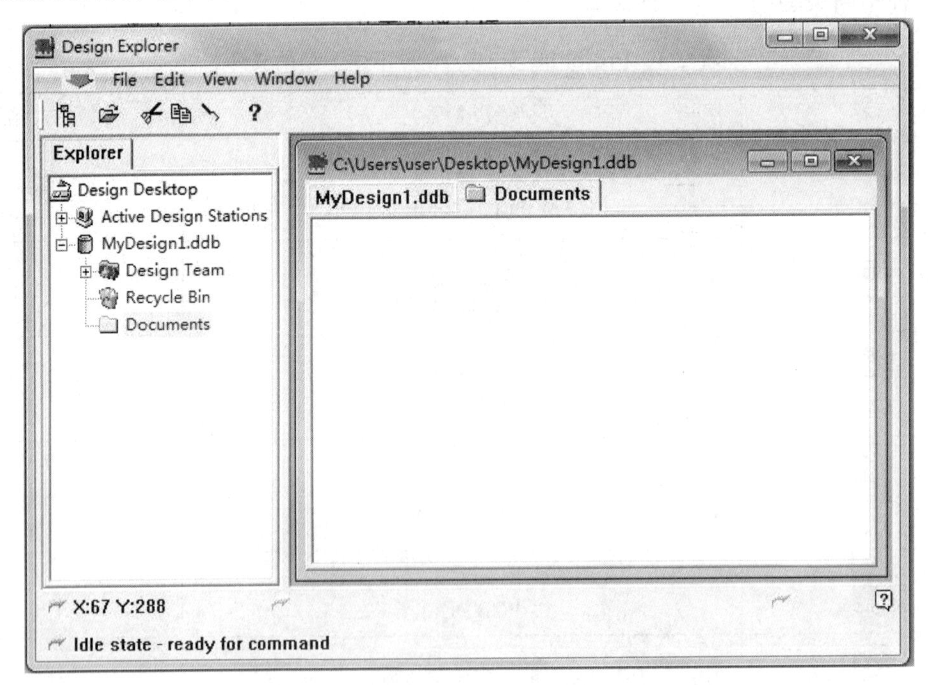

图 2.32　设计数据库 My Design1 下面的 Documents 文件夹

选择 File 菜单中的 New 选项，系统弹出如图 2.33 所示的对话框。

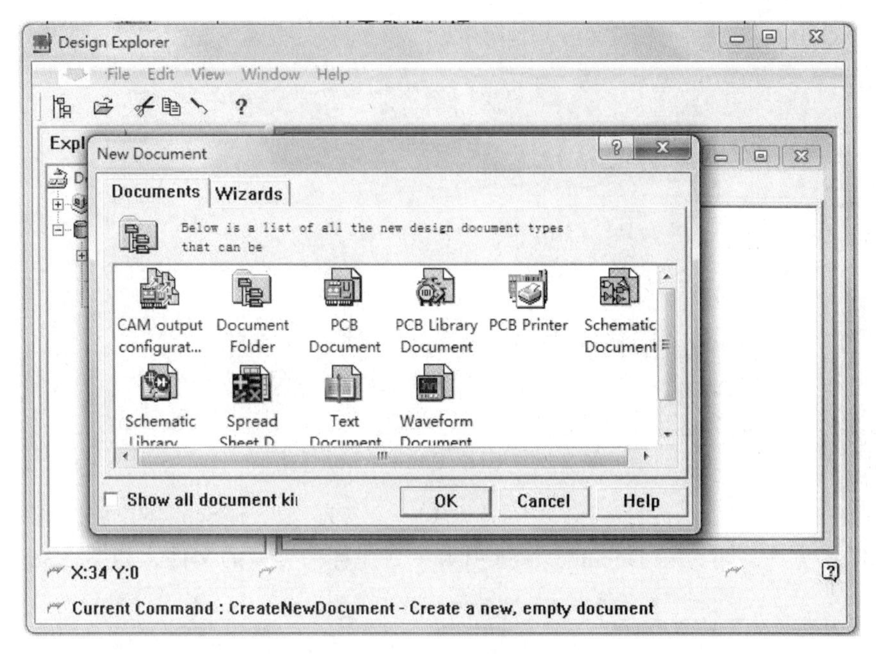

图 2.33　新建文件对话框

此对话框中的 Documents 选项卡中有前面提到的 10 种文件类型，对应 10 个不同的编辑器。如果用户需要创建除此之外的其他类型的文件，可以选中 Show all documents kinds 复选框以显示所有文件类型，如图 2.34 所示。

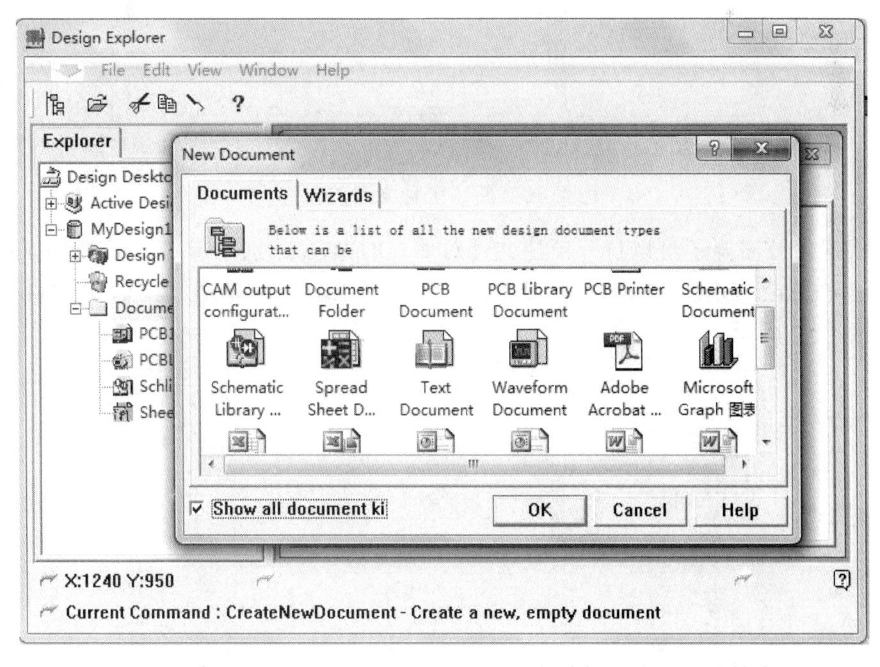

图 2.34　选中 Show all documents kinds 复选框后新建的文件类型

在 Documents 选项卡中选中需要创建的文件类型，双击该图标，如 Schematic Document，主编辑器窗口便会生成一个相应类型的文档图标，其默认名为 Sheet1.Sch，如图 2.35 所示。

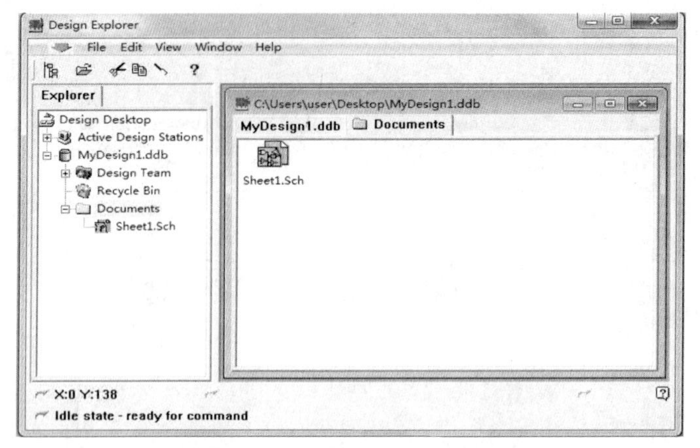

图 2.35　新建 Sheet1.Sch 文件

然后，在设计管理器的设计导航栏中便会增加一个名为“Sheet1.Sch”的电路原理图设计文件。用同样的方法，可以在 Documents 选项卡中新建各种类型的文件，如图 2.36 所示。

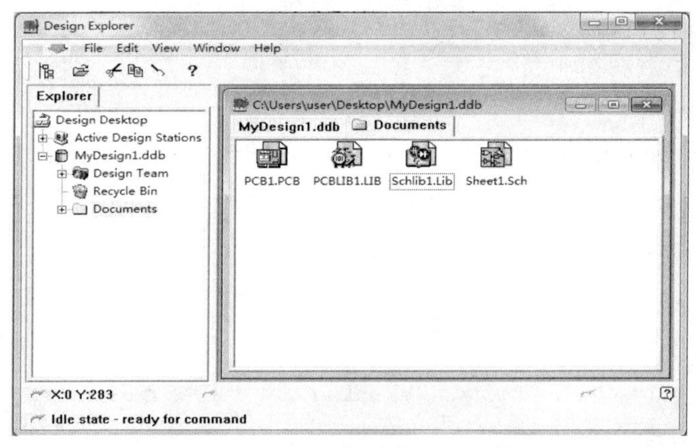

图 2.36　新建多种类型的文件

用户根据设计需要还可以打开新建文件对话框的 Wizard 选项卡，利用印制电路板生成向导（Printed Circuit Board Wizard）和可编程逻辑设计 CUPL 向导（PLD-CUPL Wizard）新建文件，如图 2.37 所示。

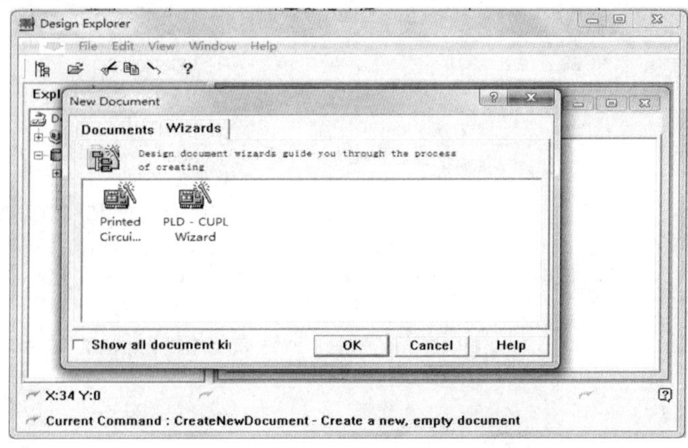

图 2.37　用 Wizard 新建文件

2. 打开文件

在 Protel 99 SE 软件中，不同类型的文件与其相应的某一种编辑器相关联，因此，如果要打开某一文件，就要先启动相应的编辑器，然后调入该文件进行编辑。

下面以打开“Sheet1.Sch”为例介绍打开文件的方法。

方法一：利用 Design Explorer（设计管理器）中的 Explorer（设计导航栏）打开文件。首先在导航栏上单击设计数据库“My Design1.ddb”前的“+”号，显示该数据库中的所有文件。然后双击要打开的文件“Sheet1.Sch”，或右击“Sheet1.Sch”，从快捷菜单中选择 Open 选项，便可打开相应的电路原理图编辑器，同时调入该文件，进入电路图设计环境，对该文件进行编辑、修改等操作，如图 2.38 所示。

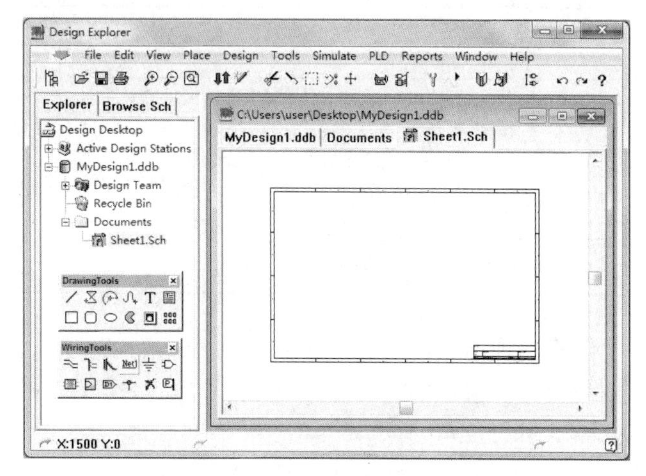

图 2.38 打开 Sheet1.Sch 文件

方法二：利用 Design Explorer（设计管理器）的设计窗口中的图标打开文件。首先在设计窗口中选择文件所存放的选项卡 Documents，如图 2.35 所示。在该文件夹中双击需要打开的文件“Sheet1.Sch”，或者单击该文件后从快捷菜单中选择 Open 选项，便可打开相应的电路原理图编辑器，同时调入该文件，进入电路图设计环境，对该文件进行编辑、修改等操作，如图 2.38 所示。

3. 保存文件

在 Protel 99 SE 的编辑器中，当完成设计文件后要对其进行及时保存。如果有需要，还可以保存复件、另存或改变文件的格式。

（1）保存当前的设计文件：打开主菜单栏 File 菜单，选择 Save 选项，或者直接双击主工具栏中的（Save Document 按钮），即可保存当前文件。

（2）另存或改变文件格式保存：打开主菜单栏 File 菜单，选择 Save As 选项，弹出 Save As 对话框，如图 2.39 所示。

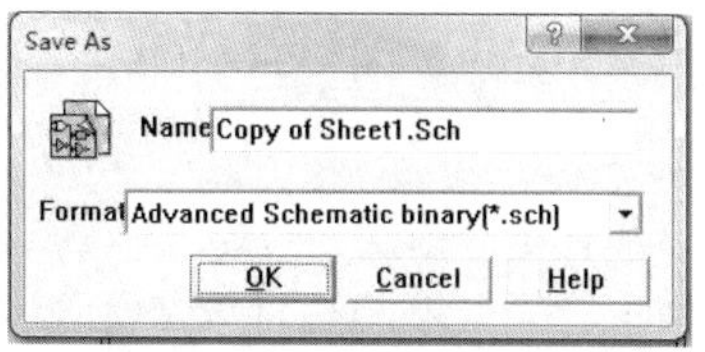

图 2.39 Save As 对话框

在该对话框中的 Name 文本框中输入新的文件名，在 Format 下拉菜单中选择保存文件的格式，然后单击 OK 按钮就可以完成另存文件操作。

Format 下拉菜单中有多种可选择的文件格式，如表 2.5 所示。

表 2.5　Format 下拉菜单中可选择的文件格式

名　　称	格　式
Advanced Schematic binary（*.sch） Advance Schematic 电路图纸文件	二进制格式
Advanced Schematic ascⅱ（*.sch） Advance Schematic 电路图纸文件	文本格式
Orcad Schematic（*.sch） SDT4 电路图纸文件	二进制格式
Advanced Schematic template ascⅱ（*.dot） 电路图模板文件	文本格式
Advanced Schematic template binary（*.dot） 电路图模板文件	二进制格式
Advanced Schematic binary files（*.prj） 项目中的主图纸文件	二进制格式

在默认的情况下，电路原理图文件的扩展名为.Sch。

（3）保存复件，即保存原文件的副本。打开主菜单栏 File 菜单，选择 Save Copy As 选项，弹出 Save Copy As 对话框，如图 2.40 所示。

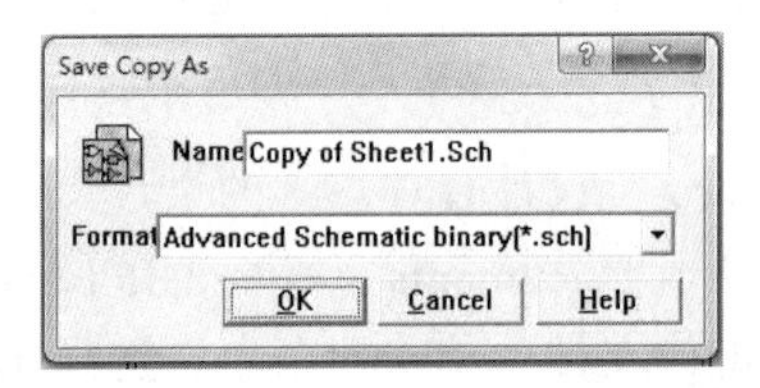

图 2.40　Save Copy As 对话框

在该对话框中的 Name 文本框中输入新的文件名，在 Format 下拉菜单中选择保存文件的格式，然后单击 OK 按钮就可以完成保存复件。

Format 下拉菜单中同样有多种可选择的文件格式，如表 2.5 所示。

4. 关闭文件

在 Protel 99 SE 中关闭一个文件，有以下几种方法：

（1）关闭当前文件：单击 File 菜单中的 Close 选项，或者用鼠标指向设计窗口中的当前文件标签并点击鼠标右键，然后在弹出的快捷菜单中选择 Close 选项，均可关闭当前文件。

（2）关闭非当前文件：在设计窗口中选中要关闭的文件，然后单击 File 菜单中的 Close 选项，或在设计导航栏或设计窗口中的待关闭文件处单击鼠标右键，在弹出的快捷菜单中选择 Close 选项，均可关闭当前文件。

（3）一次关闭多个文件：在设计窗口选定一个文件后，按住 Ctrl 键，再依次单击其他要关闭的文件，全部选定后右击鼠标，在弹出的快捷菜单中选择 Close 选项，或在 File 菜单中选择 Close 选项即可将多个文件一次关闭。

5. **导入文件**

电子元器件种类众多，将所有的电子元件都事先调入 Protel 99 SE 是没有必要的，也是不合理的。在 Protel 99 SE 的使用过程中，常使用导入功能的是元件库文件。Protel 99 SE 将元件放在不同的元件库中，用到某种元件时只需要调入包含此元件的库文件即可。Protel 99 SE 将其所有的库文件都放在 Design Protel 99 SE 安装目录下的 Library 子目录下。

例如，将“C:\桌面\Mydesign1.ddb”中的“Schlib1.lib”导入库文件“C:\Program Files\Design Explorer 99 SE\MySchlib.ddb” 中，导入过程如下：

（1）打开待导入文件的设计数据库“MySchlib.ddb”，使其成为当前工作数据库，如图 2.41 所示。

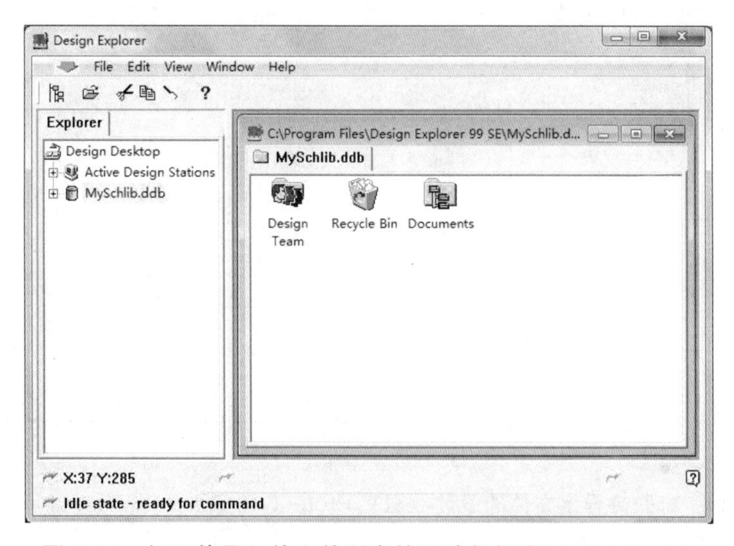

图 2.41　打开待导入的文件所在的设计数据库 MySchlib.ddb

（2）打开 File 菜单，选择 Import 选项，或者在设计窗口中右击，从捷菜单中选择 Import 选项，弹出如图 2.42 所示的对话框。

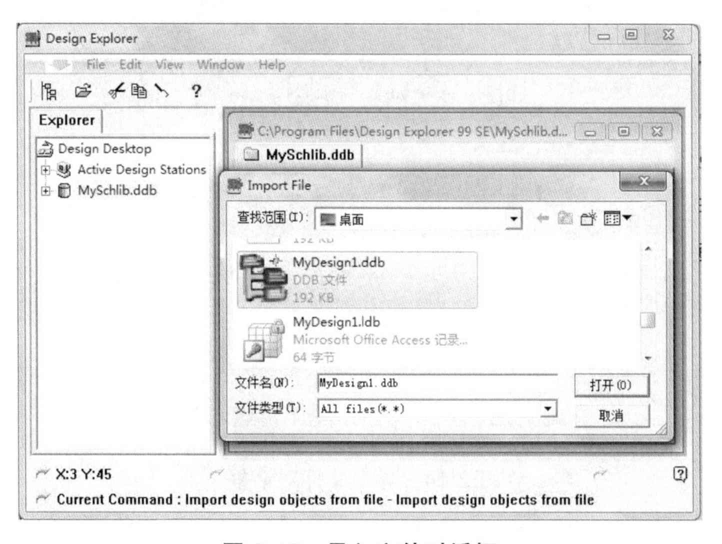

图 2.42　导入文件对话框

（3）在该对话框中，选择被导入的文件“Schlib1.lib”所在的数据库文件“Mydesign1.ddb”。

（4）单击“打开”按钮，导入该文件。

6. 导出文件

导出文件的方法与导入文件相似。

例如，将“C:\Program Files\Design Explorer 99 SE\Library\Sch\Protel Dos Schematic Libraries.ddb”导出到“C:\桌面\Mydesign1.ddb”中的“Schlib1.lib”中，过程如下：

（1）打开待导出文件的设计数据库 Protel Dos Schematic Libraries.ddb，使其成为当前工作数据库，如图 2.43 所示。

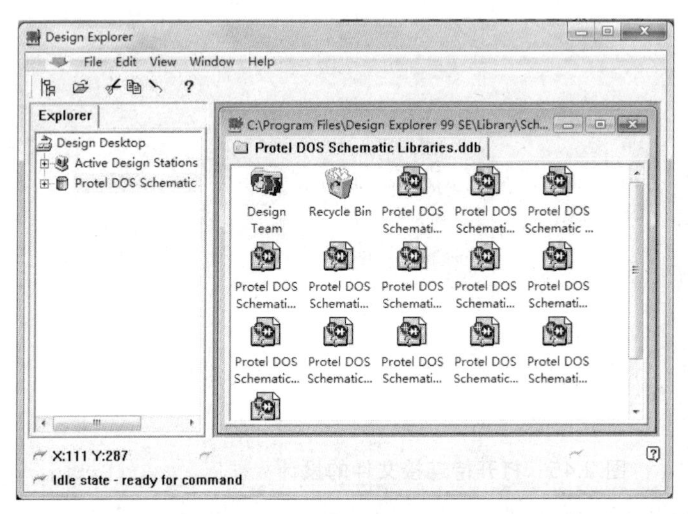

图 2.43 打开待导出文件的设计数据库 Protel Dos Schematic Libraries.ddb

（2）打开 File 菜单，选择 Import 选项，或者在设计窗口中右击，从捷菜单中选择 Import 选项，弹出如图 2.44 所示的对话框。

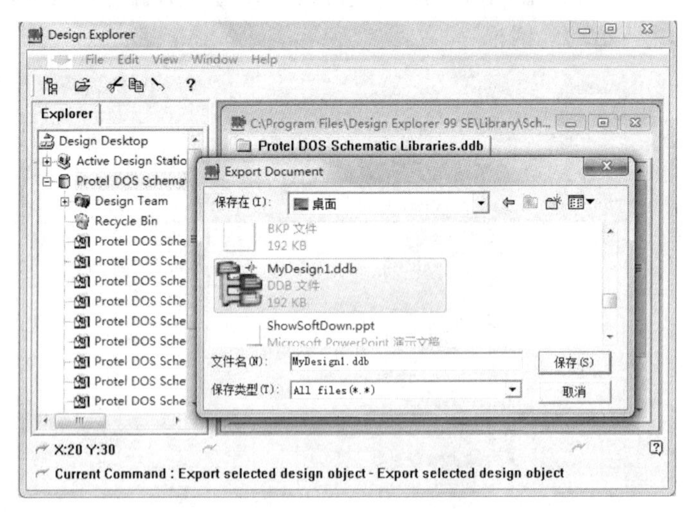

图 2.44 导出文件对话框

（3）在该对话框中，选择被导出文件将要导出的位置“C:\桌面\Mydesign1.ddb”。

（4）单击“保存”按钮，即可导出文件。

7. 连接文件

将库文件导入数据库会使导入的数据库变得很大。如果要节约空间，可以用连接文件的方式来代替导入。连接功能的实质是在当前设计文件库中建立外部文件的快捷方式，以便在 Protel 99 SE 系统中进行编辑，而不改变外部文件在原位置的物理存在。其方法如下：

（1）打开待连接文件的设计数据库“MyDesign1.ddb”，使其成为当前工作库，如图 2.45 所示。

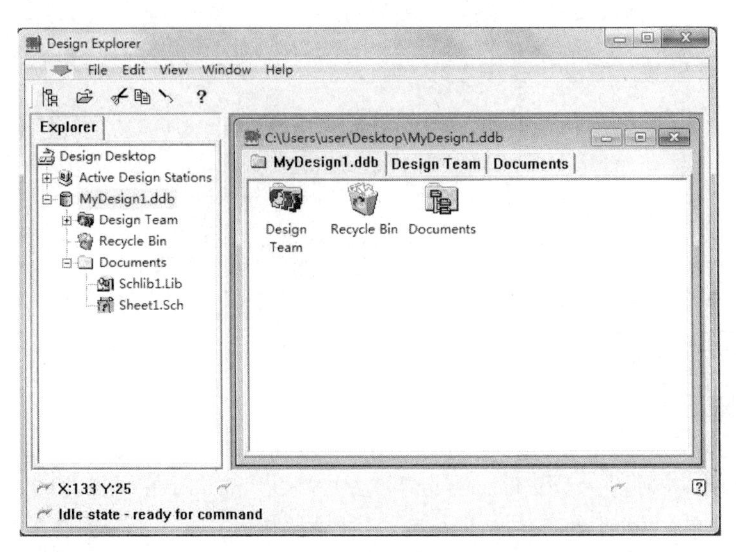

图 2.45 打开待连接文件的设计数据库 Design1.ddb

（2）在 File 菜单中选择 Link Document 选项，或者在设计窗口中右击并在快捷菜单中选择 Link 选项，弹出如图 2.46 所示的对话框。

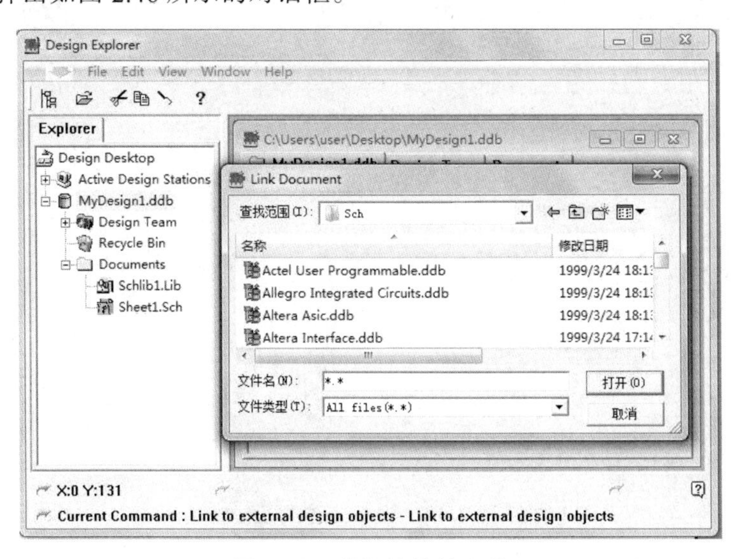

图 2.46 选择连接的文件

（3）在图 2.46 所示的对话框中选择外部文件所在的位置，选定文件“C:\Program Files\Design Explorer 99 SE\Library\Sch\Miscellaneous devices.ddb”，如图 2.47 所示。

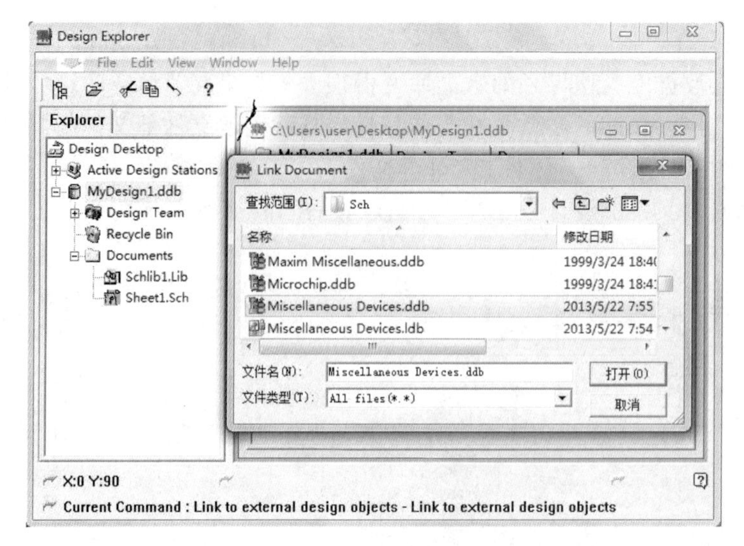

图 2.47　在 Link Document 对话框中选择外部文件 Miscellaneous devices.ddb

（4）单击打开按钮，即可将外部文件“Miscellaneous devices.ddb”连接到当前设计数据“MyDesign1.ddb”中。

8. **剪切文件**

在 Protel 99 SE 中剪切一个文件，有以下几种方法：

（1）在设计导航栏中剪切：在如图 2.48 所示导航栏（Explorer）中将鼠标移至要剪贴的文件“Sheet1.Sch”，单击鼠标右键，然后在弹出的快捷菜单中选择 Cut 选项，即可完成文件的剪切。值得注意的是，被剪切的文件一定要提前关闭，否则剪切无法完成。

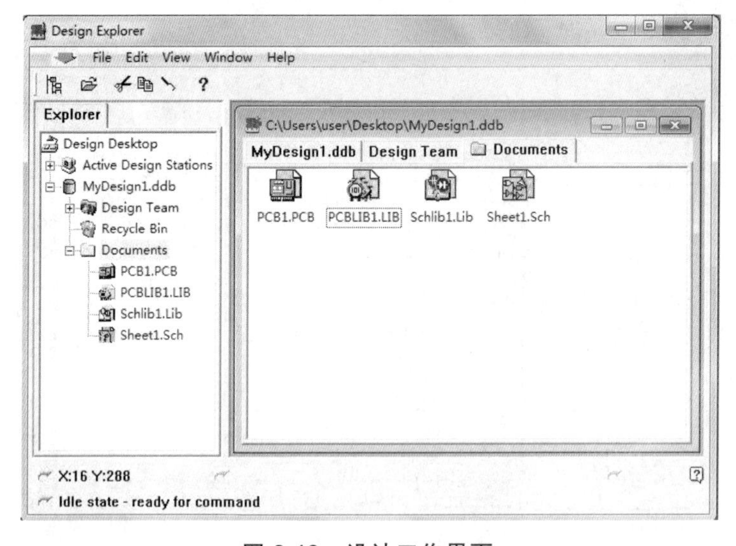

图 2.48　设计工作界面

（2）在设计窗口中剪切：在设计窗口单击要剪切的文件“Sheet1.Sch”，然后在主菜单栏 Edit 菜单中选择 Cut 选项，可完成文件的剪切。选中要剪切的文件后单击鼠标右键，在弹出的快捷菜单中选择 Cut 选项，也可完成文件的剪切。

（3）一次剪切多个文件：在设计窗口单击一个要剪切的文件，然后按住 Ctrl 键不放，用鼠标单击其他要剪切的文件，再在主菜单栏 Edit 菜单中选择 Cut 选项，可完成多个文件的剪切。

9. 复制文件

在 Protel 99 SE 中复制一个文件，有以下几种方法：

（1）在设计导航栏中复制：在如图 2.48 所示导航栏（Explorer）中将鼠标移至要复制的文件“Sheet1.Sch”，单击鼠标右键，然后在弹出的快捷菜单中选择 Copy 选项，即可完成文件的复制。值得注意的是，被复制的文件一定要提前关闭，否则复制无法完成。

（2）在设计窗口中复制：在设计窗口单击要复制的文件“Sheet1.Sch”，然后在主菜单栏 Edit 菜单中选择 Copy 选项，可完成文件的复制。也可选中要复制的文件后单击鼠标右键，在弹出的快捷菜单中选择 Copy 选项，完成文件的复制。

（3）一次复制多个文件：在设计窗口单击一个要复制的文件，然后按住 Ctrl 键不放，用鼠标单击其他要复制的文件，再在主菜单栏 Edit 菜单中选择 Copy 选项，完成多个文件的复制。

10. 粘贴文件

粘贴文件与剪切、复制文件是相配合的。将鼠标移至设计窗口待粘贴文件处，单击鼠标右键，在弹出的快捷菜单中选择 Paste 选项，就完成了粘贴。

11. 删除文件

在 Protel 99 SE 中要删除一个文件，有以下几种方法：

（1）在设计导航栏中删除：在如图 2.48 所示导航栏（Explorer）中将鼠标移至要删除的文件“Sheet1.Sch”，单击鼠标右键，然后在弹出的快捷菜单中选择 Delete 选项，之后，Protel 99 SE 系统弹出确认对话框，提示是否要删除文件，如图 2.49 所示。

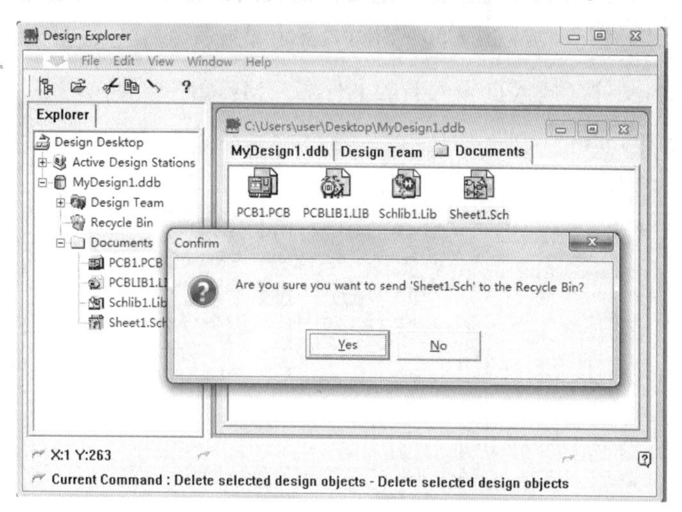

图 2.49 删除文件确认对话框

单击 Yes 按钮确定删除。值得注意的是，被删除的文件一定要提前关闭，否则删除无法完成。

（2）在设计窗口中删除：在设计窗口单击要删除的文件“Sheet1.Sch”，然后在主菜单栏 Edit 菜单中选择 Delete 选项，可完成文件的删除。也可选中要删除的文件后单击鼠标右键，在弹出的快捷菜单中选择 Delete 选项，完成文件的删除。

（3）一次删除多个文件：在设计窗口单击一个要删除的文件，然后按住 Ctrl 键不放，用鼠标单击其他要删除的文件，再在主菜单栏 Edit 菜单中选择 Delete 选项，完成多个文件的删除。

12. 重命名文件

在 Protel 99 SE 中给文件重命名，有以下两种方法：

（1）在设计窗口重命名文件：在设计窗口中单击要更名的文件“Sheet1.Sch”，然后在主菜单栏 Edit 菜单中选择 Rename 选项，或者右击要更名的文件“Sheet1.Sch”，在弹出的快捷菜单中选择 Rename 选项。此时，“Sheet1.Sch”文件名变成蓝色底，如图 2.50 所示。

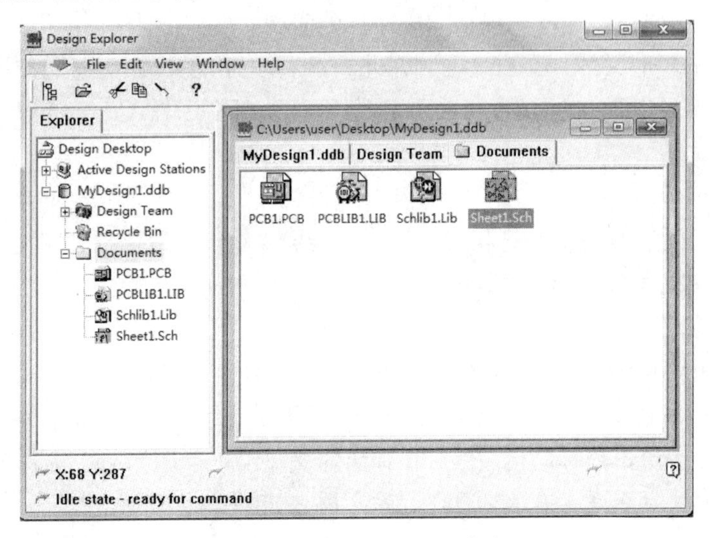

图 2.50　Sheet1.Sch 重命名

在蓝色背景处的文件名插入点输入新的文件名“Mysch.Sch”，如图 2.51 所示。

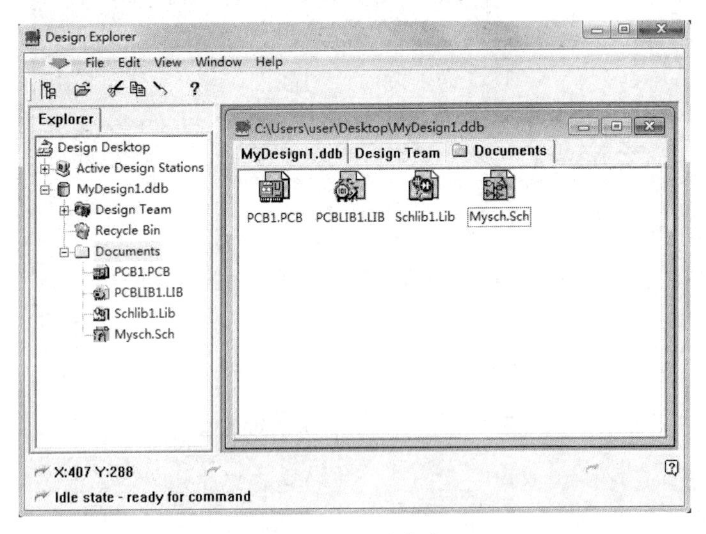

图 2.51　Sheet1.Sch 重命名 Mysch.sch

（2）在设计导航栏 Explorer 中重命名：先在导航栏中单击待重命名的文件，后续操作同在设计窗口中重命名文件一样。

学生职业技能测试项目

系（部）________________

专　　业________________

课　　程________________

项目名称　管理 Protel 99 SE 的项目与文件

适应年级________________

一、项目名称：管理 Protel 99 SE 的项目与文件

二、测试目的

（1）学习创建新的数据库。

（2）学会设置 Protel 99 SE 的界面环境。

（3）学会 Protel 99 SE 的文件管理。

三、测试内容（图表、文字说明、技术要求、操作要求等）

1. 创建新的数据库

在 E:\PROTEL 文件夹中创建新的数据库 MyDesign.ddb，数据库格式为 MS Access Database。

2. 学习 Protel 99 SE 主菜单栏和工具栏的管理

3. 设置 Protel 99 SE 的界面环境

4. 管理 Protel 99 SE 的文件

注：测试时间为 30 分钟。

四、评分标准

序号	评分点名称	评分点评分标准	评分点配分
1	创建新的数据库	能按一般步骤基本完成得 15 分，否则扣 15 分	20
2	学习 Protel 99 SE 主菜单栏和工具栏的管理	按应用的熟悉程度给分	30
3	设置 Protel 99 SE 的界面环境	按设置的熟悉程度给分	20
4	管理 Protel 99 SE 的文件	按使用的熟悉程度给分	30

五、有关准备

材料准备（备料、图或文字说明）	无
设备准备（设备标准、名称、型号、精确度、数量等）	配备 Windows XP 操作系统的微机一台
工具准备（标准、名称、规格、数量）	安装有 Protel 99 SE 的计算机一台
场地准备（面积、考位、照明、电水源等）	可在计算机中心机房测试
操作人数（个人独立完成或小组协作完成）	一人，个人独立完成
特殊要求说明	无

六、需要说明的问题和要求

（1）测试应在学生学习完相应内容之后进行。
（2）测试之前应进行必要的练习。

七、评分记录

班级＿＿＿＿＿＿　学生姓名（学号）＿＿＿＿＿＿＿＿＿＿＿＿＿＿

序号	评分点名称	评分点配分	评分点实得分
1	创建新的数据库	20	
2	学习 Protel 99 SE 主菜单栏和工具栏的管理	30	
3	设置 Protel 99 SE 的界面环境	20	
4	管理 Protel 99 SE 的文件	30	

评委签名＿＿＿＿＿＿＿＿＿＿＿＿

考核日期＿＿＿＿＿＿＿＿＿＿＿＿

项目三

设置原理图设计环境

学习任务 1　熟识 Protel 99 SE 原理图绘制工具
学习任务 2　工作平面的放大与缩小
学习任务 3　设置原理图的环境参数
学习任务 4　原理图的图样设置

学习任务 1　熟识 Protel 99 SE 原理图绘制工具

Protel 99 SE 提供了方便快捷的原理图绘制工具，分类放置在不同的工具栏中，如表 3.1 所示。

表 3.1　原理图设计工具栏的图标和名称

图　标	工具栏名称
SchematicTools	Schematic Tools （原理图标准工具栏）
WiringTools	Wiring Tools （连线工具栏）
DrawingTools	Drawing Tools （绘图工具栏）
PowerObjects	Power Objects （电源及接地工具栏）

续表 3.1

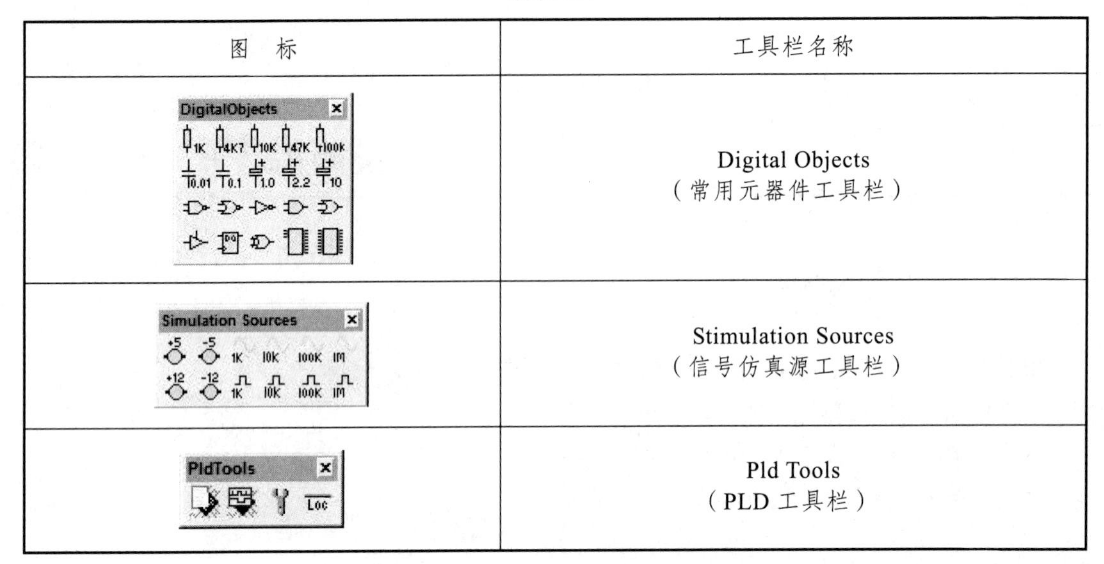

图　标	工具栏名称
DigitalObjects	Digital Objects （常用元器件工具栏）
Simulation Sources	Stimulation Sources （信号仿真源工具栏）
PldTools	Pld Tools （PLD 工具栏）

常用工具栏的打开和关闭方法有以下三种：

（1）在原理图工作界面中执行主菜单栏命令 View/Toolbars，然后在下拉菜单中选择打开或关闭相应的工具栏，如图 3.1 所示。

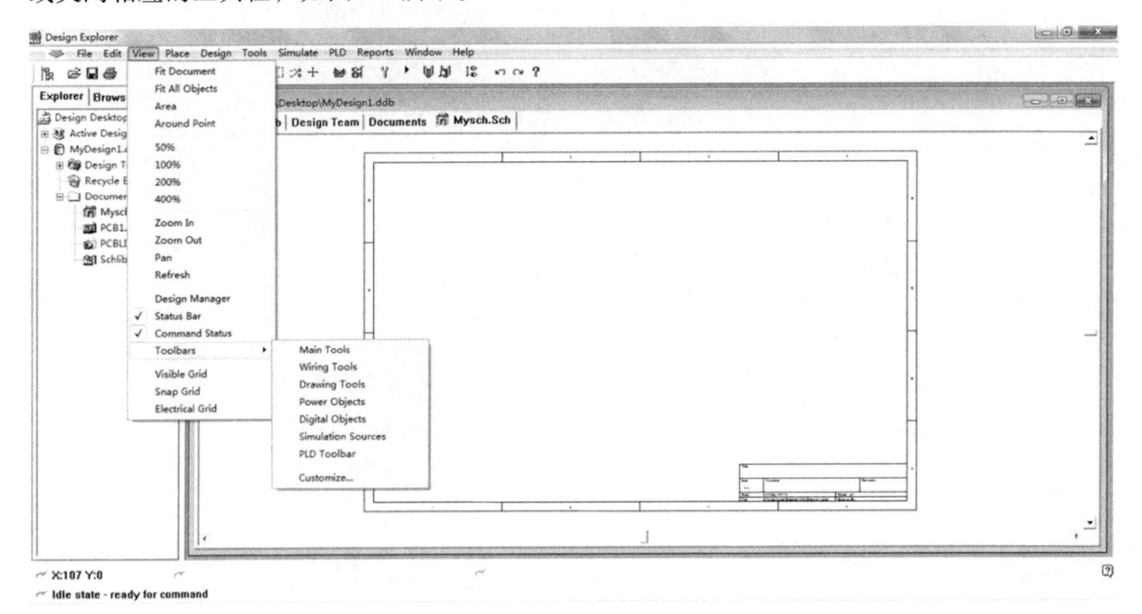

图 3.1　执行主菜单栏命令 View/Toolbars

（2）利用快捷键，即依次按键盘 V→B→* 键，选择相应的工具栏选项。其中“V”代表 View，“B”代表 Toolbars，“*”代表各工具栏名称的首写英文字母。例如，打开连线工具栏（Wiring Tools），依次按下 V→B→W 键。其他工具栏的打开和关闭方法与此相似。

（3）单击主菜单栏中的 菜单，选择 Customize，或执行菜单栏命令 View/Tool Bars/Customize，弹出 Customize Resources 对话框，如图 3.2 所示。

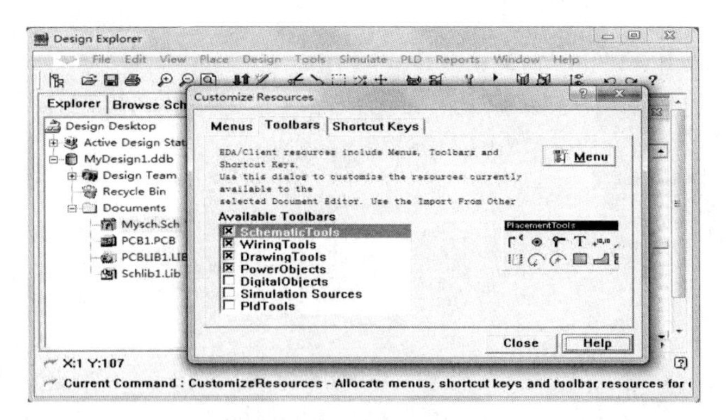

图 3.2　Customize Resources 对话框

在 Toolbars 选项卡中选中或取消相应工具栏名称前的复选框，即可打开或关闭该工具栏。

它与前两种方法的不同在于，在 Customize Resources 对话框中打开或关闭工具栏是对系统用户环境参数的修改，将影响以后系统运行。

如果需要提供新的绘图工具，还可以通过执行菜单命令 View/Tool Bars/Customize 进行定制。其步骤如下：

（1）选择 View/Tool Bars 快捷菜单下的 Customize 选项，弹出 Customize Resources 对话框，如图 3.2 所示。

（2）选择 Menu 按钮，然后选择 New 选项，弹出 Tool Properties 对话框，如图 3.3 所示。

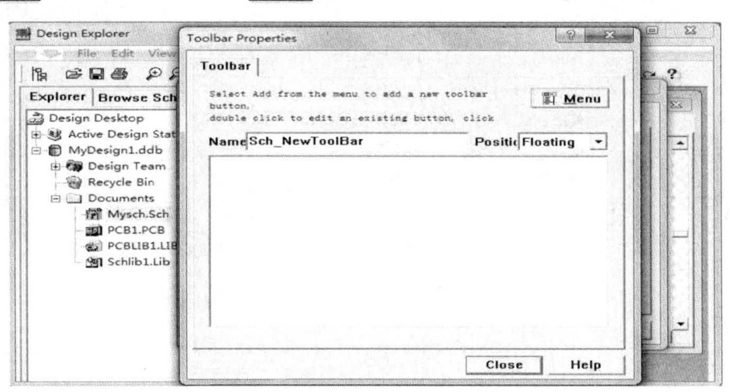

图 3.3　Tool Properties 对话框

单击 Menu 按钮，然后选择 Add 选项，弹出 Tool Properties 对话框，如图 3.4 所示。

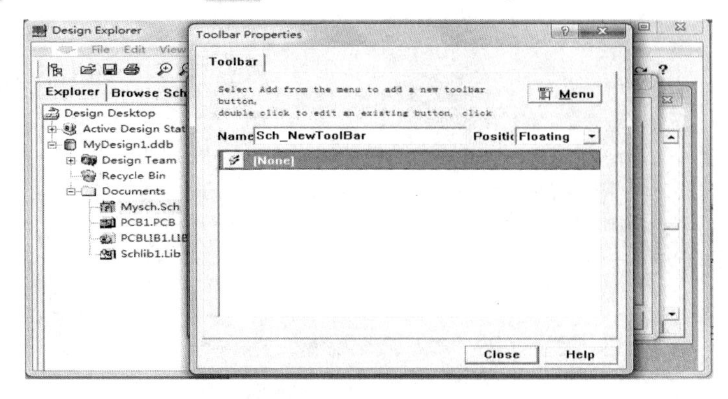

图 3.4　Tool Properties 对话框

（3）单击“None”，弹出 Button 对话框，如图 3.5 所示。

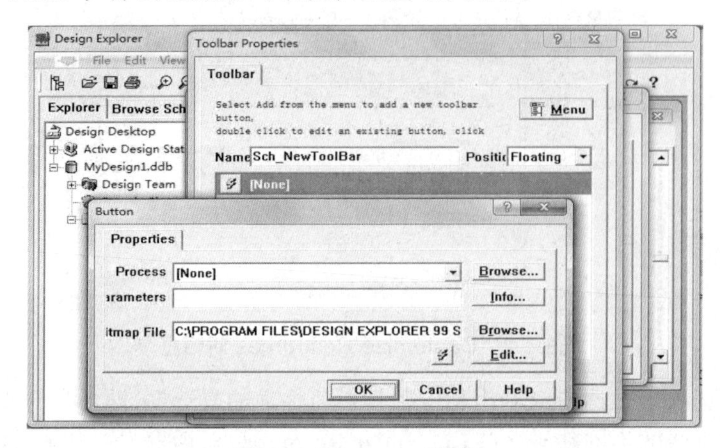

图 3.5　Button 对话框

（4）单击Browse按钮，弹出 Process Browser 对话框，如图 3.6 所示。

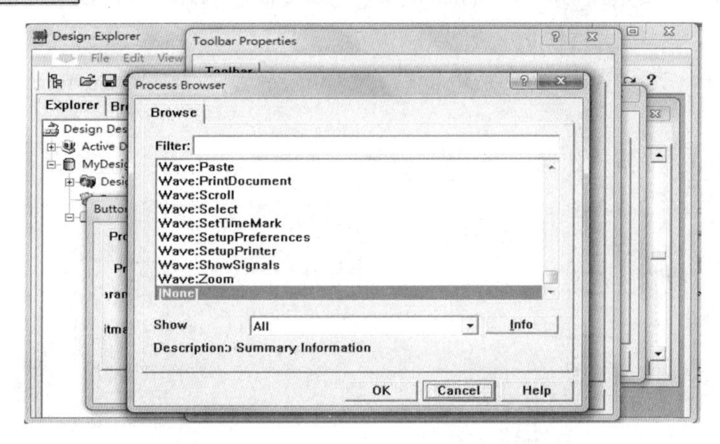

图 3.6　Process Browser 对话框

（5）选择要添加的工具，如“PCB3D：Pan”，弹出如图 3.7 所示的 Button 对话框，单击OK按钮，如图 3.8 所示。

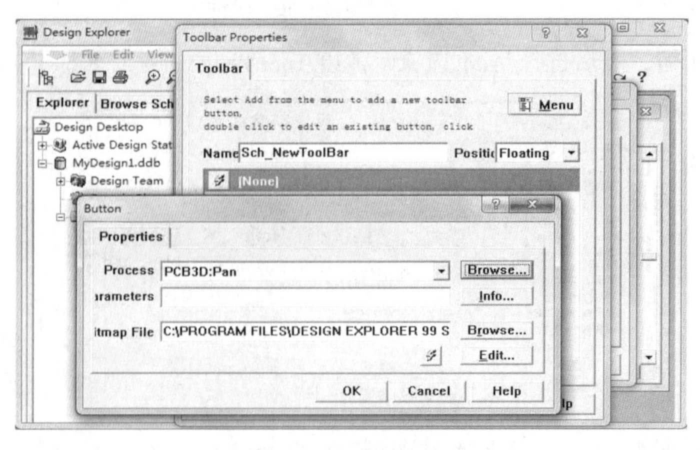

图 3.7　Button 对话框

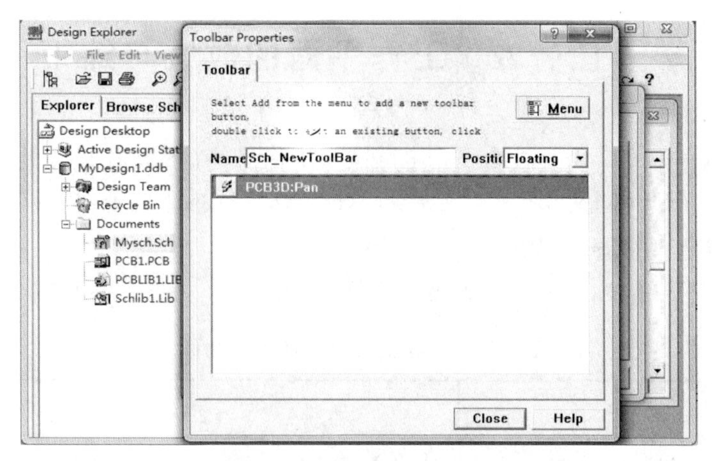

图 3.8 添加新的工具栏

单击Close按钮，在 Customize Resources 对话框中生成 Sch_NewToolBar 工具按钮，如图3.9 所示。

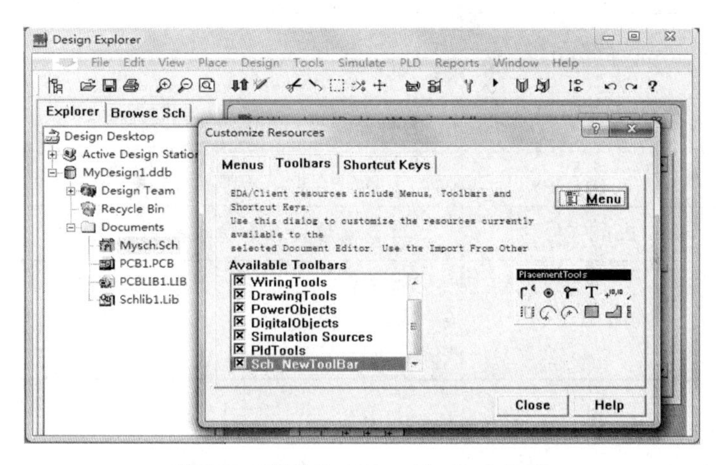

图 3.9 设置 Sch_NewToolBar 工具

单击Close按钮，完成添加新的工具栏。新的工具栏如图 3.10 所示。

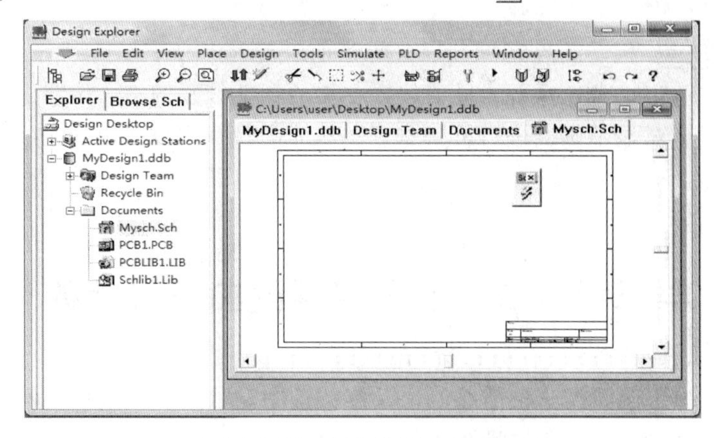

图 3.10 添加新的工具栏

学习任务 2 工作平面的放大与缩小

在绘图的过程中，经常需要查看整张电路图或工作局部，因此需要改变工作平面的大小，即改变显示状态。在 Protel 99 SE 中，通常用两种方法来完成工作平面的放大和缩小。

1. 使用菜单栏改变显示状态

Protel 99 SE 提供了 View 菜单来改变图形区域的大小，主要命令的功能如表 3.2 所示。

表 3.2 View 菜单主要命令的功能

序号	命令名称	功　能
1	Fit Document	显示整个文件，可以用来查看整张原理图
2	Fit All Objects	使绘图中的图形填满工作窗口
3	Area	放大显示设定的区域
4	Around Point	通过确定选定区域的中心位置和选定区域的一个角的位置，来确定放大区域
5	不同的比例显示命令	50%、100%、200%、400%四种显示方式
6	Zoom In 和 Zoom Out	放大或缩小显示区域
7	Pan	移动显示位置，查看各处的电路
8	Refresh	刷新画面：在不改变显示中心的前提下重新显示当前正在编辑的电路图，消除画面上残留的斑点、线或者图形的变形，恢复正确的画面

2. 使用键盘功能键实现工作平面的放大与缩小

当系统处于其他绘图命令状态时，设计者无法用鼠标执行一般的显示状态命令，此时，可用键盘的功能键来完成工作平面的放大与缩小。

（1）按 Page Up 键，工作区域会以光标当前位置为中心放大一倍。

（2）按 Page Down 键，工作区域会以光标当前位置为中心缩小一半。

（3）按 Home 键，原来光标下的显示位置会移动到工作区的中心位置。

（4）按 End 键，对显示画面进行屏幕刷新，从而消除残留斑点或线条变形，恢复正确的画面。

学习任务 3 设置原理图的环境参数

为保证原理图的快速和高质量的绘制，绘制原理图时可适当设置系统的环境参数。设置原理图的环境参数一般是通过在原理图工作界面执行 Tools/Preferences 命令来实现的。执行该命令后，弹出 Preferences（参数设置）对话框，如图 3.11 所示。

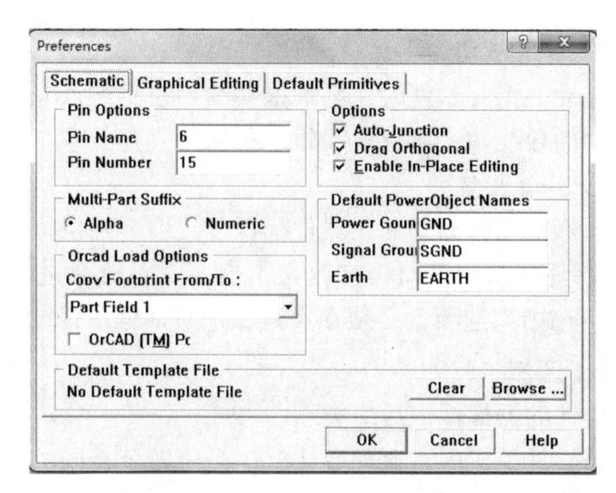

图 3.11　Preferences 对话框

Preferences 对话框包括三个选项卡，其名称和功能如表 3.3 所示。

表 3.3　Preferences 对话框的三个选项卡的功能

序号	名　称	功　能
1	Schematic	原理图的有关设置
2	Graphical Editing	图形编辑的有关设置
3	Default Primitives	原始默认选项的有关设置

一、Schematic（原理图）选项卡

如图 3.11 所示，Schematic 选项卡包括六个区域。

1. Pin Options 区域

此区域的功能是设置元器件符号上的元器件引脚名称、引脚号与元器件符号边缘的间距。

· Pin Name：该选项用来设置元器件引脚名称与元器件边缘的间距，系统默认间距为 6 mil。

· Pin Number：该选项用来设置元器件引脚号与元器件边缘的间距，系统默认间距为 15 mil。

2. Options 区域

Options 区域主要用来设置连接导线的一些功能，包括自动放置节点、导线的直角拖动、直接在原理图窗口内修改文本内容三个选项。

1）Auto Junction（自动放置节点）复选项

如果选中此选项，在画连接导线时，只要导线的起点或终点在另一条导线上（即“T”字连接），系统就会在交叉点上自动放置一个节点；如果是跨过一条导线（即“十”字连接），系统在交叉点不会放置节点。如果这两条线是相交的导线，必须手动放置节点。

如果没有选中此选项，无论两条导线是否相交，均不会自动放置节点，需要时设计者必段手动放置节点。

通常在设计过程中选中该复选框。

2）Drag Orthogonal（直角拖动）复选项

选中该复选框，当拖动一个元器件时，则被拖动的导线将与该元器件保持直角关系。若不选中该选项，则被拖动的导线与元器件之间将不再保持直角关系。

3）Enable In-Place Editing 复选项

选中该复选框，当光标指向已放置的元器件标识、文本、网络标签等文本对象时，单击鼠标左键，可以直接在原理图编辑窗口内修改文本内容，不需要进入参数属性（Parameter Properties）对话框。若不选中该选项，必须在参数属性对话框中修改文本内容。

3. Multi-Part Suffix 区域

该区域用于设置多组件的器件标识后缀类型。

有些元器件是由多个子件组成的，比如 74LS00 是由四个相同的与非门组成的，通过该编辑框可以设置元器件的后缀类型。

1）Alpha 复选项

选中此复选项，则后缀以字母表示，如 A、B、C、D 等。图 3.12 所示为选中该复选项时的元器件名后缀显示。

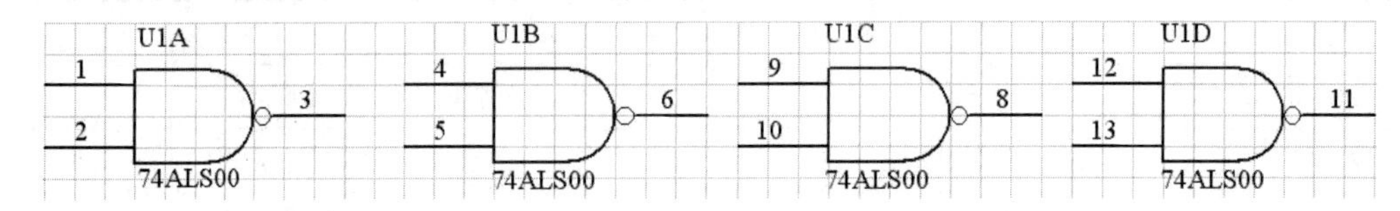

图 3.12　选中 Alpha 复选项时元器件后缀

2）Numeric 复选项

选中该复选项，则后缀以数字表示，如 1、2、3、4 等。图 3.13 所示为选中该复选项时的元器件名后缀显示。

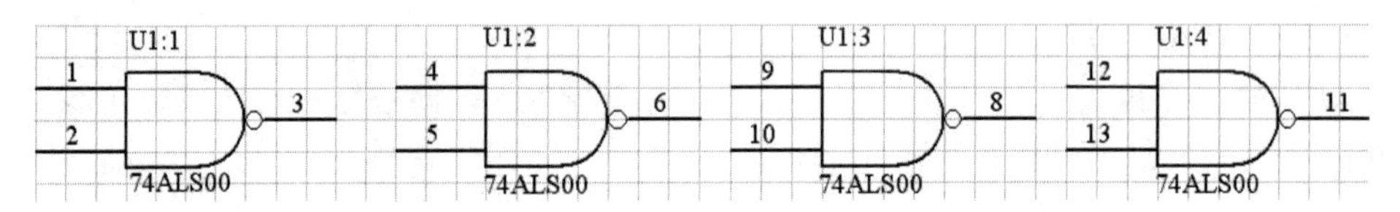

图 3.13　选中 Numeric 复选项时元器件后缀

4. Default Power Object Names 区域

此区域用来设置电子端口的默认网络标签。

（1）Power Ground 项：表示“电源地”，系统默认值为“GND”。

（2）Signal Ground 项：表示“信号地”，系统默认值为“SGND”。

（3）Earth 项：表示接地（大地），系统默认值为“EARTH”。

5. OrCAD Load Options 区域（OrCAD 调入选项区）

OrCAD Load Options 区域中的 Copy Footprint From/To 复选项用于导入 OrCAD 图纸时，把 OrCAD 中包含元器件封装的域映射到原理图封装域中。

OrCAD（TM）Ports：当设计的原理图需要返回 OrCAD 时，该选项阻止在原理图编辑器中修改端口的大小，因为 OrCAD 不支持端口大小的修改。

6. Default Template Names 区域

Default Template Names 区域用于设置默认模板文件。当一个模板被设置为默认模板后，每次创建新文件时，系统自动套用该模板。系统默认值为“No Default Template File”，表示没有设定固定模板文件。要设定固定模板文件，单击图 3.11 中的浏览按钮 Browse ...，系统将弹出如图 3.14 所示的“选择模板”对话框。

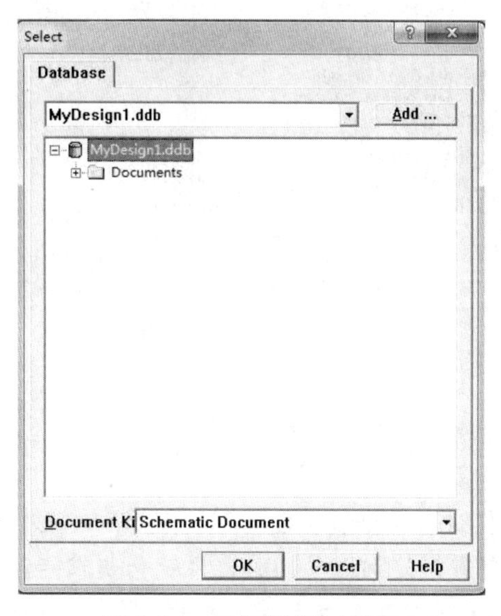

图 3.14　选择模板对话框

单击添加按钮 Add ...，弹出打开对话框，如图 3.15 所示。

图 3.15　打开模板文件对话框

选择好模板后，单击按钮 打开(O) 完成模板设置。

如果选择的模板不合适，可单击图 3.11 所示窗口中的清除按钮 Clear，系统会恢复为默认值“No Default Template File”。

二、Graphical Editing（图形编辑）选项卡

在图 3.11 所示窗口中单击 Graphical Editing 标签，进入如图 3.16 所示的 Graphical Editing 选项卡。在 Graphical Editing 选项卡内可以完成与绘图有关的选项设置。

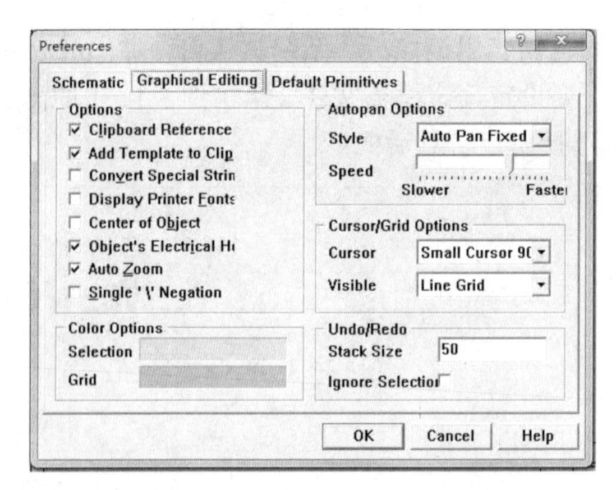

图 3.16　Graphical Editing 选项卡

1. Options 区域

该区域用来设定原理图文档的操作属性。

1）Clipboard Reference 复选框

该选项用于设置将选取的图元复制（Copy）或剪切（Cut）到剪贴板时，是否要指定参考点。如果选中该项，则在进行复制或剪切时，系统会要求指定参考点，光标变成十字状，单击鼠标左键，所选择的图元才会被复制到剪贴板里。将剪贴板中的图元粘贴到电路图上时，将以参考点为基准。如果没有选择此项，进行复制和剪切时系统不会要求指定参考点。系统默认为选中状态。

2）Add Template to Clipboard 复选框

该选项用于设置将图元复制（Copy）或剪切（Cut）到剪贴板时，是否将当前文档所使用的模板一起复制到剪贴板。此功能用途广泛，当不需要模板时，则取消该选项，直接将原理图复制到 Word 文档。否则，所复制的原理图包含整个图样。系统默认为选中状态。

3）Convert Special String 复选框

该选项用于设定是否将特殊字符串转换成相应的内容。若选中此项，则将电路图中的特殊字符串转换成它所代表的内容。否则，电路图中的特殊字符串将不进行转换。

4）Display Printer Fonts 复选框

该选项用于设定文本打印输出时的样式。若选中此项，就可以看到文本在打印输出时的样子。

5）Center of Object 复选框

该选项用于设定移动元器件时，光标捕捉的是元器件的参考点（如库元件和端口）还是元器件的中心。

值得注意的是，要想实现该选项所设定的功能，必须取消“Object’s Electrical Hot Spot”选项，否则，移动元器件时，该复选框选中与否效果完全相同。

6）Object’s Electrical Hot Spot 复选框

选中该选项，当移动或拖动该对象时，光标会自动滑动到最近的电气热点，如元器件的引脚末端。否则，光标将按“Center of Object”选项的设置变化。

7）Auto Zoom 复选框

该选项用来设定当跳转到某元器件时，是否自动调整视图显示比例，以适合显示该元器件。

8）Single '\' Negation 复选框

若选中此选项，将在原来网络名字的第一个字母前面加上一个代表取反的反斜杠“\”。这里的网络名字可以是端口名以及网络标签等。

2. Color Options 区域

该区域包含两项内容，主要用于设定有关对象的颜色属性。

1）Select 选项

此选项用来设定已选对象的颜色，鼠标单击 Selections 右边的颜色属性框，将弹出如图 3.17 所示的 Choose Color（颜色选择）对话框。

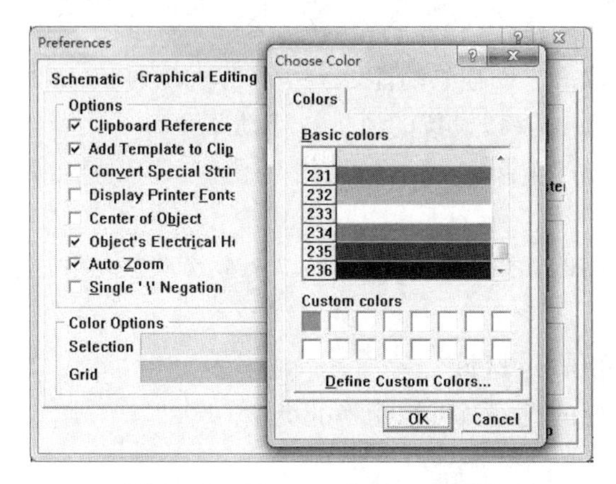

图 3.17　Choose Color 对话框

用户可以在 Basic Colors 列表中单击色条选择基本颜色。如果基本颜色不够用，也可以单击 Define Custom Colors... 按钮，弹出如图 3.18 所示的对话框。

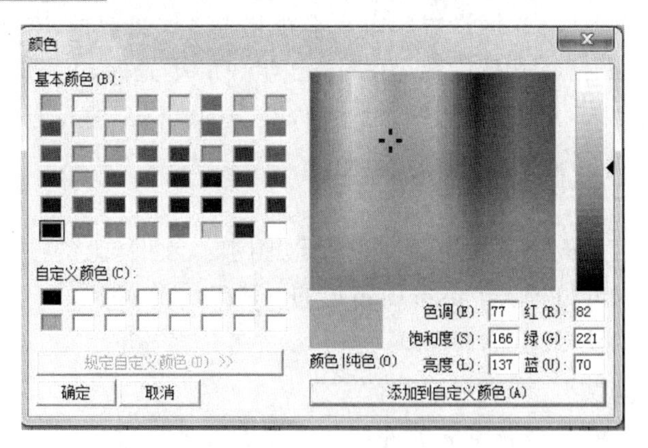

图 3.18　添加自定义颜色对话框

在图 3.18 所示的对话框中，单击中部的色盘选择色系，再从右边渐变色柱中选择所需要的颜色。专业人士也可以通过色度、饱和度、亮度来选择颜色。确定好颜色后单击 添加到自定义颜色(A) 按钮，在左边的自定义颜色标签中会增加所选的颜色，单击 确定 按钮完成颜色的添加。

2）Grid 选项

该选项用来定义图样上可视栅格的颜色，其设置方法与 Select 选项相同。值得注意的是，线状栅格可设置为比较浅的颜色，点状栅格则设置为较深的颜色。

3. Autopan Options 区域

此区域主要用来设置系统的自动摇景功能。所谓摇景，是摄影学中的一项技术，用于拍摄全景。自动摇景是指当鼠标外于放置或拖动图样组件的状态时，如果将光标移到编辑区边缘，图样边界会自动向窗口中心移动，以便使图样进入可视区域。Autopan Options 区域的设置选项如下：

1）Style 选项

该选项用于设置自动摇景模式。用鼠标单击选项右边的 ▾ 按钮，会有相应的模式供设计者选择。

① Auto Pan Off：取消自动摇景功能。

② Auto Pan Fixed Jump：以设置的值进行移动。

③ Auto Pan ReCenter：重新定位编辑区的中心位置，即以光标所指的边为新的编辑区中心。

2）Speed 选项

该选项用于设定移动的速度。拖动滑块可以调节自动移动的速度，向左为调慢，向右为调快。

4. Cursor/Grid Options 区域

该区域用来定义光标的类型和可视栅格的类型。

1）Cursor 选项

此选项提供三种类型的光标，单击 Cursor 选项右边的 ▾ 按钮，在弹出的下拉列表中进行选择。

① Small Cursor 90°：将光标设置为由水平线和垂直线组成的 90°小光标。

② Large Cursor 90°：将光标设置为由水平线和垂直线组成的 90°大光标。

③ Small Cursor 45°：将光标设置为由 45°线组成的小光标。

光标类型可根据个人习惯进行选择，这三种类型的光标只有在进行图形编辑活动时才会出现，平时为一般光标（箭头型）。

2）Visible 选项

此选项用来设置可视栅格的类型。在设计原理图时，图样上的栅格为放置元器件、连线等设计工作带来了极大的方便。单击选项右边的 ▾ 按钮，在弹出的下拉列表中可选择线状栅格（Line Grid）或点状栅格（Dot Grid）。

5. Undo/Redo 区域

在该区域用于设置撤销或者重复前面操作的次数及预留堆栈的大小。此区域有 Stack Size 和 Ignore Selection 两个选项。

1）Stack Size 选项

此选项后的输入框内的数字是用来设定堆栈的大小的，即设定可以撤销或重复操作的次数。理论上撤销或重复操作的次数可以设为无限次，但设定的次数越多，系统所占用的内存就越大，这样将会影响编辑操作的速度。系统默认的堆栈尺寸为 50。

2）Ignore Selection 选项

此选项用于忽略选择，回到默认状态。

完成这些选项的设置后，单击图 3.16 所示窗口右下角的 OK 按钮完成设置。如果不需要这样的设置，点击 Cancel 按钮。

三、Default Primitives（缺省对象）选项卡

在图 3.11 所示窗口中单击 Default Primitives 标签，进入 Default Primitives 选项卡，如图 3.19 所示。

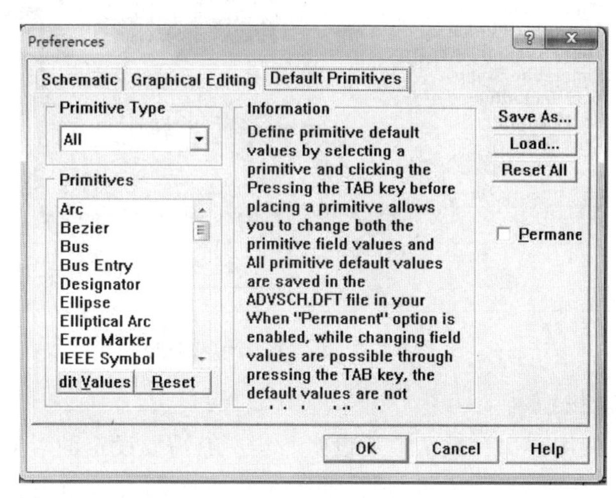

图 3.19 Default Primitives 选项卡

在此标签页内可设定原理图编辑时常用组件的原始默认值。

1. Primitive Type 区域

在该区域内可为对象选择类型。单击右边的 ▾ 按钮，弹出一个下拉列表，从中选择需要设定对象的所在类别。

All：指全部对象；

Wiring Objects：指连线工具栏所能放置的各种对象；

Drawing Objects：指绘图工具栏所能放置的各种对象；

Sheet Symbol Objects：指绘制层次原理图时与子图有关的对象；

Library Objects：指元器件库有关的对象；

Other：指上述类别所未能包含的可放置对象。

一旦选中某个类别，该类别所包含的全部对象将在 Primitives 窗口内显示，以便进行选择和设定原始默认值。

2. Primitives 区域

在 Primitives 区域内可选择窗口内显示的对象，并对所选对象进行原始属性编辑或复位到安装时的状态。

先在编辑平面选中一个对象，然后单击 Edit Value 按钮，弹出如图 3.20 所示的对象属性编辑对话框。

不同的对象，属性对话框会有较大的差别。以 Wire 为例，在对话框内可以修改相关的参数，如导线的大小、颜色等。修改完后单击 OK 按钮。

在窗口内选择一个对象，如 Wire，按 Reset 按钮，则该对象的属性将回到安装时的状态。

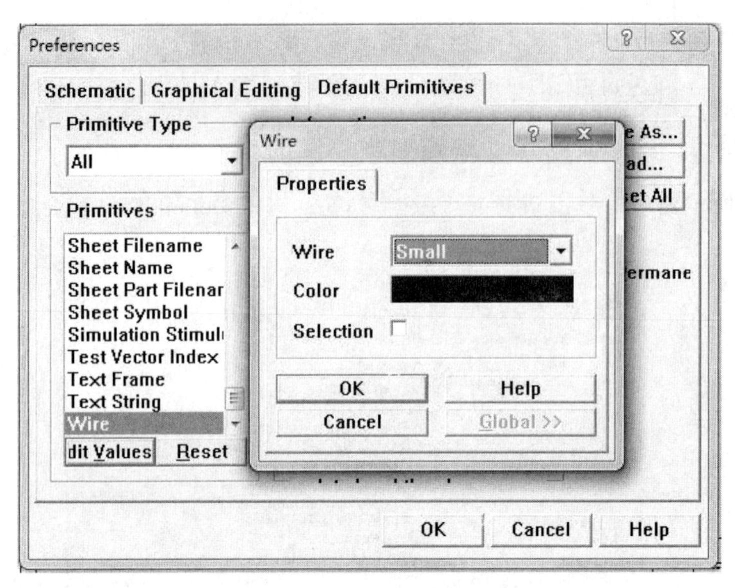

图 3.20　对象属性编辑对话框

3. Save As 功能按钮

Save As 功能按钮用于保存默认原始设置。当所有需要设定的对象全部设定完毕，单击图 3.19 所示窗口右边的 Save As... 按钮，弹出如图 3.21 所示的 Save default primitive file as 对话框，可以将设定保存到指定位置，默认文件名为“AdvSch.dft”，也可以任意指定一个扩展名为“.dft”的文件，并且可以将多次设置的结果分别存储在不同的文件中。

图 3.21　Save default primitive file as 对话框

4. Load 功能按钮

Load 功能按钮用来启用默认原始设置。单击 Load... 按钮，弹出如图 3.22 所示的 Open default primitive file 对话框，选择一个默认原始设置的文件（*.dft），单击装载默认原始设置文件，并返回到图 3.19。

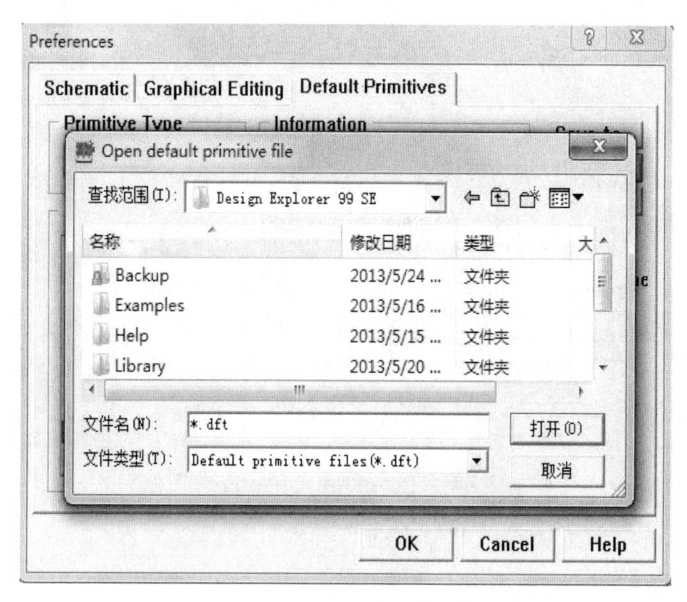

图 3.22　Open default primitive file 对话框

5. Reset All 功能按钮

此按钮用来恢复默认原始设置。单击 Reset All 按钮，使所有对象的属性都回到安装时的状态。

6. Permanent 选项

Default Primitives 选项卡内还有一个永久锁定（Permanent）复选项，主要用来设定是否永久锁定对象属性。

当勾选该复选项时，在原理图编辑环境下，一个对象的原始属性不能通过放置时按 Tab 键所显示的属性对话框来改变，只可改变当前属性，以后再放置该对象时，其属性还是原始属性（与前次放置时属性修改无关）。

当该复选项无效时，在原理图编辑环境下，可以在放置或拖动一个对象时，通过按 Tab 键来修改该对象的原始属性，以后再放置（不包括拖动）该对象，其属性将保持前一次的状态。

学习任务 4　原理图的图样设置

原理图的图样设置实质上是定义工作平面，即确定原理图图纸的相关参数（图纸方向、尺寸、标题等），或者根据具体情况自定义图纸格式以及自行设计原理图模板等。

1. 设置图样大小

用合适的图纸来绘制原理图，会使电路显示清晰，布局美观。在原理图界面主菜单栏执行菜单命令 Design/Options，系统将弹出 Document Options 对话框，在其中选择 Sheet Options 选项卡，如图 3.23 所示。

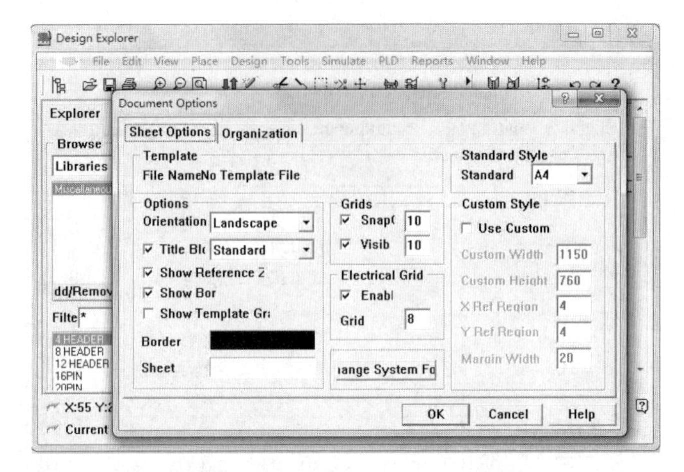

图 3.23　Document Options 对话框

在此对话框中可对图纸大小、摆放方向等参数进行设置。

2. Template（样板）区域

在此区域可输入设计的原理图文件名，也可以不填。

3. Options（选项）区域

此区域供设计者进行图纸方向、标题、边框等七个方面的设定，如图 3.24 所示。

图 3.24　Options 区域的七个选项

1）Orientation（图纸方向）

用鼠标左键单击 Orientation 栏的▼按钮，在下拉列表中出现两个选项。选择 Landscape 则图纸水平放置，选择 Portrait 则图纸垂直放置。

2）Title Block（标题栏类型）

勾选 Title Block 前的复选框，标题栏就会出现在图纸上。反之，图纸上不会出标题栏。

选中标题栏后，单击 Title Block 后面的▼按钮，在下拉列表中出现两个选项。其中 Standard 代表标准型标题栏，其形式如图 3.25 所示；ANSI 代表美国国家标准协会模式标题栏，其形式如图 3.26 所示。

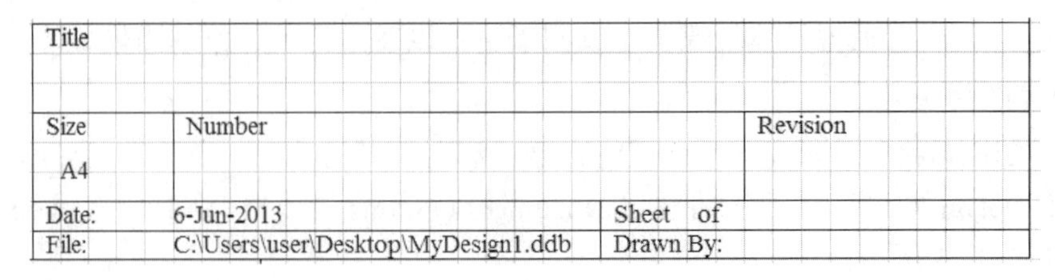

图 3.25　Standard——标准型标题栏

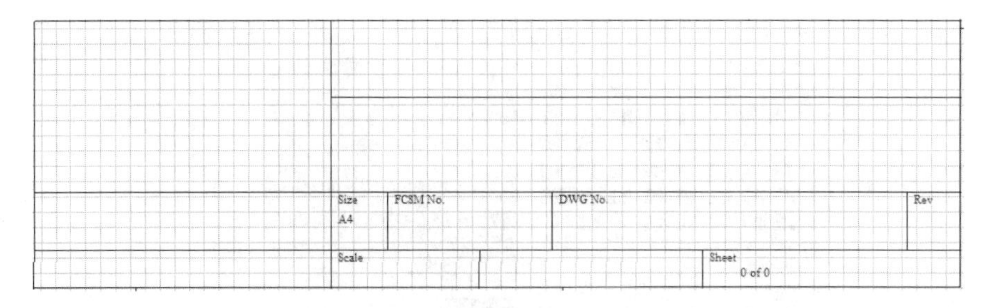

图 3.26　ANSI——美国国家标准协会模式标题栏

3）Show Reference Zone（参考边框显示）

选中此项可以在图纸上显示参考边框。其方法如下：用鼠标左键单击 Show Reference Zone 前的复选框，该复选框中出现“√”符号，表明选中此项，图纸上显示参考边框。重复上述操作，则关闭此选项，图纸上不再显示参考边框。

4）Show Border（图纸边框显示）

选中此项可以显示图纸边框。其方法如下：用鼠标左键单击 Show Border 前的复选框，当复选框中出现“√”符号，表明选中此项，图纸上显示图纸边框。重复上述操作，则关闭此选项，图纸上不再显示边框。

5）Show Template Graphics（模板图形显示）

此选项用来显示模板图形。当选中 Show Template Graphics 前的复选框时，复选框中出现“√”符号，表明选中此项，可以显示模板图形，否则将不显示模板图形。也可以根据需要，将常用的图纸设置和版面设置为模板，以方便使用。

6）Border Color（边框颜色）

此选项用来设置边框颜色。用鼠标左键单击 Border 栏的颜色方框，出现如图 3.27 所示的 Choose Color 窗口。

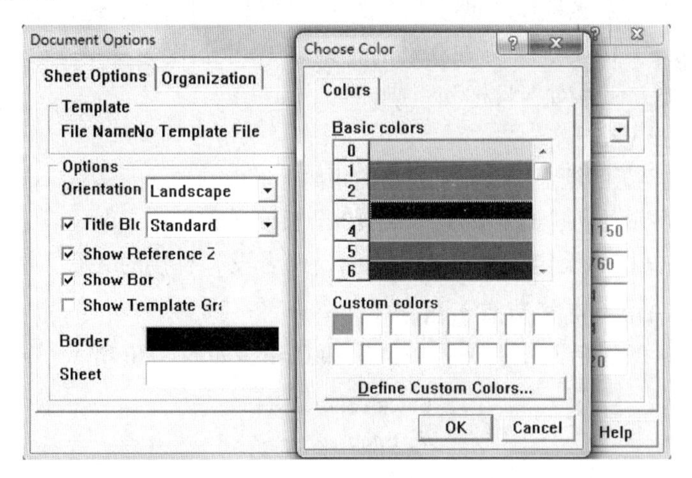

图 3.27　Choose Color 对话框

Protel 99 SE 提供了 239 种基本颜色可供选择。如果这些基本色仍不能满足设计的要求，可以用鼠标左键点击如图 3.27 所示窗口中的 Define Custom Colors... 按钮，此时会弹出一个颜色窗口，如图 3.28 所示。

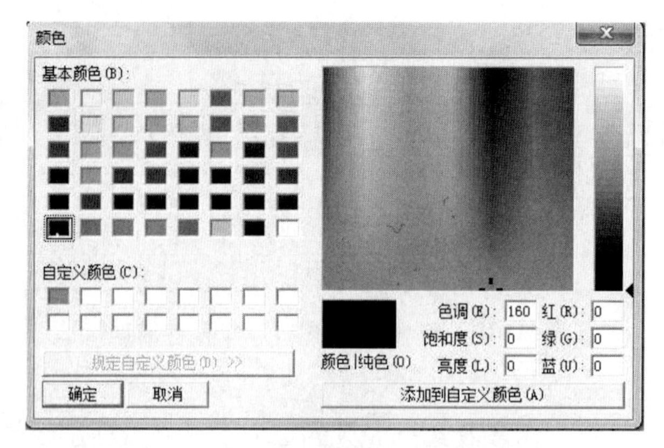

图 3.28　添加自定义颜色对话框

此对话框的使用方法前面已讲解过，在此不再赘述。如果设计者不加以定义，Protel 99 SE 默认设置图纸边框颜色为黑色。

7）Sheet Color（工作区颜色）

设置方法同 Border Color 的设置方法相似。Protel 99 SE 中工作区颜色默认为淡黄色。

4. Grids（图纸栅格）区域

Grids 区域包括两个选项：Snap 和 Visible，如图 3.29 所示。

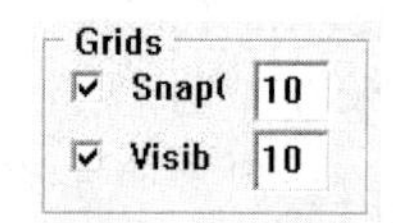

图 3.29　Grids 区域的两个选项

1）Snap（锁定栅格）

Snap 设定值主要决定光标位移的步长，即光标在移动过程中，以设定值为基本单位做跳移。如当设定值 Snap = 10 时，光标在移动时，则以 10 个长度为单位基础。此设置能使设计得在设计过程中更加方便地对准目标和引脚。

2）Visible（可视栅格）

Visible 设定值决定了图纸上实际显示栅格的距离，不影响光标的移动。如当设定值 Visible = 10 时，图纸上实际显示的每个栅格的边长为 10 个长度单位。

Snap 和 Visible 栅格的设定值是相互独立的，两者没有直接的关联。

5. Electrical Grid（电气节点）区域

Electrical Grid 区域包括两个选项：Enable 和 Grid，如图 3.30 所示。

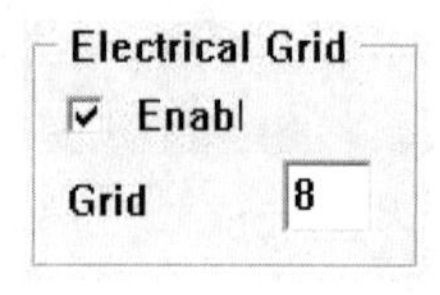

图 3.30　Electrical Grid 区域

1）Enable

若选中 Enable 复选框，系统在连接导线时，将以箭头光标为圆心以 Grid 栏中的设置值为半径，自动向四周搜索电气节点。当找到最接近的节点时，就会自动把“十”字光标移到此节点上，并在该节点上显示出一个“×”。如果未选中此功能，则系统不会自动寻找电气节点。

2）Grid

此选项用来设置光标自动向四周搜索电气节点的半径。

6. Change System Font（改变系统字体）区域

用鼠标左键单击 Change System Font 按钮，将弹出字体设置窗口，如图 3.31 所示。

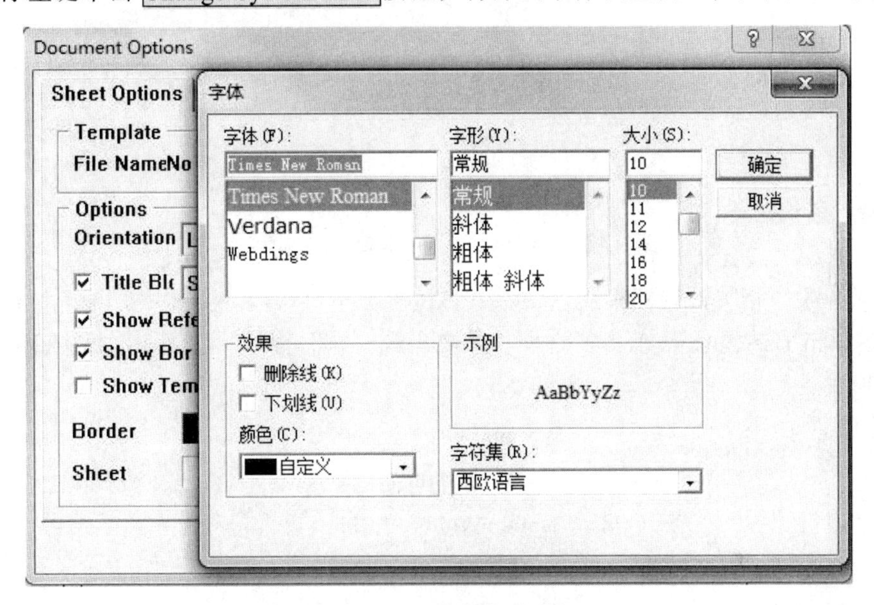

图 3.31　设置字体对话框

在此对话框中可设置字体、字形、字号大小等。

7. Standard Style（标准图纸尺寸）区域

设计电路图时默认的是标准图纸。Standard Style（标准图纸尺寸）区域提供多种标准图纸尺寸选项，如图 3.32 所示。

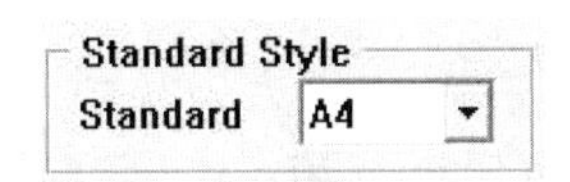

图 3.32　Standard Style 区域

单击 Standard Style 栏的 ▾ 按钮，然后根据设计电路原理图的大小在下拉列表中选择合适的标准图纸号，如选择 A4，然后单击 OK 按钮，就会出现一个 A4 大小的设计工作图纸。

Protel 99 SE 提供了多种标准图纸尺寸选项：

公制：A4、A3、A2、A1、A0。

英制：A、B、C、D、E。

Orcad 图纸：OrCAD A、OrCAD B、OrCAD C、OrCAD D、OrCAD E。

其他：Letter、Legal、Tabloid。

8. Custom Style（自定义图纸尺寸）区域

当标准图纸无法满足设计者的特殊需要时，设计者可自定义图纸尺寸。Protel 99 SE 提供了 Custom Style 选项以供选择，如图 3.33 所示。

图 3.33 Custom Style 选项（未选中）

在图 3.33 中，相关设置框呈灰色状态，各设置框不可操作。要使用 Custom Style 选项，用鼠标左键单击 Use Custom 前的复选框，使之出现"√"符号，即表示激活 Custom Style，如图 3.34 所示。

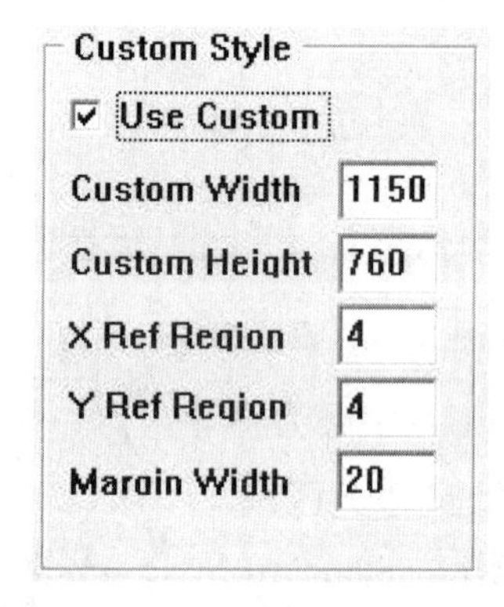

图 3.34 Custom Style 选项（选中）

在 Custom Style 选项中有五个设置框，其名称和功能如表 3.4 所示。

表 3.4 Custom Style 选项中各设置框的名称和功能

设置框名称	功　能
Custom Width	自定义图纸宽度
Custom Height	自定义图纸高度
X Reference Region	*X* 轴参考坐标
Y Reference Region	*Y* 轴参考坐标
Margin Width	边框的宽度

学生职业技能测试项目

系（部）______________________

专　　业______________________

课　　程______________________

项目名称　设置原理图设计环境

适应年级______________________

一、项目名称：设置原理图设计环境

二、测试目的

（1）熟识 Protel 99 SE 原理图绘制工具。

（2）学会工作平面的放大与缩小。

（3）学会设置原理图的环境参数。

（4）学会原理图的图样设置。

三、测试内容（图表、文字说明、技术要求、操作要求等）

1. 缩小和放大工作平面

2. 设置原理图的环境参数

3. 设置原理图的图样

注：测试时间为 30 分钟。

四、评分标准

序号	评分点名称	评分点评分标准	评分点配分
1	缩小和放大工作平面	能根据需要进行缩放则得分	30
2	设置原理图的环境参数	能按要求设置原理图的环境参数则得分	30
3	设置原理图的图样	能按设计要求设置原理图的图样则得分	40

五、有关准备

材料准备（备料、图或文字说明）	无
设备准备（设备标准、名称、型号、精确度、数量等）	无
工具准备（标准、名称、规格、数量）	安装有 Protel 99 SE 的计算机一台
场地准备（面积、考位、照明、电水源等）	可在计算机中心机房测试
操作人数（个人独立完成或小组协作完成）	一人，个人独立完成
特殊要求说明	无

六、需要说明的问题和要求

（1）测试应在学生学习完相应内容之后进行。
（2）测试之前应进行必要的练习。

七、评分记录

班级____________ 学生姓名（学号）____________________

序号	评分点名称	评分点配分	评分点实得分
1	缩小和放大工作平面	30	
2	设置原理图的环境参数	30	
3	设置原理图的图样	40	

评委签名_________________________

考核日期_________________________

项目四
设计简单的原理图

学习任务 1　原理图设计的一般步骤
学习任务 2　元器件库装载
学习任务 3　元器件的放置与编辑
学习任务 4　原理图连线工具栏
学习任务 5　绘图工具栏（非电气工具）
学习任务 6　原理图绘制实例

学习任务 1　原理图设计的一般步骤

电路原理图设计的一般步骤如图 4.1 所示。

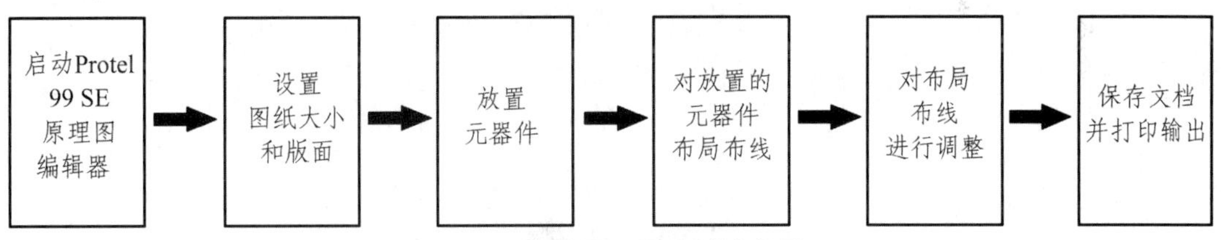

图 4.1　电路原理图设计流程图

1. 启动 Protel 99 SE 原理图编辑器

在已建好的设计数据库中新建一个原理图文档或打开一个原理图文档，启动原理图编辑器，进入原理图的绘制工作状态。

2. 设置图纸大小和版面

绘制原理图前，根据实际电路的复杂程度来设置图纸的大小，并根据电路的特点设置图纸的摆放方向、网格大小、标题栏等。

3. 放置元器件

根据实际电路的需要，从元器件库里取出所需的元器件放置到工作平面上，然后根据元器件之间的走线，对元器件在图纸上的位置进行调整、修改，并对元器件的编号、封装进行定义和设置。

4. 对放置的元器件进行布局布线

按电路原理图的设计需要，对放置的元器件进行布局，然后利用连线工具栏的工具将已放置的元器件用具有电气意义的导线连接起来，构成一个完整的电路原理图。

5. 对布局布线进行调整

为了原理图的美观和正确，对原理图的布局布线进行调整。

6. 保存文档并打印输出

对设计好的原理图进行存盘，然后打印输出。

学习任务 2　元器件库装载

绘制电路原理图时，需要放置元器件。在放置元器件前，必须先载入元器件所在的元器件库，否则无法找到需要的元器件。但如果一次载入过多的元器件库，又会占用过多的系统资源，影响工作的速度。所以，通常的做法是载入必要的常用的元器件库，其他的元器件库可以在需要的时候再载入。

一、认识元器件库管理器

启动原理图编辑器时，工作界面的左侧会出现 Explorer 和 Browse Sch 两个选项卡，选择 Browse Sch，系统就会出现如图 4.2 所示的元器件库管理器。

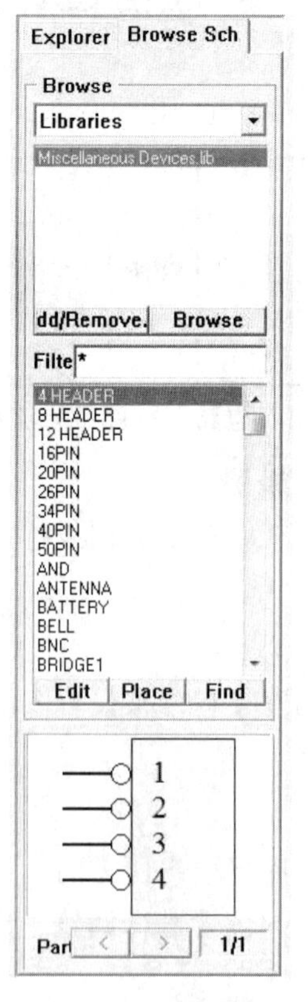

图 4.2　元器件库管理器

元器件管理器分为两个区域：

1）库浏览区域

库浏览区域有类型选择框、库浏览框和 Add/Remove（添加/移出按钮）三个部分组成。

在类型选择框的下拉列表中选择 Libraries，则库浏览框中即显示当前已装入的所有元件名。设计时可用鼠标在库浏览框中激活当前要使用的一个元件库，不能同时激活多个。库浏览框用于查看装载的元器件库名。Add/Remove 按钮用于装载或移出元器件库。

2）元件浏览区域

元件浏览部分有一个元件过滤器（Filter）、一个元件浏览框和一组编辑按钮 Edit | Place | Find。

在元件过滤器中输入所选择元件名的部分特征字符串，字符不详的位置用*或？代替，可使元件浏览框中只显示当前库中带有此字符串的元件名。若在元件过滤器中只输入*，则元件浏览框中显示当前库中所有的元件。

Edit 按钮用于启动元件库编辑器，对在元件浏览框中选中的元件进行编辑。

Place 按钮用于将在元件浏览框中选中的元件放到工作平面上。

Find 按钮用于启动元件查找对话框，对库名未知的元件进行查找。

二、装载元器件库

（1）单击图 4.3 所示对话框中的 Add/Remove 按钮，系统将弹出如图 4.3 所示的 Change Library File List 对话框。也可以执行 Design/Add/Remove Library 命令启动该对话框。

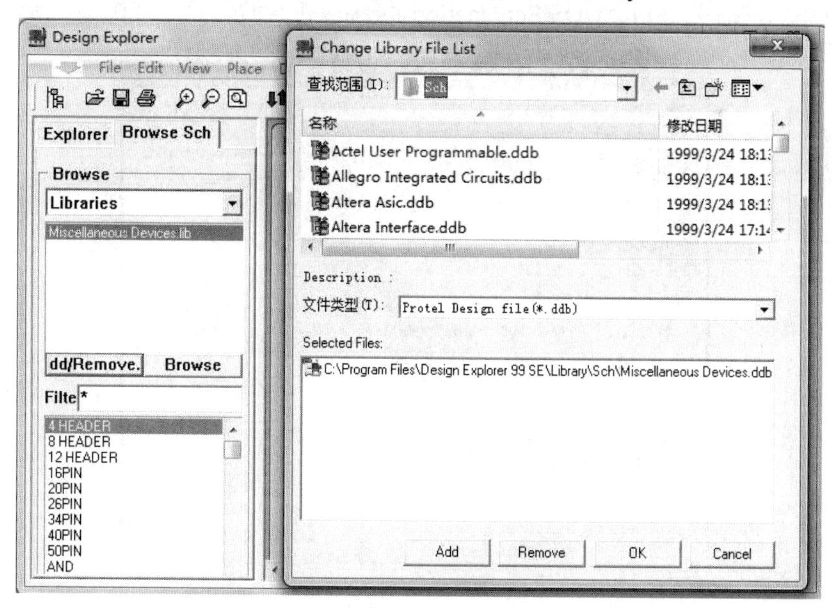

图 4.3　Change Library File List 对话框

（2）选择文件路径。如图 4.3 所示，利用搜索下拉列表与浏览框设置路径："C:\Program Files\Design Explorer 99 SE\Library\Sch"。在文件类型框中选择"Protel Design file（*.ddb）"。

（3）选择所需库文件所在的数据库文件。以 Protel DOS Schematic Libraries.ddb 为例，在搜寻浏览框中选择所需库文件所在的数据库文件名"Protel DOS Schematic Libraries.ddb"，如图 4.4 所示。

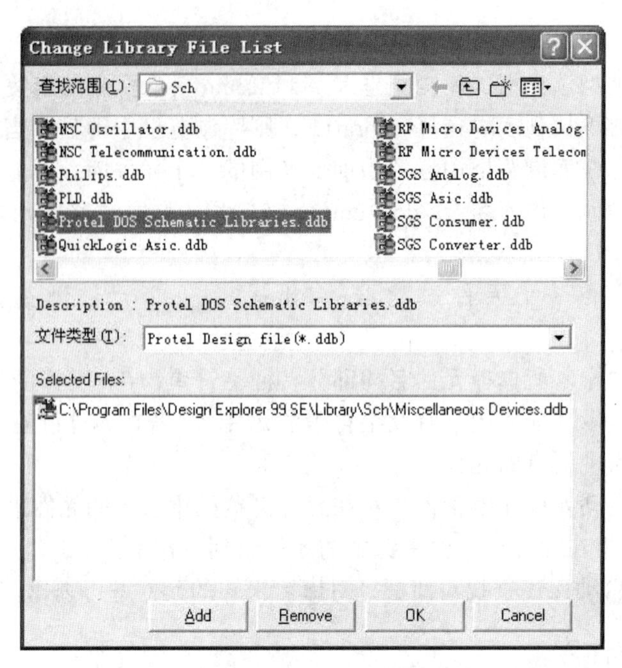

图 4.4 选择所需库文件所在的数据库文件

（4）元器件库载入。单击图 4.4 所示窗口中的 Add 按钮，将选定的元件库装入。在 Selected Files 浏览框中出现有关 Protel DOS Schematic Libraries.ddb 的信息，如图 4.5 所示。

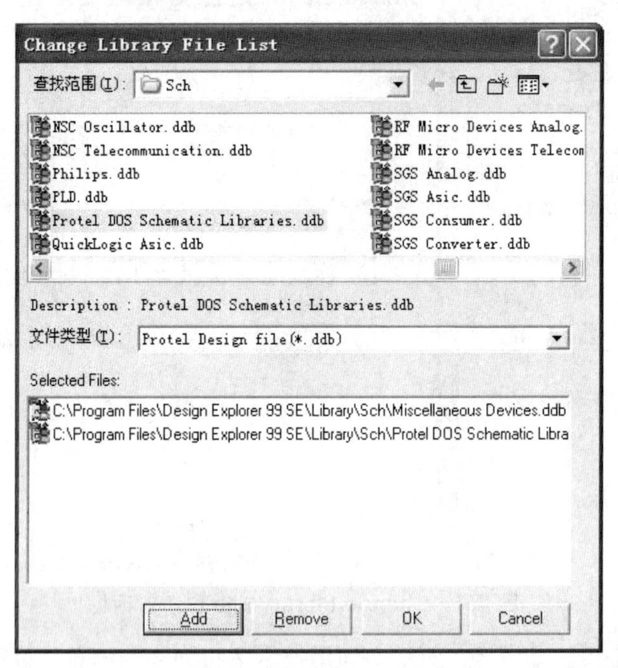

图 4.5 显示有关 Protel DOS Schematic Libraries.ddb 的信息

（5）完成元器件库的载入。单击图 4.5 所示窗口中的 OK 按钮，完成元器件库的载入。此时，在元件库管理器的库浏览器中即显示有元器件库 Protel DOS Schematic Libraries.ddb，如图 4.6 所示。

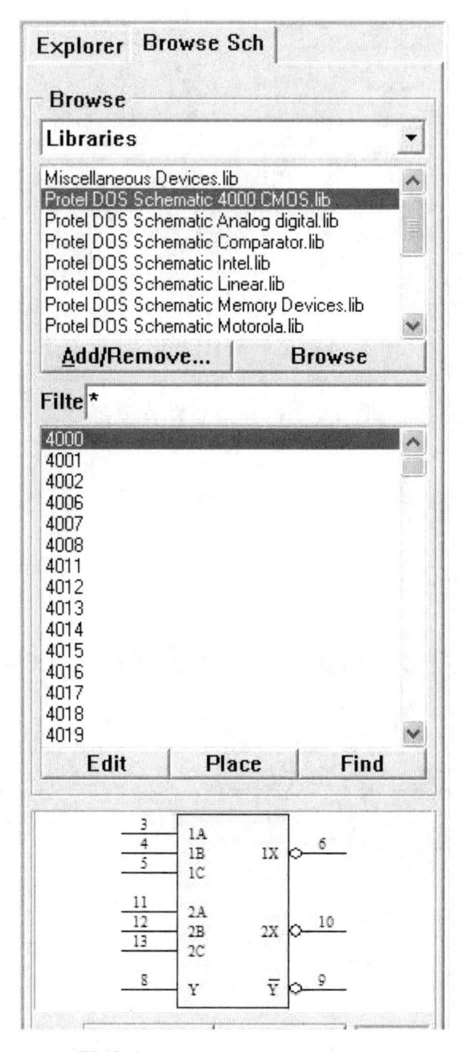

图 4.6　显示元器件库 Protel DOS Schematic Libraries.ddb

三、移出元器件库

方法与载入元器件库相似，但此时选择 Remove 按钮。

学习任务 3　元器件的放置与编辑

一、元器件的放置

1. 利用元器件库管理器放置元器件

现以添加电阻为例说明利用元器件库放置元件的基本步骤。

（1）打开元器件库管理器。

单击原理图编辑器左侧的文件管理器中的 Browse Sch 标签，打开元器件管理器，如图 4.7 所示。

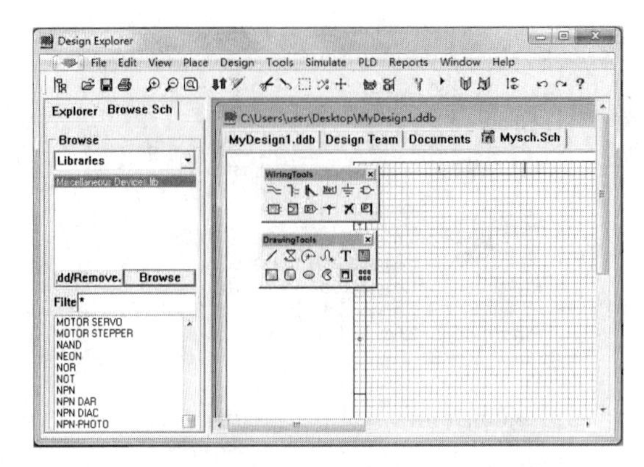

图 4.7 打开元器件管理器

（2）添加元器件库。

同上节介绍的方法一样，在此不再赘述。

（3）选择元器件库。

电阻在 Miscellaneous Devices.lib 库中。

（4）选定元器件。

在元件过滤器（Filter）中输入“RES*”，并按 Enter 键，在元件浏览框中列出所有带“RES”的元件，如图 4.8 所示。

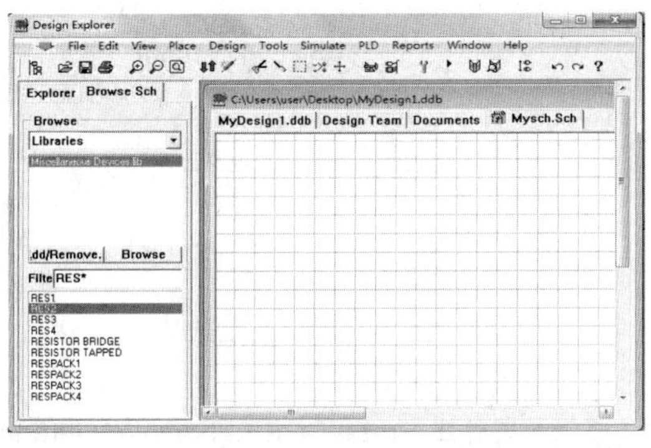

图 4.8 选择元器件

如果对元器件不熟悉，或是选择不常见的元器件，可以单击元器件库管理器中的 Browse 按钮，弹出如图 4.9 所示的对话框。

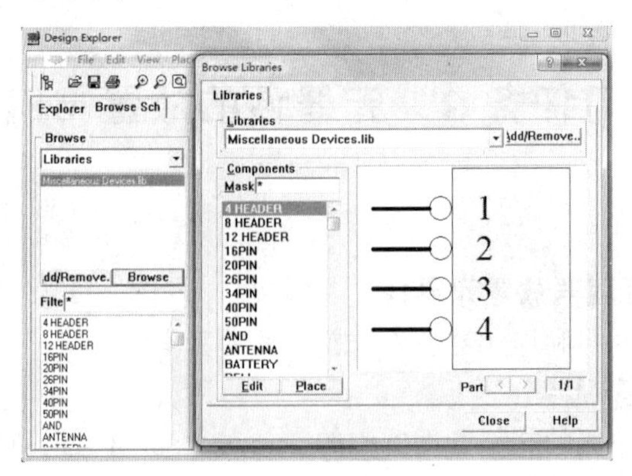

图 4.9 打开 Browse Libraries 对话框

在 Libraries 区域利用 Add/Remove 按钮选择元器件库。选定元器件库后，在 Components 区域的 Mask 栏中输入“RES”，按 Enter 键后会看到左边元器件框里列出所有带有 RES 的元器件，如图 4.10 所示。

然后用鼠标选中元件 RES2，如图 4.11 所示。

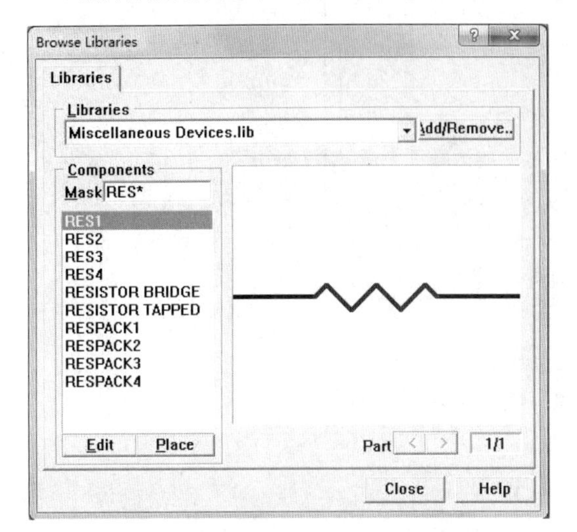

图 4.10　过滤所有带 RES 的元器件

图 4.11　选择 RES2 元器件

（5）放置选中的元器件。

用鼠标左键单击 Place 按钮，光标变为“十”字形。将光标移至工作平面上然后单击鼠标左键，一个电阻 RES2 就被放置到工作平面上，如图 4.12 所示。

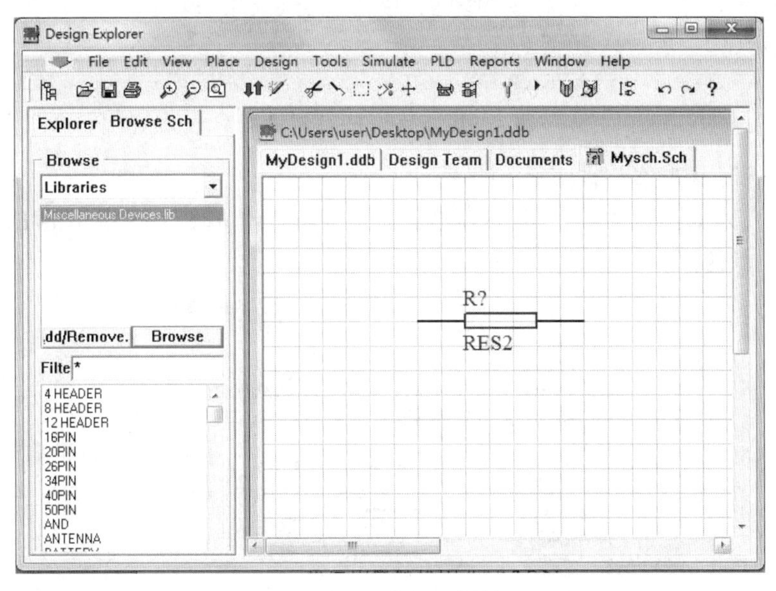

图 4.12　放置元器件

若不知道需用的元器件在哪个库中，可使用菜单命令 Tools/Find Component，或者单击库浏览器下部的 Find 按钮，在弹出的 Find Schematic Component 对话框中进行查找，如图 4.13 所示，然后再将其添加到当前库中。

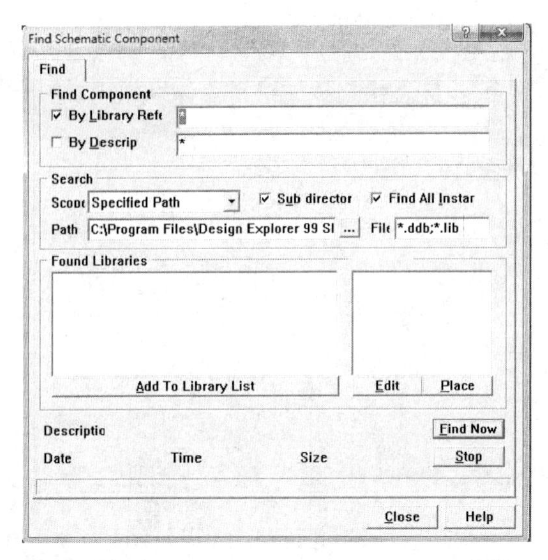

图 4.13　Find Schematic Component 对话框

2. 利用菜单命令放置元器件

现以放置电阻元件 RES2 为例进行说明。

（1）执行菜单命令 Place/Part，即可打开如图 4.14 所示的 Place Part 对话框。

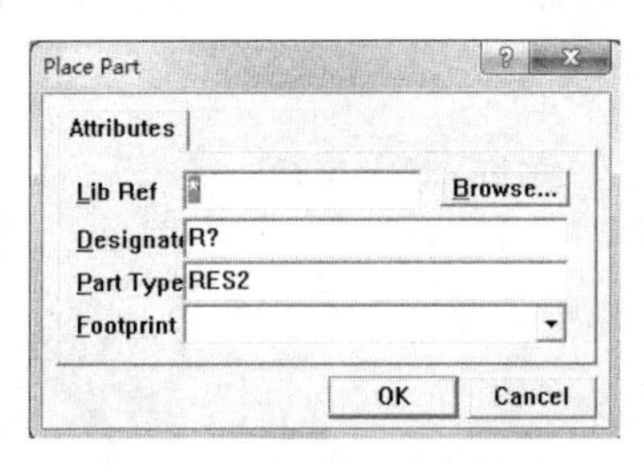

图 4.14　Place Part 对话框

（2）在对话框中选择元器件所在的库。

在图 4.11 所示对话框中单击 Browse 按钮，系统将弹出如图 4.15 所示的 Browse Libraries（浏览元器件）对话框。

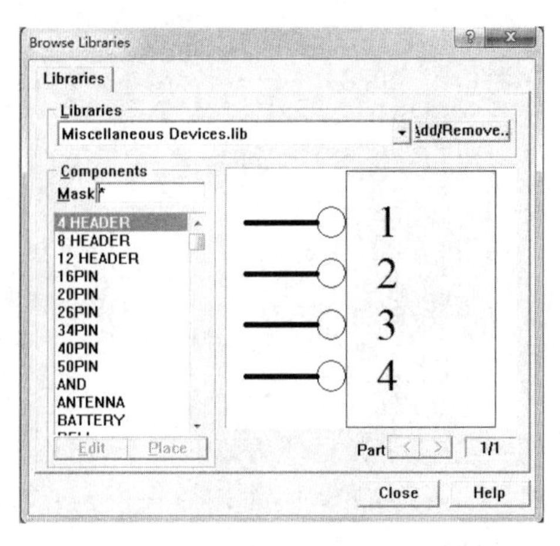

图 4.15　Browse Libraries 对话框

在此对话框中，选择需要放置的元器件所在的元器件库，也可以单击图 4.15 所示窗口的 Add/Remove 按钮，在弹出的如图 4.16 所示的 Change Library File List 对话框中加载元器件库。

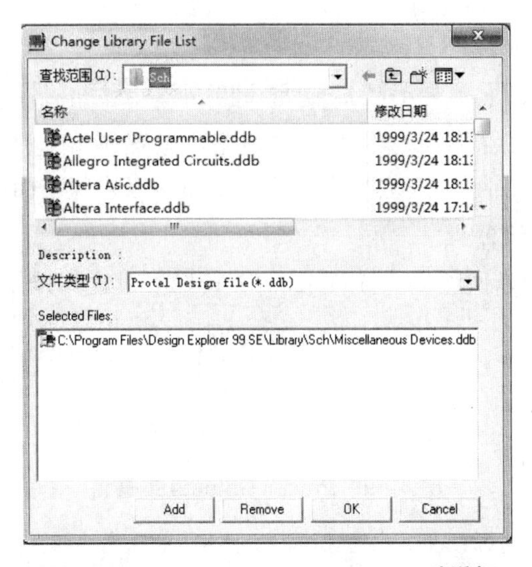

图 4.16　Change Library File List 对话框

选择元器件库后，单击 Add 按钮完成载入。如果需要移除，则单击 Remove 按钮移除。

（3）选择元器件。

在图 4.16 所示对话框中选择了元器件库后，可以在图 4.15 所示 Components 列表中选择自己需要的元器件，例如选择 RES2，如图 4.17 所示。

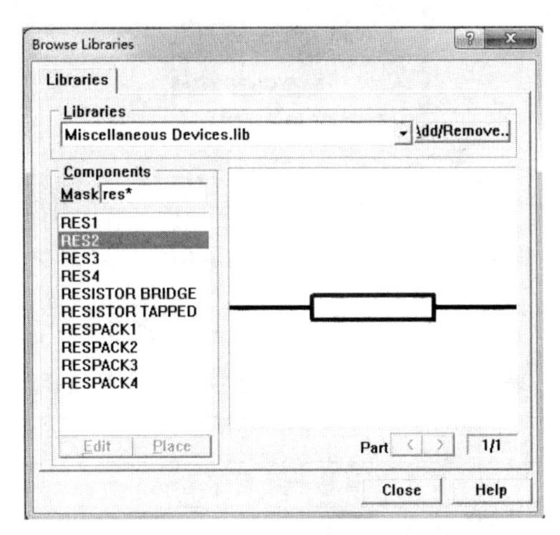

图 4.17　选择 RES2 元器件

（4）放置元器件。

在图 4.17 所示窗口中单击 Place 按钮，即可在工作区域放置电阻 RES2。

3. 使用常用数字元器件工具栏放置元器件

Protel 99 SE 提供了 Digital Objects（常用数字元器件）工具栏，如图 4.18 所示。通过执行 View/Toolbars/Digital Objects 命令可打开或关闭 Digital Objects 工具栏。

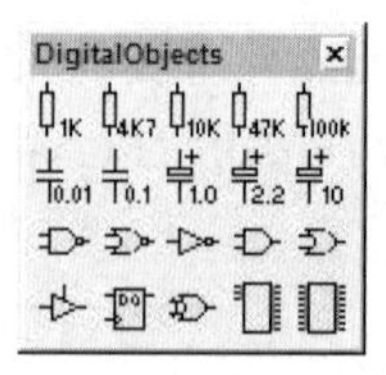

图 4.18　Digital Objects 工具栏

常用数字元器件工具栏提供了常用规格的电阻、电容、与非门等元器件，使用该工具栏中的元器件按钮，可以方便地放置这些元器件。其操作方法与前面的操作方法相似。

4. 放置电源与接地元器件

电源与接地元器件可以使用 Power Objects 工具栏上对应的按钮来选取，如图 4.19 所示。

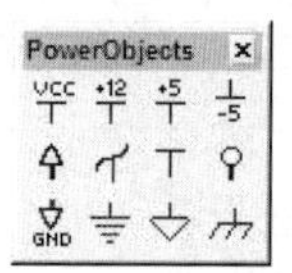

图 4.19　Power Objects 工具栏

该工具栏可以通过 View/Toolsbars/Power Objects 菜单命令来打开或关闭。

单击选中的电源，拖动鼠标将其放置在工作平面上选定的位置。然后双击该电源，弹出如图 4.20 所示的电源属性对话框。

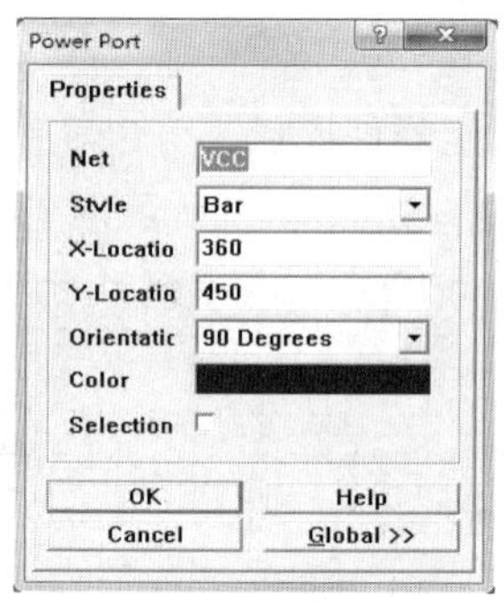

图 4.20　Power Port（电源属性）对话框

在该对话框里可以编辑电源属性。各选项的说明如表 4.1 所示。

表 4.1　Power Port 对话框各选项的说明

序号	属性类别	说　明
1	Net	修改电源符号的网络名称
2	Style	选择电源的样式。通常有 Circle、Arrow、Bar、Wave、Power Ground、Signal Ground、Earth。默认为 Bar
3	X-Location	确认放置电源的 X 坐标数值
4	Y-Location	确认放置电源的 Y 坐标数值
5	Orientation	旋转角度对话框。通常有 0 Degrees、90 Degrees、180 Degrees、270 Degrees。默认值为 90 Degrees
6	Color	选择显示电源的颜色
7	Selection	是否被选中

二、设置元器件属性

原理图元器件对象一般都具有自身特定的属性，在设计绘制原理图时通常需要设置元器件的属性。

在将元器件放置在工作区之前，此时的元器件符号可以随着鼠标移动。如果此时按下 Tab 键就可以打开 Part（元器件属性）对话框，如图 4.21 所示。

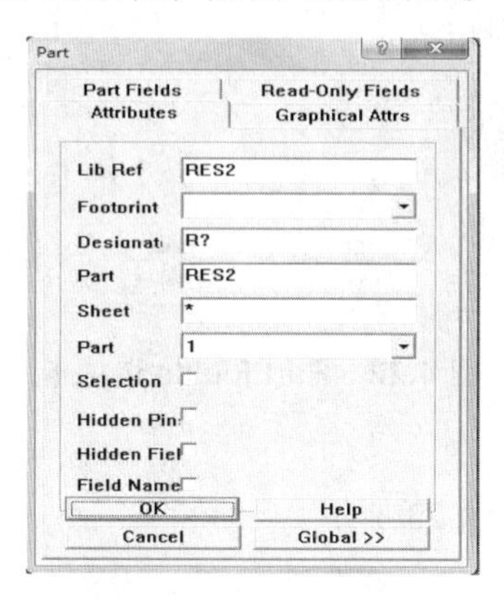

图 4.21　Part 对话框

在此对话框中，共有四个选项卡，即 Attributes、Part Fields、Read-Only Fields、Graphical Attributes。

1）Attributes 选项卡

如图 4.21 所示，Attributes 选项卡用来设置与元器件相关的电气属性。各选项的说明如表 4.2 所示。

表 4.2　Attributes 选项卡各选项的说明

序号	属性类别	说　明
1	Lib Reference	元器件在库中的名称
2	Footprint	元器件封装名称
3	Designator	元器件在图纸中的名称，通常由元器件名和编号组成
4	Part	元器件的标称值
5	Sheet	可编辑的元器件所在的图纸
6	Part	集成元器件的部件个数
7	Selection	是否被选中
8	Hidden Pins	是否隐藏元器件引脚
9	Hidden Field	是否隐藏元器件区域
10	Field Name	元器件区域名

2）Part Fields 选项卡

Part Fields 选项卡如图 4.22 所示。

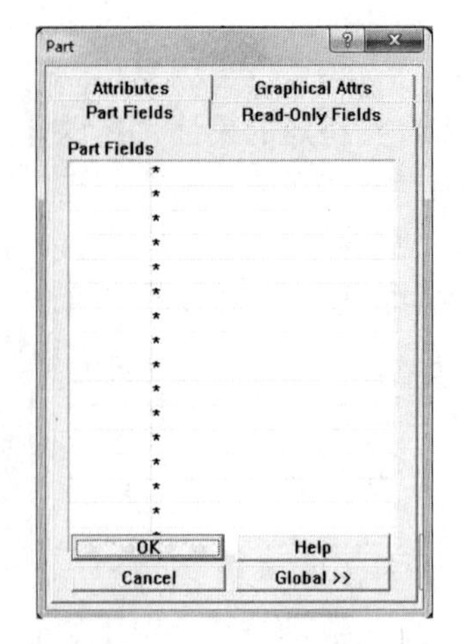

图 4.22　Part Fields 选项卡

3）Read-Only Fields 选项卡

Read-Only Fields 选项卡如图 4.23 所示。

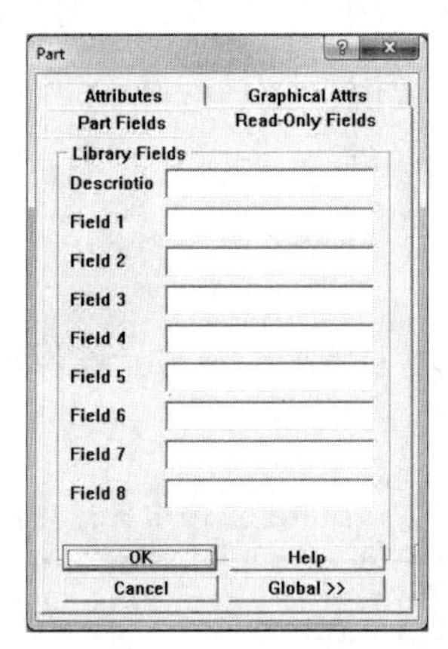

图 4.23　Read-Only Fields 选项卡

4）Graphical Attributes 选项卡

Graphical Attributes 选项卡如图 4.24 所示。

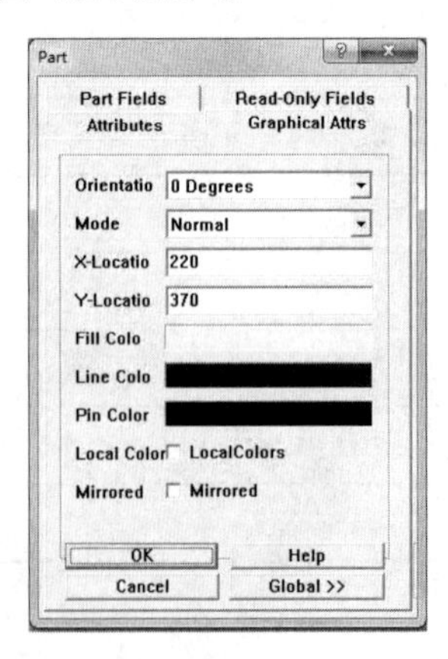

图 4.24　Graphical Attributes 选项卡

Graphical Attributes 选项卡显示当前元器件的图形信息，包括图形的位置、旋转角度、填充颜色、线条颜色、引脚颜色、是否镜像处理等。其选项说明如表 4.3 所示。

表 4.3　Graphical Attributes 选项卡各选项的说明

序号	属性类别	说　明
1	Orientation	元器件图形的位置，有 0 Degrees、90 Degrees、180 Degrees、270 Degrees，默认为 0 Degrees
2	Mode	元器件的模式，有 Normal、DeMogan、IEEE，默认为 Normal
3	X-Location	修改 X 坐标
4	Y-Location	修改 Y 坐标
5	Fill Color	设置填充颜色
6	Line Color	设置线条颜色
7	Pin Color	设置元器件管脚颜色
8	Local Color 复选框	与 Graphical 相对应，勾选此项，则此设置仅对本元器件有效
9	Mirrored 复选框	设置镜像位置

三、调整元器件位置

元器件位置的调整是元器件布局中不可缺少的操作，能使原理图更加美观而且便于阅读。元器件位置的调整通常是利用系统提供的命令将元器件移动到合适的位置，并旋转为合适的方向，使整个编辑平面的元器件布局均匀，连线简洁。

1. 选择元器件

在进行元器件位置调整前，要先选择元器件。元器件的选择方法有以下三种：

1）直接选择元器件

在编辑平面的合适位置按住鼠标左键，光标变为“十”字状，拖动鼠标到合适位置，松开鼠标即在图样上形成一个矩形框，框内的元器件全部被选中。选中的元器件四周有绿色的矩形框。此外，直接单击元器件，也可实现选中单个元器件。若想选择多个元器件，只需按住 Shift 键不放，依次单击要选择的元器件即可。

2）利用主工具栏的选择工具

在主工具栏中有三个与选择元器件相关的工具按钮：区域选取按钮 、取消选择按钮 、移动元器件按钮 。

区域选取按钮 的功能是选中区域里的元器件。操作时单击 按钮，光标变为“十”字状，此时可以移动鼠标去选择一个区域，区域内的元器件四周就会出现带颜色的方框，表示已被选中。要取消选择，可以单击取消选择按钮 。

当元器件处于选中状态时，单击移动元器件按钮 ，光标变为“十”字状，将光标移动到选中元器件的方框内，按下鼠标左键，就可以拖动元器件。

3）使用菜单中的选择元器件命令

在 Edit 菜单中，有几个是选择元器件的命令，如表 4.4 所示。

表 4.4　Edit 菜单中选择元器件的命令

序号	命令类别	说　明
1	Inside Area	区域选取命令，用于选取区域内的元器件
2	Outside Area	区域外选取命令，用于选取区域外的元器件
3	All	选取所有元器件，用于选取图样内所有元器件
4	Connection	选取连线命令，用于选取指定连接导线
5	Toggle Selection	切换式选取命令。执行该命令后，光标变为“十”字状，在某一元器件上单击鼠标，则可选中该元器件，再单击下一元器件，又可以选中下一个元器件，这样可连续选中多个元器件。如果元器件以前已经处于选中状态，单击该元器件可以取消选中

2. 元器件的移动

在原理图编辑状态，元器件的移动大致可以分为两种情况：一种是元器件在平面里的移动，简称“平移”；另一种是当一个元器件将另外一个元器件遮盖住的时候，需要移动元器件来调整元器件间的上下关系，将这种元器件间的上下移动称为“层移”。元器件移动的命令在 Edit/Move 菜单中。

移动元器件最简单的方法是直接移动：将光标移动到元器件上，按住鼠标左键，元器件周围出现虚框，拖动元器件到合适的位置后松开鼠标左键，即可实现该元器件的移动。

执行 Edit/Move 菜单中的各个移动命令，也可对元器件进行多种移动。其功能和操作方法如表 4.5 所示。

表 4.5　Edit/Move 菜单中的各个移动命令

序号	命令类别	用法说明
1	Drag	当元器件连接有线路时，执行该命令后，光标变为“十”字状。在需要拖动的元器件上单击，元器件会随着光标一起移动，元器件上所有的连线也会跟着移动，不会断线。执行该命令前，不需要选取元器件
2	Move	用于移动元器件。但该命令只移动元器件，不移动连接导线
3	Move Selection	与 Move 命令相似，移动的是已选定的元器件。此命令适用于多个元器件同时移动的情况
4	Drag Selection	与 Drag 命令相似，移动是已选定的元器件。此命令适用于多个元器件同时移动的情况
5	Move To Front	平移和层移的混合命令。它的功能是移动元器件，并且将它放在重叠元器件的最上层，操作方法同 Drag 命令
6	Bring To Front	将元器件移动到重叠元器件的最上层。执行该命令后，光标变成十字状，单击需要层移的元器件，该元器件立即被移到重叠元器件的最上层。单击鼠标右键，结束层移状态
7	Send To Back	将元器件移到重叠元器件的最下层。执行该命令后，光标变成十字状，单击需要层移的元器件，该元器件立即被移到重叠元器件的最下层。单击鼠标右键，结束该命令
8	Bring To Front Of	将元器件移动到某元器件的上层。执行该命令后，光标变成“十”字状。单击要层移的元器件，该元器件暂时消失，光标还是“十”字状，选择参考元器件，单击鼠标，原先暂时消失的元器件重新出现，并且被置于参考元器件的上面
9	Send To Back Of	将元器件移动到某元器件的下层，操作方法同 Bring To Front Of 命令

3. 元器件的旋转

元器件的旋转实质上是改变元器件放置的方向。在 Protel 99 SE 中，最常用的操作方法如下：

（1）在元器件所在的位置单击鼠标左键选中元器件，并按住鼠标左键不放。

（2）按 Space 键，每按一次元器件会逆时针旋转 90°。

此外，还可以使用菜单命令 Properties 来实现元器件的旋转。将光标指向需要旋转的元器件，单击鼠标右键，从弹出的快捷菜单中选择 Properties 命令，然后系统弹出 Component Properties 对话框。具体设置方法前面已详述过，此外不再赘述。

4. 取消元器件选择

当被选取的元器件执行完移动、复制、粘贴等操作后，元器件仍处于被选中的状态，要使用取消命令解除元器件的选中状态。取消元器件选择状态的操作方法有以下几种：

1）单击鼠标左键解除对象的选取状态

（1）解除单个对象的选取状态。如果只有一个元器件处于选中状态，这时只需要在图样上非选中区域的任意位置单击鼠标左键即可。当有多个对象被选中时，如果想解除个别对象的选中状态，这时只需要将光标移动到相应的对象上，然后单击鼠标左键即可。此时其他先前被选取的对象仍处于选取状态，接下来继续解除下一个对象的选取状态。

（2）解除多个对象的选取状态。当有多个对象被选中时，如果想一次解除所有对象的选取状态，这时只需在图样上非选中区域的任意位置单击鼠标左键即可。

2）使用标准的工具栏上的解除命令

在标准工具栏上有一个取消选择按钮，单击该图标后，图样上所有带有亮度标记的被选对象全部取消被选状态，高亮标记消失。

3）通过解除选中菜单命令

执行菜单命令 Edit/DeSelect 可实现解除元器件的选中状态。Edit/DeSelect 菜单有四个命令，其名称与功能如表 4.6 所示。

表 4.6　Edit/DeSelect 菜单中四个命令的名称与功能

序号	名　称	功　能
1	Edit/DeSelect/Inside Area	将选择框中所包含的元器件的选中状态取消
2	Edit/DeSelect/Outside Area	将选择框外所包含的元器件的选中状态取消
3	Edit/DeSelect/All	取消当前文档中所有元器件的选中状态
4	Edit/DeSelect/Toggle Selection	切换式取消元器件的选中状态

5. 删除元器件

当不需要图形中的某个元器件时，需要对其进行删除操作。删除元器件可以使用 Edit 菜单中的两个命令，即 Delete 和 Clear。

Delete 命令的功能是删除元器件，执行此命令之前不需要选取元器件，执行 Delete 命令之后，光标变成“十”字状，将光标移到所要删除的元器件上单击，即可删除该元器件。另外一种删除元器件的方法是使用鼠标左键单击选中元器件后，元器件周围会出现虚框，按

Delete键即可实现删除。

Clear 命令的功能是删除已选取的元器件。执行此命令之前需要选择元器件，执行 Clear 命令之后，已选取的元器件立即被删除。

值得注意的是，Clear 命令能一次删除所有被选中的元器件。

6. 剪切、复制、粘贴元器件

与其他许多软件一样，Protel 99 SE 有“剪贴”功能，包括对元器件的复制、剪切与粘贴。

1）一般粘贴

其功能与操作方法如表 4.7 所示。

表 4.7 一般粘贴的功能与操作方法

序号	工具	操作	功 能	快捷键
1	复制	Edit/Copy	将选取的元器件作为副本，放入剪贴板中	Ctrl+C
2	剪切	Edit/Cut	将选取的元器件直接移入剪贴板中，同时原理图上的被选元器件被删除	Ctrl+X
3	粘贴	Edit/Paste	将剪贴板里的内容作为副本，复制到原理图中	Ctrl+V

2）阵列式粘贴

阵列式粘贴是一种特殊的粘贴方式，一次可以按指定间距将同一个元器件重复地粘贴到图样上。启动阵列式粘贴可以用菜单命令 Edit/Paste Array，也可以用画图工具栏里的“阵列粘贴”按钮。点击“阵列粘贴”按钮，将弹出如图 4.25 所示的 Setup Paste Array（阵列粘贴设置）对话框。

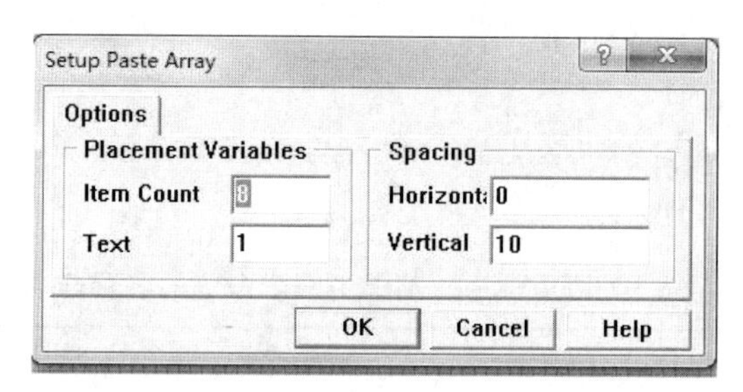

图 4.25 Setup Paste Array 对话框

对话框中的各选项的功能如表 4.8 所示。

表 4.8 Setup Paste Array 对话框中的选项及功能

序号	类别	选项	功 能
1	Placement Variables	Item Count	设置所要粘贴的元器件个数
2		Text	设置所要粘贴的元器件序号的增量值。如果将该值设为 1，且元器件序号为 C1，则重复放置的元器件中，序号分别为 C2、C3、C4……
3	Spacing	Horizontal	设置所要粘贴的元器件间的水平间距
4		Vertical	设置所有粘贴的元器件间的垂直间距

学习任务 4　原理图连线工具栏

当所有的元器件、电源和其他对象放置完毕后，就要按照电路设计的要求建立网络的实际连通性，这时，需要进行连接导线的操作。连接导线通常有两种方法，一是使用连线工具栏，二是使用主菜单栏中的“放置（Place）”命令。

执行菜单命令 Edit/Toolbars/Wiring Tools 可以打开和关闭连线工具栏。连线工具栏如图 4.26 所示。

图 4.26　原理图连线工具栏

各按钮的功能如表 4.9 所示。

表 4.9　连线工具栏各按钮的功能

序号	按钮	功　能
1		绘制导线
2		绘制总线
3		放置总线出入端口
4	Net1	设置网络标号
5		放置电源
6		放置 I/O 端口
7		绘制电路方块图
8		放置电路方块图的端口
9	D1	设置超越图样连接器
10		放置线路节点
11		放置 No ERC 标志
12		放置 PCB 布线标记命令

一、绘制导线

绘制导线是将电路中的一个元器件引脚与另一个元器件引脚用导线连接起来。如图 4.27 所示，将电阻 R1 和 R2 连接起来，操作步骤如下：

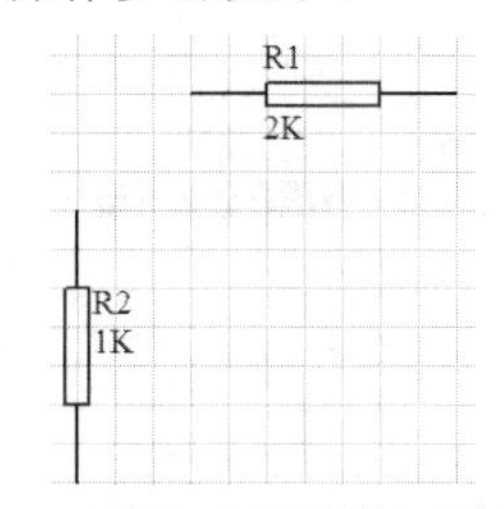

图 4.27　确定要连接的元器件引脚

（1）执行绘制导线的命令，有三种方法：

① 执行菜单命令 Place/Wire。

② 按下 P 键，松开后按下 W 键。

③ 用鼠标左键单击连线（Wiring）工具栏中的 ≈ 按钮。

（2）此时光标变成“十”字状，系统进入连线状态。将光标移到 R2 的第一引脚，会出现一个黑色的小圆点，单击鼠标左键，确定导线的起点。

（3）移动鼠标拖动导线线头，在转折处即连线的拐点处单击鼠标左键确定，如图 4.28 所示。每次转折都需要单击鼠标左键。

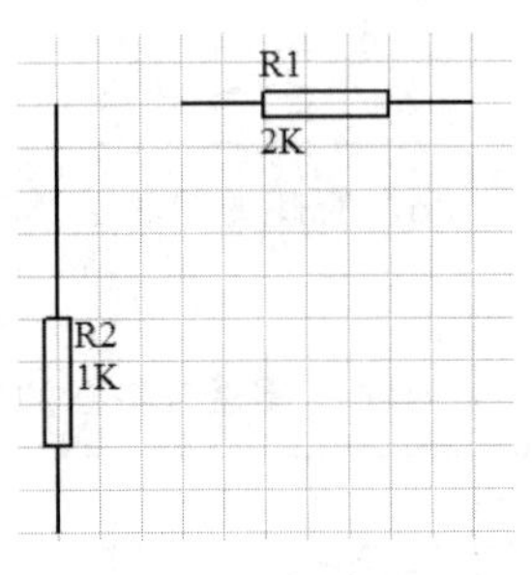

图 4.28　确定连线的拐点

（4）在转折处继续连接导线至 R2 连接点，如图 4.29 所示。

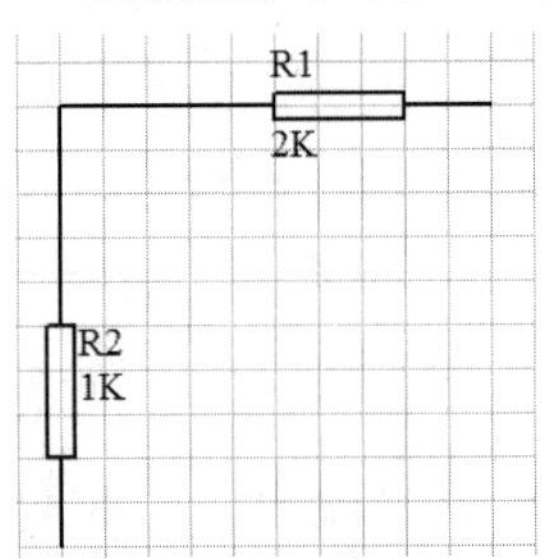

图 4.29　连接完成

（5）单击鼠标右键，或按 Esc 键，从这条导线的绘制过程中退出。当一条导线的绘制完成后，整条导线变为蓝色。

（6）画完一条导线后，系统仍处于“绘制导线”状态。将光标移动到新的位置后，重复以上 1 ~ 5 步操作，可以继续绘制其他导线。

（7）如果对某条导线的样式不满意，如导线的颜色、宽度等，设计者可以用鼠标单击该条导线，此时将出现 Wire 对话框，如图 4.30 所示。

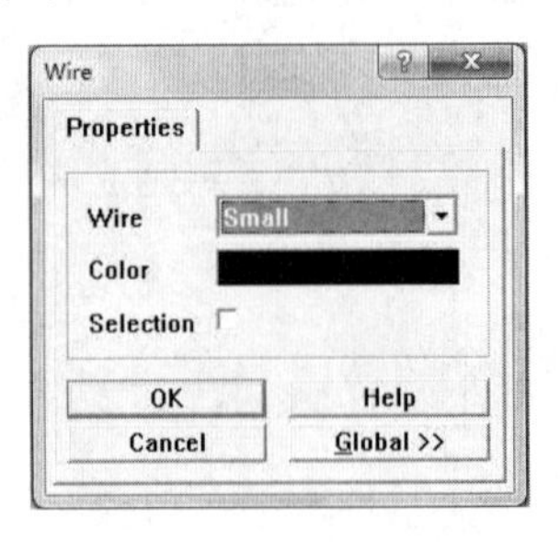

图 4.30　Wire 对话框

在此对话框内可以设置导线的宽度和颜色等属性。

二、绘制总线

总线，是一条代表数条并行导线的线。设计电路原理图的过程中，合理地设置总线可以缩短绘制原理图的过程，简化原理图，使图样更简洁。绘制总线的步骤如下：

（1）执行绘制总线的命令，有三种方法：

① 执行菜单命令 Place/Bus。

② 按下 P 键，松开后按下 B 键。

③ 用鼠标左键单击 Wiring 工具栏中的 按钮。

（2）此时，光标将变成十字状，系统进入“画总线”状态。与画导线的方法相同，将光标移到合适的位置，单击鼠标左键，确定总线的起点，然后开始画总线。

（3）移动光标拖动总线线头，在转折位置单击鼠标左键确定，每转折一次都需要单击一次。当到达总线末端时，再次单击鼠标的左键确定总线的终点。

（4）单击鼠标右键，或按 Esc 键，结束此条总线的绘制过程。

（5）画完一条总线后，系统仍处于“绘制总线”状态。此时单击鼠标右键或按 Esc 键，光标从“十”字状还原为箭头。

（6）双击已放置的总线，弹出 Bus（总线）属性对话框，如图 4.31 所示。

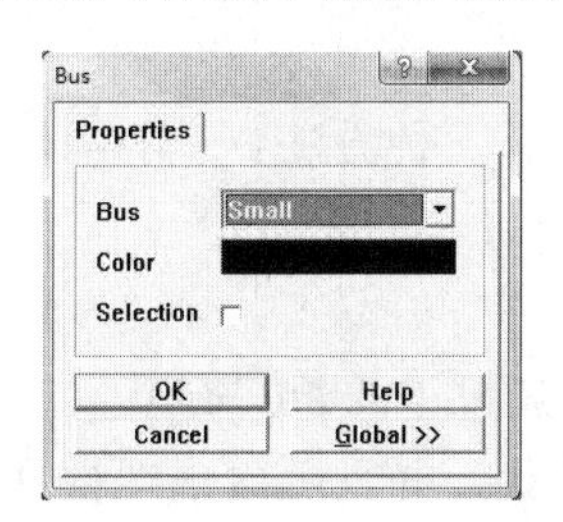

图 4.31　Bus 属性对话框

通过此对话框可以设置总线的宽度、颜色等属性。

三、绘制总线出入端口

在总线绘制完成后，需要用总线出入端口将总线与导线连接起来。绘制总线出入端口的方法如下：

（1）执行绘制总线出入端口的命令，有三种方法：

① 执行菜单命令 Place/Bus Entry。

② 按下 P 键，松开后按下 U 键。

③ 用鼠标左键单击 Wiring 工具栏中的 按钮。

（2）此时，工作平面上会出现带着“\”或“/”形状总线出入端口的“十”字光标。如果总线分支的方向不合适，可以按 Space 键进行转换调整。

（3）移动“十”字光标，将分支线拖到总线位置后，单击鼠标左键即可以放置总线出入端口。

（4）重复上面的操作，完成所有总线出入端口的绘制。然后单击鼠标右键或按 Esc 键回到闲置状态。

（5）用鼠标双击绘制好的总线出入端口，弹出 Bus Entry 属性对话框，如图 4.32 所示。

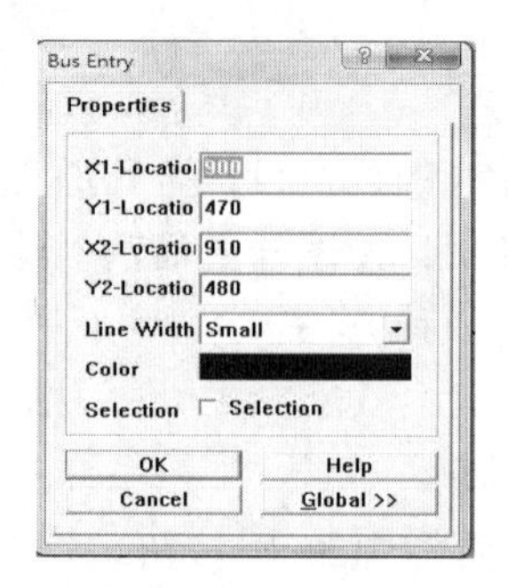

图 4.32 Bus Entry 属性对话框

通过此对话框可以设置总线出入端口的属性。

四、设置网络标号

网络标号是实际电气连接导线的序号。具有相同网络标号的导线，不管图上是否连接在一起，都被看作同一条导线。因此，它多用于层次电路或多重式电路的各个模块电路之间的连接，这个功能在绘制 PCB 的布线时十分重要。对于单页式、层次式或是多重式电路，可以使用网络标号来定义某些网络，使它们具有电气关系。

设置网络标号的方法和步骤如下：

（1）执行设置网络标号命令，有三种方法：

① 执行菜单命令 Place/Net Label。

② 按下 P 键，松开后按下 N 键。

③ 用鼠标左键单击 Wiring 工具栏中的 Net1 按钮。

（2）此时，光标变成“十”字状，并且随着虚线框在工作区内移动，如图 4.33 所示。

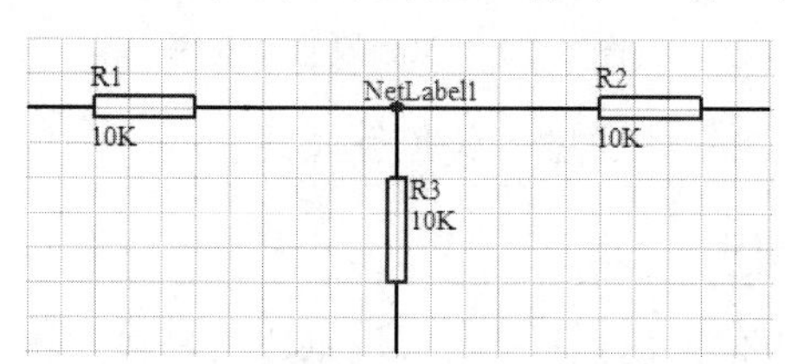

图 4.33 放置网络标号

（3）双击“NetLabel1”，弹出 NetLable 属性对话框，如图 4.34 所示。

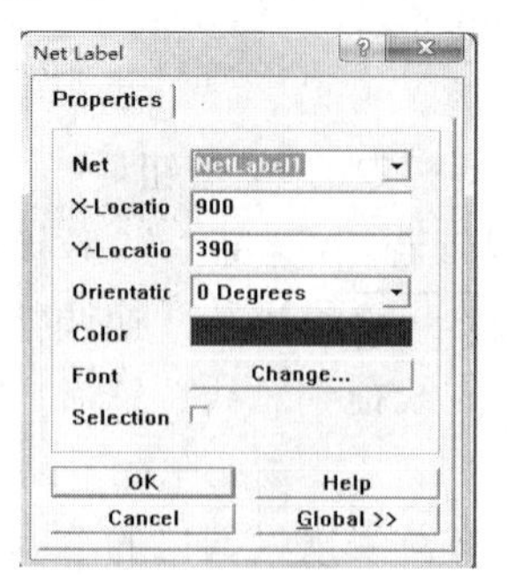

图 4.34 NetLable 属性对话框

对话框各选项的功能如表 4.10 所示。

表 4.10　NetLable 属性对话框各选项功能

序号	选项名称	功　能
1	Net	网络名称
2	X-Location	网络名称所放位置的 *X* 坐标值
3	Y-Location	网络名称所放位置的 *Y* 坐标值
4	Orientation	网络名称放置的方向，包括 0 Degrees、90 Degrees、180 Degrees 和 270 Degrees 四个选项
5	Color	网络名称的颜色
6	Font	设置网络名称的字体
7	Selection	设置选中状态

五、放置电源

在工具栏中，有专门的放置电源工具框。连线工具栏中的放置电源按键也可用来放置电源。其步骤如下：

（1）执行放置电源命令，有两种方法：

① 执行菜单命令 Place/Power Port。

② 用鼠标左键单击 Wiring 工具栏中的⏚按钮。

（2）此时，在工作平面上出现带着电源的“十”字光标，单击鼠标即可将电源放置在指定位置。

（3）双击电源，弹出 Power Port 属性对话框，如图 4.35 所示。

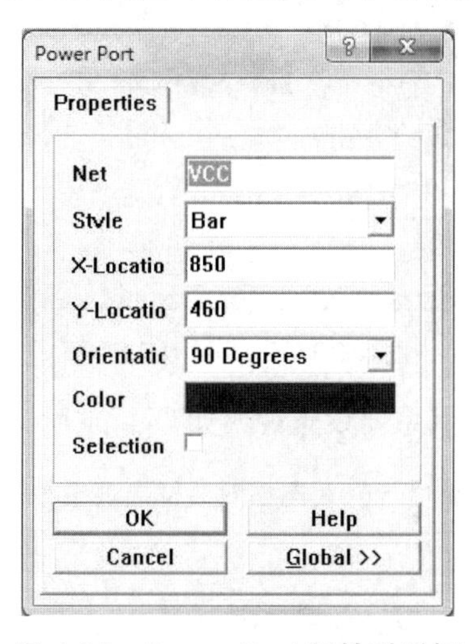

图 4.35　Power Port 属性对话框

此对话框与网络标号属性对话框的设置方法类似。

六、放置I/O端口

在 Protel 99 SE 中，表示电路的电气关系通常有三种方式：一是实际的导线；二是设置相同的网络标号；三是通过制作 I/O 口，使某些 I/O 端口具有相同的名称，从而使它们被视为同一网络，在电气关系上相互连接。放置 I/O 端口的步骤如下：

（1）执行放置电路 I/O 端口命令，有三种方法：

① 执行菜单命令 Place/Port。

② 按下 P 键，松开后按下 R 键。

③ 用鼠标左键单击 Wiring 工具栏中的按钮。

（2）此时光标将变成“十”字状，并且“十”字光标将带着一个 I/O 端口在工作区内移动。

（3）在合适的位置单击鼠标左键确定 I/O 端口的起始位置，再次单击鼠标左键，确定 I/O 端口的终止位置，工作平面上出现一个 I/O 端口。

（4）双击此 I/O 端口，弹出 Port 属性对话框，用于设置 I/O 端口的属性，如图 4.36 所示。

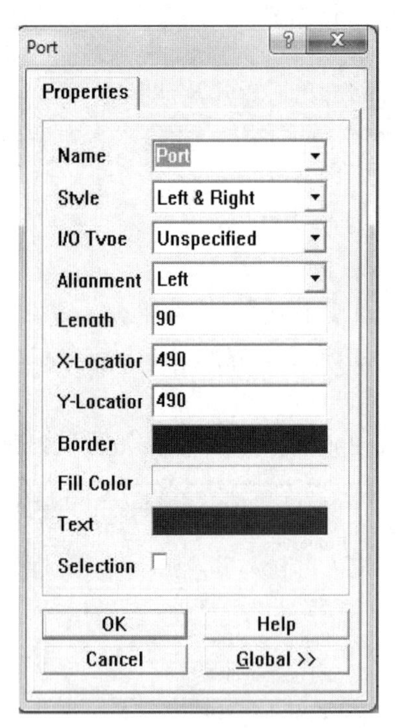

图 4.36　Port 属性对话框

对话框里共有 10 个选项，其主要设置说明如表 4.11 所示。

表 4.11　Port 属性对话框选项设置说明

序号	选项名称	设置说明
1	Name	定义 I/O 端口的名称
2	Style	设定端口外形，I/O 端口的外形一共有八种。即 None[Horizontal]、Left、Right、Left&Right、None[Vertical]、Top、Bottom、Top&Bottom

续表 4.11

序号	选项名称	设置说明
3	I/O Type	设置端口的电气特性，即对端口的 I/O 类型设置，它会为电气法则测试（ERC）提供依据。两个同属性的端口连接在一起的时候，电气法则检测时会产生错误报告。端口的类型有四种：Unspecified（未指明或不确定）、Output（输出端口型）、Input（输入端口型）、Bidirectional（双向型）
4	Alignment	设置端口的形式，用来确定 I/O 端口的名称在端口符号中的位置，不具有电气属性。端口的形式共有三种：Center、Left 和 Right
5	Length	设置端口的长度
6	X-Location	设置端口的横坐标值
7	Y-Location	设置端口的纵坐标值
8	Border	设置端口的边框
9	Fill Color	设置端口的填充颜色
10	Text	设置端口文本

七、绘制方块电路图

方块电路图（Sheet Symbol）是层次式电路设计不可缺少的组件，可用简单的方块图来表示一个复杂的电路。这个复杂的电路由哪些元器件组成、内部接线如何，可以由另一张原理图来描述。绘制方块电路图的方法如下：

（1）执行放置方块电路图命令，有三种方法：

① 执行菜单命令 Place/Sheet Symbol。

② 按下 P 键，松开后按下 S 键。

③ 用左键单击 Wiring 工具栏中的 ▦ 按钮。

（2）执行命令后，光标变成十字状，位于方块电路图的一角，单击鼠标即可完成该方块图的放置。单击鼠标右键，即可退出放置方块电路图状态，如图 4.37 所示。

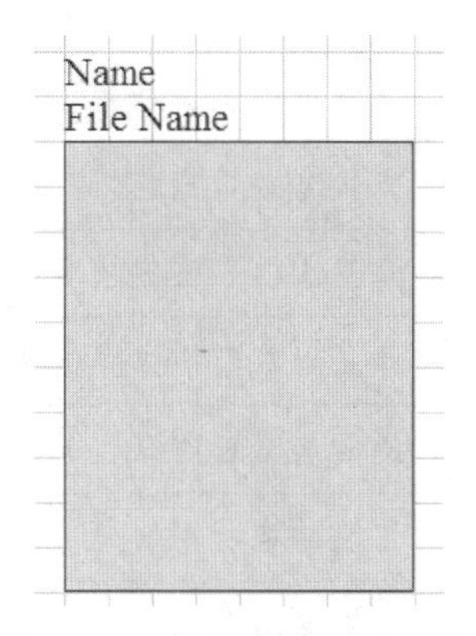

图 4.37　绘制的电路方块图

（3）双击电路方块图，弹出 Sheet Symbol 属性对话框，如图 4.38 所示。

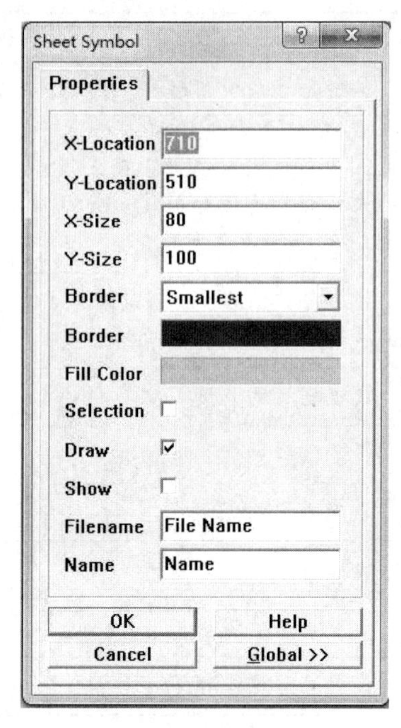

图 4.38　Sheet Symbol 属性对话框

Sheet Symbol 属性对话框中共有 12 个设置选项，其功能说明如表 4.12 所示。

表 4.12　Sheet Symbol 属性对话框选项设置说明

序号	选项名称	设置说明
1	X-Location	方块电路的横坐标值
2	Y-Location	方块电路的纵坐标值
3	X-Size	方块电路的长度
4	Y-Size	方块电路的宽度
5	Border	方块电路边框线条的宽度
6	Border	方块电路边框颜色
7	Fill Color	方块电路填充色
8	Selection	此复选框表明方块电路是否处于选中状态
9	Draw	此复选框表明方块电路是否处于绘制状态
10	Show	此复选框表明方块电路是否处于显示状态
11	File Name	方块电路所在的文件名
12	Name	方块电路名称

八、放置方块电路图的端口

绘制了方块电路图后，还需要在其上面绘制表示电气连接的端口，才能有效地表示方块电路的物理意义。放置电路方块图的端口的操作过程如下：

（1）执行放置方块电路图的端口命令，有三种方法：

① 执行菜单命令 Place/Add Sheet Entry。

② 按下 P 键，松开后按下 A 键。

③ 用左键单击 Wiring 工具栏中的 按钮。

（2）执行命令后，光标变成"十"字状，然后在需要放置端口的方块图上单击鼠标左键，此时光标带有方块电路的端口符号，如图 4.39 所示。

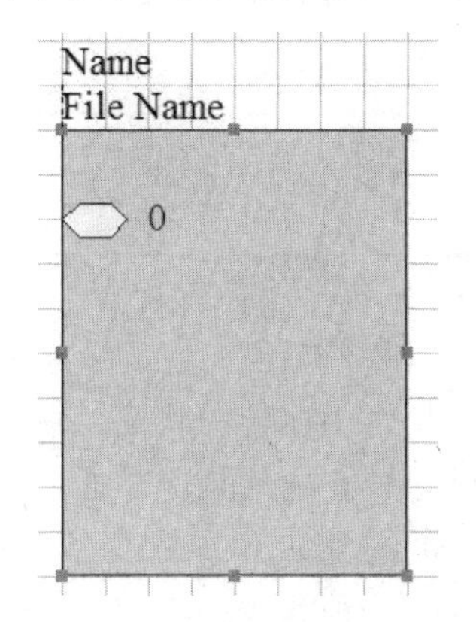

图 4.39　放置端口的方块图

（3）放置端口后用鼠标左键双击方块电路的端口，系统会弹出如图 4.40 所示的 Sheet Entry 属性对话框。

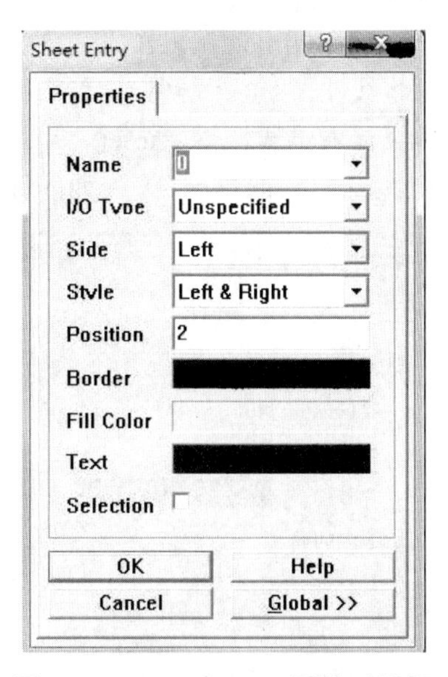

图 4.40　Sheet Entry 属性对话框

此对话框中有 9 个选项，各选项的设置说明如表 4.13 所示。

表 4.13　Sheet Entry 属性对话框选项设置说明

序号	选项名称	设置说明
1	Name	端口名称
2	I/O Type	端口输入输出类型，有四种，即 Unspecified、Output、Input、Bidirectional
3	Side	端口放置于方块电路的方位，有四种方位设置，即 Left、Right、Top、Bottom
4	Style	端口的形状，有四种，即 None、Left、Right、Left&Right
5	Position	端口的方位
6	Border	端口的边框颜色
7	Fill Color	端口的填充色
8	Text	端口的文本颜色
9	Selection	此复选框表明方块电路是否处于绘制状态

九、放置线路节点

线路节点，是指当两条导线交叉时相连接的状况。对于电路原理图中两条相交的导线，如果没有节点存在，则认为该两条导线在电气是不相通的；如果存在节点，则表明二者在电气上是相互连接的。放置线路节点的步骤如下：

（1）执行放置线路节点命令，有三种方法：

① 执行菜单命令 Place/Junction。

② 按下 P 键，松开后按下 J 键。

③ 用左键单击 Wiring 工具栏中的 按钮。

（2）此时，带着节点的“十”字光标出现在工作平面内，用鼠标将节点移动到两条导线的交叉处，单击鼠标左键，即可将线路节点放置到指定位置。

（3）放置节点完成后，单击鼠标右键或按下 Esc 键，可以退出放置节点状态。

（4）双击放置的节点，弹出 Junction 属性对话框，如图 4.41 所示。

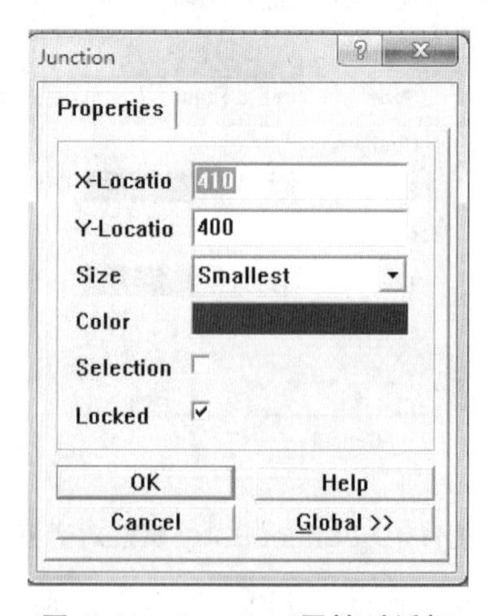

图 4.41　Junction 属性对话框

此对话框有 7 个选项，其设置说明如表 4.14 所示。

表 4.14　Junction 属性对话框选项设置说明

序号	选项名称	设　置　说　明
1	X-Location	节点的横坐标值
2	Y-Location	节点的纵坐标值
3	Size	节点的大小，有 Smallest、Small、Medium、Large 四种
4	Color	设置节点的颜色
5	Selection	确定节点是否在选中状态
6	Locked	确定节点是否被锁定

为了使放置节点更加方便，可以在 Tools 菜单的 Preferences 选项中进行设置。执行 Tools/Preferences 命令，弹出如图 4.42 所示的 Preferences 对话框。

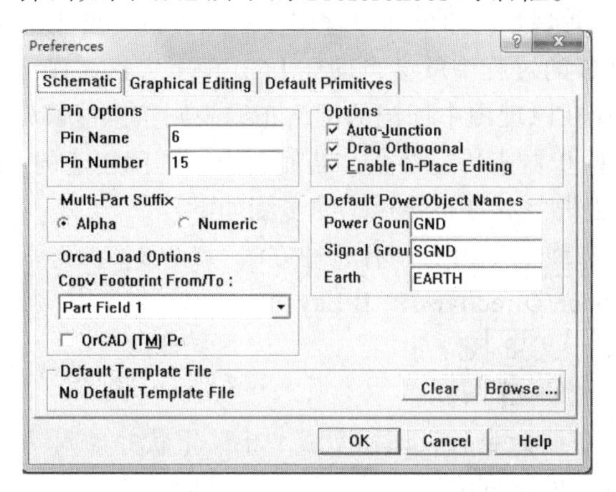

图 4.42　Preferences 对话框

如果选中 Auto-Junction 选项，则在画导线时，系统将在“T”字连接处自动产生节点，而在“十”字连接处则不会自动产生节点。如果没有选择此选项则系统无论在“T”字连接处还是在“十”字连接处都不会自动产生节点。此时，若需要节点则应手动添加。

十、放置 No ERC 标志

放置 No ERC 标志的主要目的是让系统在执行电气规则检查（ERC）时，忽略对某些节点的检查，防止在报告中产生警告或错误信息。放置 No ERC 标志的步骤如下：

（1）启动放置 No ERC 标志的命令，有三种方法：

① 执行菜单命令 Place/Directives/No ERC。

② 依次按下 P、I、N 键。

③ 单击连线工具栏上的 ✖ 图标。

（2）启动命令后，光标变成“十”字状，并且它上面有一个红叉。将光标移到需要放置 No ERC 的节点上，单击鼠标左键即可放置一个 No ERC 标记。接下来可以继续放置下一个 No ERC 标记。若不需要继续放置，可单击鼠标右键退出放置 No ERC 状态。

（3）双击放置的 No ERC 标志，弹出如图 4.43 所示的 No ERC 属性对话框，可进行相应的设置。

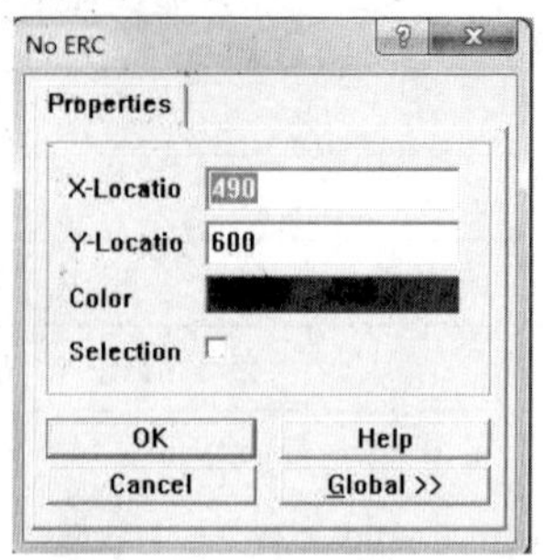

图 4.43　No ERC 属性对话框

十一、放置 PCB 布线标志命令

Protel 99 SE 在原理图设计阶段可以规划指定网络的铜膜宽度、过孔的直径、布线策略、布线的优选权、布线板层等属性。如果在原理图中对某些特殊要求的网络设置了 PCB 布线标记，在由原理图创建 PCB 的过程中就会自动在 PCB 中引入这些设计规则。

值得注意的是，要使在原理图中标记的网络布线规则信息能够传递到 PCB 文档，在进行 PCB 设计时应使用设计同步器来传递参数。若使用由原理图创建的 Protel 网络列表，所有在原理图中标记的信息将丢失。放置布线标志的步骤如下：

（1）启动放置 PCB 布线标记命令，有三种方法：

① 执行菜单命令 Place/Directives/PCB Layout。

② 依次按下 P、I、P 键。

③ 单击连线工具栏里的图标。

（2）启动放置 PCB 布线命令后，光标变成“十”字状并黏附一个 PCB 标记。将光标移到需要放置 PCB 布线标记的某网络上，单击鼠标左键即可完成一个 PCB 布线标记的放置。接下来可继续放置 PCB 标记，或单击鼠标右键退出放置 PCB 布线标记状态。

（3）双击 PCB 布线标记，弹出如图 4.44 的所示的 PCB Layout 属性对话框，用于设置 PCB 布线标记属性。

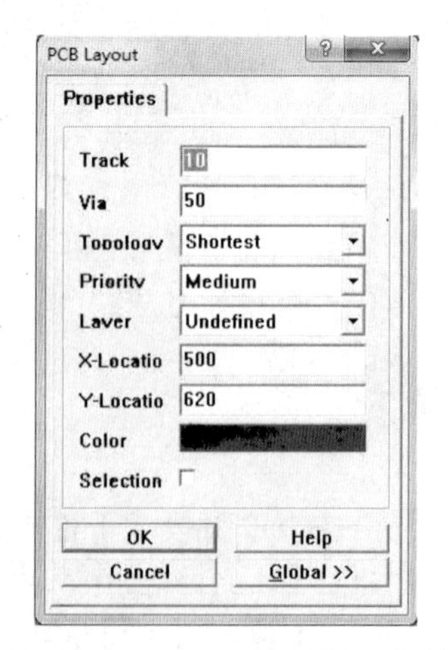

图 4.44　PCB Layout 属性对话框

此对话框各选项设置说明如表 4.15 所示。

表 4.15　PCB Layout 属性对话框选项设置说明

序号	选项名称	设置说明
1	Track	设置布线宽度
2	Via	设置过孔宽度
3	Topology	选择拓扑结构
4	Priority	优先设置
5	Layer	设置所在层
6	X-Location	设置 PCB 布线的横坐标值
7	Y-Location	设置 PCB 布线的纵坐标值
8	Color	设置颜色，默认为红色
9	Selection	设置选中状态

学习任务 5　绘图工具栏（非电气工具）

在绘制电路原理图的过程中，为方便对电路的阅读，需要在电路原理图上某些位置标注出该线路点的波形、参数等不具有电气含义的图形符号。Protel 99 SE 提供了这样的绘图工具栏（Drawing）。

在原理图工作平面中，执行 View/Drawing Tools，出现绘图工具栏，如图 4.45 所示。

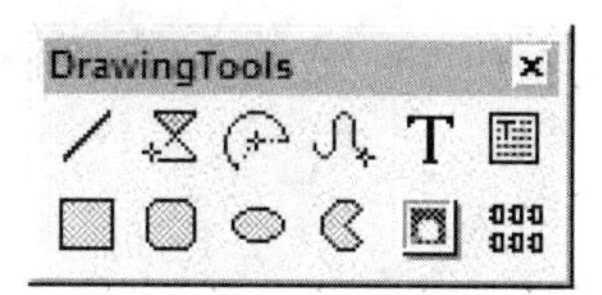

图 4.45　绘图工具栏（Drawing Tools）

绘图工具栏中的各按钮的功能如表 4.16 所示。

表 4.16　绘图工具栏中各按钮的功能说明

序号	按钮	功　能	序号	按钮	功　能
1		绘制直线	7		绘制矩形
2		绘制多边形	8		绘制圆角矩形
3		绘制椭圆弧线	9		绘制椭圆
4		绘制贝塞尔曲线	10		绘制扇形
5	T	放置文本	11		插入图片
6		设置文本框	12		粘贴文本阵列

一、绘制直线

直线（Line）在功能上完全不同于导线（Wire）。导线具有电气意义，通常用来表示元器件间的物理连通性，而直线并不具备任何电气意义。直线的绘制十分简单，具体步骤如下：

（1）执行绘制直线命令，通常有两种方法：

① 用鼠标左键单击 Drawing 工具栏中的 ╱ 按钮。

② 执行主菜单命令 Place/Drawing Tools/Line。

（2）此时光标变成“十”字状，移动光标到合适的位置，单击鼠标左键对直线的起始点加以确认。

（3）移动鼠标拖动直线的线头。若要绘制多段折线，则在每个转折点单击鼠标左键确认。

（4）重复上述操作，直到折线的终点，单击鼠标左键确认折线的终点，之后单击鼠标右键完成此折线的绘制。

（5）此时系统仍处于“绘制直线”的状态，光标呈“十”字状，可以接着绘制下一条直线，也可以单击鼠标右键或按 ESC 键退出。

（6）在绘制直线的过程中按下 Tab 键或是在已绘制好的直线上双击鼠标左键，即可打开如图 4.46 所示的 Polyline 属性对话框，在其中可以设置关于该直线的一些属性。

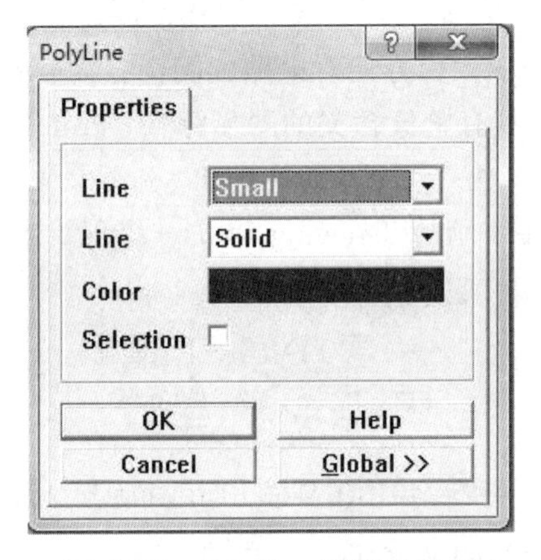

图 4.46　Polyline 属性对话框

此对话框各选项设置说明如表 4.17 所示。

表 4.17　Polyline 属性对话框各选项设置说明

序号	选项名称	功能说明
1	Line Width	设置线宽，有 Smallest、Small、Medium 和 Large 四种
2	Line Style	设置线型，有 Solid（实线）、Dashed（虚线）和 Dotted（点线）三种
3	Color	设置颜色，方法同前
4	Selection	是否处于选中状态

单击已绘制好的直线，可使其进入选中状态，此时直线的两端会自动出现一个正方形的小方块，即控制点，如图 4.47 所示。

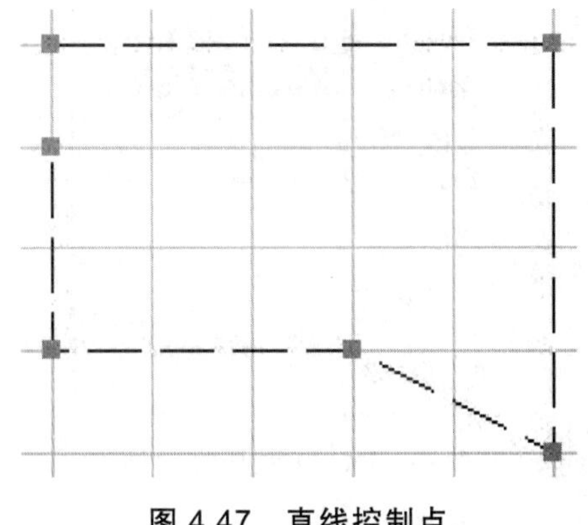

图 4.47　直线控制点

通过拖动图中灰色的控制点能调整直线的起点与终点位置，也可以改变直线所构成的图形的形状。

二、绘制多边形

多边形（Polygon）是指用鼠标指针依次定义出图形的各个边所形成的封闭区域。绘制步骤如下：

（1）执行绘制多边形命令，有以下两种方法：

① 用鼠标左键单击 Drawing 工具栏中的按钮。

② 执行主菜单命令 Place/Drawing Tools/Polygon。

（2）执行命令后，光标变成“十”字状。首先在待绘制图形的一个角单击鼠标左键，然后移动鼠标到第二个角单击鼠标左键形成一条直线，然后再移动鼠标，这时会出现一个随鼠标指针移动的预拉封闭区域。然后依次移动鼠标到待绘制图形的其他角，单击鼠标左键。如果单击鼠标右键就结束当前多边形的绘制，开始进入下一个绘制多边形的过程。再单击鼠标右键或按下 Esc 键，将编辑模式切回到待命模式，如图 4.48 所示。

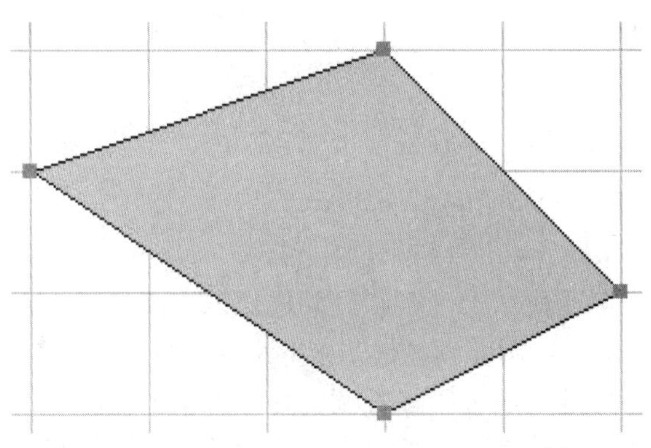

图 4.48　绘制多边形

（3）在绘制多边形的过程中按下 Tab 键，或是在已绘制好的多边形上双击鼠标左键，就会弹出如图 4.49 所示的 Polygon 属性对话框。

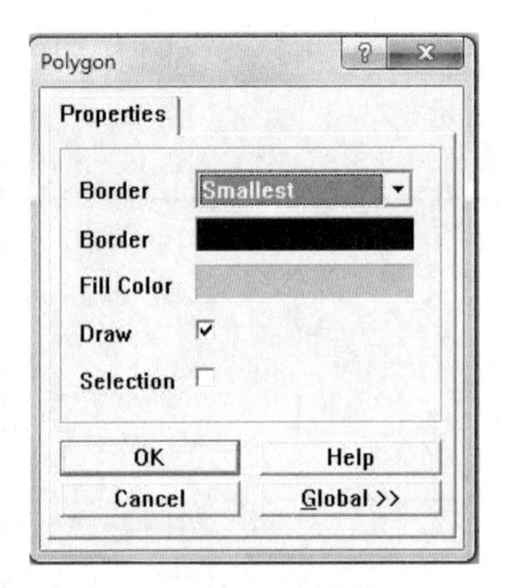

图 4.49 Polygon 属性对话框

在此对话框中，可以设置该多边形的一些属性。其设置说明如表 4.18 所示。

表 4.18 Polygon 属性对话框各选项设置说明

序号	选项名称	设置说明
1	Border Width	设置多边形边界线宽，有 Smallest、Small、Medium 和 Large 四种
2	Border Color	设置边界颜色
3	Fill Color	设置填充颜色
4	Draw Solid	选中此复选框，设置为实心多边形。未选中此复选框，设置为空心多边形
5	Selection	是否处于选中状态

如果直接用鼠标左键单击已绘制的多边形，则可使其进入选取状态，此时多边形的各个角都会出现控制点，并可以通过拖动这些控制点来调整该多边形的形状。此外，也可以直接拖动多边形本身来调整其位置，方法如前所述。

三、绘制椭圆弧线

绘制椭圆弧线的方法如下：

（1）执行绘制椭圆弧线命令，通常有以下两种方式：

① 执行主菜单命令 Place/Drawing Tools/Arc。

② 用鼠标左键单击 Drawing 工具栏中的按钮。

（2）执行命令后，光标变成“十”字状，并拖带一个虚线弧。在待画的弧线中心处单击鼠标左键，然后移动鼠标会出现圆弧预拉线。接下来调整好弧线的长轴半径，单击鼠标左键，指针会自动移动到圆弧缺口的一端，紧接着调整好位置单击鼠标左键，指针移动到圆弧缺口的另一端，再调整好弧线的短轴半径，单击鼠标左键，完成该圆弧线的绘制。

（3）结束绘制圆弧操作后，单击鼠标右键或按下 Esc 键，即可将编辑模式切换回待命模式。

（4）在绘制弧线的过程中按下 Tab 键或是双击已绘制好的弧线，打开 Elliptical Arc 属性对话框，如图 4.50 所示。

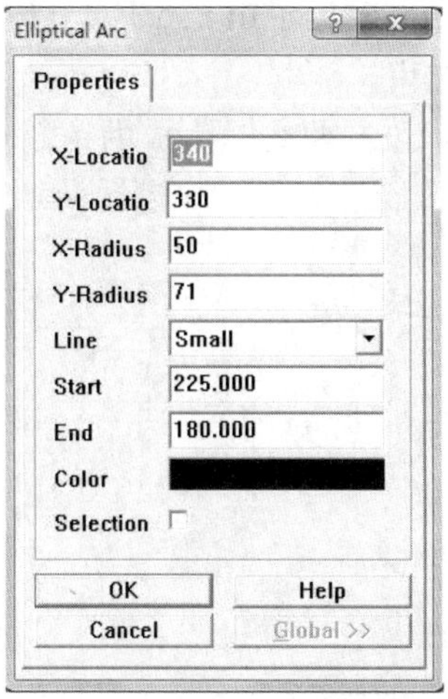

图 4.50　Elliptical Arc 属性对话框

此属性对话框各选项的设置说明如表 4.19 所示。

表 4.19　Elliptical Arc 属性对话框各选项设置说明

序号	选项名称	设置说明
1	X-Location	弧线中心点的横坐标值
2	Y-Location	弧线中心点的纵坐标值
3	X-Radius	设置长轴半径
4	Y-Radius	设置短轴半径
5	Line Width	设置弧线宽度
6	End Angle	设置弧线起始角度
7	Start Angle	设置弧线终止角度
8	Color	设置弧线颜色
9	Selection	是否处于选中状态

当 X-Radius 与 Y-Radius 相同时，此弧线为圆弧，当两者不相同时，此弧线为椭圆弧。

如果用鼠标左键单击已绘制好的圆弧线或椭圆弧线，可使其进入选取状态，此时其半径及缺口端点会出现控制点，拖动这些控制点可调整弧线的形状。

四、绘制贝塞尔曲线

绘制贝塞尔（Bezier）曲线的方法如下：

（1）执行绘制 Bezier 曲线命令，通常有两种方法：

① 执行主菜单命令 Place/Drawing/Bezier。

② 用鼠标左键单击 Drawing 工具栏中的按钮。

（2）执行命令后，光标变成“十”字状，此时便可以在工作平面绘制曲线。在绘制过程中，当确定第一点后，系统会要求确定第二点，确定的点数大于或等于 2，就可以生成曲线。当只有两点时，就生成了一条直线。确定了第二点后，可以继续确定第三点，一直可以持续下去，直到设计者单击鼠标右键结束。

如果选中 Bezier 曲线，会显示绘制曲线时生成的控制点，如图 4.51 所示。

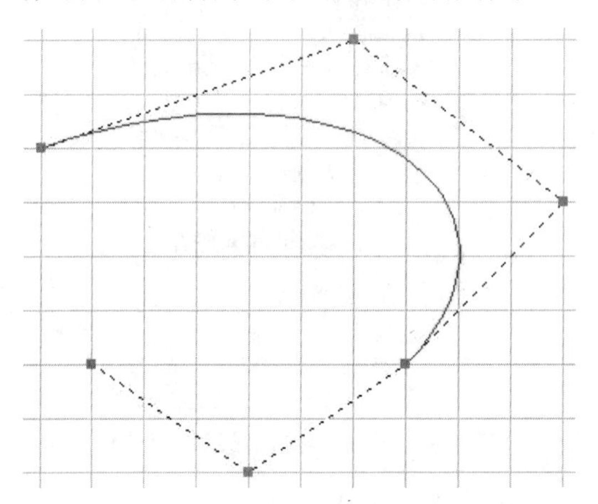

图 4.51　Bezier 曲线的控制点

这些控制点是绘制曲线时确定的点。可以通过拖动这些控制点来改变曲线的形状。

（3）如果想编辑 Bezier 曲线的属性，可以使用鼠标双击曲线或是选中曲线后单击鼠标右键，从快捷菜单中选取 Properties 命令，进入 Bezier 属性对话框，如图 4.52 所示。

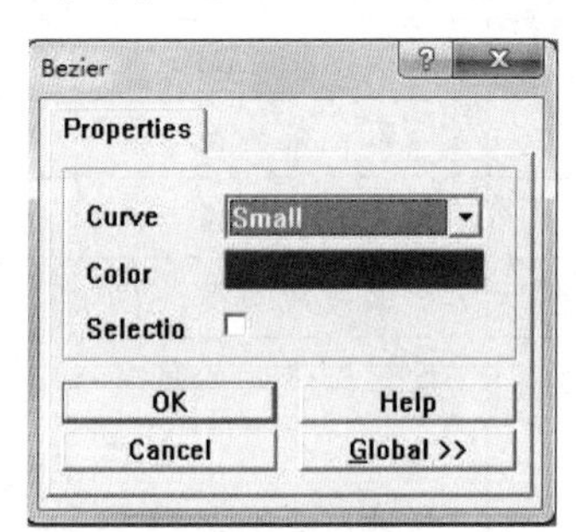

图 4.52　Bezier 属性对话框

Bezier 属性对话框各选项的设置说明如表 4.20 所示。

表 4.20　Bezier 属性对话框各选项设置说明

序号	选项名称	设置说明
1	Curve Width	设置曲线的宽度，有 Smallest、Small、Medium 和 Large 四种
2	Color	设置弧线的颜色
3	Selection	是否处于选中状态

五、放置文本

放置文本的方法如下：

（1）执行主菜单命令 Place/Text String，或是单击 Drawing 工具栏中的 **T** 按钮。

（2）执行此命令后，鼠标指针旁边会多出一个“十”字和一个字符串虚线框。

（3）在完成放置文本的操作之前按下 Tab 键，或者直接双击放置好的“Text”字符，弹出如图 4.53 所示的 Annotation 属性对话框。

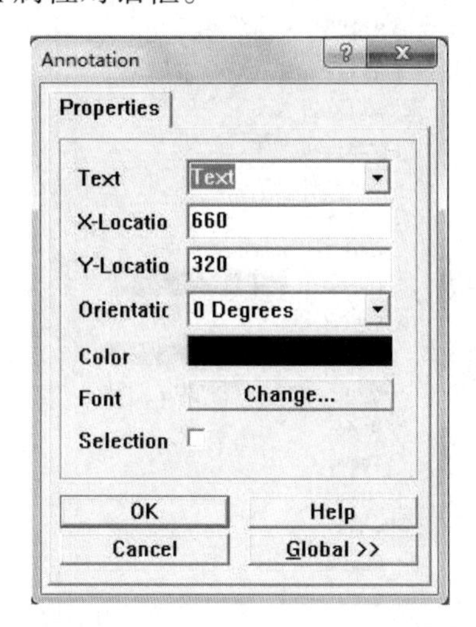

图 4.53　Annotation 属性对话框

在此对话框中，可以设置文本属性。其设置说明如表 4.21 所示。

表 4.21　Annotation 属性对话框各选项设置说明

序号	选项名称	设置说明
1	Text	设置文本内容
2	X-Location	设置文本的横坐标值
3	Y-Location	设置文本的纵坐标值
4	Orientation	设置文本放置角度，有 0 Degrees、90 Degrees、180 Degrees 和 270 Degrees 四种
5	Color	设置文本颜色
6	Font	设置文本字体，如果想修改文字的字体，可以单击 Change 按钮，系统将弹出一个字体设置对话框，用来修改字体属性
7	Selection	是否处于选中状态

六、放置文本框

放置文本仅限于一行文字，如果需要放置多行文字，就要使用文本框（Text Frame）。放置文本框的操作步骤如下：

（1）执行放置文本框命令，有两种方法：

① 执行主菜单命令 Place/Text Frame。

② 单击 Drawing 工具栏中的 ▤ 按钮。

（2）执行此命令后，鼠标指针变成“十”字状。在需要放置文本框的一个边角处单击鼠标左键，然后移动鼠标就可以在工作平面上看到一个虚线的预拉框，用鼠标左键单击此预拉框的对角位置，就完成了当前文本框的放置过程，并自动进入下一个放置过程。

（3）在完成放置文本框的动作之前按下 Tab 键，或者双击文本框，弹出 Text Frame 属性对话框，如图 4.54 所示。

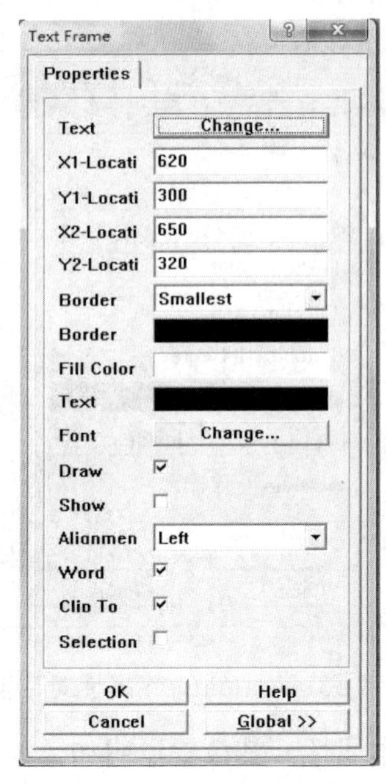

图 4.54　Text Frame 属性对话框

此对话框的设置说明如表 4.22 所示。

表 4.22　Text Frame 属性对话框各选项设置说明

序号	选项名称	设置说明
1	Text	设置文本框内容，单击 Change 按钮弹出编辑对话框
2	X1-Location	设置文本框起始点的横坐标值
3	Y1-Location	设置文本框起始点的纵坐标值
4	X2-Location	设置文本框终止点的横坐标值
5	Y2-Location	设置文本框终止点的纵坐标值
6	Border Width	设置文本框边界的宽度
7	Border Color	设置文本框边界的颜色
8	Fill Color	设置文本框颜色
9	Text Color	设置文本框文本颜色
10	Font	设置文本框字体，单击 Change 按钮弹出编辑对话框
11	Draw Solid	设置文本框为实心多边形
12	Show Border	设置是否显示文本框边框
13	Alignment	设置文本框内文字对齐方向
14	Word Wrap	设置文字回绕
15	Clip to Area	当文本长度超出文本框宽度时，自动截去超出部分
16	Selection	是否处于选中状态

七、绘制矩形

绘制矩形的方法如下：

（1）执行绘制矩形的命令，有两种方法：

① 执行主菜单命令 Place/Drawing Tools/Rectangle。

② 单击“Drawing”工具栏中的 ▨ 按钮。

（2）执行绘制矩形命令后，鼠标指针变为“十”字状，并拖带一个矩形虚框。将鼠标移到要放置的矩形的一个角上单击左键，接着移动鼠标到矩形的对角，再单击鼠标左键，即完成矩形的绘制过程，同时进入下一个矩形的绘制状态。

（3）在绘制矩形的过程中按下 Tab 键，或者直接单击已绘制好的矩形，弹出 Rectangle 属性对话框，如图 4.55 所示。

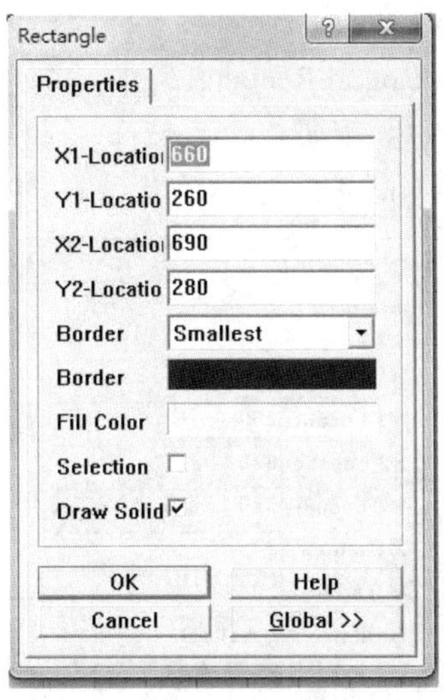

图 4.55 Rectangle 属性对话框

此对话框用来设置矩形的属性，其功能说明如表 4.23 所示。

表 4.23 Rectangle 属性对话框各选项设置说明

序号	选项名称	设置说明
1	X1-Location	设置矩形起始点的横坐标值
2	Y1-Location	设置矩形起始点的纵坐标值
3	X2-Location	设置矩形对角点的横坐标值
4	Y2-Location	设置矩形对角点的纵坐标值
5	Border Width	设置矩形边框的宽度，有 Smallest、Small、Medium 和 Large 四种
6	Border Color	设置矩形边框的颜色
7	Fill Color	设置矩形的填充色
8	Selection	是否处于选中状态
9	Draw Solid	设置实心多边形

如果直接用鼠标左键单击已绘制好的矩形，使其进入选中状态，在矩形的四个角和各边的中心点都会出现控制点，如图 4.56 所示。通过这些控制点可以调整该矩形的位置。

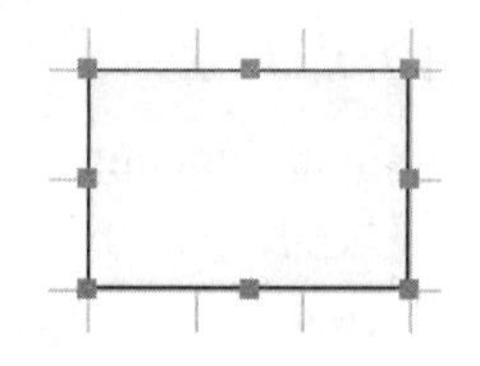

图 4.56　矩形选中状态

八、绘制圆角矩形

绘制圆角矩形的方法同绘制矩形的方法相类似。

执行绘制圆角矩形命令有两种方法：

① 执行 Place/Drawing Tools/Round Rectangle。

② 单击 Drawing 工具栏里的 ▢ 按钮。

Round Rectangle 属性对话框如图 4.57 所示。其设置说明如表 4.24 所示。

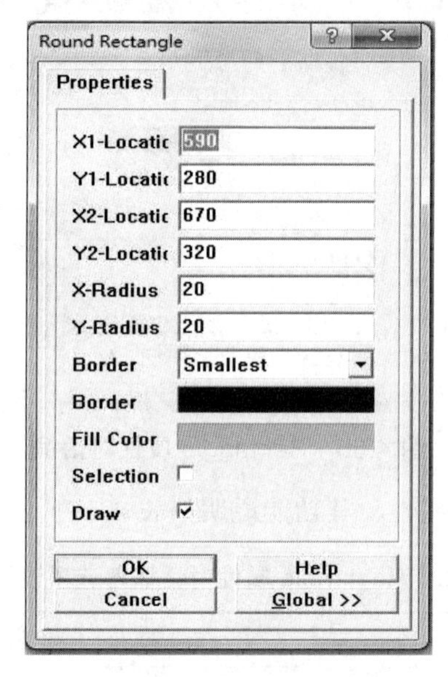

图 4.57　Round Rectangle 属性对话框

表 4.24　Round Rectangle 属性对话框设置说明

序号	选项名称	设置说明
1	X1-Location	设置矩形起始点的横坐标值
2	Y1-Location	设置矩形起始点的纵坐标值
3	X2-Location	设置矩形对角点的横坐标值
4	Y2-Location	设置矩形对角点的纵坐标值
5	X-Radius	设置矩形圆角的长轴半径值
6	Y-Radius	设置矩形圆角的短轴半径值

续表 4.24

序号	选项名称	设置说明
7	Border Width	设置矩形边框的宽度，有 Smallest、Small、Medium 和 Large 四种
8	Border Color	设置矩形边框的颜色
9	Fill Color	设置矩形的填充色
10	Selection	是否处于选中状态
11	Draw Solid	设置实心多边形

如果直接用鼠标左键单击已绘制好的圆角矩形，使其进入选中状态，在矩形的四个角和各边的中心点都会出现控制点，如图 4.58 所示。通过这些控制点可以调整该矩形的位置。

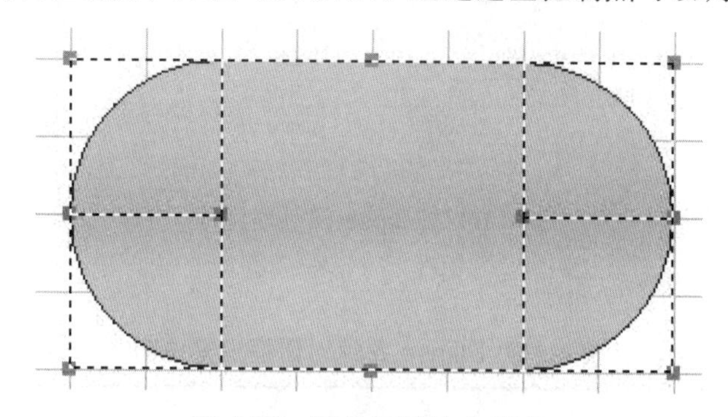

图 4.58　圆角矩形选中状态

九、绘制椭圆

绘制椭圆的方法如下：

（1）执行绘制椭圆的命令，通常有两种方法：

① 执行主菜单命令 Place/Drawing Tools/Ellipse。

② 单击 Drawing 工具栏中的 ⬭ 按钮。

（2）执行绘制椭圆命令后，鼠标指针变为“十”字状，并拖带一个虚线椭圆。首先在待绘制图形的中心点处单击鼠标左键，然后移动鼠标会出现预拉椭圆形线，分别在适当的 X 轴半径处和 Y 轴半径处单击鼠标左键，即完成该椭圆的绘制，进入下一个椭圆绘制过程。

如果设置 X 轴和 Y 轴的半径相等，则可以绘制圆。绘制的图形如图 4.59 所示。

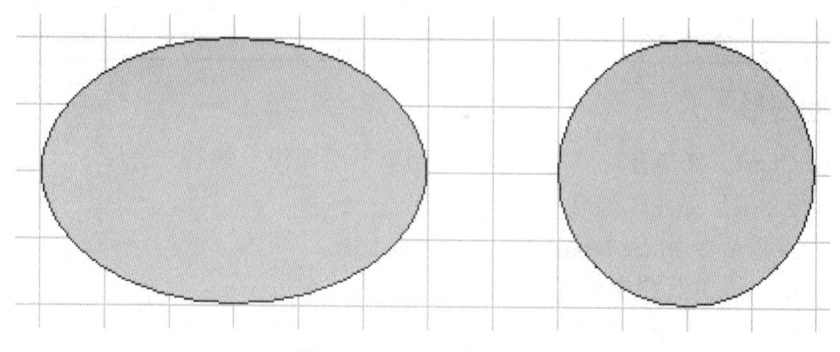

图 4.59　绘制椭圆和圆

（3）在绘制椭圆的过程中按下 Tab 键，或直接用鼠标左键双击已绘制好的椭圆形，弹出 Ellipse 属性对话框，如图 4.60 所示。

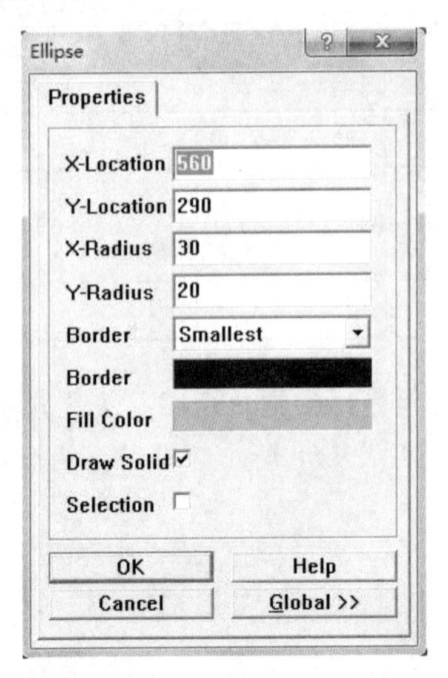

图 4.60 Ellipse 属性对话框

该对话框各选项的设置说明如表 4.25 所示。

表 4.25 Ellipse 属性对话框设置说明

序号	选项名称	设置说明
1	X-Location	设置椭圆圆心的横坐标值
2	Y-Location	设置椭圆圆心的纵坐标值
3	X-Radius	设置椭圆的长轴半径
4	Y-Radius	设置椭圆的短轴半径
5	Border Width	设置椭圆边框的宽度，有 Smallest、Small、Medium 和 Large 四种
6	Border Color	设置椭圆边框的颜色
7	Fill Color	设置椭圆的填充色
8	Draw Solid	设置实心椭圆
9	Selection	是否处于选中状态

十、绘制扇形

扇形（Pie Chart）就是有缺口的圆形。绘制扇形图操作步骤与方法如下：

（1）执行绘制扇形命令，通常有两种方法：

① 执行主菜单命令 Place/Drawing Tools/Pie Chart。

② 单击 Drawing 工具栏中的 按钮。

（2）此时光标变成“十”字形，并拖带一个扇形。首先，在待绘制图形的中心处单击鼠标左键，然后移动鼠标会出现扇形预拉线。调整好扇形半径后单击鼠标左键，鼠标指针会自动移到扇形缺口的另一端，调整好其位置后再单击左键，即完成扇形的绘制。此时单击鼠标右键或按下Esc键，切换到待命状态。

（3）在绘制扇形的过程中按下Tab键，或者直接用鼠标左键双击已绘制好的扇形，打开如图 4.61 所示的 Pie Chart 属性对话框。

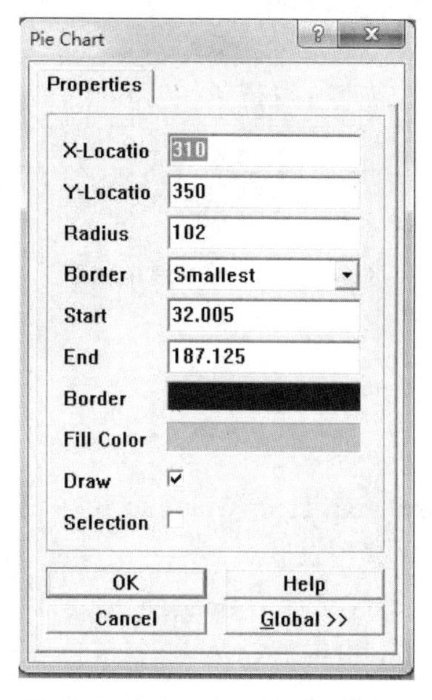

图 4.61　Pie Chart 属性对话框

在此对话框里可编辑扇形的属性。各选项的设置说明如表 4.26 所示。

表 4.26　Pie Chart 属性对话框设置说明

序号	选项名称	设置说明
1	X-Location	设置扇形圆心的横坐标值
2	Y-Location	设置扇形圆心的纵坐标值
3	Radius	设置扇形半径
4	Border Width	设置扇形边框的宽度，有 Smallest、Small、Medium 和 Large 四种
5	Start Angle	设置扇形缺口起始位置
6	End Angle	设置扇形缺口终止位置
7	Border Color	设置扇形边框颜色
8	Fill Color	设置扇形填充颜色
9	Draw Solid	设置实心扇形

如果直接用鼠标左键单击已绘制好的扇形，使其进入选中状态，在扇形的圆心和弧线上都会出现控制点，如图 4.62 所示。通过这些控制点可以调整该扇形的形状。

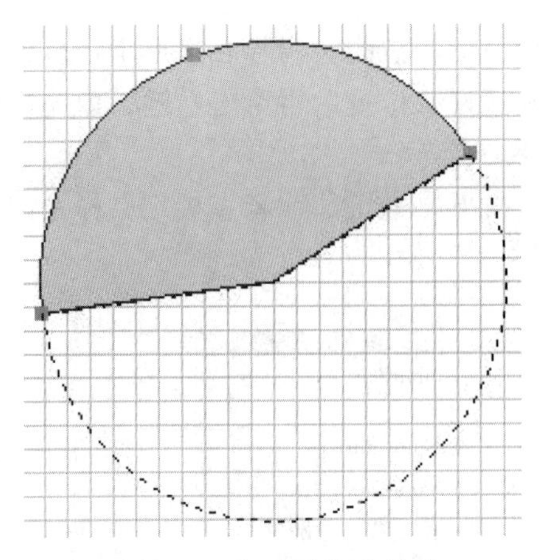

图 4.62　扇形的选中状态

十一、插入图片

插入图片的方法如下：

（1）执行插入图片的命令，有两种方式：

① 执行主菜单命令 Place/Drawing Tools/Graphic。

② 单击 Drawing 工具栏中的 按钮。

（2）执行命令后，弹出如图 4.63 所示的 Image File 对话框。选择合适的路径找到待插入的图片后，单击打开按钮，完成图片的插入。

图 4.63　Image File 对话框

学习任务 6　原理图绘制实例

下面将综合运用前述知识，绘制“振荡器和积分器”电路原理图。

1. 创建原理图设计文件

双击桌面上的图标，打开 Protel 99 SE 软件，出现如图 4.64 所示的创建设计项目的界面。

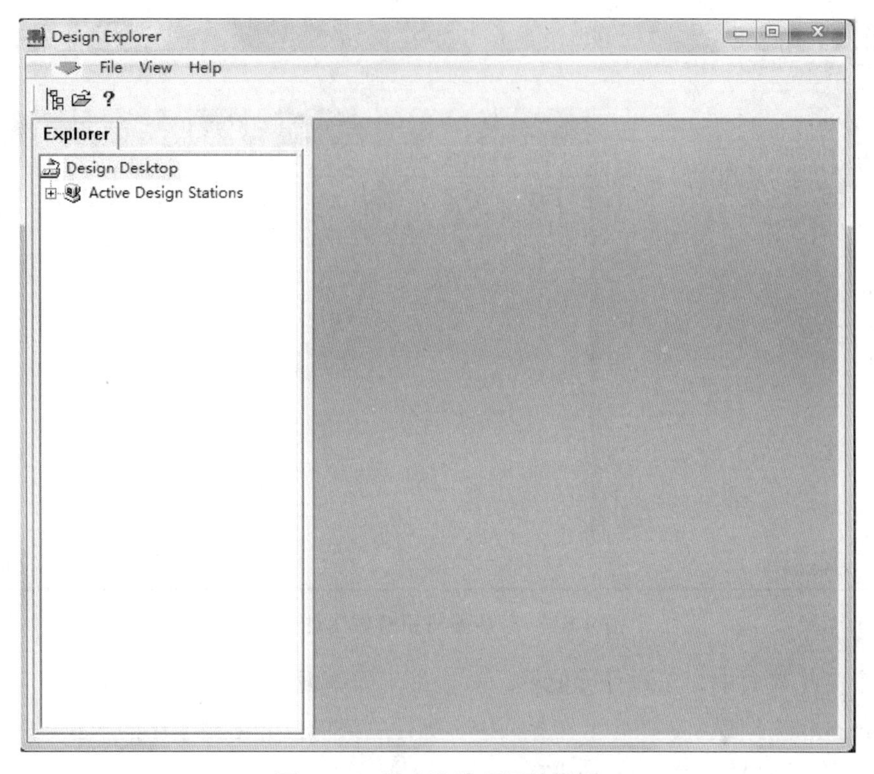

图 4.64　创建设计项目的界面

在主菜单栏 File 菜单中选择 New 命令，出现如图 4.65 所示的 New Design Database 对话框。

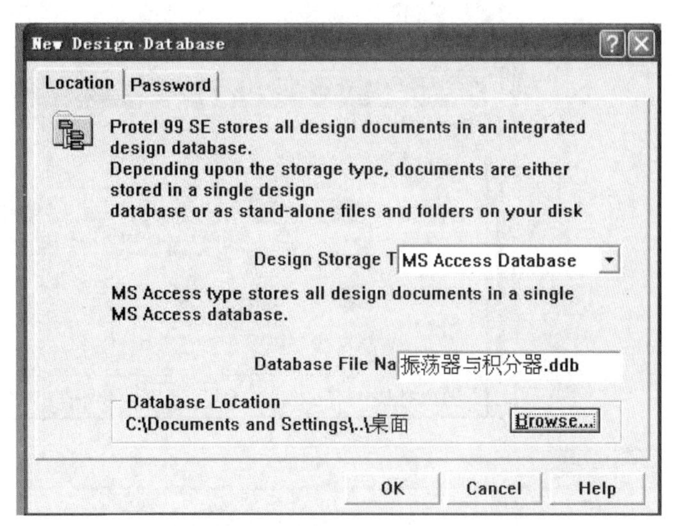

图 4.65　New Design Database 对话框

在此对话框中设置新设计数据库的名称(振荡器与积分器.ddb)和保存路径(C:\Document and Settings\...\桌面)，然后单击 OK 按钮完成新数据库的创建，出现如图 4.66 所示的工作界面。

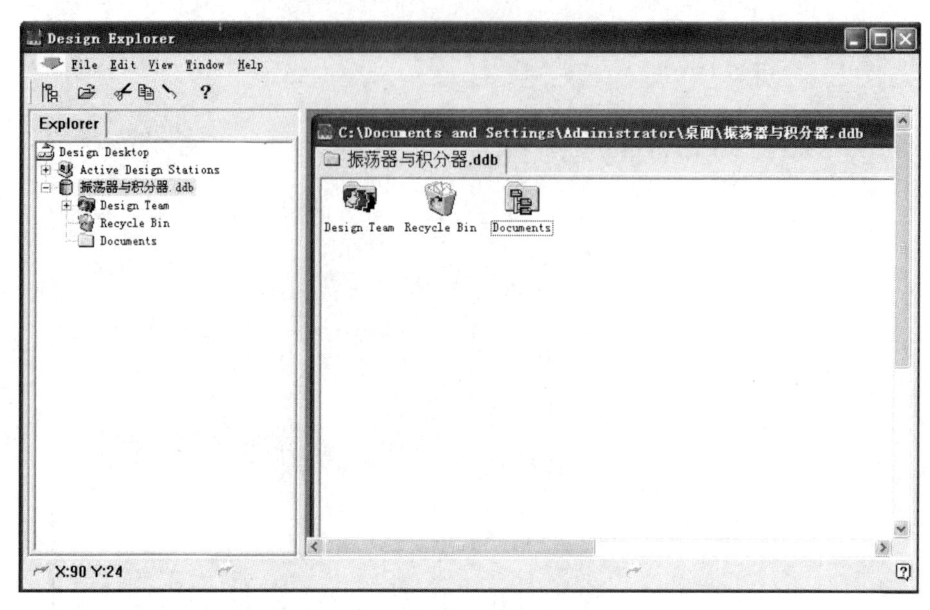

图 4.66　振荡器与积分器工作界面

在这个工作界面中，左边是导航栏，右边是工作平面。双击工作平面中的 Documents 图标，出现 Documents 工作界面。在此工作界面中，执行主菜单栏 File 菜单中的 New 命令，弹出如图 4.67 所示的 New Document 对话框。

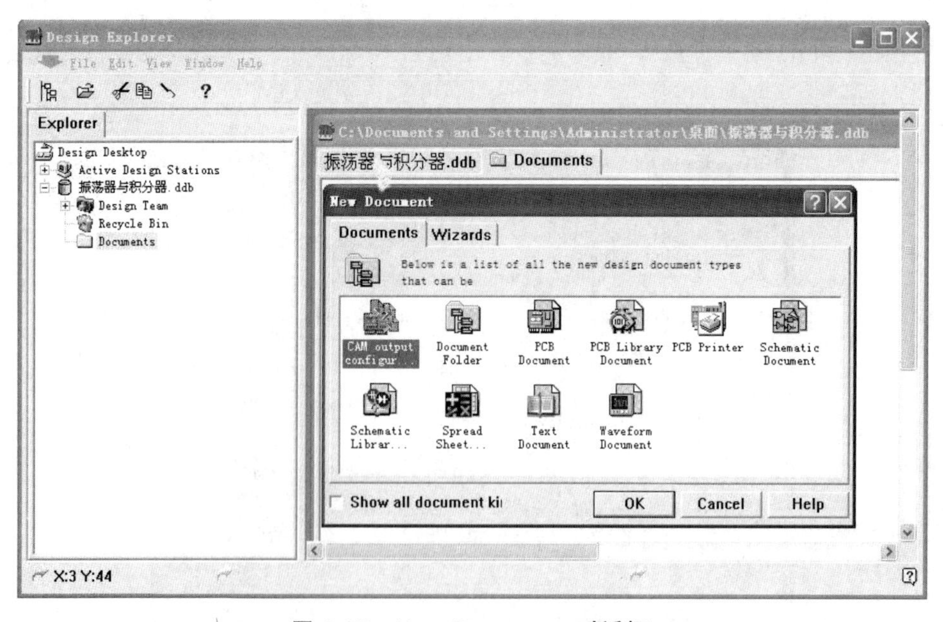

图 4.67　New Document 对话框

在对话框中选择 Schematic Document 图标，生成一个原理图设计文件，如图 4.68 所示。

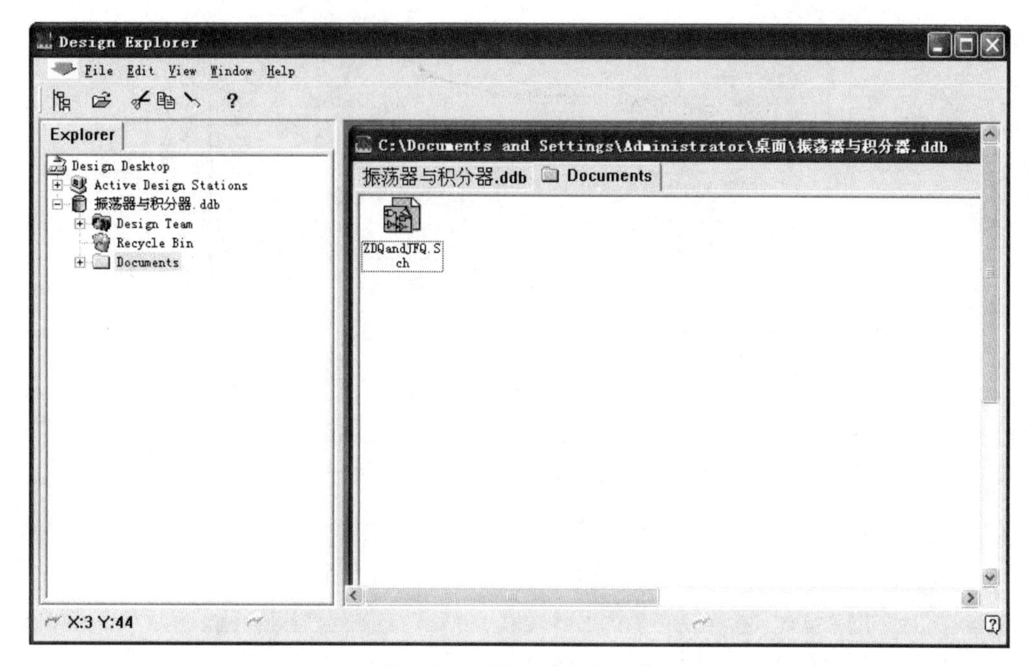

图 4.68　原理图设计文件

在图标的下方修改文件名为“ZDQandJFQ.Sch”。双击此图标，打开 ZDQandJFQ.Sch，进入原理图编辑环境，如图 4.69 所示。

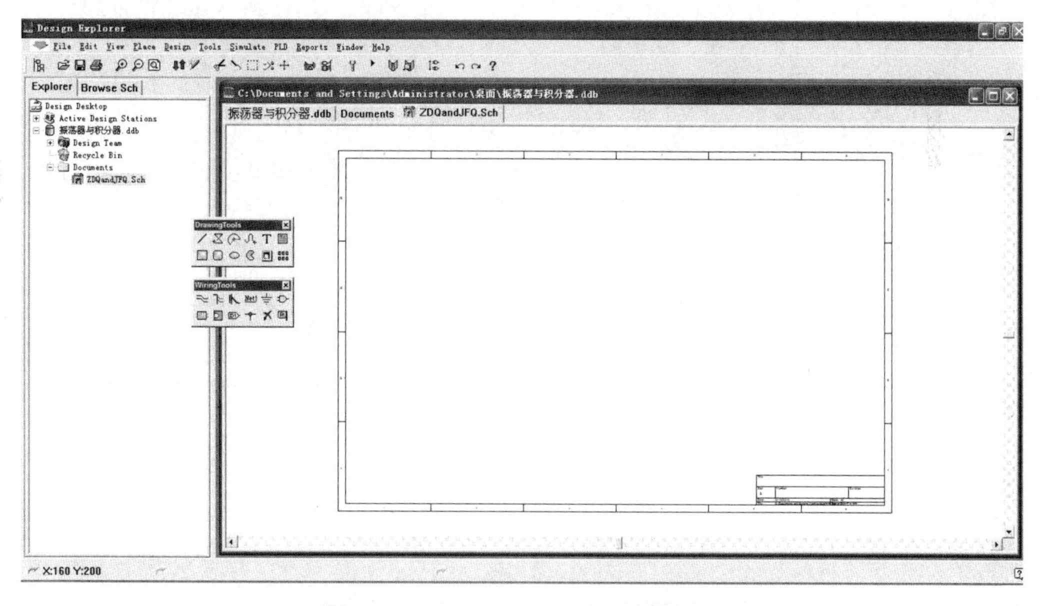

图 4.69　ZDQandJFQ.Sch 编辑页面

2. 设置图样参数

振荡器与积分器原理图所包含的元器件较少，因此，用 A4 号图纸比较合适。

具体的图样设置方法如下：

单击主菜单栏 Design 菜单中的 Option 选项，弹出如图 4.70 所示的 Document Options 对话框。

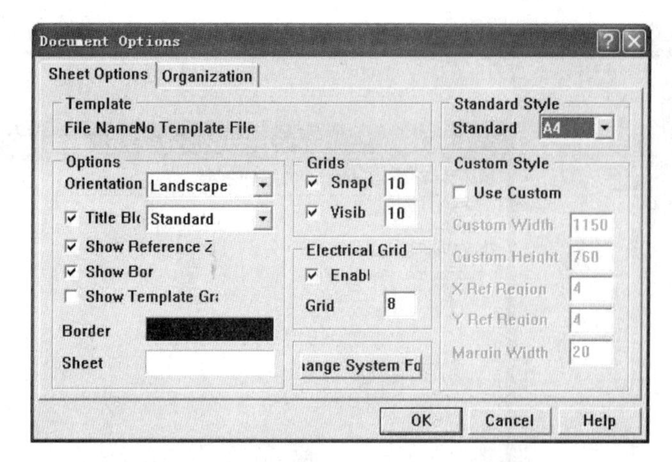

图 4.70　Document Options 对话框

在此对话框的 Standard Style 选项中单击▼按钮，将默认的图样幅面“B”改为“A4”，然后单击对话框下面的OK按钮，完成图样设置，如图 4.71 所示。

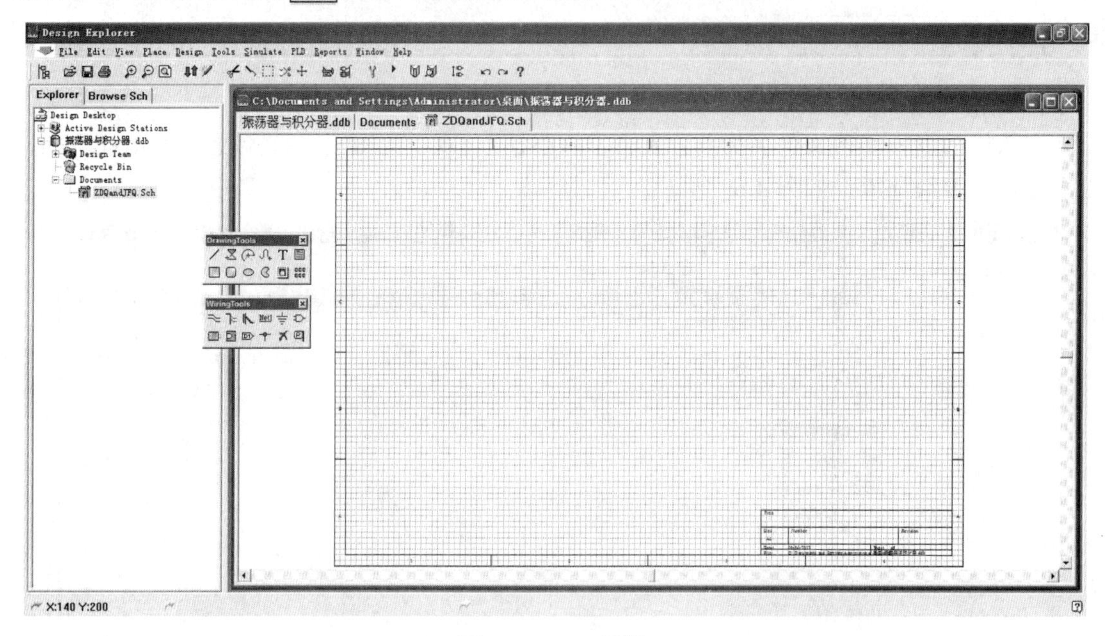

图 4.71　A4 图样

3. 载入元器件库

振荡器与积分器原理图所使用的元器件如表 4.27 所示。

表 4.27　振荡器与积分器原理图所使用的元器件

序号	元器件在图中的名称和标号	元器件图形样本名	所在的元器件库	元器件标示值或类型
1	C1	Cap	Miscellaneous Devices.IntLib	0.1 μF
2	C2	Cap	Miscellaneous Devices.IntLib	0.1 μF
3	R1	RES2	Miscellaneous Devices.IntLib	1 kΩ

续表 4.27

序号	元器件在图中的名称和标号	元器件图形样本名	所在的元器件库	元器件标示值或类型
4	R2	RES2	Miscellaneous Devices.IntLib	1 kΩ
5	R3	RES2	Miscellaneous Devices.IntLib	10 kΩ
6	R4	RES2	Miscellaneous Devices.IntLib	10 kΩ
7	R5	RES2	Miscellaneous Devices.IntLib	0.5 kΩ
8	U1	LF351N	Motorola Operational Amplifier.IntLib	351N
9	U2	MC1455P1	Motorola Analog Timer Circuit.IntLib	555

从表中可以看出，这些元器件在 Miscellaneous Devices.IntLib、Motorola Operational Amplifier.IntLib 和 Motorola Analog Timer Circuit.IntLib 三个库中，需要载入这三个元器件库。其方法如下：

（1）在原理图工作平面的左侧单击 Browse Sch 标签，出现库文件操作框，如图 4.72 所示。

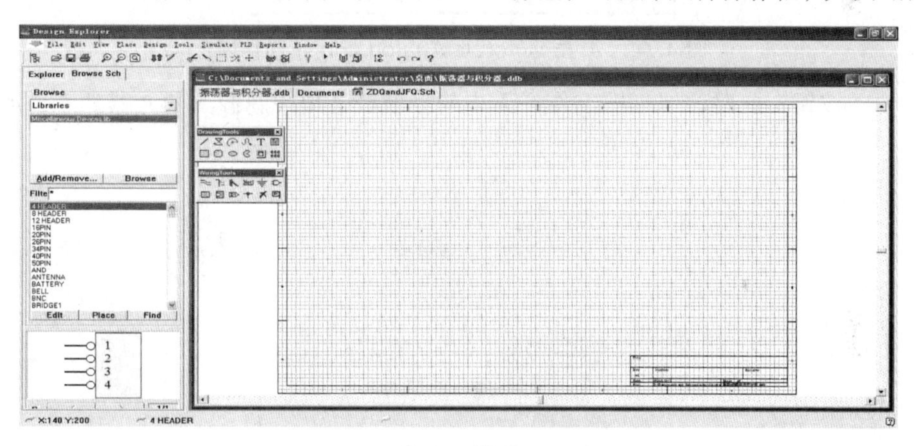

图 4.72 载入元器件工作界面

此时，Miscellaneous Devices.IntLib 为默认加载库。通常情况下，不建议一次性加载过多的元器件库，因为这样不利于查找元器件，且会影响原理图编辑速度。

（2）单击 Add/Remove 按钮，弹出如图 4.73 所示的 Change Library File List 对话框。

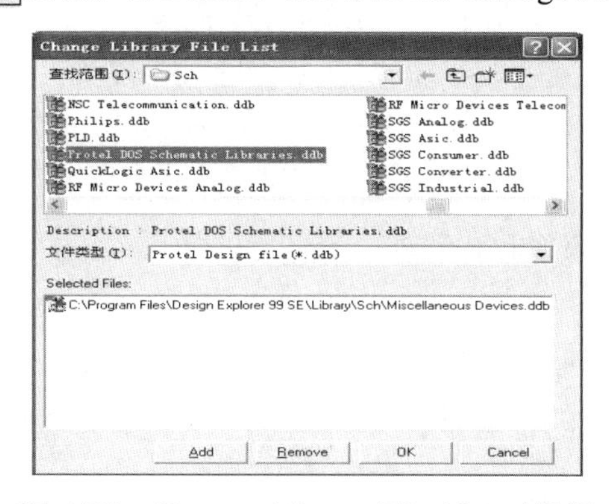

图 4.73 Change Library File List 对话框

Protel 99 SE 自带一部分元器件库，安装软件时会自动装入。于是，在此对话框中，按“C:\Program Files\Design Explorer 99 SE\Library\Sch\”路径寻找合适的文件库。选择“Motorola Analog.ddb”元器件库，单击 Add 按钮，载入所需的元器件库，如图 4.74 所示。

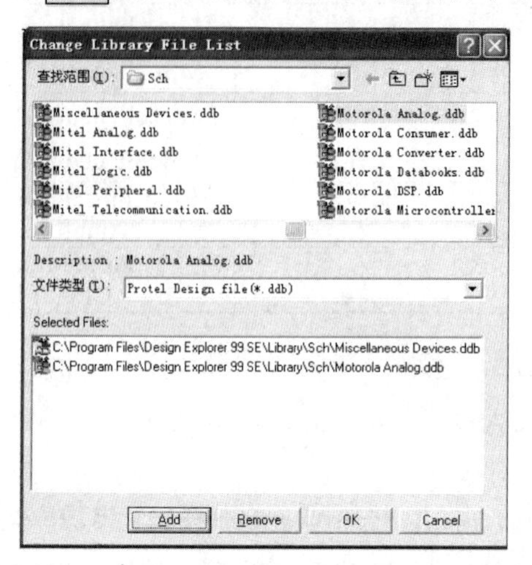

图 4.74 加载 Motorola Analog.ddb 元器件库

单击 OK 按钮，此时，原理图工作平面中的导航栏会出现新载入的元器件库，如图 4.75 所示。

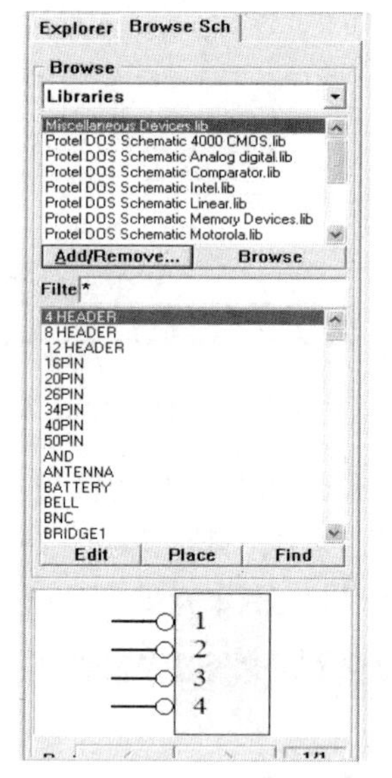

图 4.75 导航栏中的新元器件库

用同样的方法，可以完成加载和卸载元器件库的操作。

4. 放置元器件

放置元器件的方法有两种：一是运用连线工具栏中的 按钮，二是运用导航栏中的 Browse Sch 选项查找和放置元器件。后者更为直观，方便初学者使用。下面介绍运用 Browse Sch 选项来放置元器件的方法。

首先，在 Libraries 选项中选择所需的元器件库，例如 555 定时器 MC1455P1 在“Motorola

Analog Timer Circuit.IntLib”库中。如果对元器件不是特别熟悉，可以利用 Filter 和图像相结合的方式查找所需的元器件。

其次，选择好所需的元器件后，双击元器件名或单击 Place 按钮，这时光标后出现所选的元器件。在合适的位置单击鼠标左键即可放置元器件。如果元器件相同，可以多次放置，然后单击鼠标右键完成此元器件的放置。

按照此方法，依次放置元器件，如图 4.76 所示。

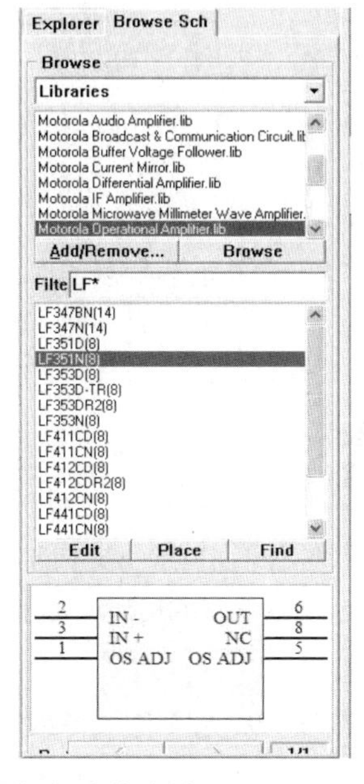

(a) 查找与放置 LF351N

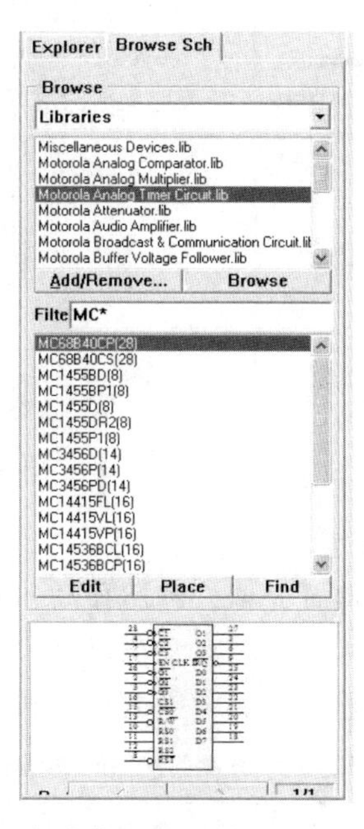

(b) 查找与放置 MC1455P1

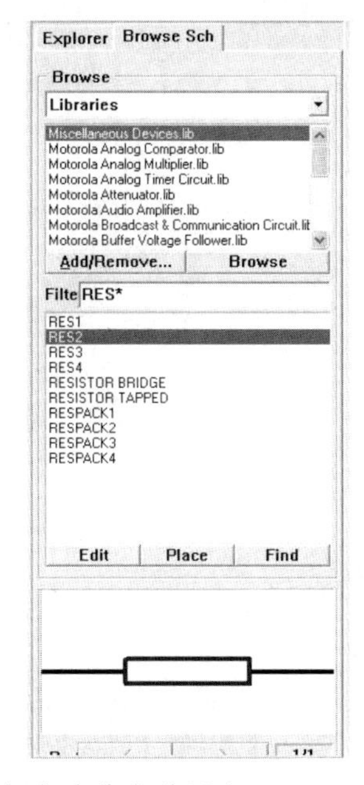

(c) 查找与放置电阻 RES2

(d) 查找与放置电容 CAP

图 4.76 查找与放置元器件

放置好元器件后，如图 4.77 所示。

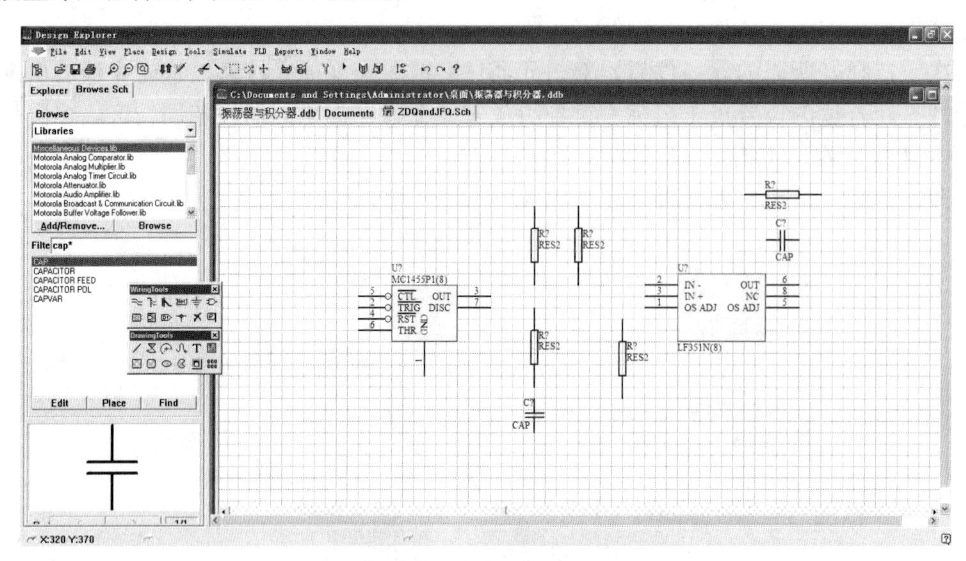

图 4.77　放置元器件

5. **连线和放置节点**

所有元器件放置完毕，利用移动和旋转功能对元器件位置作进一步调整。为方便连线，应使原理图编辑画面占据整个屏幕。执行菜单命令 View/Fit All Objects，可使原理图中的所有元器件清晰地显示在编辑平面上，如图 4.78 所示。

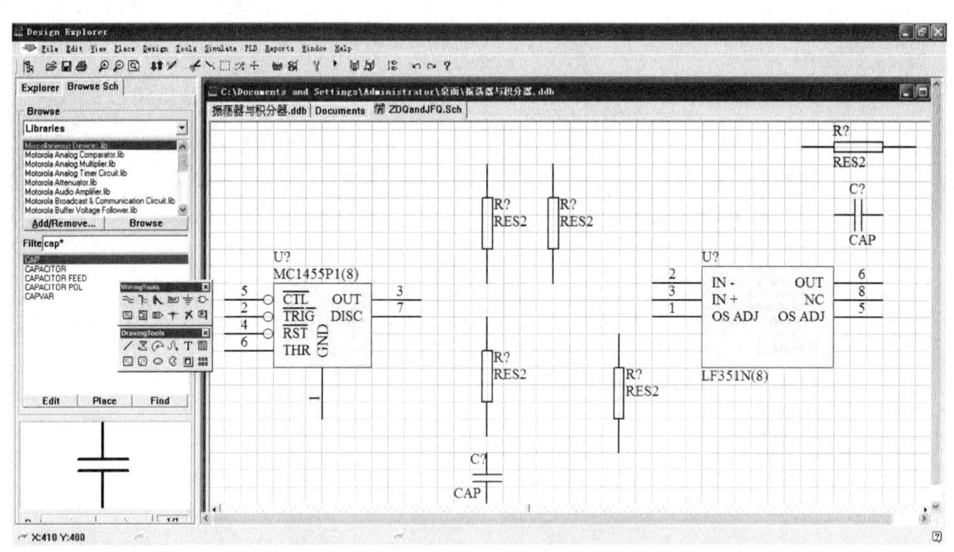

图 4.78　元器件连线前的准备

在连线工具栏（Wiring Tools）中单击⥱按钮，光标变为“十”字状。将光标移向要连线的元器件引脚，当光标接近元器件引脚时，在此脚处会出现一个黑色的小圆点，这时可单击鼠标左键确定连线的起始点，接着按所画的连线方向移动鼠标到另一元器件的引脚。若连线中间有转折，则在转折处单击鼠标左键，然后按所画连线转折方向继续移动鼠标。待移到连线终点的元器件引脚处时，先单击左键后再单击右键，结束此条连线。此时，光标仍处于“十”字状，可以继续画下一条连线。依此方法完成所有连线的连接，最后按右键结束连线工作。

在连线的过程中，按默认设置在 Preferences 对话框中选中 Auto-Junction，会自动生成节点。如要去掉不需要的节点，用鼠标左键单击该节点，此时节点周围会出现虚框，然后按 Delete 键即可。如果需要添加节点，执行菜单命令 Place/Junction，或单击连线工具栏中的按钮，光标变成“十”字状且中间有一个红色的小圆点，将光标移动到指定位置后，单击鼠标左键即可添加节点。

完成连线和放置节点的电路图如图 4.79 所示。

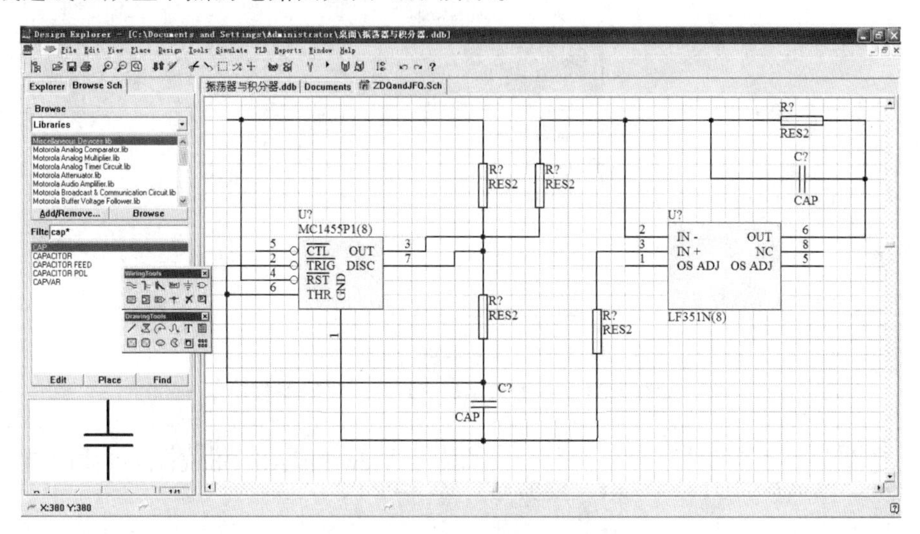

图 4.79　完成连线的电路图

6. 放置电源和接地符号

放置电源和接地符号通常有三种方法：一是执行菜单命令 Place/PowerPort；二是执行菜单命令 View/toolbars/Power Objects，在原理图编辑平面上会出现一个 Power Objects 工具栏；三是单击连线工具栏（Wiring Tools）中的按钮。

放置好电源与接地符号的电路原理图如图 4.80 所示。

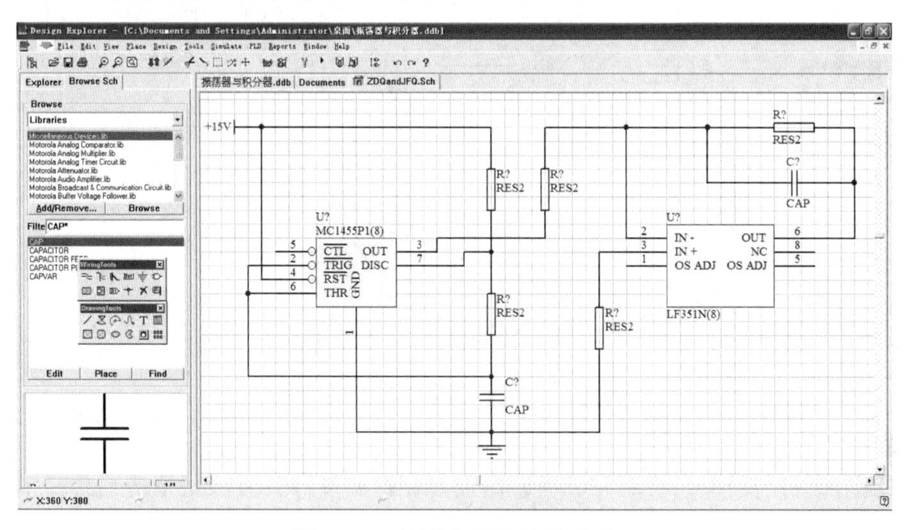

图 4.80　放置电源与接地符号

7. 编辑元器件属性

放置到原理图上的元器件，需要根据电路的原理编辑元器件的相关属性。以元器件MC1455P1为例，编辑的方法是双击元器件符号，弹出元器件属性（Component Properties）对话框，如图4.81所示。

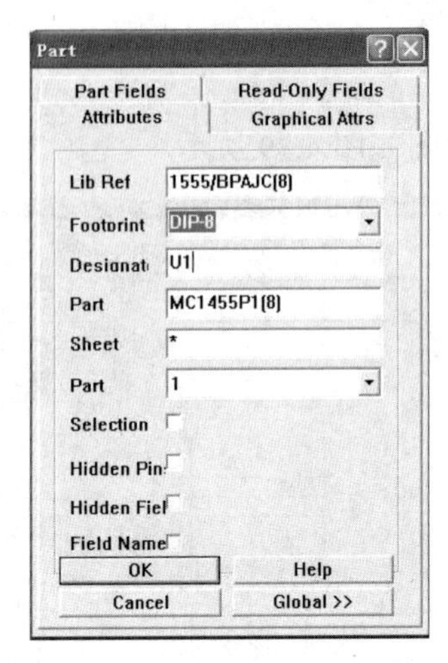

图 4.81　以 MC1455P1 为例编辑属性

在“Library References”栏填写“1555/BPAJC（8）”，“Footprint”栏填写“DIP-8”，“Designator”栏填写“U1”，“Part”栏填写“MC1455P1（8）”。

其他的元器件也以类似的方法进行编辑。至此，原理图绘制完毕，如图4.82所示。

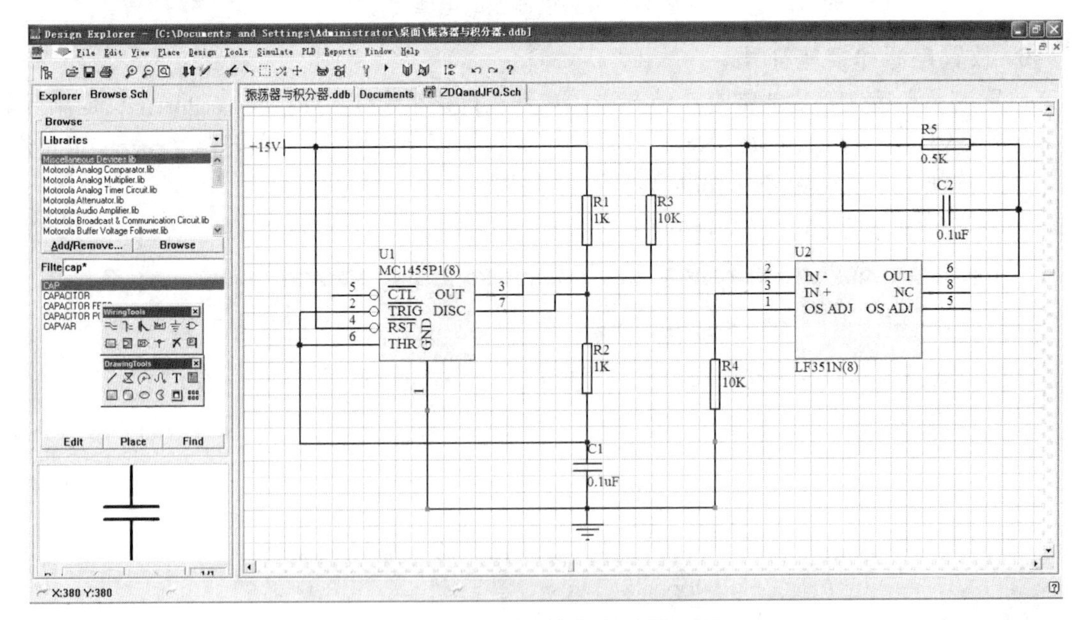

图 4.82　绘制完毕的电路原理图

8. 保存文件

在原理图绘制过程中和绘制完成后，应及时保存文件。其方法是单击工具栏中的存盘图标 或执行菜单命令 File/Save。

学生职业技能测试项目

系（部）______________________

专　　业______________________

课　　程______________________

项目名称　管理 Protel 99 SE 的项目与文件

适应年级______________________

一、项目名称： 管理 Protel 99 SE 的项目与文件

二、测试目的

（1）原理图设计的一般步骤。

（2）原理图绘制实例。

三、测试内容（图表、文字说明、技术要求、操作要求等）

1. 原理图设计的一般步骤

2. 绘制原理图

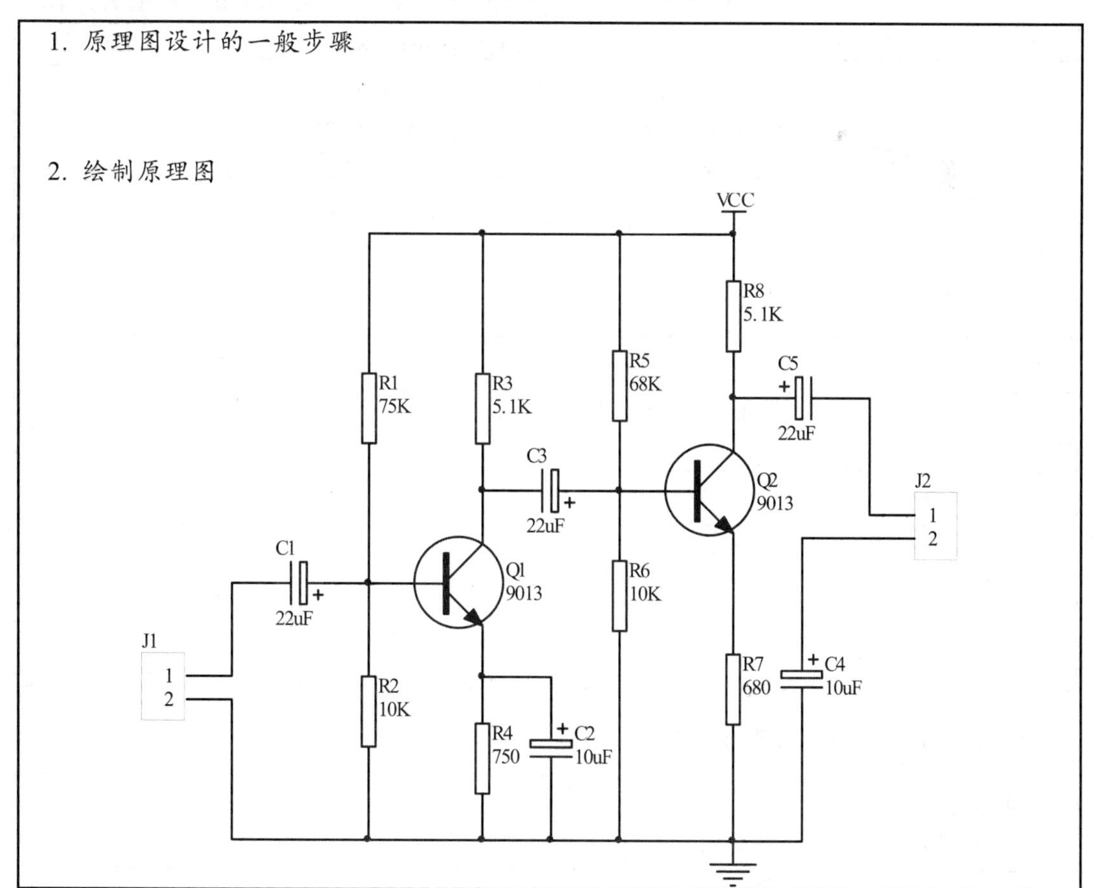

（1）电路原理图绘制在A4图纸中。 （2）按绘图步骤绘制放大电路的原理图。 （3）要求选择元件、元件放置、元件属性、电气连接关系、节点、电源（接地）及端口正确。

注：测试时间为60分钟。

四、评分标准

序号	评分点名称	评分点评分标准	评分点配分
1	图纸选择	原理图没有绘制在A4图纸中扣10分	10
2	选择元件	元件选错一个扣2分，20分扣完为止	20
3	元件放置	元件放置位置没对齐或方向不对，每个扣1分，10分扣完为止	10
4	元件属性	元件属性设置每错误一个扣1分，10分扣完为止	10
5	电气连接关系	电气连接关系每错一处扣2分，20分扣完为止	25
6	端口、电源（接地）	端口、电源不正确扣5分	5
7	绘图步骤	基本按绘图一般步骤完成得20分，否则依绘图完成情况扣分（较好地完成绘制原理图扣5分，基本完成绘制原理图扣10分，没完成绘制原理图扣20分）	20

五、有关准备

材料准备（备料、图或文字说明）	CPU时钟电路原理图一份
设备准备（设备标准、名称、型号、精确度、数量等）	无
工具准备（标准、名称、规格、数量）	安装有Protel 99 SE的计算机一台
场地准备（面积、考位、照明、电水源等）	可在计算机中心机房测试
操作人数（个人独立完成或小组协作完成）	一人，个人独立完成
特殊要求说明	无

六、需要说明的问题和要求

（1）测试应在学生学习完相应内容之后进行。 （2）测试之前应进行必要的练习。

七、评分记录

班级____________ 学生姓名（学号）____________________

序号	评分点名称	评分点配分	评分点实得分
1	图纸选择	10	
2	选择元件	20	
3	元件放置	10	
4	元件属性	10	
5	电气连接关系	25	
6	端口、电源（接地）	5	
7	绘图步骤	20	

评委签名____________________

考核日期____________________

项目五
设计层次原理图

学习任务1　认识层次原理图
学习任务2　采用自上而下的设计方法设计原理图
学习任务3　采用自下而上的设计方法设计原理图

学习任务 1　认识层次原理图

一、层次原理图概述

对于一个复杂的电路原理图，将其放在一张图纸上，显得过于复杂，不方便电路设计，而且有时一个复杂的电路需要多个人共同完成，这样就需要利用层次原理图来进行设计。

Protel 99 SE 提供了层次原理图的设计方法，它是一种模块化的设计方法。设计者可将系统划分为多个子系统，子系统又可划分为若干个功能模块，功能模块可再细分为若干个基本模块。

二、层次原理图的设计方法

层次原理图的设计方法通常有以下三种：

1. 自上而下的设计方法

自上而下的设计方法是先设计电路方块图（总图），然后再设计电路子图，其流程如图 5.1 所示。

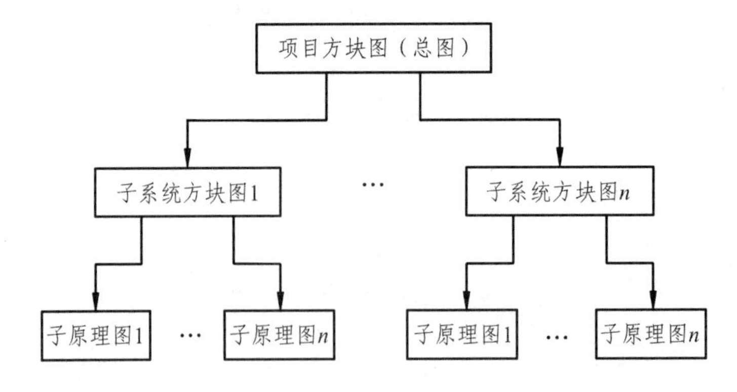

图 5.1　自上而下的层次原理图设计流程

2. 自下而上的设计方法

自下而下的设计方法是先设计电路子图，然后再设计电路方块总图，其流程图如图 5.2 所示。

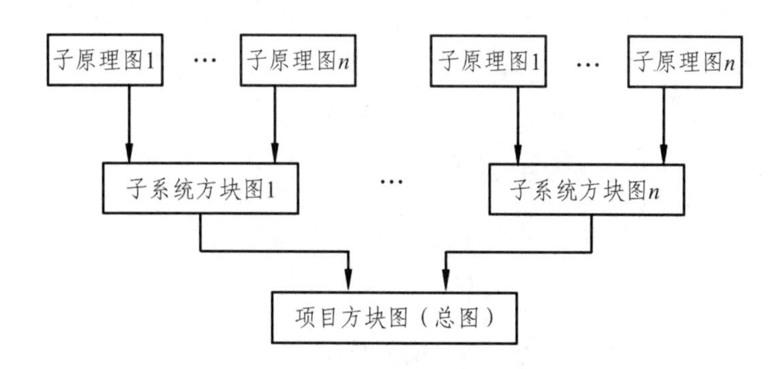

图 5.2　自下而上的层次原理图设计流程

学习任务 2　采用自上而下的设计方法设计原理图

现以“C:\Program Files\Design Explorer99 SE\Examples”中的“4 Port Serial Interface.Schdoc”文件为例进行说明。

一、设计上层项目方块图

（1）启动原理图编辑器，建立一个名为“4 Port Serial Interface.SchDoc”的层次原理图文件。

（2）在原理图工作平面上打开连线工具栏（Wiring Tools），执行绘制方块电路命令。方法为：鼠标左键单击连线工具栏中的按钮或执行菜单命令 Place/Sheet Symbol。

（3）执行该命令后，光标变为“十”字状，并带着方块电路。这时，按下 Tab 键，会出现方块电路（Sheet Symbol）属性设置对话框，如图 5.3 所示。

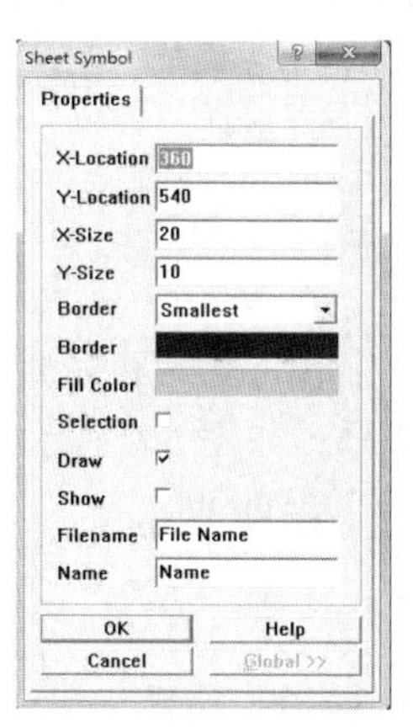

图 5.3　方块电路（Sheet Symbol）属性设置对话框

在此对话框的 Filename 编辑框中设置文件名为“ISA Bus and Address Decoding.SchDoc”，这表明该电路代表了 ISA Bus and Address Decoding（ISA 总线和地址译码）模块。在 Designator 编辑框中设置方块图的名称为“ISA Bus and Address Decoding”。

（4）设置完属性后，确定方块电路的大小和位置。将光标移到合适的位置后，单击鼠标左键，确定方块电路的左上角位置，然后拖动鼠标到适当的位置后，单击鼠标左键，确定方块电路的右下角位置，从而定义了方块电路的大小和位置。这样，便绘制出了一个名为“ISA Bus and Address Decoding”的模块，如图 5.4 所示。

图 5.4　名为 ISA Bus and Address Decoding 的模块

（5）绘制完一个方块电路后，系统仍处于放置方块电路的命令状态下，可以用同样的方法绘制另一个方块电路，并设置相应的方块图文字，如图 5.5 所示。

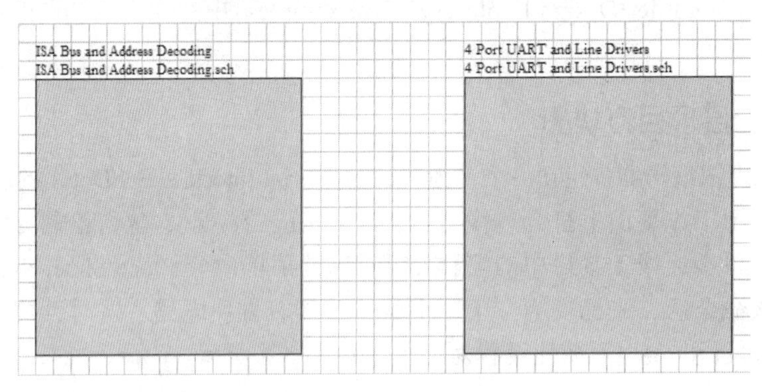

图 5.5　两个模块

（6）放置方块电路端口。

执行主菜单命令 Place/Add Sheet Entry，或用鼠标左键单击连线工具栏（Wiring）中的按钮。

执行该命令后，光标变为“十”字状，然后在需要放置端口的方块图上单击鼠标左键，此时光标处就出现方块电路的端口符号，如图 5.6 所示。

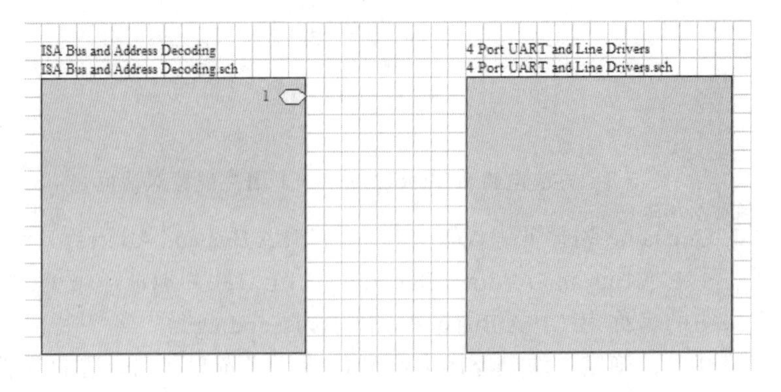

图 5.6　放置方块电路端口符号

在此命令状态下，按 Tab 键，系统会弹出方块电路端口属性设置对话框，如图 5.7 所示。

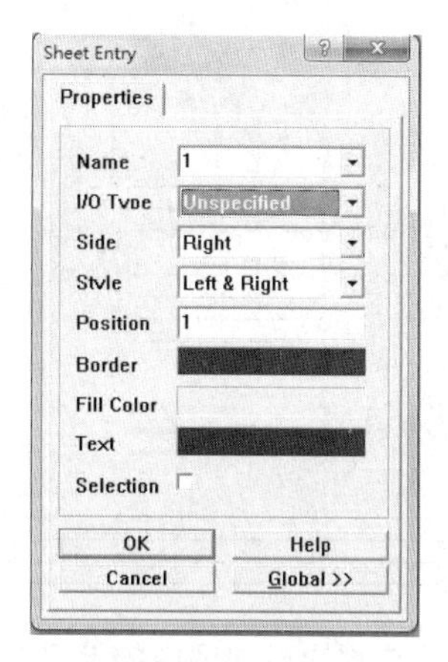

图 5.7　方块电路端口属性设置对话框

在此对话框中，将“Name”设置为“-WR”，“I/O Type”设置为“Output”，放置位置“Side”设置为“Right”，端口样式“Style”设置为“Right”，其他选项保持默认设置，则效果如图 5.8 所示。

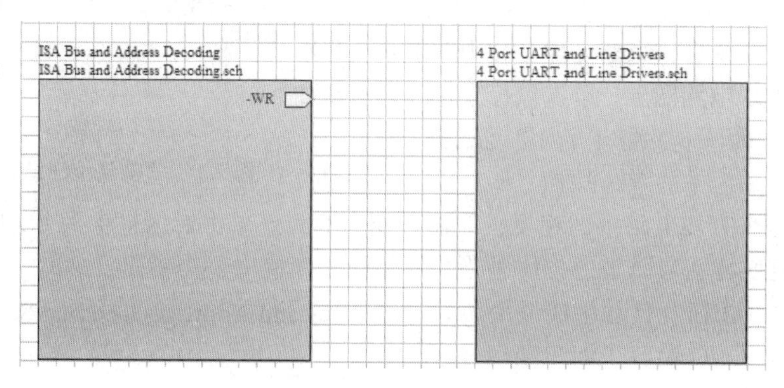

图 5.8　修改端口属性

设置好属性后，将光标移动到合适的位置后，单击鼠标左键将其定位。根据实际电路，用同样的方法在 ISA Bus and Address Decoding 方块图和 4 Port UART and Line Drivers 方块图上放置其他端口，如图 5.9 所示。

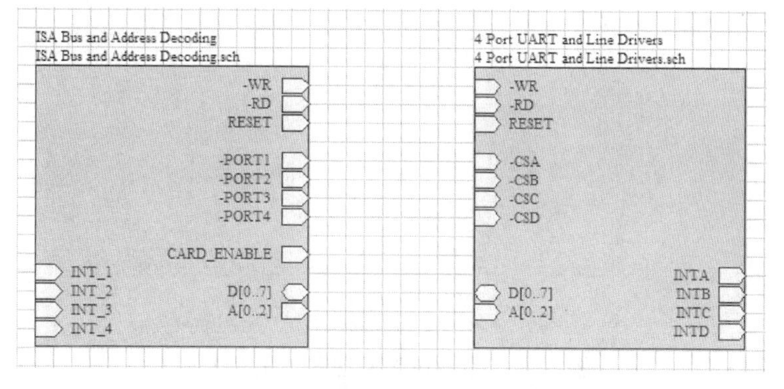

图 5.9　放置方块电路图的所有端口

（7）连线。将在电气关系上具有相连关系的端口用导线或总线连在一起，完成一个层次原理图的上层方块电路图，如图 5.10 所示。

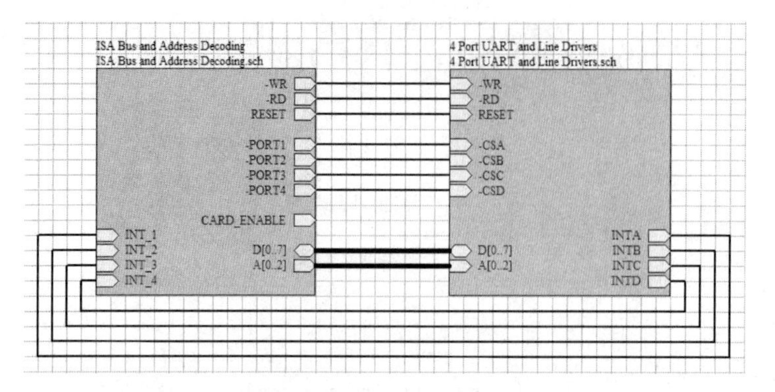

图 5.10　完成层次原理图中的上层方块电路图

采用自上而下的方法设计层次原理图时，是先建立方块电路，再设计该方块电路相应的原理图文件。其步骤是这样的：

（1）选择执行主菜单命令 Design/Create Sheet From Symbol。

（2）执行该命令后，光标变成了“十”字状，移动光标到某一个方块电路图上，单击鼠标左键，会出现如图 5.11 所示的“确认 I/O 端口方向”对话框。

Confirm
Reverse Input/Output Directions
Yes　No

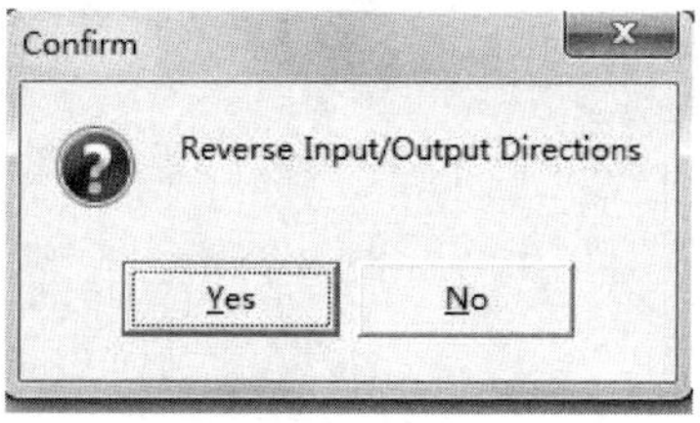

图 5.11　“确认 I/O 端口方向”对话框

（3）单击对话框中的 Yes 按钮，所产生的 I/O 端口的电气特性与原来方块电路中的相反，即输出变为输入。单击对话框中的 No 按钮，所产生的 I/O 端口的电气特性与原来的方块电路中的相同，即输出仍为输出。

此处选择 No 按钮，自动生成一个名为“ISA Bus and Address Decoding.SchDoc”的原理图文件，并布置好 I/O 端口，如图 5.12 所示。

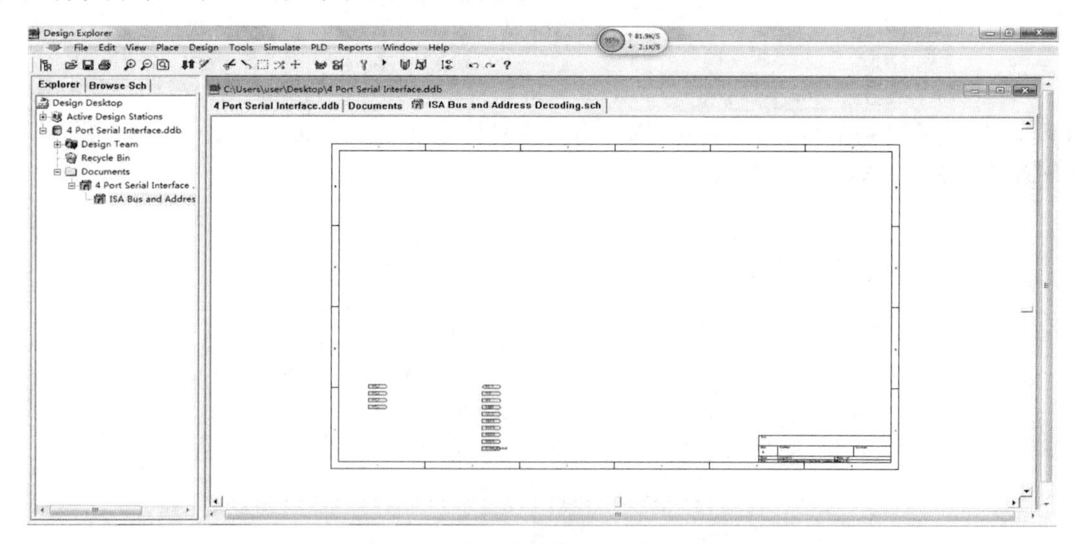

图 5.12　生成电路原理图（子图）

在生成的电路图中，已经有了现成的 I/O 端口，如图 5.13 所示。

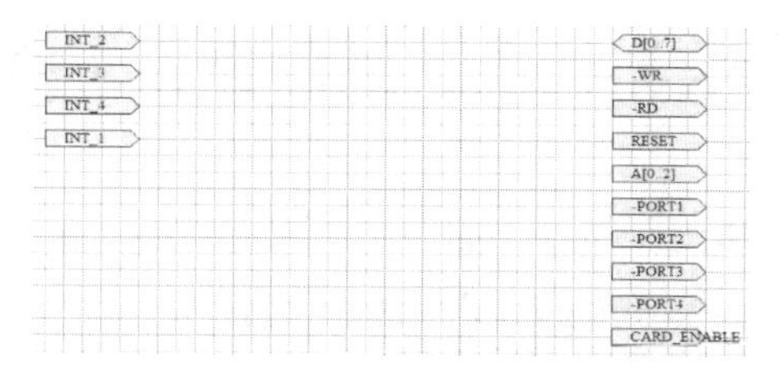

图 5.13　生成的 I/O 端口

二、生成子图

确认生成的新电路原理图上的 I/O 端口符号与对应的方块电路的 I/O 端口符号完全一致后，就可绘制具体的电路原理图。绘制方法如项目四所述。

用同样的方法完成其他电路子图的绘制。绘制好的电路子图如图 5.14 所示。

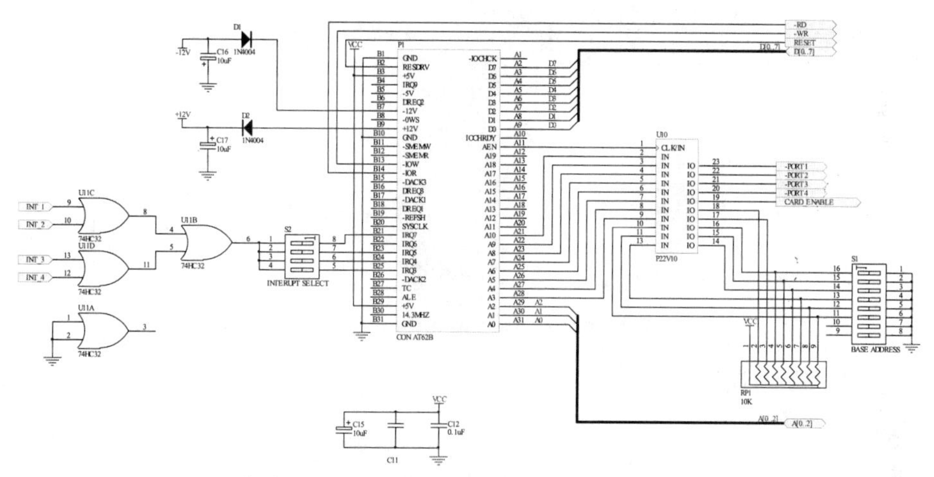

（a）ISA Bus and Address Decoding.Sch 子图

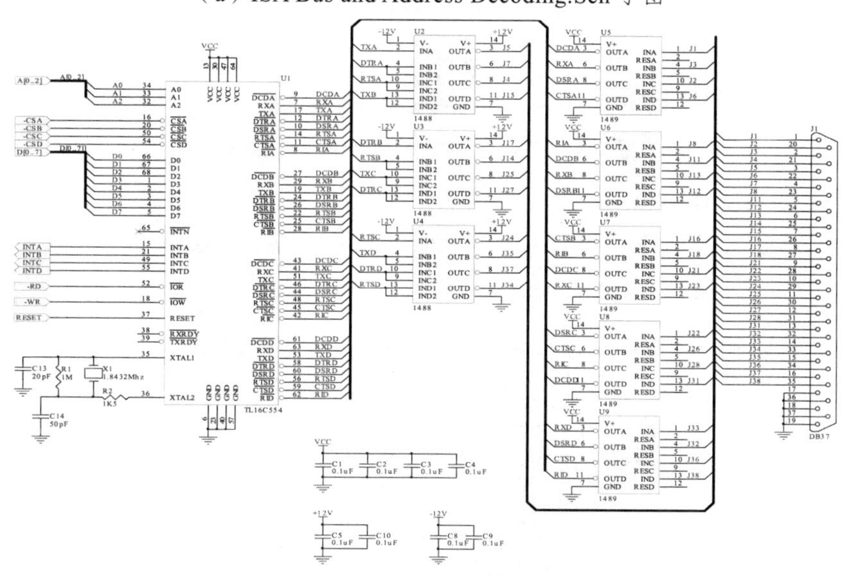

（b）4 Port UART and Line Drivers.Sch 子图

图 5.14　绘制好的电路子图

学习任务 3　采用自下而上的设计方法设计原理图

采用自下而上的设计方法时，先设计原理图，再设计方块电路。

仍然以“4 Port Serial Interface.Schdoc”为例进行说明。先设计好下层的两张电路子图，如图 5.14 所示。

接下来的设计过程如下：

（1）在和两张设计好的电路原理图文件同一目录下，创建一个新的原理图文件。

（2）在新的原理图文件编辑状态，执行主菜单命令 Design/Create Symbol From Sheet。

（3）执行该命令后，会出现如图 5.15 所示的 Choose Document to Place 对话框。

图 5.15　Choose Document to Place 对话框

选择要产生方块电路的子图文件，单击 OK 按钮，出现如图 5.16 所示的“确认端口 I/O 端口”对话框。

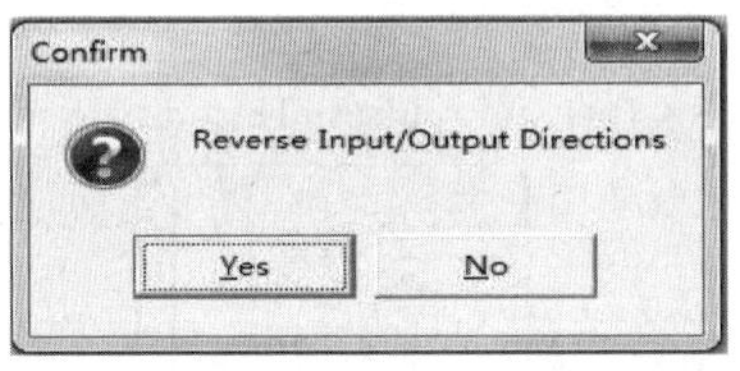

图 5.16　“确认端口 I/O 端口”对话框

单击 No 按钮，方块电路会出现在光标上。

（4）移动光标至适当位置，按照前述方法放置方块电路。方块电路定位完成后，则可自动生成方块电路，以“4 Port UART and Line Drivers”为例，如图 5.17 所示。

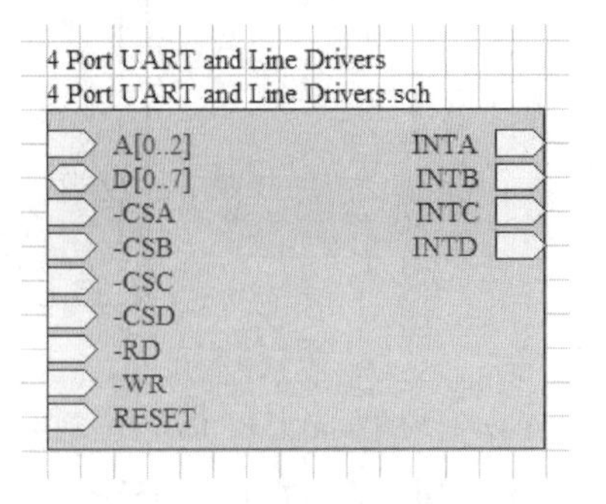

图 5.17　生成的方块电路

根据层次原理图设计的需要，可以对方块电路上的端口进行适当的调整。

（5）以同样的方法生成名为“ISA Bus and Address Decoding”的方块电路，并对电路的端口进行适当调整，如图 5.18 所示。

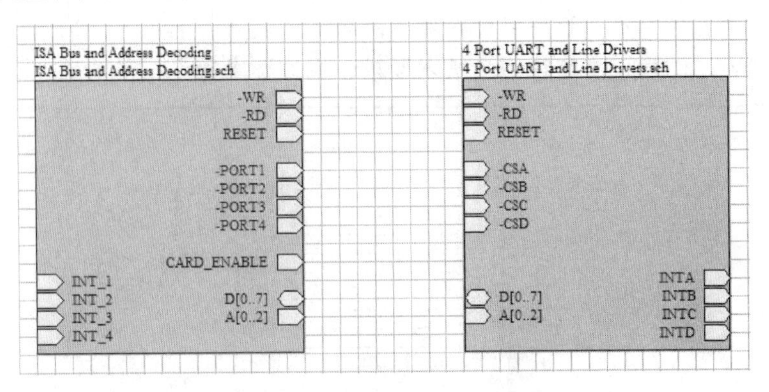

图 5.18　调整后的方块电路

（6）将在电气关系上具有相连关系的端口用导线或总线连接在一起，即完成上层方块图的设计，如图 5.19 所示。

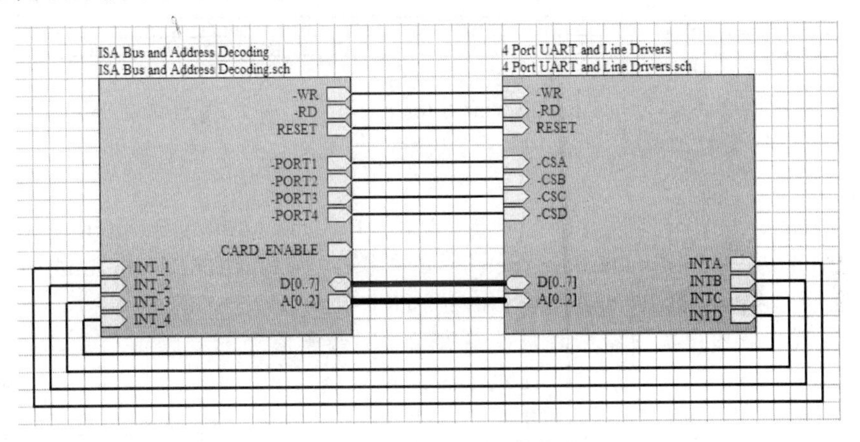

图 5.19　完成的上层方块图

学生职业技能测试项目

系（部）________________

专　　业________________

课　　程________________

项目名称　层次原理图设计

适应年级________________

一、项目名称：层次原理图设计

二、测试目的

（1）检查学生对绘制层次原理图的基本操作、命令和步骤的掌握情况。

（2）检查学生利用 Protel 绘制层次原理图的能力。

三、测试内容（图表、文字说明、技术要求、操作要求等）

1. 绘制层次原理图的总图

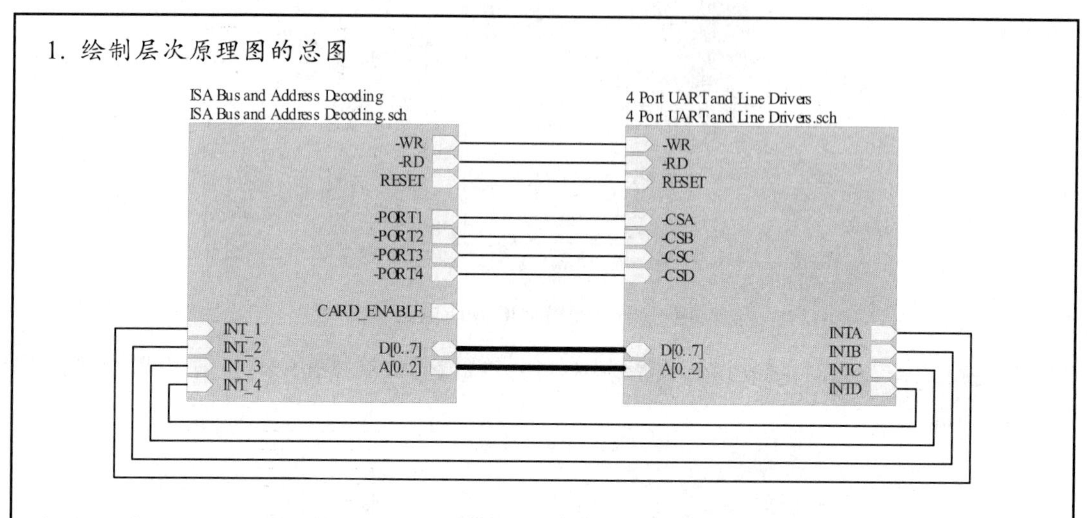

（1）要求原理图文件名为“4 Port Serial Interface.prj”，并把图绘制在 A4 图纸中。

（2）按层次原理图要求完成全图。要求方块电路绘制（包括方块电路和端口设置）正确、端口连接正确。

（3）注意设置方块电路属性时，方块电路“ISA Bus and Address Decoding”对应的原理图为“ISA Bus and Address Decoding.sch”；方块电路“4 Port UART and Line Drivers”对应的原理图为“4 Port UART and Line Drivers.sch”。

2. 在生成的原理图图纸中绘制相应的层次原理图的子图

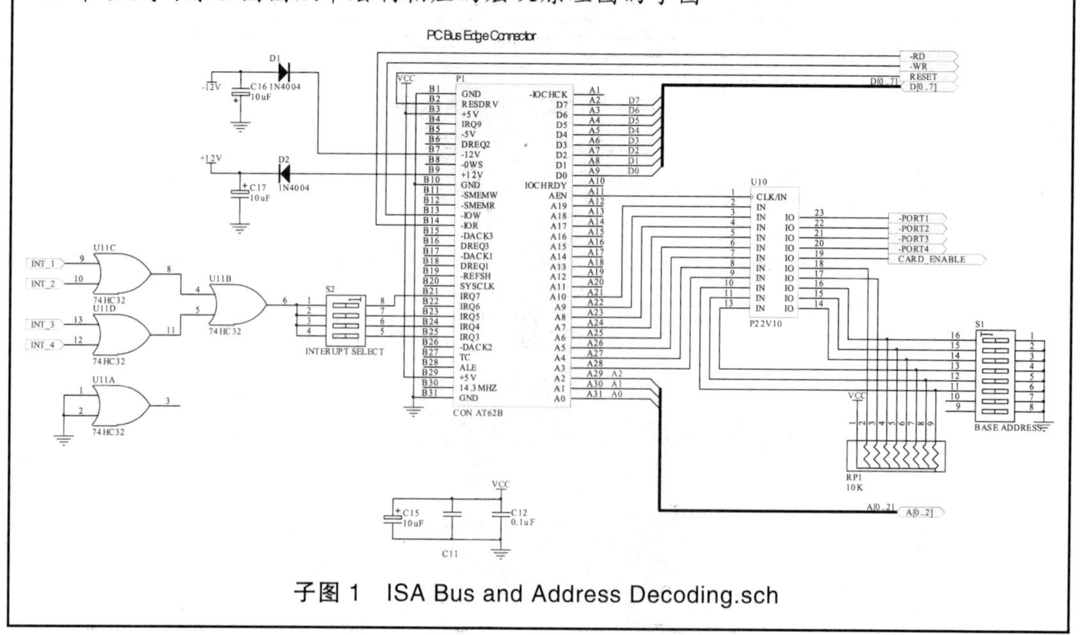

子图 1　ISA Bus and Address Decoding.sch

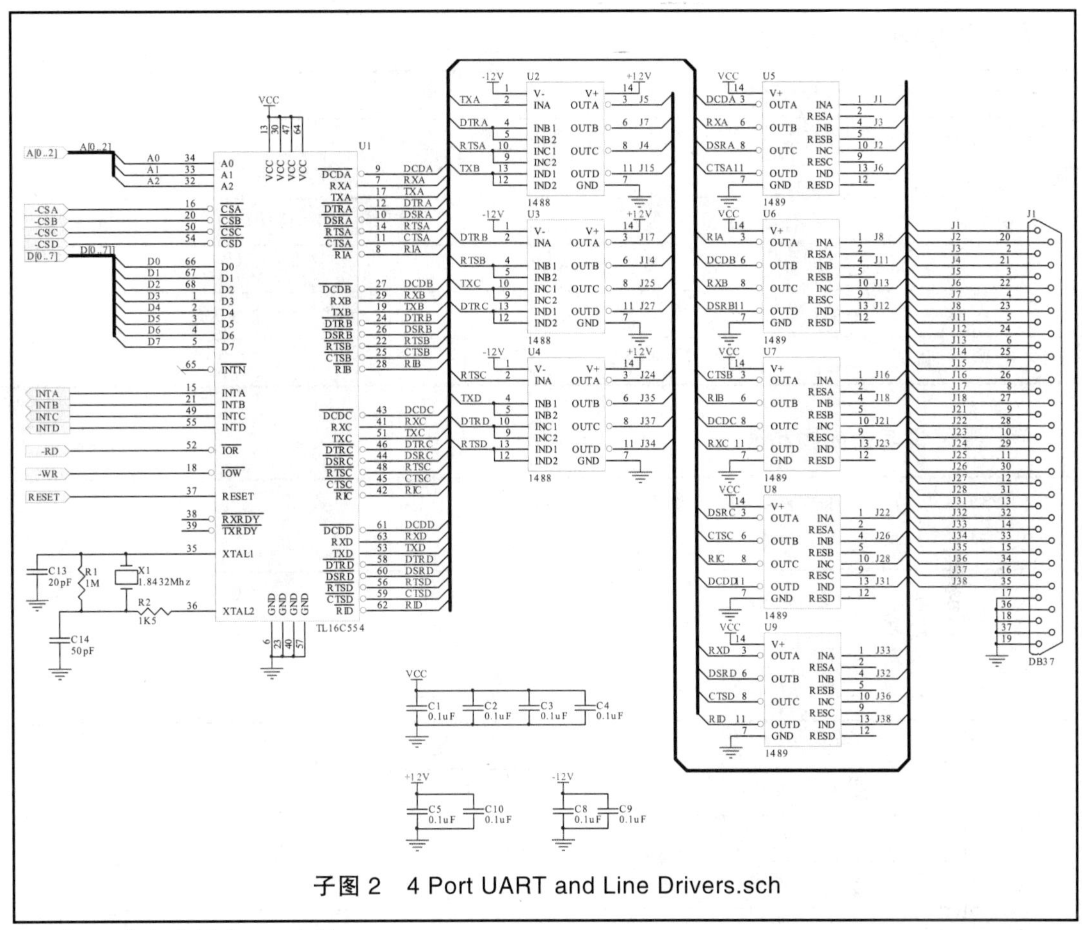

子图 2　4 Port UART and Line Drivers.sch

注：测试时间为 60 分钟。

四、评分标准

序号	评分点名称	评分点评分标准	评分点配分
1	原理图文件名	原理图文件名正确得 5 分，否则 0 分	5
2	图纸选择	图纸选择正确得 5 分，否则 0 分	5
3	方块电路绘制	方块电路绘制正确得 20 分。若方块电路和端口属性设置有错误一处扣 1 分，扣完为止	20
4	端口连接	连接关系错误一个扣 1 分，10 分扣完为止	10
5	生成子图文件	生成子图的操作正确 10 分，否则 0 分	10
6	绘制子图	两幅子图，每幅 25 分，错误一处扣 2 分，扣完为止	50

五、有关准备

材料准备（备料、图或文字说明）	所绘层次原理图一份
设备准备（设备标准、名称、型号、精确度、数量等）	无
工具准备（标准、名称、规格、数量）	安装有 Protel 99 SE 的计算机一台
场地准备（面积、考位、照明、电水源等）	可在计算机中心机房测试
操作人数（个人独立完成或小组协作完成）	一人，个人独立完成
特殊要求说明	无

六、需要说明的问题和要求

（1）测试应在学生学习完相应内容之后进行。
（2）测试之前应进行必要的练习。

七、评分记录

班级＿＿＿＿＿＿　学生姓名（学号）＿＿＿＿＿＿＿＿＿＿＿＿

序号	评分点名称	评分点配分	评分点实得分
1	原理图文件名	5	
2	图纸选择	5	
3	方块电路绘制	20	
4	端口连接	10	
5	生成子图文件	10	
6	绘制子图	50	

评委签名＿＿＿＿＿＿＿＿＿＿＿＿
考核日期＿＿＿＿＿＿＿＿＿＿＿＿

项目六

建立原理图元器件库并制作元器件

学习任务 1　原理图元器件库的编辑与管理
学习任务 2　制作分立元件
学习任务 3　绘制带子件的元件图形
学习任务 4　绘制一般的集成电路图形

Protel 99 SE 提供了丰富的元器件库，这些元器件库中存放有数以万计的元器件。尽管如此，但仍会有一些形状特殊或者新开发出来的元器件，在元器件库中找不到。对于中国设计者而言，有部分元器件的图形符号与国家标准不一致，也需要自己设计元器件。本项目主要完成原理图元器件库的制作。

学习任务 1　原理图元器件库的编辑与管理

一、打开原理图元器件库编辑器

（1）打开 Protel 99 SE 软件，执行主菜单命令 File/New，创建一个新的项目文件，方法如前所述。

（2）在新建的项目文件中，执行主菜单命令 File/New，弹出如图 6.1 所示的 New Document 对话框。

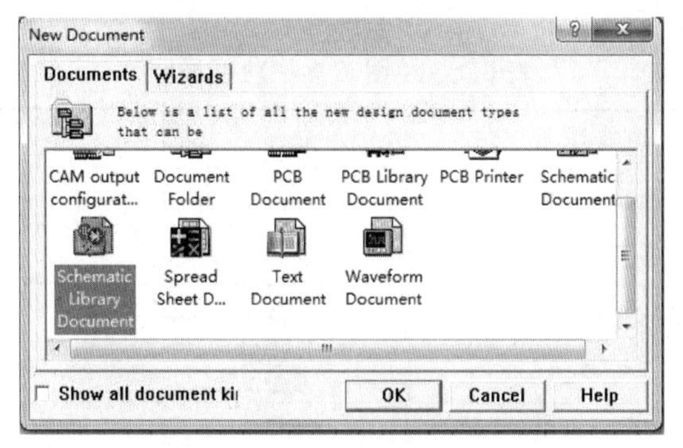

图 6.1　New Document 对话框

选择，创建一个原理图元器件库文件，如图 6.2 所示。

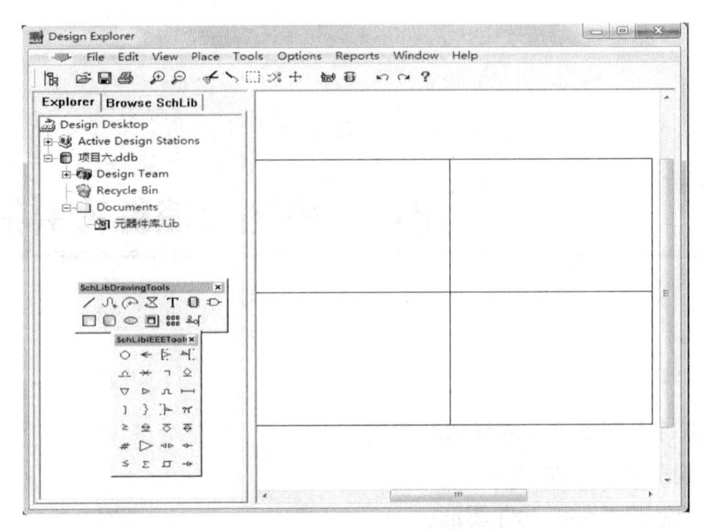

图 6.2　创建原理图元器件库

元器件库编辑器与原理图设计编辑器界面相似，主要有主菜单栏、标准工具栏、项目管理工具栏、绘图工具栏和 IEEE 工具栏，左侧是项目文件的导航栏，右侧是编辑工作区。不同的是，在元器件编辑工作区有一个“十”字坐标轴，将工作区划分为四个象限。一般在第四象限进行元器件的编辑工作。

（3）执行菜单命令 File/Save As，将刚创建的文档保存到合适的位置。

二、绘图工具栏

执行菜单命令 View/Toolbars/Sch Lib Drawing，可以打开和关闭绘图工具栏。绘图工具栏如图 6.3 所示。

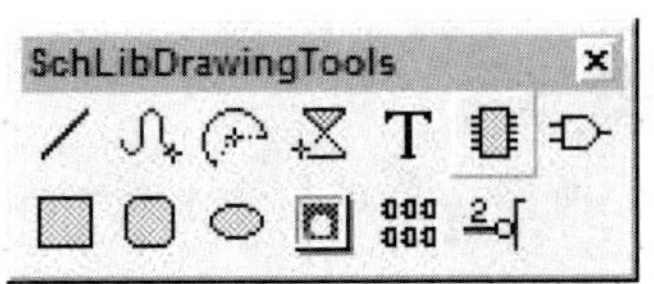

图 6.3　绘制元器件库的绘图工具栏（SchLib Drawing Tools）

绘图工具栏中各按钮的功能说明如表 6.1 所示。

表 6.1　绘图工具栏功能说明

符号	功能说明	符号	功能说明
/	绘制直线		绘制矩形
	绘制贝塞尔曲线		绘制圆角矩形
	绘制椭圆弧线		绘制椭圆形及圆形
	绘制多边形		插入图片
T	插入文字		将剪贴板的内容阵列放置
	添加新元器件		绘制引脚
	添加新部件		

三、IEEE 工具栏

执行菜单命令 View/Toolbars/Sch Lib IEEE，可打开和关闭 IEEE 工具栏。也可以通过主菜单栏 Place/IEEE Symbols 子菜单中的各命令来选取各工具。IEEE 工具栏如图 6.4 所示。

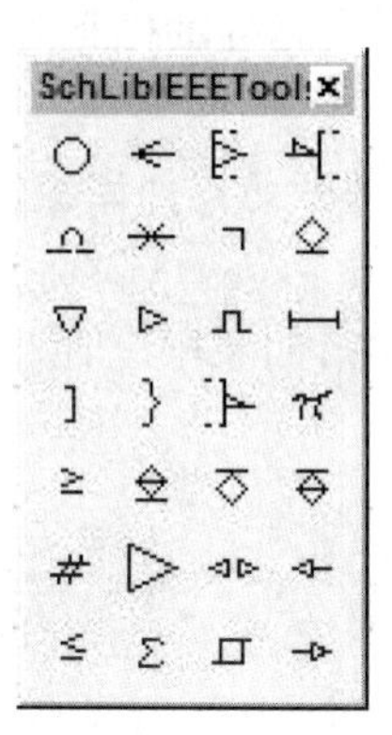

图 6.4 IEEE 工具栏

其中各按钮的功能说明如表 6.2 所示。

表 6.2 IEEE 工具栏按钮功能说明

符号	功能说明	符号	功能说明
○	放置反相符号		放置低态动作的输出符号
←	放置由右向左符号		放置圆周率符号 π
	放置上延触发的时钟符号	≥	放置大于或等于符号≥
	放置低态动作的输入符号		放置提升电阻的开集极输出符号
	放置模拟信号的输入符号		放置开射极输出符号
	放置无逻辑性连接符号		放置接地电阻的开射极输出符号
¬	放置延迟性输出符号	#	放置数字信号输入符号
	放置开集极输出符号	▷	放置反相器符号
▽	放置高阻态符号		放置双向符号
▷	放置高输出电流符号		放置数据左移符号
	放置脉冲符号	≤	放置小于或等于符号≤
	放置延迟符号	Σ	放置Σ符号
]	放置并行线符号		放置施密特触发器符号
}	放置并行二进制符号		放置数据右移符号

学习任务 2　制作分立元件

一、创建分立元件

当元器件库中没有所需元件或类似元件的图形符号时，就要创建新元件。现以三端稳压器为例进行说明。

（1）打开新建元器件库，进入原理图元器件库编辑的工作界面。

（2）使用菜单命令 View/Zoom 或按 Page Up 键将元件绘图页的四个象限相交点处放大到足够程度，因为一般元件均是放置在第四象限，而坐标原点即为元件的基准点，如图 6.5 所示。

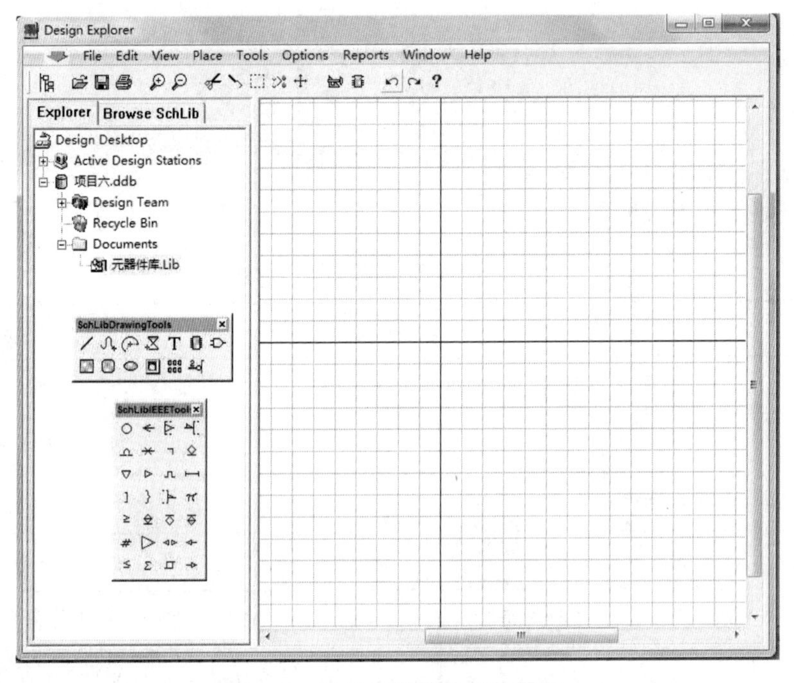

图 6.5　绘制元器件的工作界面

（3）执行菜单命令 Place/Rectangle 或单击绘图工具栏上的 ▨ 图标，编辑模式切换到绘制直角矩形模式，此时鼠标指针旁边会多出一个大“十”字符号。将大“十”字光标中心移到坐标轴的原点处并单击，把它定为直角矩形的左上角，然后拖动鼠标到矩形的右下角，将直角矩形的大小设定为 8 格 × 4 格，再单击鼠标，完成矩形绘制，如图 6.6 所示。

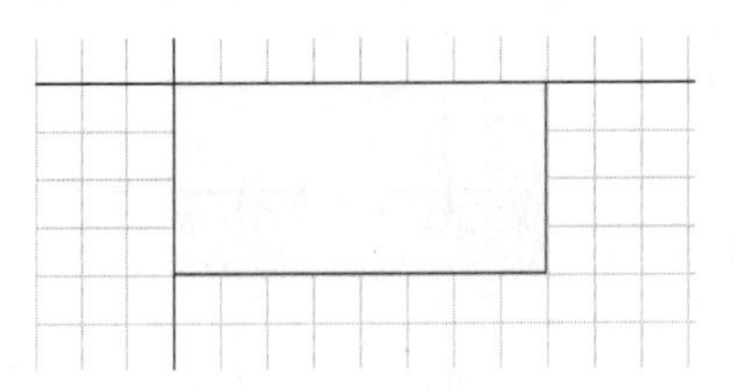

图 6.6　绘制矩形

也可以通过 Rectangle 属性对话框来修改矩形的大小、颜色等，如图 6.7 所示。

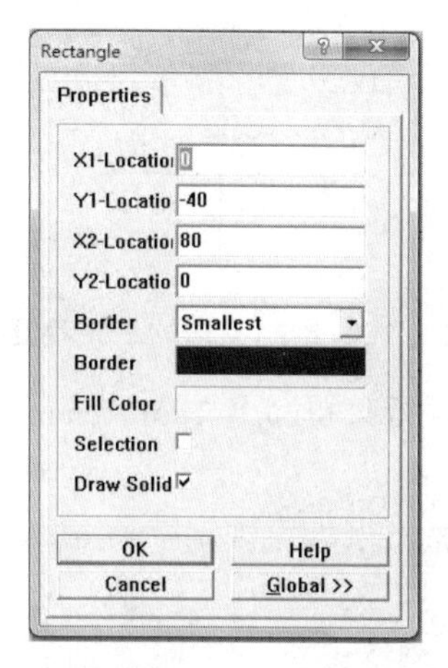

图 6.7 Rectangle 属性对话框

（4）绘制元件的引脚。执行菜单命令 Place/Pins 或单击绘图工具栏上的按钮，可将编辑模式切换到放置引脚模式，此时鼠标指针旁边多出一个大“十”字符号及一条短线。此时按 Tab 键，进入 Pin（引脚）属性对话框，如图 6.8 所示。

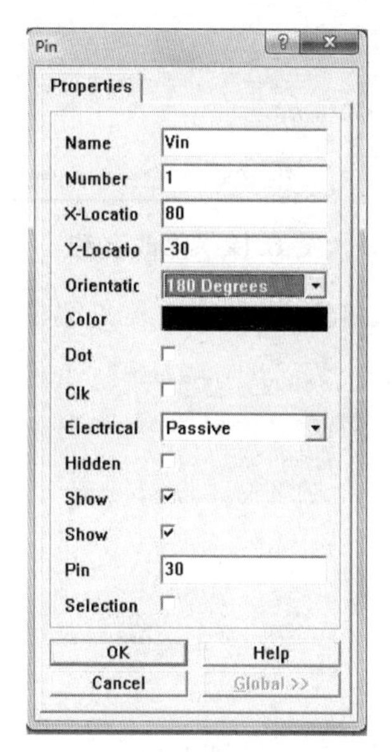

图 6.8 Pin（引脚）属性对话框

将引脚“Name”改为“Vin”，“Number”改为“1”，“Orientation”改为“180 Degrees”，然后按 OK 键完成引脚 1 的编辑，如图 6.9 所示。

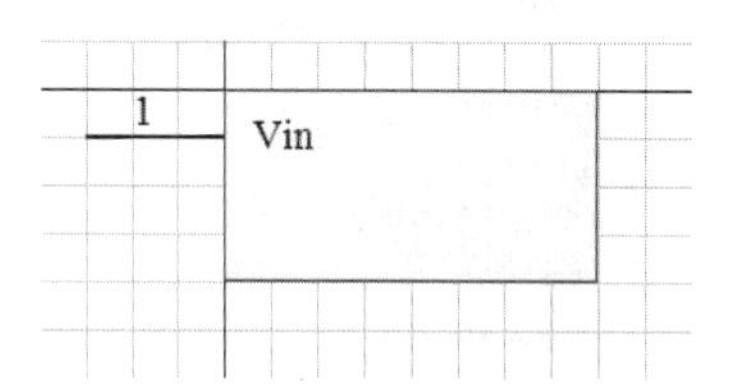

图 6.9 编辑完成的引脚 1

（5）接着绘制另外两根引脚，如图 6.10 所示。

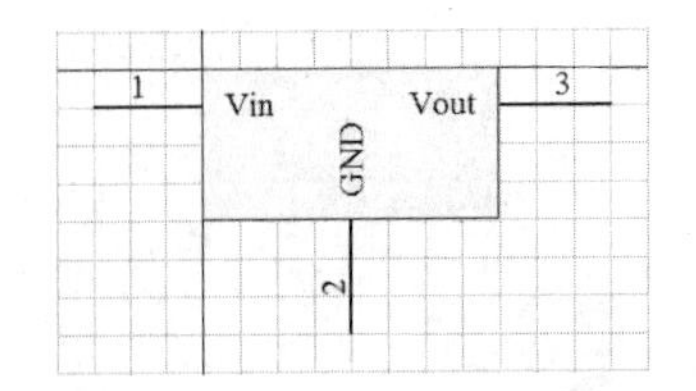

图 6.10　绘制完毕的三端稳压器

（6）保存已绘制好的元器件。执行菜单命令 Tool/Rename Component，打开 New Component Name 对话框，如图 6.11 所示。

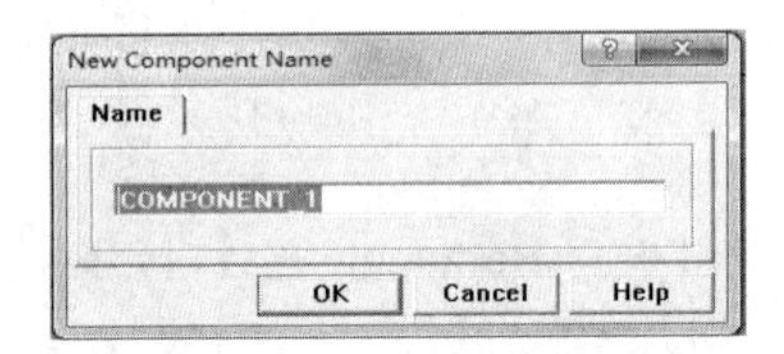

图 6.11　New Component Name 对话框

将“Component_1”改为“VOLTREG”，如图 6.12 所示。

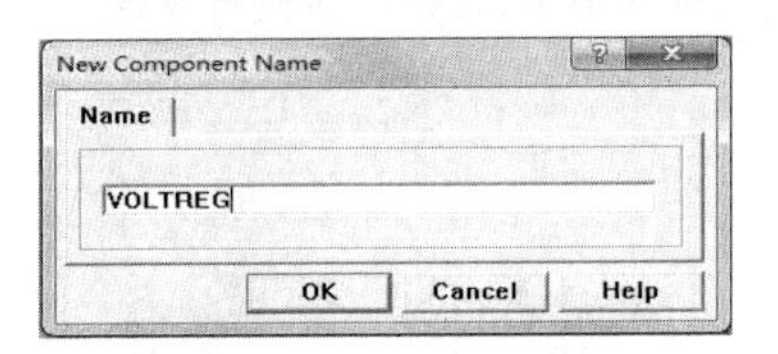

图 6.12　修改名称

单击 OK 键，浏览框（Browse SchLib）中元器件名变为“VOLTREG”，如图 6.13 所示。

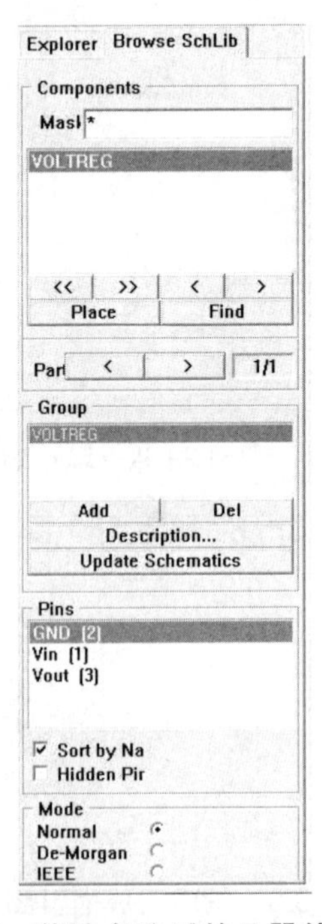

图 6.13　修改名称后的元器件浏览栏

然后执行主菜单命令 File/Save，将元器件保存到当前元器件库中。

（7）执行完上述操作后，可以在绘制电路原理图时调用该元器件。

二、对已有元件图形进行修改

修改元件有两种选择：一是将修改好的元件存回原元件库中，为元件库添加新的元件，二是在原元件图形的基础上进行修改。

下面以在发光二极管 LED 的基础上制作光敏二极管为例进行说明。

（1）在设计管理器 Browse Sch 选项卡中打开元件库“Miscellaneous Devices.Lib”，并找到发光二极管 LED，如图 6.14 所示。

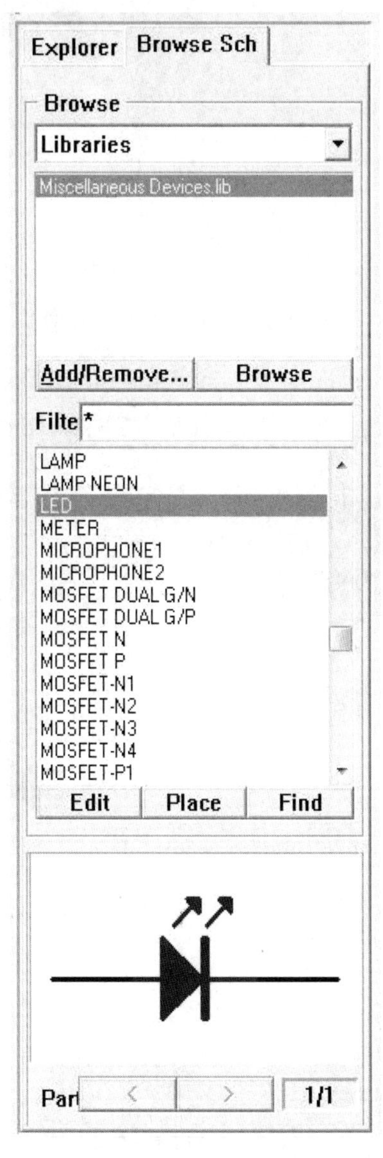

图 6.14　找到 LED

（2）单击 Edit 按钮，进入元件编辑状态，如图 6.15 所示。

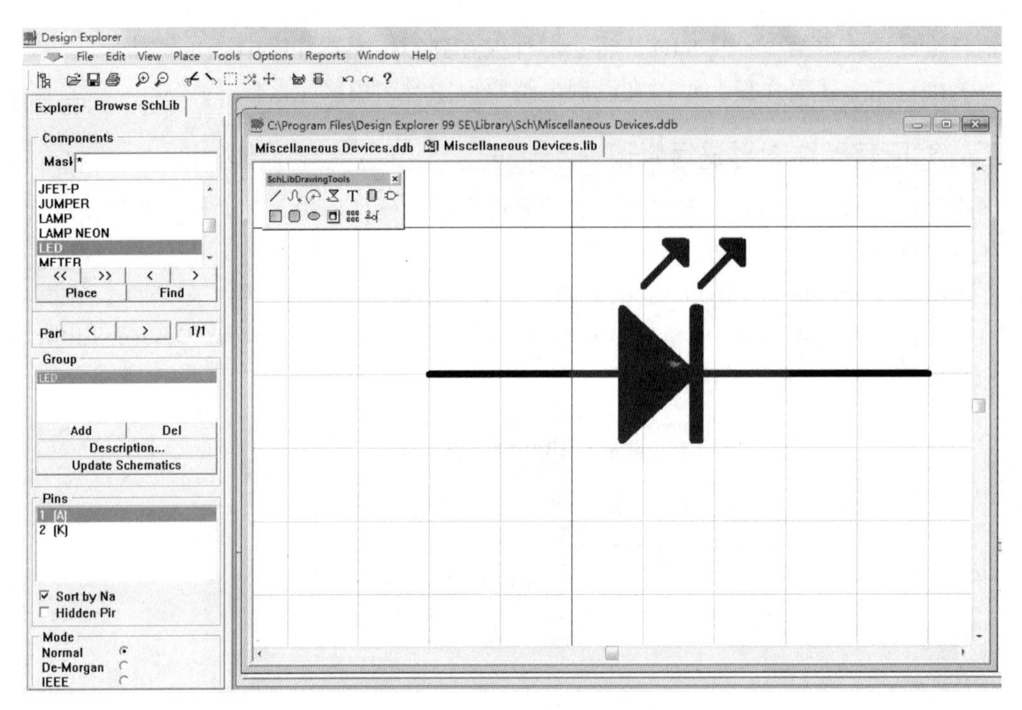

图 6.15　进入元件编辑状态

（3）执行菜单命令 Edit/Select All，这时编辑区内的 LED 被全选，如图 6.16 所示。

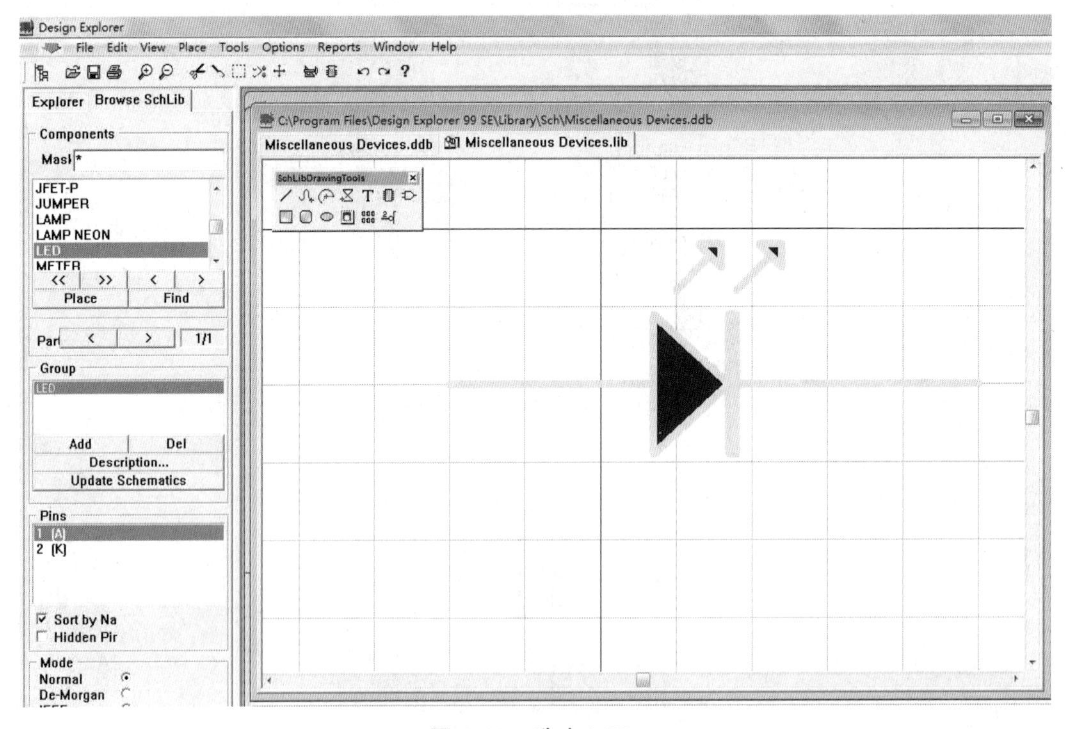

图 6.16　选中 LED

执行菜单命令 Edit/Copy，复制被选中的 LED 元件，再执行菜单命令 Edit/Deselect All，撤销元件的选取状态，然后关闭“Miscellaneous Devices.ddb”。

（4）打开“C:\Users\User\Desktop\项目六.ddb”，新建元器件库文件“元器件库.SchLib”。执行菜单命令 Tools/Component，打开 New Component Name 对话框，输入新元件的名称“光敏二极管”。执行命令 Edit/Paste，将 LED 粘贴至“光敏二极管”编辑区，如图 6.17 所示。

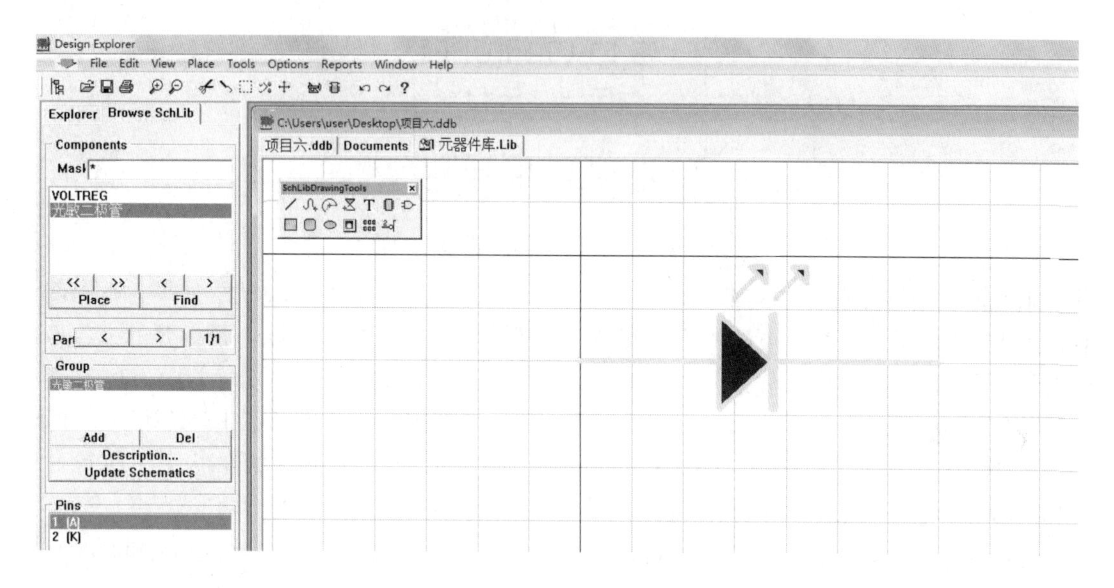

图 6.17　新建元器件名

（5）撤销选取状态，利用绘图工具，修改光敏二极管的箭头，完成光敏二极管的绘制，如图 6.18 所示。

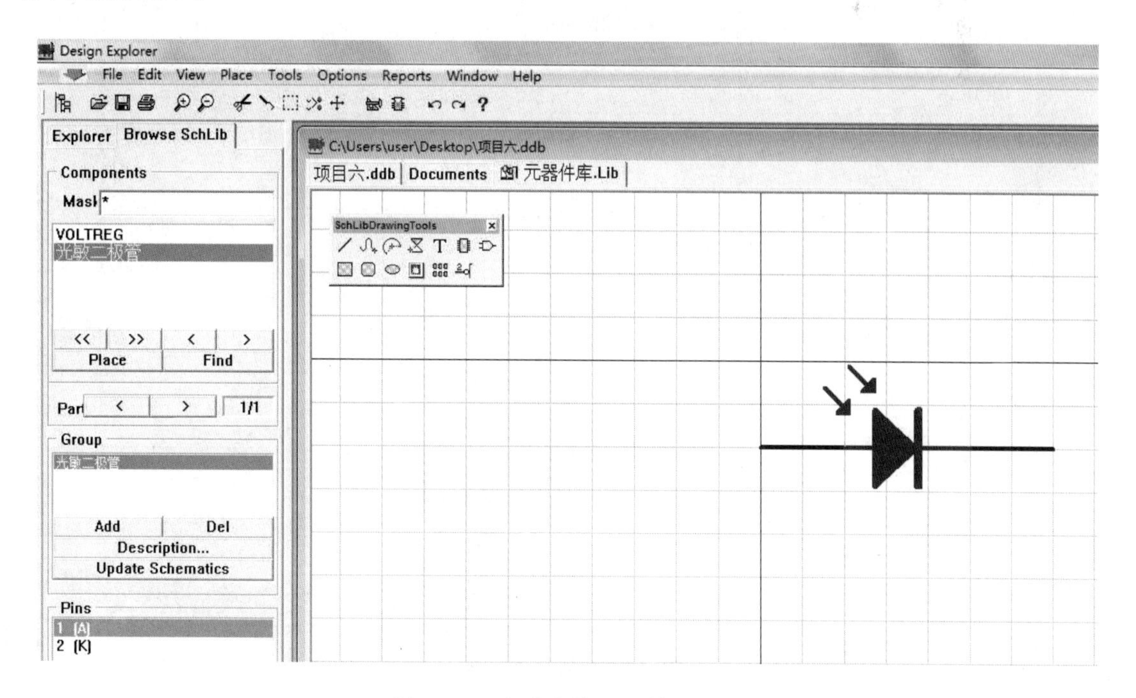

图 6.18　完成光敏二极管的绘制

学习任务 3　绘制带子件的元件图形

现以 74LS00 芯片为例进行讲解，其结构如图 6.19 所示。

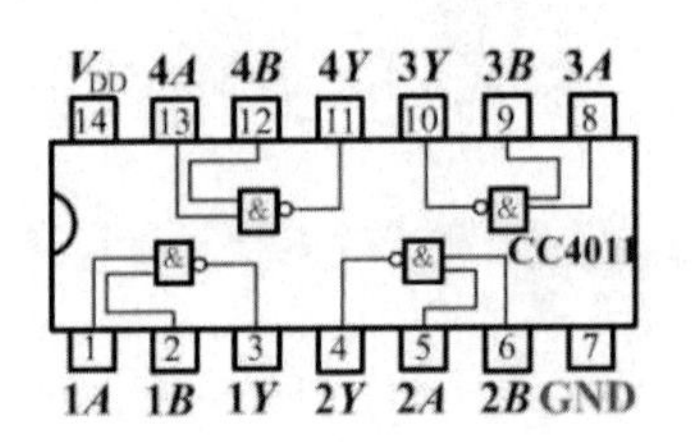

图 6.19　74LS00 结构

74LS00 内置 4 个相同的与非门子件，这些与非门会在电路的不同地方，如果在电路图中直接使用与非门子件，会使电路图变得复杂。通常会用一个元件，实际上是拆开的。在原理图中这些子件仍共用一个元件编号（如 U1），其后面加字母或数字来区分（U1A、U1B 等）。

设计这种元器件时只需要画其中一个子件，其他子件用复制的方法产生。具体步骤如下：

（1）打开元件库“C:\Users\User\Desktop\项目六.ddb”，进入元件编辑状态。执行命令 Tools/New Component，创建新的元件，元件名称为 74LS00，如图 6.20 所示。

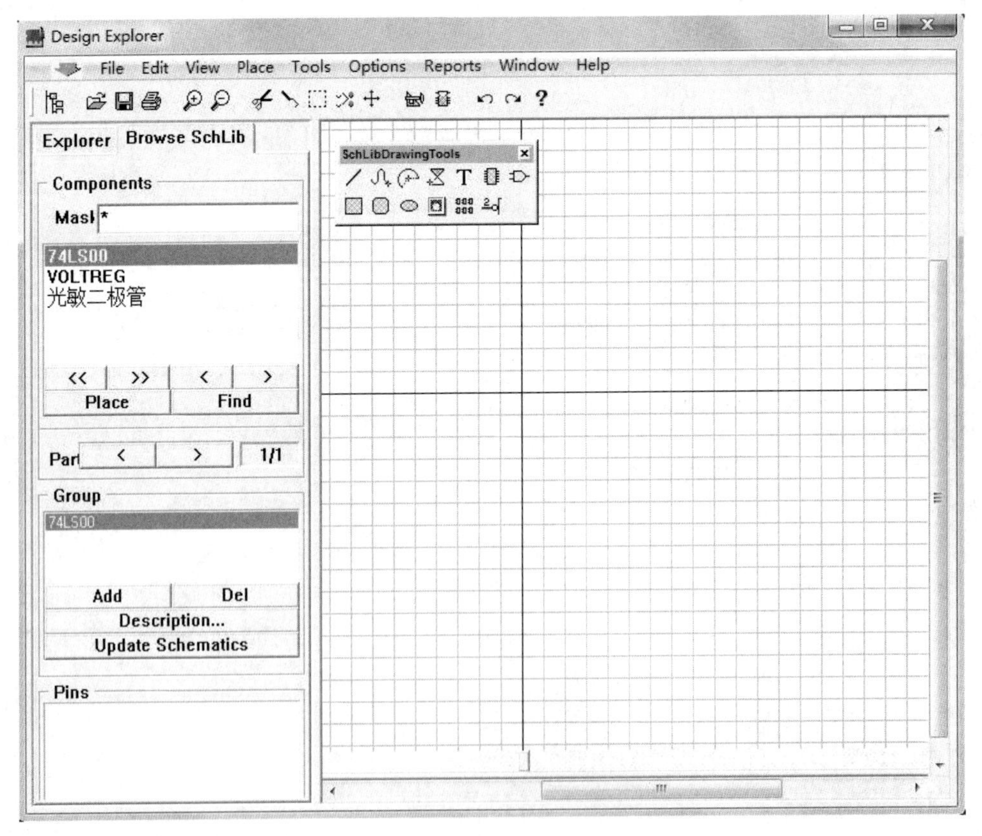

图 6.20　创建新元件

（2）运用绘图工具栏中的 ╱ 绘制元器件的形状，并运用 绘制元器件的引脚。然后根据 74LS00 芯片的引脚设置与非门的引脚属性，如图 6.21 所示。

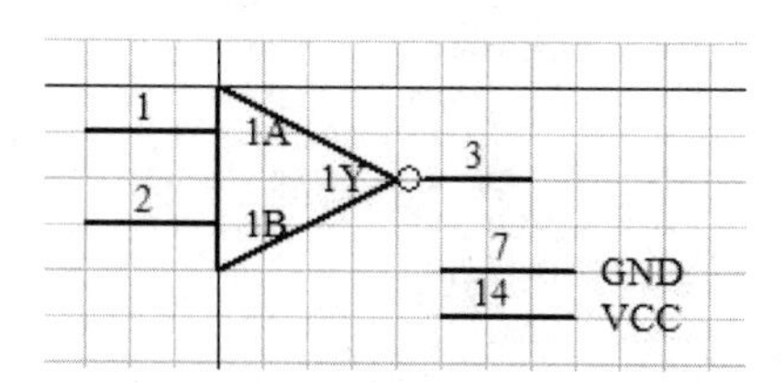

图 6.21　74LS00 中的第一个与非门

（3）为了使电路图看起来简洁，可以对引脚的属性进行设置。双击引脚，弹出引脚属性对话框，如图 6.22 所示。

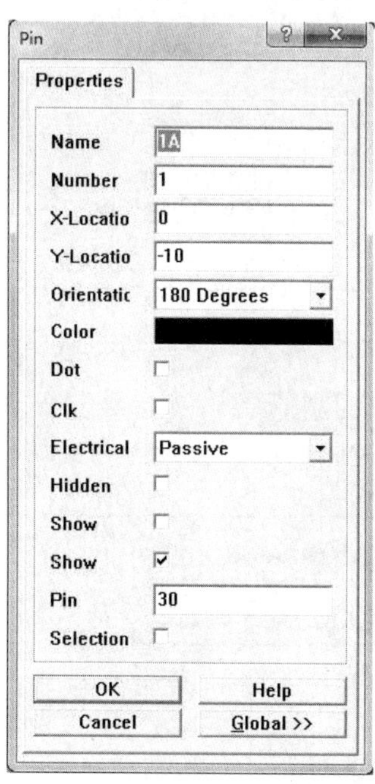

图 6.22　引脚属性对话框

在此对话框中，有两个 Show 复选框，一是 Name，另一个是 Number。选中第二个 Show 复选框，将引脚的名称隐藏。对于电源 VCC 和 GND，每一个子件都用同样的网络标号名称，在原理图中隐藏，在 PCB 布线时会在同一个网络中连接起来，所以，此处对第 7 脚和第 14 脚，在其属性框中将 Hidden 复选框选中即可，如图 6.23 所示。

（4）设计 B 子件。先全选 A 子件，如图 6.24 所示。然后执行 Edit/Copy 命令，接着执行主菜单命令 Tools/New Part，打开第二个子件设计环境，导航栏会出现第二个子件，如图 6.25 所示。

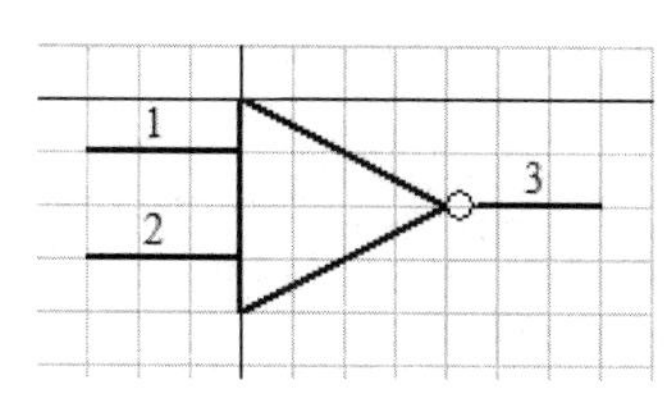

图 6.23　完成 A 子件

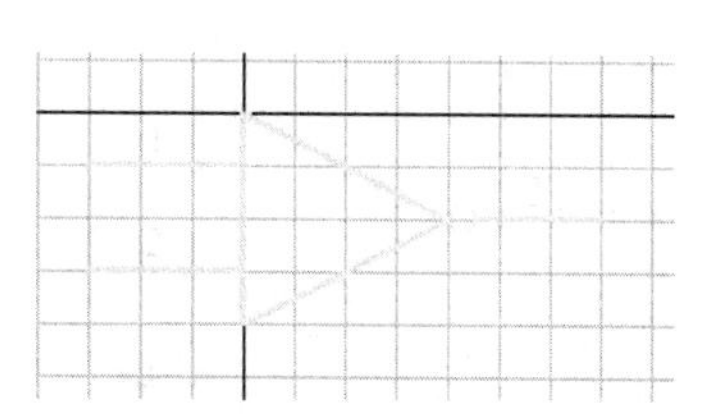

图 6.24　全选 A 子件

图 6.25 导航栏中出现第二个子件

执行菜单命令 Edit/Paste，在工作区会出现复制的 A 子件，如图 6.26 所示。

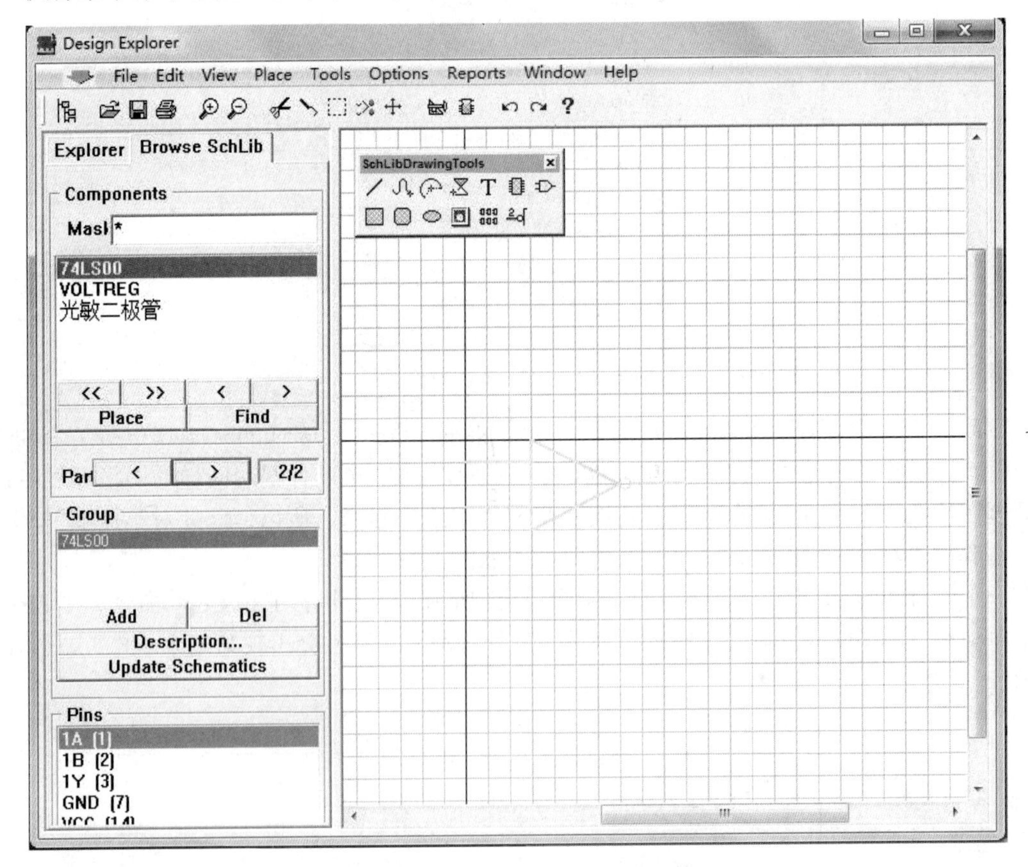

图 6.26 在 B 子件区复制 A 子件

取消选中状态，修改相应的管脚编号和名称，如图 6.27 所示。

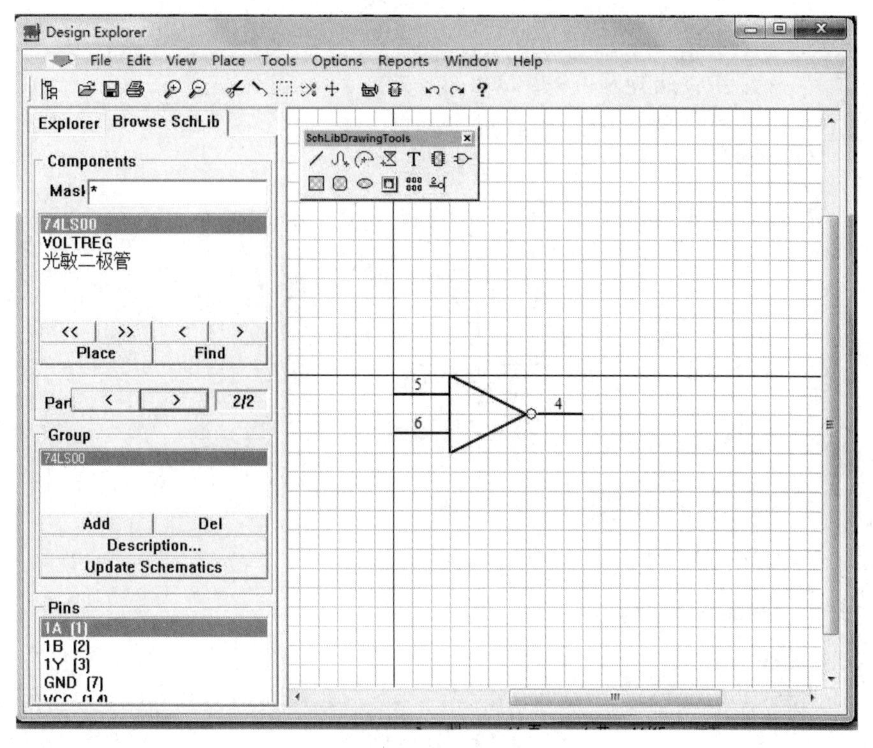

图 6.27　完成 B 子件

（5）用相同的方法设计其他子件，如图 6.28 所示。

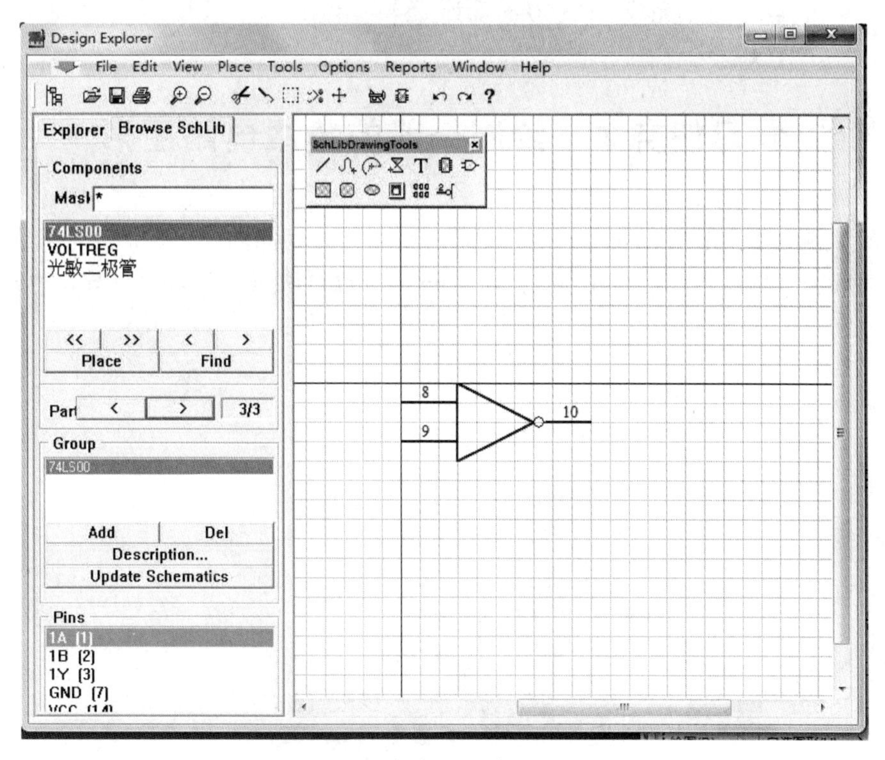

（a）C 子件

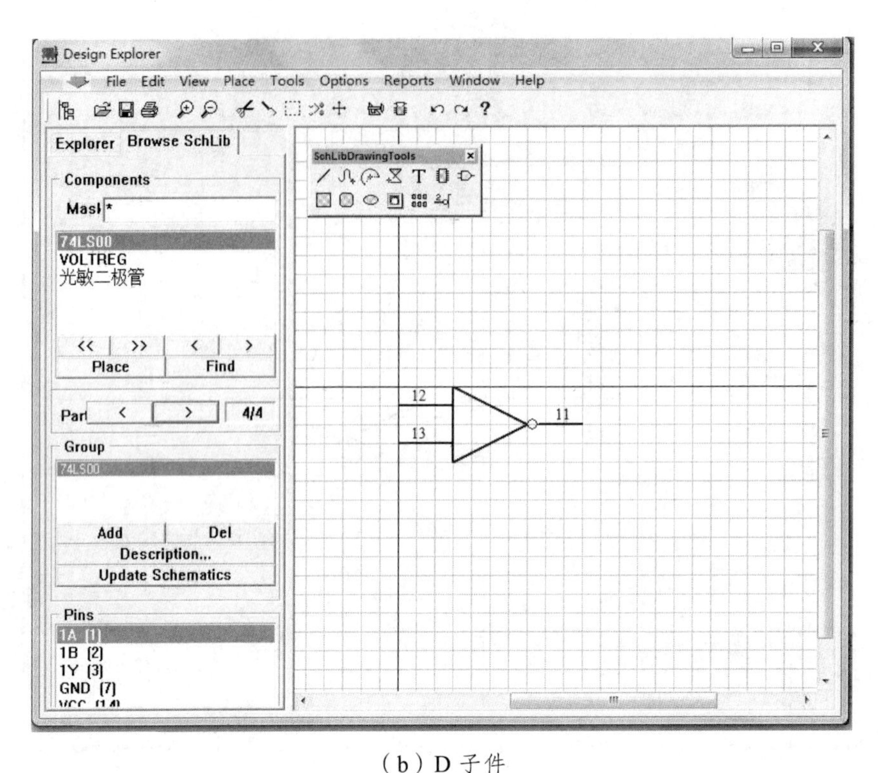

（b）D 子件

图 6.28 其他子件

最后，单击 按钮，完成 74LS00 的设计。

学习任务 4 绘制一般的集成电路图形

一般的集成电路图形的画法与前面介绍的方法基本是相同的，只是在定义引脚属性时有一些特殊的规定。现以集成电路元器件 74LS166 为例进行说明，其结构如图 6.29 所示。

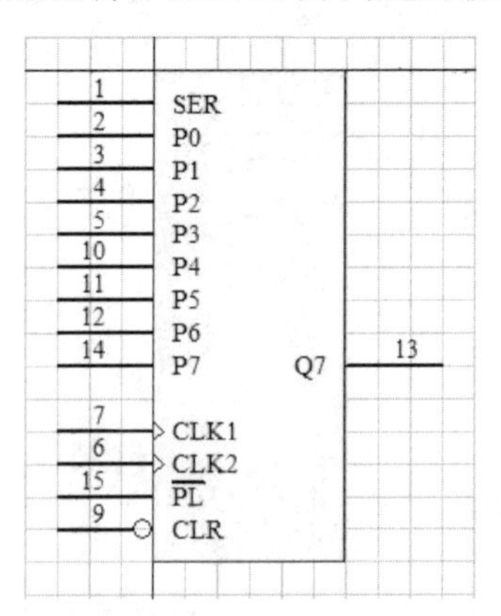

图 6.29 集成元器件 74LS166

（1）画外框。单击工具栏 工具，绘制外框，如图 6.30 所示。

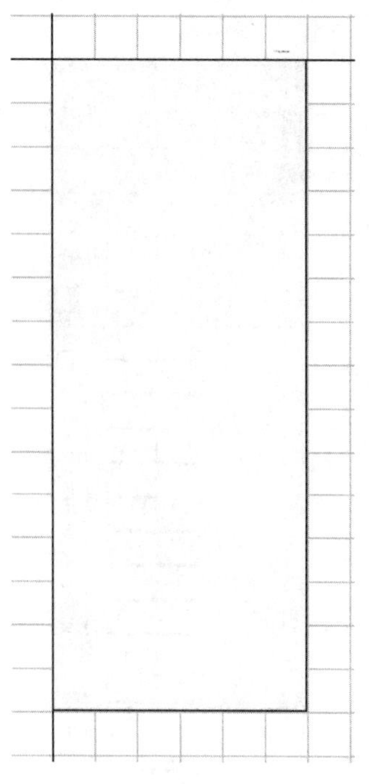

图 6.30　外框

（2）画引脚。方法与前面所述基本相同，只是引脚 6、7、9、15 的属性设定有一些特殊的规定，如图 6.31 所示。

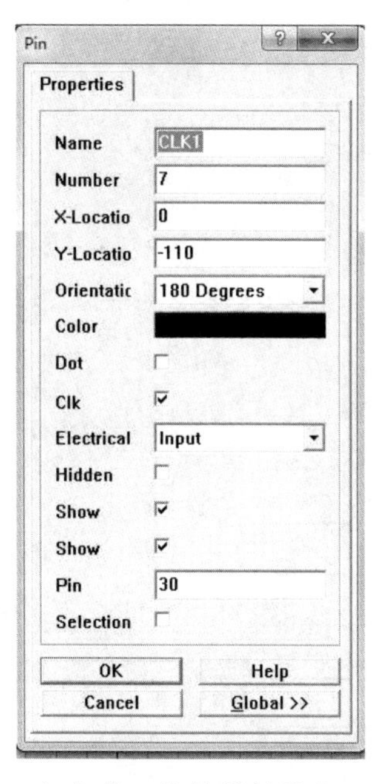

（a）第 7 脚的属性设定（选中 Clk）

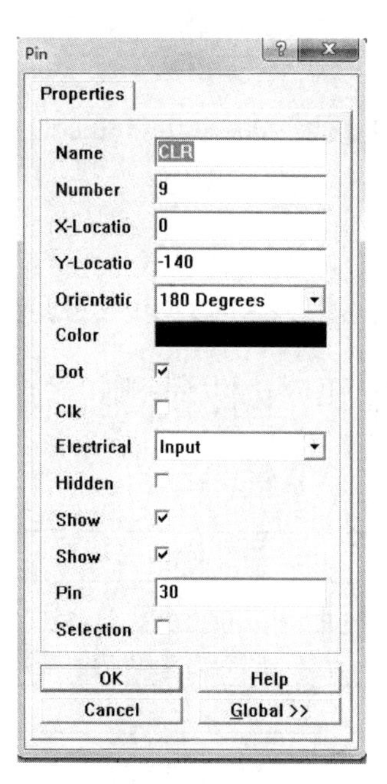

（b）第 9 脚的属性设定（选中 Dot）

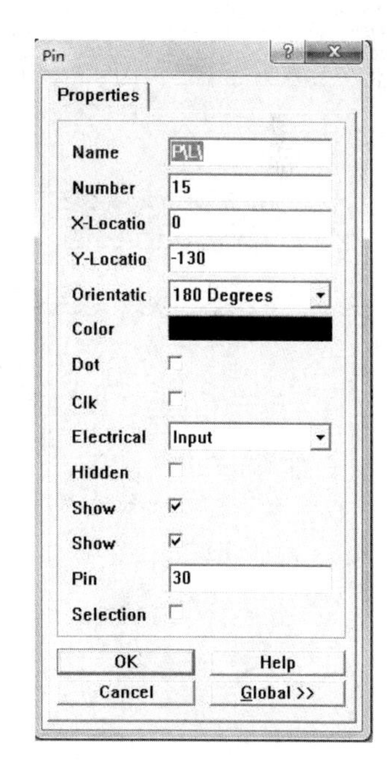

（c）第 15 脚的属性设定（PL 非的设定）

图 6.31　引脚属性设定

（3）单击 按钮，完成 74LS166 的设计，如图 6.32 所示。

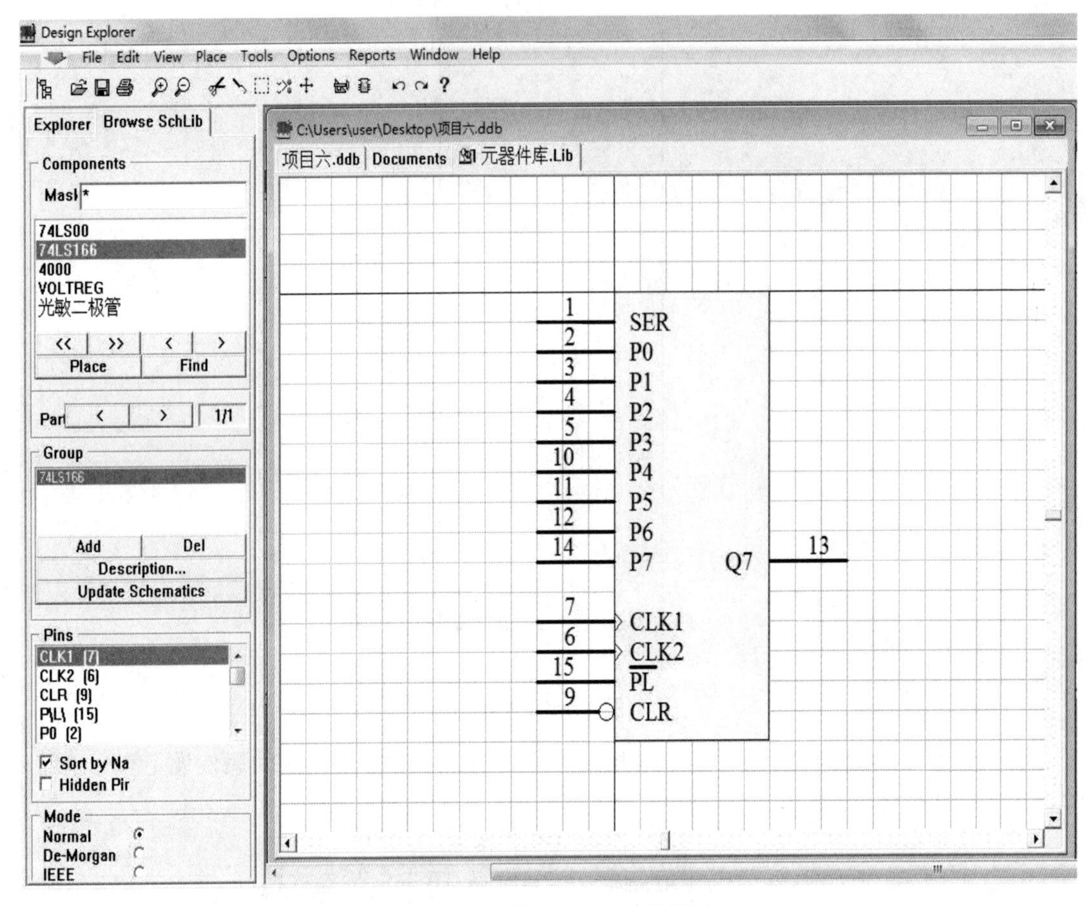

图 6.32　完成 74LS166 的设计

学生职业技能测试项目

系（部）________________

专　　业________________

课　　程________________

项目名称　建立原理图元器件库并制作元器件

适应年级________________

一、项目名称： 建立原理图元器件库并制作元器件

二、测试目的

（1）检查学生对电气元件制作的基本操作、命令和步骤的掌握情况。

（2）检查学生利用 Protel 制作电气元件的能力。

三、测试内容（图表、文字说明、技术要求、操作要求等）

新建一个名为“TLC7528”的高速 D/A 转换器元件

TLC7528 的结构如下图所示：

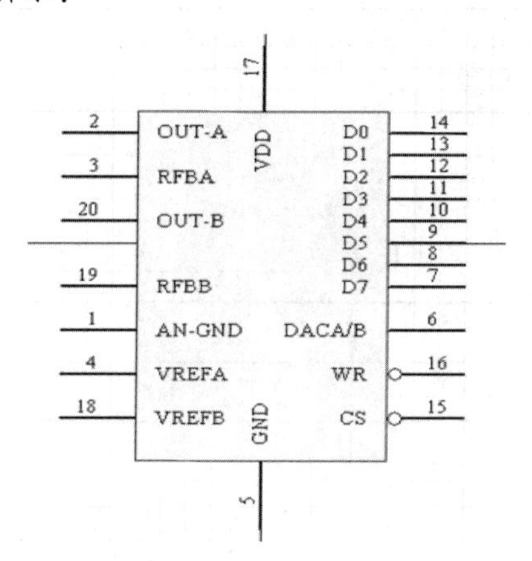

（1）建立一名为“MySch.lib”的元件库。

（2）按要求制作元件。具体要求为元件名称、集成电路标识图、引脚（20 个）全正确。

注：测试时间为 60 分钟。

四、评分标准

序号	评分点名称	评分点评分标准	评分点配分
1	建立元件库	元件库正确建立得 10 分，否则得 0 分	10
2	元件名称	元件名称正确得 10 分，否则得 0 分	10
3	集成电路标识图	集成电路标识图属性错一个扣 5 分，30 分扣完为止	30
4	引脚	引脚放置不正确或属性错一个扣 3 分，50 分扣完为止	50

五、有关准备

材料准备（备料、图或文字说明）	TLC7528 的元件图一份
设备准备（设备标准、名称、型号、精确度、数量等）	无
工具准备（标准、名称、规格、数量）	安装有 Protel 99 SE 的计算机一台
场地准备（面积、考位、照明、电水源等）	可在计算机中心机房测试
操作人数（个人独立完成或小组协作完成）	一人，个人独立完成
特殊要求说明	无

六、需要说明的问题和要求

（1）测试应在学生学习完相应内容之后进行。
（2）测试之前应进行必要的练习。

七、评分记录

班级＿＿＿＿＿＿＿＿　学生姓名（学号）＿＿＿＿＿＿＿＿＿＿＿＿＿＿＿＿

序号	评分点名称	评分点配分	评分点实得分
1	建立元件库	10	
2	元件名称	10	
3	集成电路标识图	30	
4	引脚	50	

评委签名＿＿＿＿＿＿＿＿＿＿＿＿＿＿
考核日期＿＿＿＿＿＿＿＿＿＿＿＿＿＿

项目七
生成原理图报表及打印原理图

学习任务 1　产生 ERC（电气规则检查）表
学习任务 2　生成网络表
学习任务 3　产生元器件列表
学习任务 4　产生交叉参考表
学习任务 5　产生网络比较表
学习任务 6　原理图输出

Protel 99 SE 有丰富的报表功能，能生成各种不同类型的报表。通过这些报表，设计者能掌握项目设计中各种重要的信息，方便及时对设计进行校对、比较和修改。

学习任务 1　产生 ERC（电气规则检查）表

绘制完原理图后，为了保证原理图的正确，需要对原理图的连接进行检查，以发现原理图中的一些电气连接上的错误。在确认电路的电气连接正确后，就可以生成网络表等报表文件，以便于后面的 PCB 制作和其他应用。电气规则检查可检查原理图中是否有电气特性不一致的情况。如果出现不合理的电气冲突现象，Protel 99 SE 会按照设计者的设置以及问题的严重性分别以错误（Error）或警告（Warning）等信息来提醒设计者注意。

一、产生 ERC 报表的对话框

执行菜单命令 Tools/ERC，打开如图 7.1 所示的 Setup Electrical Rule Check 对话框。

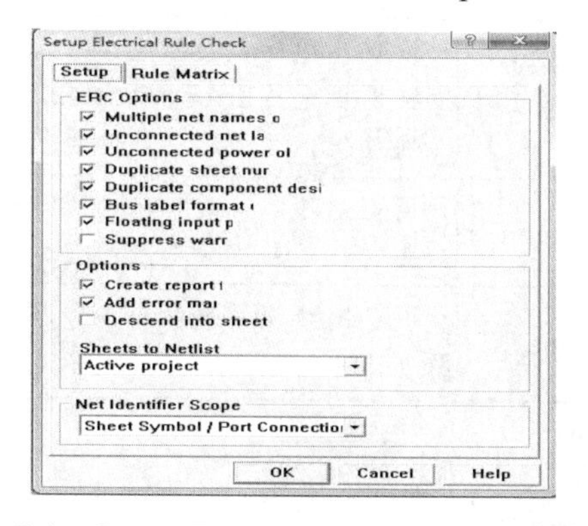

图 7.1　Setup Electrical Rule Check 对话框

该对话框包括 Setup 和 Rule Matrix 两个选项卡，它们主要用于设置电气规则的选项、范围和参数，然后执行检查。

1. Setup 选项卡

Setup 选项卡如图 7.1 所示。其中各选项的名称和功能如表 7.1 所示。

表 7.1　Setup 选项卡中各选项的名称和功能说明

序号	名称	功能说明
1	Multiple net names on net	检查同一网络上是否存在多个不同的网络名称
2	Unconnected net labels	检测图中是否有实际未连接的网络标号。所有未连接的网络标号，是指实际有网络标号存在，但是该网络未连接到其他引脚或器件上，而成为悬浮的状态
3	Unconnected power objects	检测是否有未实际连接到电源的对象
4	Duplicate sheet numbers	检测是否有电路图编号重号
5	Duplicate component designators	检测图中是否有元件编号重号。当没有执行命令 Tools/Complex to Simple 将一个复杂层次化项目转成简单的层次化设计时，这种情况最常发生
6	Bus label format errors	检测附加在总线上的网络标号的格式是否非法，以至于无法正确地反映出信号的名称和范围。由于总线的逻辑连通性是由放置在总线上的网络标号来指定的，所以总线的网络标号应该能够描述全部的信号
7	Floating input pins	检测是否有输入引脚未连接到任何其他网络的现象，即所谓的 Floating 情形
8	Suppress warning	设置在执行 ERC 时，忽略警告（Warning）等级的情况，而只对错误（Error）等级的情况进行标志。这种做法主要是为了让设计者略去一部分失误条件以加速 ERC 流程。但是，为了确保电路完美无缺，在最后一次进行 ERC 时，不要设置这个选项
9	Create report file	设置此项功能后，在执行完测试时，程序会自动将测试结果保存在报告文件中（*.erc），文件名与原理图的文件名相同
10	Add error markers	设置此项功能后，在测试完成时，会自动在错误位置上放置错误标记（Error Makers）。这些错误标记可以帮助设计者准确地找出有问题的网络连线
11	Descend into sheet parts	设置此项功能后，会将测试结果分解到每个原理图中。这主要是针对层次原理图而言的
12	Net Identifier Scope	设置网络识别器的范围。网络识别器主要用于层次原理图网络连通的方法

2. Rule Matrix 选项卡

Rule Matrix 选项卡如图 7.2 所示。

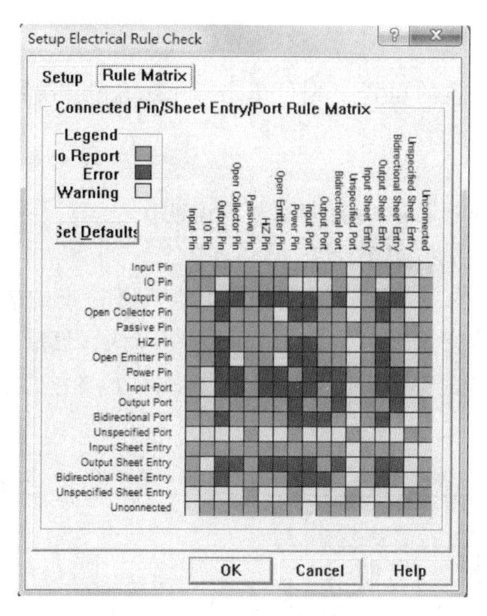

图 7.2　Setup Electrical Rule Check 对话框 ——Rule Matrix 选项卡

矩阵中的每个小方格都是按钮。设计者单击目标方格，该方格就会被切换成其他设置模式并且改变颜色。对话框中左上角的“Legend”说明了各种选项的意义。

该选项卡各选项的名称和功能说明如表 7.2 所示。

表 7.2　Rule Matrix 选项卡中各选项的名称和功能说明

序号	名称	功能说明
1	No Report	绿色，表示不做该项测试
2	Error	红色，表示发生这种情况时，以“Error”为测试报告列表的前导字符串
3	Warning	黄色，表示发生这种情况时，以“Warning”为测试报告列表的前导字符串

该选项卡主要用来定义各种引脚、输入/输出端口、绘图页中出入端口彼此间的连接状态是否已经构成错误（Error）或警告（Warning）等级的电气冲突。

所谓错误情形，是指电路中有严重违反电子电路原理的连线情况出现，如 VCC（电源）与 GND（接地）短路。

所谓警告情形，是指有某些轻微违反电子电路原理的连线情况，由于系统不能确定它们是否真正有误，所以就用警告等级来提醒设计者。

该电气法则测试设置数组对话框是以交叉接触的形式读入的。例如：要看输入引脚连接到输出引脚的检查条件，就观察矩阵左边的 Input Pin 这一行和矩阵上方的 Output 这一列之间的交叉处（默认为绿色方块）。矩阵中以彩色方块来表示检查结果。绿色方块表示这种连接方式不会产生任何错误或警告信息，黄色方块表示这种连接方式会产生警告信息，红色方块则表示这种连接方式会产生错误。

该选项卡中定义的检查条件可由用户自行加以修改，只需在矩阵方块上单击进行切换即可。切换顺序为绿色（No Report，不产生报表）、黄色（Warning，警告）和红色（Error，错误），然后再回到绿色。

如果想要恢复到系统缺省的设置，则可单击 Set Defaults 按钮。

二、ERC 结果报告

下面以“振荡器和积分器”原理图为例进行说明。

（1）打开原理图文件，执行菜单命令 Tools/ERC。

（2）出现如图 7.1 所示的对话框，设置有关电气规则检查的选项。

（3）设置完电气规则检查选项后，单击 OK 按钮确认，然后程序按设置的规则开始对原理图进行电气规则测试。测试完毕后，自动进入 Protel 99 SE 的文本编辑器并生成相应的测试报告，如图 7.3 所示。

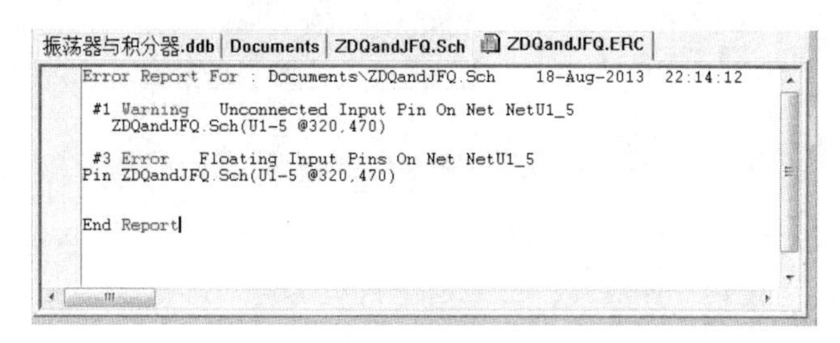

图 7.3 测试报告

（4）系统会在被测试的原理图发生错误的位置放置红色的符号，用以提示设计者，如图 7.4 所示。

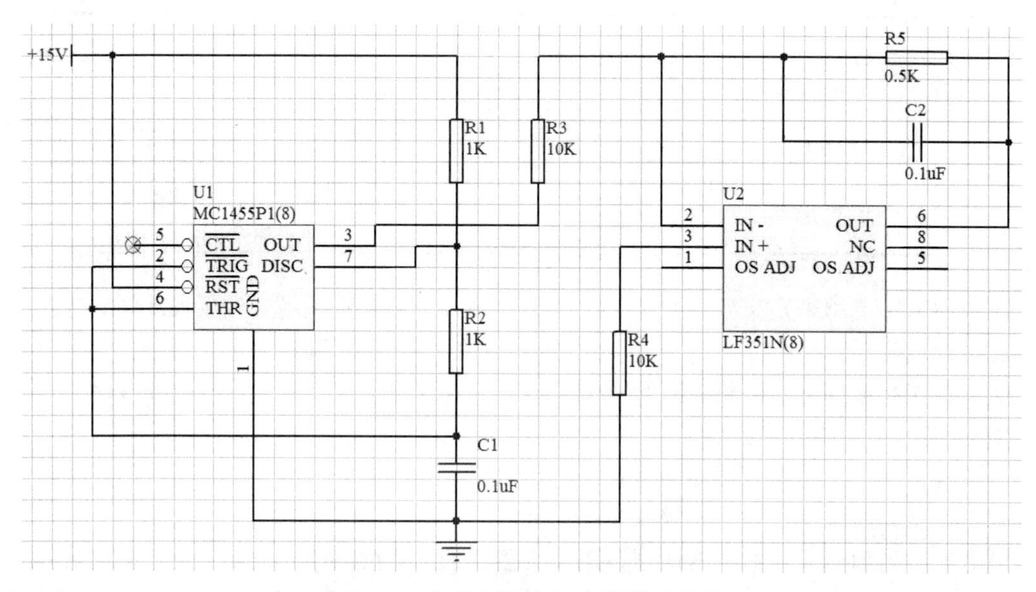

图 7.4 电气规则检查标出的错误报告

测试报告中的警告并不是由原理图设计和绘制中的实质性错误造成的，对此，可以在测试规则的设置中忽略所有的警告性测试项，或在原理图的相应位置使用“NO ERROR”符号避开 ERC 测试。测试报告中的错误则需要在原理图中进行改正。

对于系统自动生成的红色错误或警告符号，可以像一般的图形一样删除。

学习任务 2　生成网络表

电路其实就是一个由元器件、节点及导线组成的网络，因此可以用网络表（Netlist）来完整描述一个电路。

在产生的各种报表中，网络表最为重要。绘制电路原理图最主要的目的就是将设计电路转换成一个有效的网络表，以供其他后续处理使用。网络表是原理图与 PCB 之间的一座桥梁，是 PCB 自动布线的灵魂。网络表可以通过电路原理图来创建，也可以利用文本编辑器直接编辑。当然，也可以在 PCB 编辑器中，由已创建的 PCB 文档产生。

利用原理图生成网络表，一方面可以用来进行 PCB 的自动布线及电路仿真，另一方面可以用来与最后布好线的 PCB 中导出的网络表进行比较。

一、网络表的文本类型

网络表有很多格式，通常为 ASCII 码文本文件。网络表的内容主要为原理图中元件的数据（元件编号、元件类型或封装信息）以及元件之间网络连接的数据。某些网络表格式可以在一行包括这两种数据，但是 Protel 99 SE 中大部分的网络表格式都是将这两种数据分为不同的部分，分别记录在网络表中。有些网络表中还可包含诸如元器件文本（Component Text）或网络文本栏（Net Text Fields）等额外的信息，某些仿真程序或 PCB 程序需要这些信息。由于网络表是纯文本文件，所以用户可以利用一般的文件编辑程序自行建立或修改已存在的网络表。若采用手工方法编辑网络表，在保存文件时必须以纯文本格式来保存。

二、产生网络表的各种选项

执行菜单命令 Design/Create Netlist，弹出 Netlist Creation 对话框，如图 7.5 所示。

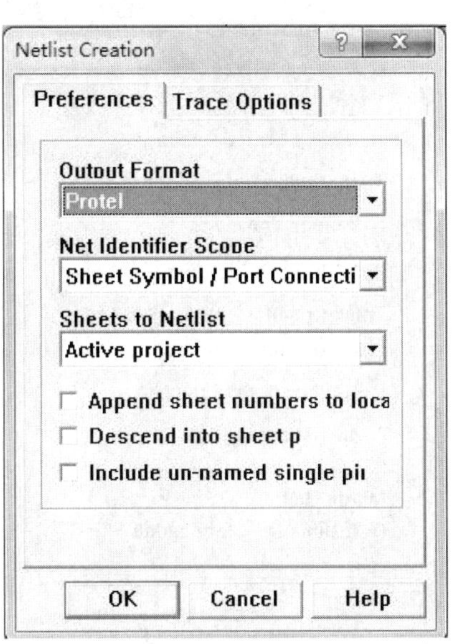

图 7.5　Netlist Creation 对话框 ——Preferences 选项卡

对话框中各选项的名称与功能说明如表 7.3 所示。

表 7.3 Netlist Creation 对话框 Preferences 选项卡中各选项的名称与功能说明

序号	名称	功能说明
1	Output Format （选择网络表的输出格式）	Protel 99 SE 提供了 Protel、Protel2、EEsof、PCAD、OrCAD/PCBⅡ、Tango 等多达 40 种不同的格式，可根据需要进行选择。这里选择了 Protel 格式
2	Net Identifier Scope （设置网络标识器的范围）	① Netlabels And PorsGlobal：网络标号及 I/O 端口在整个项目内全部的电路中都有效； ② Only Ports Global：只有 I/O 端口在整个项目内有效； ③ Sheet Symbol/Port Connections：方块电路符号 I/O 端口相连接。对于单张原理图可以不考虑此项
3	Sheets to Netlist （生成网络表的图纸）	① Active sheet：当前激活的图纸； ② Active project：当前激活的项目； ③ Active sheet plus sub sheets：当前激活的图纸以及它下层的子图纸
4	Append sheet number to local net names （将原理图编号附加到网络名称上）	比如设计者在 Net Identifier Scope（网络标识符范围）栏中选择 Only Ports Global，那么各原理图中的网络标签为区域性的。也就是说，在不同的原理图中可能有名称相同的网络标号。通过附加原理图号码的功能，可以确保在产生的网络表中每个网络的编号都是独一无二的
5	Descend into sheet parts （细分到图纸部分）	对于单张原理图没有实际意义，因此不选中该项
6	Include un-named single pins net （包括没有命名的单个引脚网络）	包括无名孤立引脚网络，一般不选中此项

单击图 7.5 所示对话框中的 Trace Options 标签，进入如图 7.6 所示的选项卡。

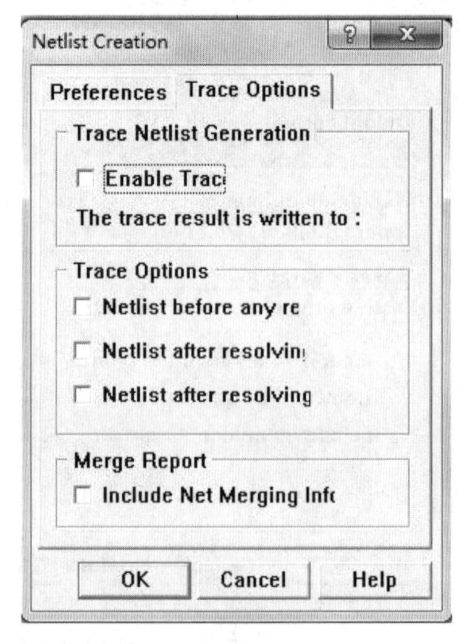

图 7.6 Netlist Creation 对话框——Trace Options 选项卡

此选项卡中各选项的名称及功能说明如表 7.4 所示。

表 7.4　Netlist Creation 对话框中 Trace Options 选项卡选项及功能说明

序号	名称	功　能
1	Enable Trace	选中该项，将产生网络表的过程记录下来，生成*.tng 文件。文件名与原理图文件名相同
2	Trace Options	① Netlist before and resolving：转换网络表时，对任何动作都加以跟踪，并形成跟踪文件*.tng； ② Netlist after resolving sheets：只有当电路中的内部网络结合到项目网络时才加以跟踪，并形成跟踪文件*.tng； ③ Netlist after resolving project：只有当项目文件内部网络进行结合动作时才加以跟踪，并形成跟踪文件*.tng

设置完毕后，单击OK按钮即可生成与原理图文件名相同的网络表文件，工作窗口和设计管理也将自动切换到文本文件编辑器工作窗口和文本浏览器。

三、实　例

现以“4 Port Serial Interface.ddb”为例，说明生成网络表的过程。

（1）执行菜单命令 Design/Create Netlist，打开 Netlist Creation 对话框，如图 7.5 所示。

（2）设置好各选项后，单击 OK 按钮确认，生成的网络表将显示在当前窗口，如图 7.7 所示。

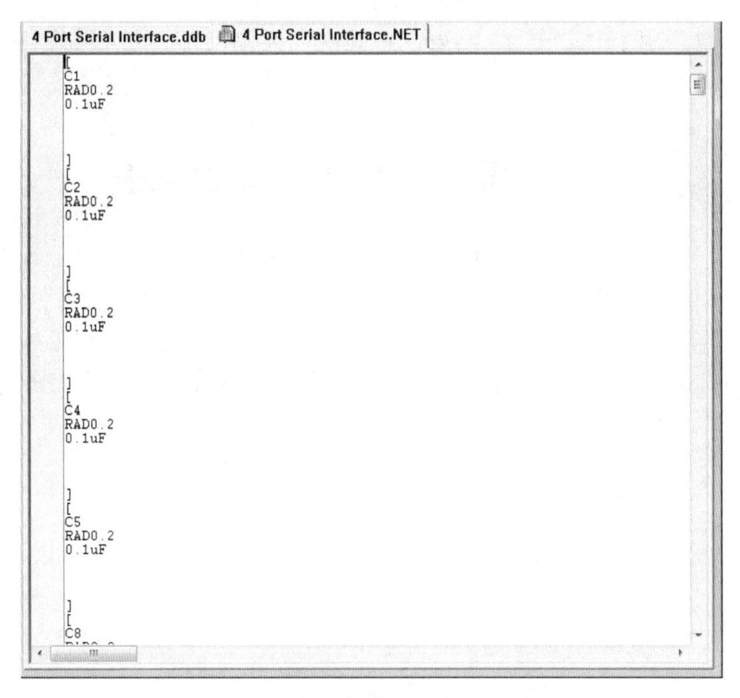

图 7.7　生成网络表文件的工作窗口

四、Protel 网络表格式

标准的 Protel 网络表文件是一个 ASCII 码文本文件，在结构上大致可以分为元件描述和网络连接描述两部分。

1. **元器件的描述格式**

以电容器 C1 为例：

[	元器件声明开始
C1	元器件序号
RAD0.2	元器件封装
0.1uF	元器件标称值或注释
]	元器件声明结束

元器件的声明以“[”开始，以“]”结束，将其内容包含在内。网络经过的每一个元器件都有声明。

2. **网络连接描述格式**

例：

(	网络定义开始
NetC13 1	网络名称
C13-1	元器件序号及元器件引脚编号
R1-2	元器件序号及元器件引脚编号
U1-35	元器件序号及元器件引脚编号
X1-2	元器件序号及元器件引脚编号
)	网络定义结束

网络定义以“(”开始，以“)”结束，将其内容包含在内。定义网络首先要定义该网络的各个端口。

学习任务 3　产生元器件列表

元器件列表主要用于整理一个电路或是一个项目文件所有的元器件。元器件列表包括元器件的名称、标称值、封装形式等信息，以方便对设计中所涉及的所有元件进行检查、核对。

现以“4 Port Serial Interface.ddb”为例，说明生成元器件列表的过程。

(1)打开原理图文件，执行主菜单命令 Report/Bill of Material，出现如图 7.8 所示的 BOM Wizard 对话框。

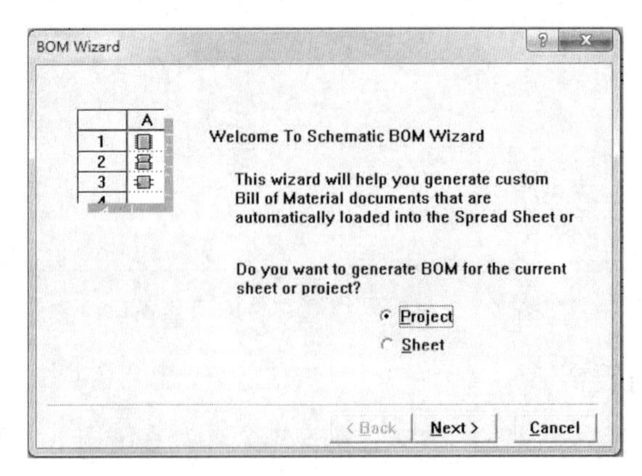

图 7.8　BOM Wizard 对话框

由于此电路原理图是层次原理图，由三张图纸组成，故选择 Project 单选框，单击 Next 按钮进入下一步操作。

（2）执行完上一步操作后，进入如图 7.9 所示的对话框。

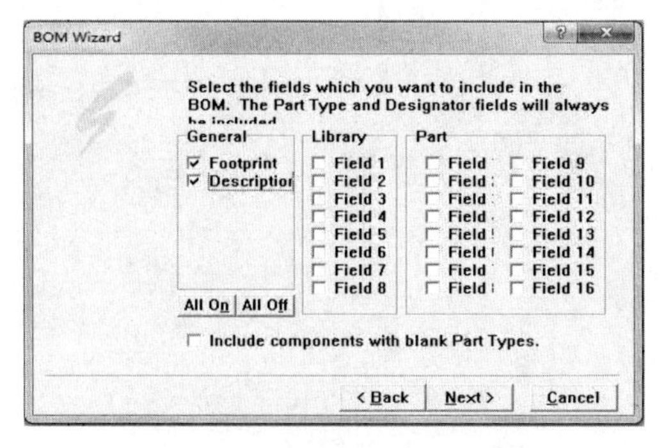

图 7.9　设置元器件报表内容

在该对话框中可以设置元件列表中所包含的内容。选中 Footprint 和 Description 复选框，然后单击 Next 按钮进入下一步操作。

（3）执行完上一步操作后，进入图 7.10 所示的对话框。

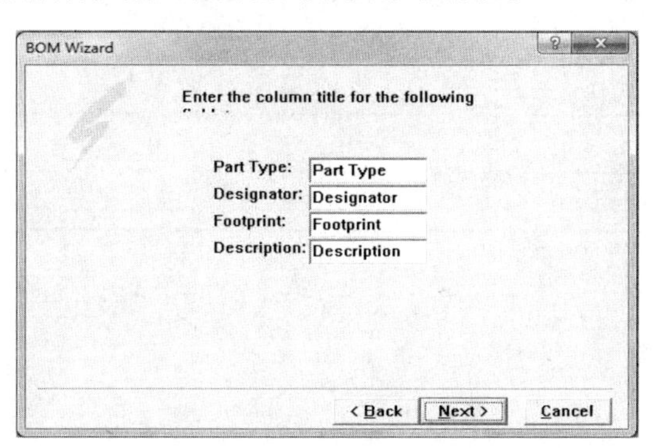

图 7.10　定义元件列表中各列的名称

在该对话框中定义元件列表中各列的名称，然后单击 Next 按钮进入下一步操作。

（4）执行完上一步操作后，出现如图 7.11 所示的对话框。

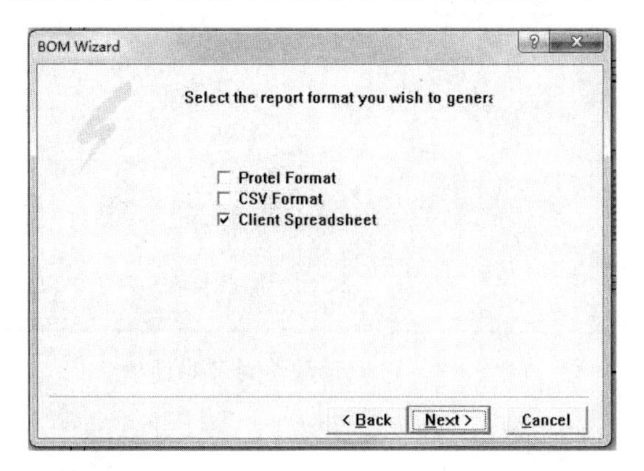

图 7.11　选择元器件列表文件类型对话框

在这个对话框里，可以选择元件列表的文件类型。这里，将所有文件类型选项全部选中，如图 7.12 所示。

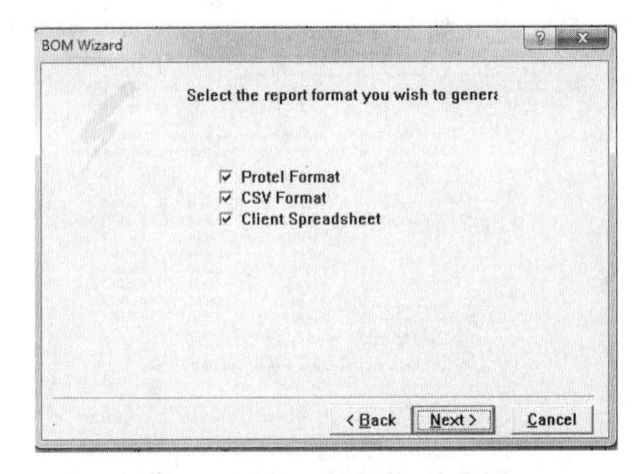

图 7.12　选择三种列表文件类型

Protel 99 SE 提供了三种元件列表文件，其功能说明如表 7.5 所示。

表 7.5　三种元件列表文件的功能说明

序号	名　称	功能说明	文件扩展名
1	Protel Format	Protel 格式	*.bom
2	CSV Format	电子表格可调用格式	*.csv
3	Client Spreadsheet	Protel 99 SE 的表格格式	*.xls

（5）选择完文件类型后，单击图 7.12 所示的对话框中的 Next 按钮，即可进入如图 7.13 所示的对话框。

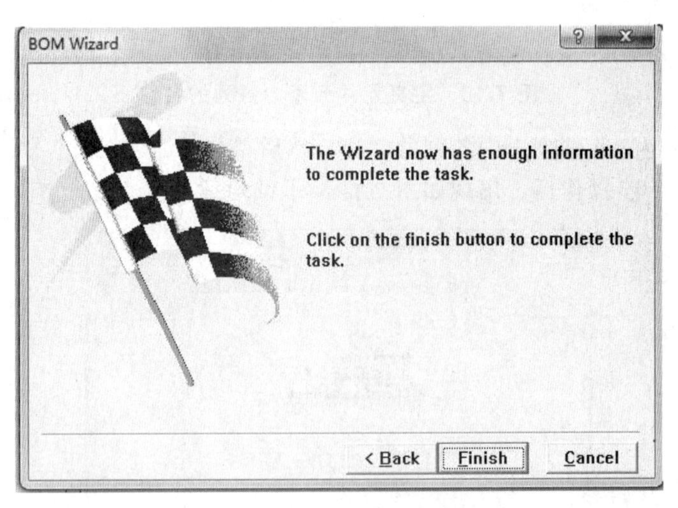

图 7.13　产生元器件列表对话框

（6）单击图 7.13 所示的对话框中的 Finish 按钮，程序会自动生成三种类型的元件列表文件，并自动进入表格编辑器。三种表格如图 7.14 所示，文件名与原理图文件名相同，扩展名分别为*.bom、*.csv 和*.xls。

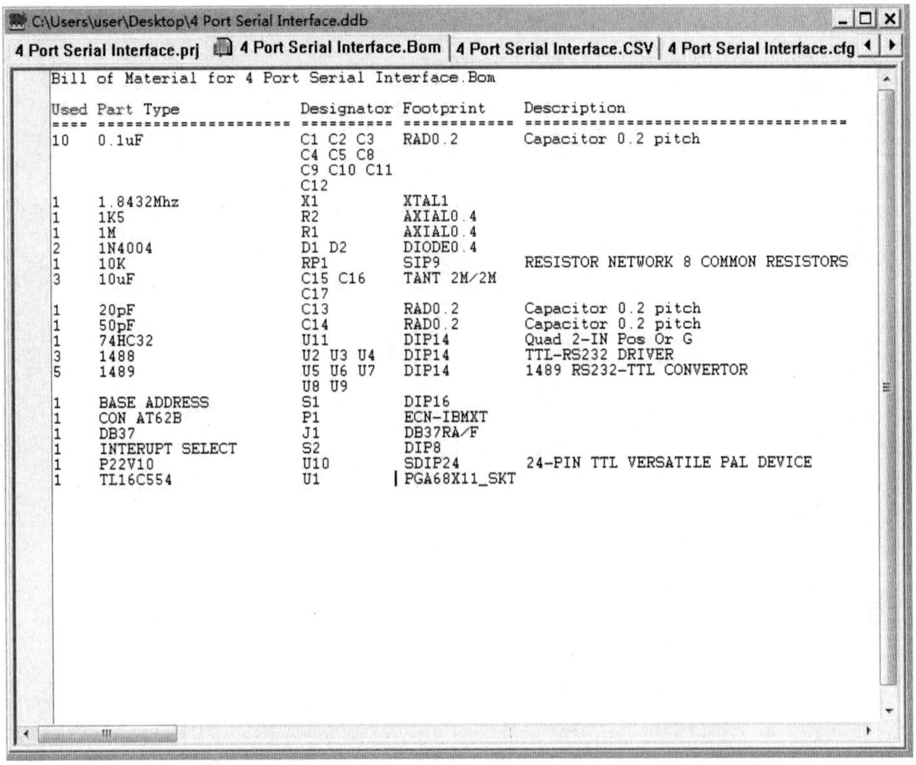

C:\Users\user\Desktop\4 Port Serial Interface.ddb

4 Port Serial Interface.prj | 4 Port Serial Interface.Bom | 4 Port Serial Interface.CSV | 4 Port Serial Interface.cfg

```
Bill of Material for 4 Port Serial Interface.Bom

Used Part Type              Designator Footprint    Description
==== ====================== ========== ============ ===================================
10   0.1uF                  C1 C2 C3   RAD0.2       Capacitor 0.2 pitch
                            C4 C5 C8
                            C9 C10 C11
                            C12
1    1.8432Mhz              X1         XTAL1
1    1K5                    R2         AXIAL0.4
1    1M                     R1         AXIAL0.4
2    1N4004                 D1 D2      DIODE0.4
1    10K                    RP1        SIP9         RESISTOR NETWORK 8 COMMON RESISTORS
3    10uF                   C15 C16    TANT 2M/2M
                            C17
1    20pF                   C13        RAD0.2       Capacitor 0.2 pitch
1    50pF                   C14        RAD0.2       Capacitor 0.2 pitch
1    74HC32                 U11        DIP14        Quad 2-IN Pos Or G
3    1488                   U2 U3 U4   DIP14        TTL-RS232 DRIVER
5    1489                   U5 U6 U7   DIP14        1489 RS232-TTL CONVERTOR
                            U8 U9
1    BASE ADDRESS           S1         DIP16
1    CON AT62B              P1         ECN-IBMXT
1    DB37                   J1         DB37RA/F
1    INTERUPT SELECT        S2         DIP8
1    P22V10                 U10        SDIP24       24-PIN TTL VERSATILE PAL DEVICE
1    TL16C554               U1         PGA68X11_SKT
```

（a）Protel 格式的元件列表文件（*.bom）

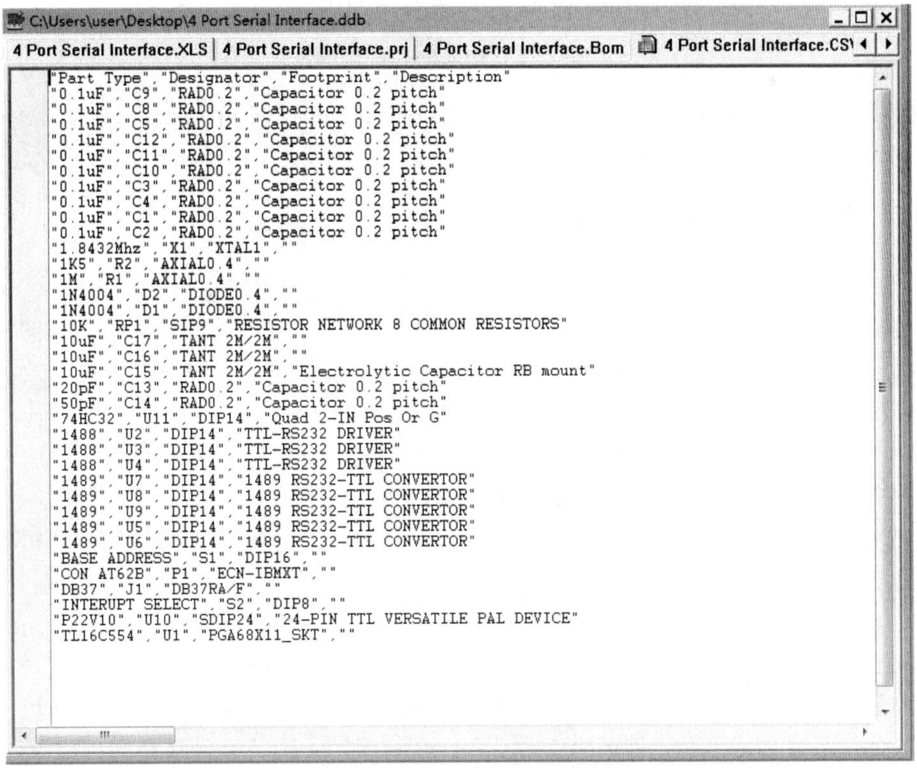

C:\Users\user\Desktop\4 Port Serial Interface.ddb

4 Port Serial Interface.XLS | 4 Port Serial Interface.prj | 4 Port Serial Interface.Bom | 4 Port Serial Interface.CSV

```
"Part Type","Designator","Footprint","Description"
"0.1uF","C9","RAD0.2","Capacitor 0.2 pitch"
"0.1uF","C8","RAD0.2","Capacitor 0.2 pitch"
"0.1uF","C5","RAD0.2","Capacitor 0.2 pitch"
"0.1uF","C12","RAD0.2","Capacitor 0.2 pitch"
"0.1uF","C11","RAD0.2","Capacitor 0.2 pitch"
"0.1uF","C10","RAD0.2","Capacitor 0.2 pitch"
"0.1uF","C3","RAD0.2","Capacitor 0.2 pitch"
"0.1uF","C4","RAD0.2","Capacitor 0.2 pitch"
"0.1uF","C1","RAD0.2","Capacitor 0.2 pitch"
"0.1uF","C2","RAD0.2","Capacitor 0.2 pitch"
"1.8432Mhz","X1","XTAL1",""
"1K5","R2","AXIAL0.4",""
"1M","R1","AXIAL0.4",""
"1N4004","D2","DIODE0.4",""
"1N4004","D1","DIODE0.4",""
"10K","RP1","SIP9","RESISTOR NETWORK 8 COMMON RESISTORS"
"10uF","C17","TANT 2M/2M",""
"10uF","C16","TANT 2M/2M",""
"10uF","C15","TANT 2M/2M","Electrolytic Capacitor RB mount"
"20pF","C13","RAD0.2","Capacitor 0.2 pitch"
"50pF","C14","RAD0.2","Capacitor 0.2 pitch"
"74HC32","U11","DIP14","Quad 2-IN Pos Or G"
"1488","U2","DIP14","TTL-RS232 DRIVER"
"1488","U3","DIP14","TTL-RS232 DRIVER"
"1488","U4","DIP14","TTL-RS232 DRIVER"
"1489","U7","DIP14","1489 RS232-TTL CONVERTOR"
"1489","U8","DIP14","1489 RS232-TTL CONVERTOR"
"1489","U9","DIP14","1489 RS232-TTL CONVERTOR"
"1489","U5","DIP14","1489 RS232-TTL CONVERTOR"
"1489","U6","DIP14","1489 RS232-TTL CONVERTOR"
"BASE ADDRESS","S1","DIP16",""
"CON AT62B","P1","ECN-IBMXT",""
"DB37","J1","DB37RA/F",""
"INTERUPT SELECT","S2","DIP8",""
"P22V10","U10","SDIP24","24-PIN TTL VERSATILE PAL DEVICE"
"TL16C554","U1","PGA68X11_SKT",""
```

（b）电子表格可调用格式的元件列表文件（*.csv）

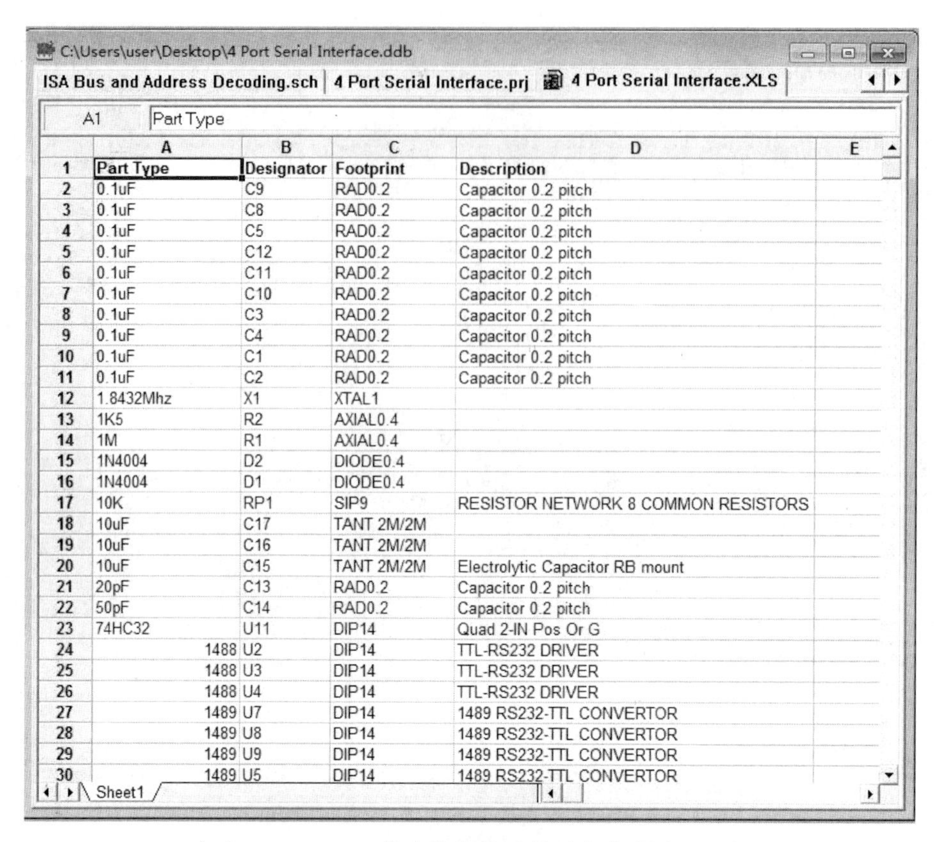

C:\Users\user\Desktop\4 Port Serial Interface.ddb

ISA Bus and Address Decoding.sch | 4 Port Serial Interface.prj | 4 Port Serial Interface.XLS

A1 Part Type

	A	B	C	D	E
1	Part Type	Designator	Footprint	Description	
2	0.1uF	C9	RAD0.2	Capacitor 0.2 pitch	
3	0.1uF	C8	RAD0.2	Capacitor 0.2 pitch	
4	0.1uF	C5	RAD0.2	Capacitor 0.2 pitch	
5	0.1uF	C12	RAD0.2	Capacitor 0.2 pitch	
6	0.1uF	C11	RAD0.2	Capacitor 0.2 pitch	
7	0.1uF	C10	RAD0.2	Capacitor 0.2 pitch	
8	0.1uF	C3	RAD0.2	Capacitor 0.2 pitch	
9	0.1uF	C4	RAD0.2	Capacitor 0.2 pitch	
10	0.1uF	C1	RAD0.2	Capacitor 0.2 pitch	
11	0.1uF	C2	RAD0.2	Capacitor 0.2 pitch	
12	1.8432Mhz	X1	XTAL1		
13	1K5	R2	AXIAL0.4		
14	1M	R1	AXIAL0.4		
15	1N4004	D2	DIODE0.4		
16	1N4004	D1	DIODE0.4		
17	10K	RP1	SIP9	RESISTOR NETWORK 8 COMMON RESISTORS	
18	10uF	C17	TANT 2M/2M		
19	10uF	C16	TANT 2M/2M		
20	10uF	C15	TANT 2M/2M	Electrolytic Capacitor RB mount	
21	20pF	C13	RAD0.2	Capacitor 0.2 pitch	
22	50pF	C14	RAD0.2	Capacitor 0.2 pitch	
23	74HC32	U11	DIP14	Quad 2-IN Pos Or G	
24	1488	U2	DIP14	TTL-RS232 DRIVER	
25	1488	U3	DIP14	TTL-RS232 DRIVER	
26	1488	U4	DIP14	TTL-RS232 DRIVER	
27	1489	U7	DIP14	1489 RS232-TTL CONVERTOR	
28	1489	U8	DIP14	1489 RS232-TTL CONVERTOR	
29	1489	U9	DIP14	1489 RS232-TTL CONVERTOR	
30	1489	U5	DIP14	1489 RS232-TTL CONVERTOR	

Sheet1

（c）Protel 99 SE 的表格格式元件列表文件（*.xls）

图 7.14　三种格式的元件列表文件

（7）执行菜单命令 File/Save All，将生成的元件列表文件全部保存。

学习任务 4　产生交叉参考表

交叉参考表（Cross Reference）主要用在层次式设计文件中，可为多张原理图中的每个元器件列出其元器件类型、流水号和隶属的绘图页的文件名称。它是一个 ASCII 文件，扩展名为*.xrf。

现以“4 Port Serial Interface.ddb”为例，说明生成交叉参考表的过程。

（1）打开层次原理图“4 Port Serial Interface.ddb”。

（2）打开其中一张原理图，执行 Reports/Component Cross Reference 命令，弹出如图 7.15 所示的元器件交叉参考表窗口，此时可以看到原理图元器件列表。

（3）在每一张原理图为当前窗口的状态下，都执行一次 Reports/Component Cross Reference 命令。每执行一次此操作，程序都会将该单张原理图交叉参考元件列表增添到层次原理图的交叉参考元件列表文件中。对所有的单张原理图都执行这一操作后，即可生成一张完整的层次原理图交叉参考元件列表文件，文件名与层次式项目文件名相同，扩展名为*.xrf。

（4）执行菜单命令 File/Save，即可将生成的文件保存在当前的设计数据中。

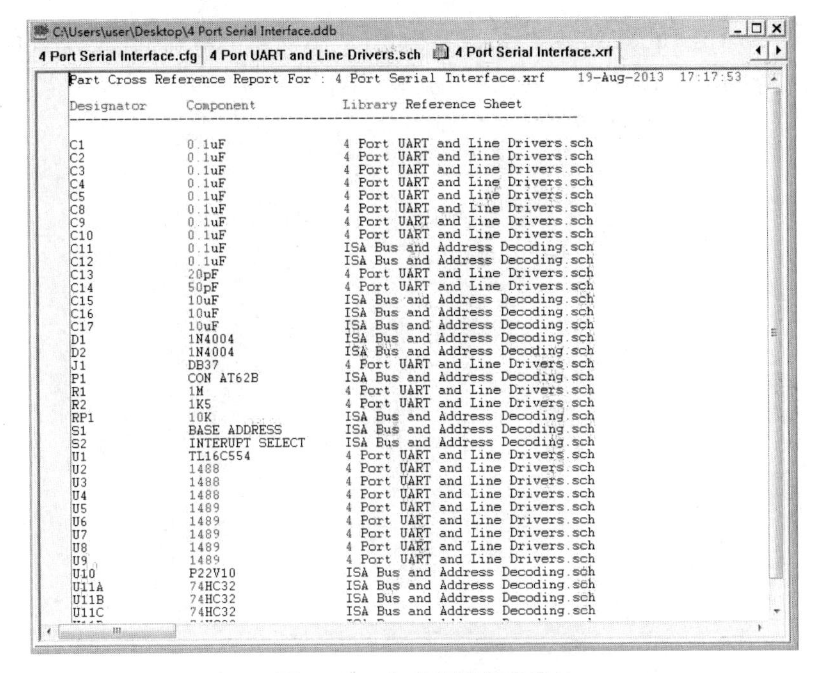

C:\Users\user\Desktop\4 Port Serial Interface.ddb

4 Port Serial Interface.cfg | 4 Port UART and Line Drivers.sch | 4 Port Serial Interface.xrf

Part Cross Reference Report For : 4 Port Serial Interface.xrf 19-Aug-2013 17:17:53

Designator	Component	Library Reference Sheet
C1	0.1uF	4 Port UART and Line Drivers.sch
C2	0.1uF	4 Port UART and Line Drivers.sch
C3	0.1uF	4 Port UART and Line Drivers.sch
C4	0.1uF	4 Port UART and Line Drivers.sch
C5	0.1uF	4 Port UART and Line Drivers.sch
C8	0.1uF	4 Port UART and Line Drivers.sch
C9	0.1uF	4 Port UART and Line Drivers.sch
C10	0.1uF	4 Port UART and Line Drivers.sch
C11	0.1uF	ISA Bus and Address Decoding.sch
C12	0.1uF	ISA Bus and Address Decoding.sch
C13	20pF	4 Port UART and Line Drivers.sch
C14	50pF	4 Port UART and Line Drivers.sch
C15	10uF	ISA Bus and Address Decoding.sch
C16	10uF	ISA Bus and Address Decoding.sch
C17	10uF	ISA Bus and Address Decoding.sch
D1	1N4004	ISA Bus and Address Decoding.sch
D2	1N4004	ISA Bus and Address Decoding.sch
J1	DB37	4 Port UART and Line Drivers.sch
P1	CON AT62B	ISA Bus and Address Decoding.sch
R1	1M	4 Port UART and Line Drivers.sch
R2	1K5	4 Port UART and Line Drivers.sch
RP1	10K	ISA Bus and Address Decoding.sch
S1	BASE ADDRESS	ISA Bus and Address Decoding.sch
S2	INTERUPT SELECT	ISA Bus and Address Decoding.sch
U1	TL16C554	4 Port UART and Line Drivers.sch
U2	1488	4 Port UART and Line Drivers.sch
U3	1488	4 Port UART and Line Drivers.sch
U4	1488	4 Port UART and Line Drivers.sch
U5	1489	4 Port UART and Line Drivers.sch
U6	1489	4 Port UART and Line Drivers.sch
U7	1489	4 Port UART and Line Drivers.sch
U8	1489	4 Port UART and Line Drivers.sch
U9	1489	4 Port UART and Line Drivers.sch
U10	P22V10	ISA Bus and Address Decoding.sch
U11A	74HC32	ISA Bus and Address Decoding.sch
U11B	74HC32	ISA Bus and Address Decoding.sch
U11C	74HC32	ISA Bus and Address Decoding.sch

图 7.15 生成交叉参考表

学习任务 5 产生网络比较表

网络比较表是一个 ASCII 码文件，是对两个网络表文件进行比较，检查这两个网络表所对应的图形文件之间的连线是否有不同之处，并将二者的差别形成文件。网络比较表的扩展名为*.rep。

现以“4 Port Serial Interface.ddb”为例，说明生成网络比较表的过程。

（1）打开原理图文件，分别生成两个网络表。

（2）在原理图状态下执行菜单功能命令 Report/Netlist Compare，弹出如图 7.16 所示的对话框。

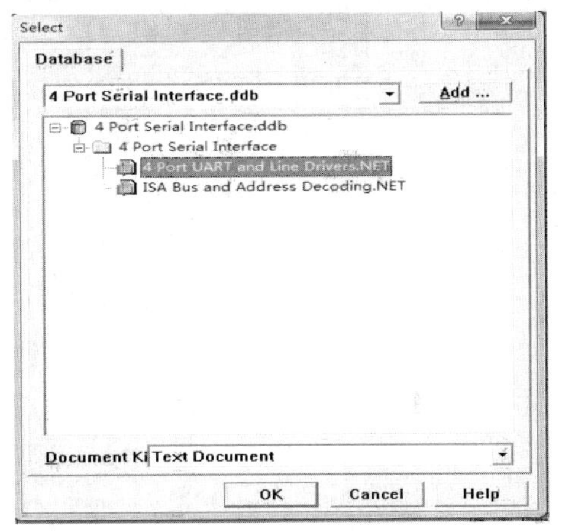

图 7.16 选择第一个网络文件

选择完毕后，单击OK按钮，之后会出现如图 7.16 所示的对话框，提示设计者选择第二个网络表文件的名称，如图 7.17 所示。

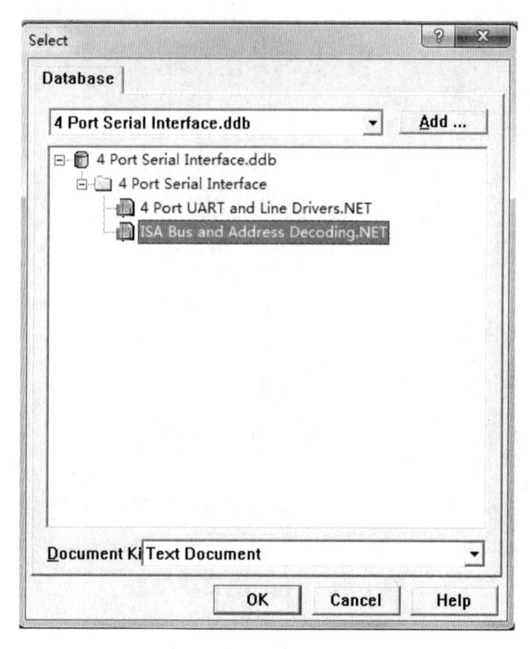

图 7.17　选择第二个网络文件

（3）单击图 7.17 中的OK按钮，即可开始网络表的比较。比较结束后，生成网络表比较报表文件，同时自动进入 Protel 99 SE 的文本编辑器。报表文件的名称与原理图文件名相同，扩展名为*.rep。比较结果如图 7.18 所示。

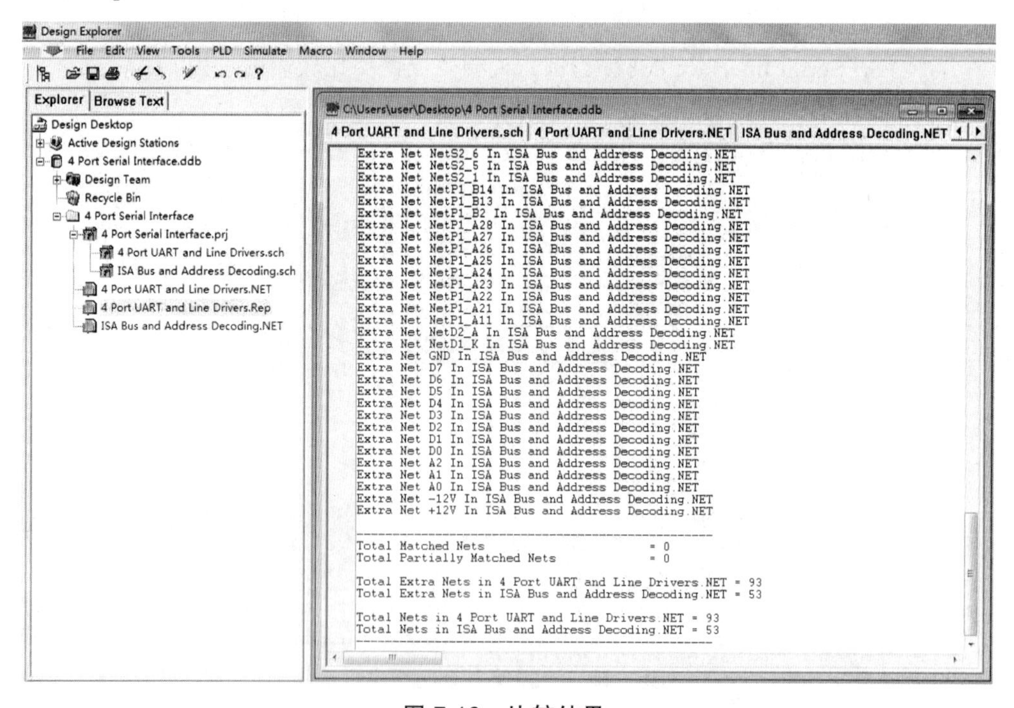

图 7.18　比较结果

学习任务 6　原理图输出

原理图绘制完毕后，除了应当在计算机中进行必要的文件保存外，往往还要通过打印机或绘图仪打印输出，以供设计人员进行检查、校对参考和存档。用打印机打印输出，首先要对打印机进行设置，包括打印机的类型设置、纸张大小的设定、原理图纸的设定等内容。方法如下：

（1）打开原理图文件，执行主菜单命令 File/Setup Printer，也可以直接在主工具栏中单击图标，弹出 Schematic Printer Setup（打印机设置）对话框，如图 7.19 所示。

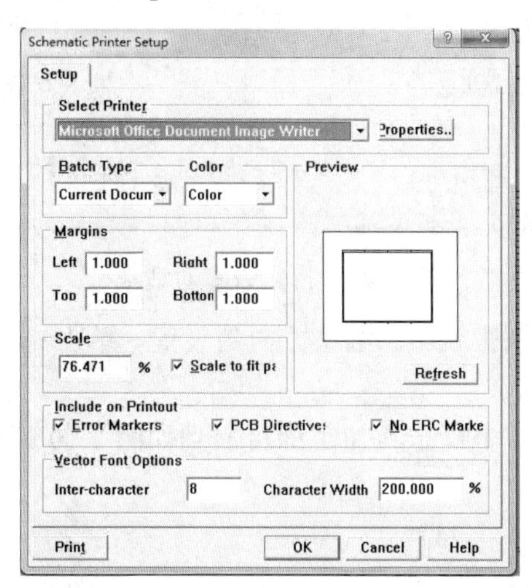

图 7.19　Schematic Printer Setup（打印机设置）对话框

在此对话框中用户可以对打印机类型、目标图形文件、颜色、显示比例等进行设置。此对话框各项功能说明如表 7.6 所示。

表 7.6　Schematic Printer Setup（打印机设置）对话框功能说明

序号	选　项	功　能
1	Select Printer 选择打印机	根据实际的硬件配置来进行设定
2	Batch Type 选择输出的目标图形文件	Current Document：只打印当前正在编辑的图形文件； All Document：打印输出整个项目中的所有文件
3	Color 输出颜色的设置	Color：彩色输出； Monochrome：单色输出
4	Margins	设置页边距
5	Scale	设置缩放比例
6	Preview	预览
7	Vector Font Options	设置向量字体类型
8	其他设置	包括放置分辨率、打印纸的类型、纸张方向、打印品质等

（2）单击图 7.19 中的 Properties 按钮，弹出如图 7.20 所示的打印设置对话框。

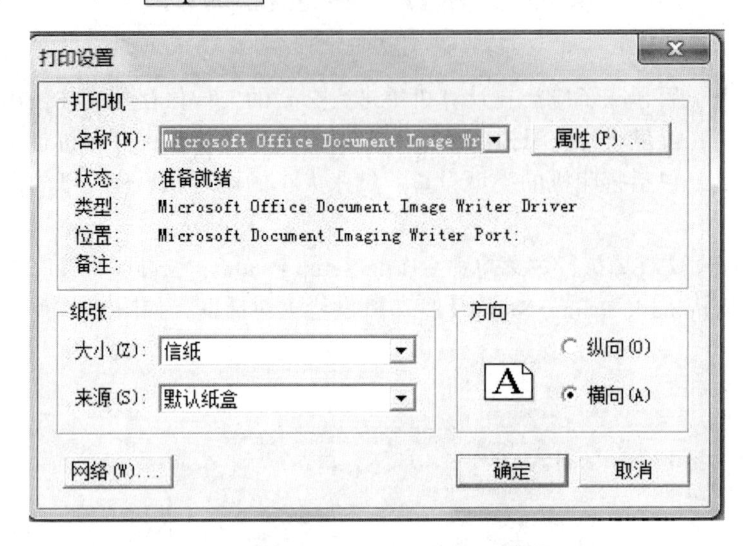

图 7.20　打印设置对话框

在该对话框中可以进行纸张大小、纸张方向的设置。单击属性按钮，即可对打印机属性进行设置。

（3）设置完毕后，依次单击确定按钮，即可回到如图 7.19 所示的打印机设置对话框中，然后单击 OK 按钮即可。

学生职业技能测试项目

系（部）＿＿＿＿＿＿＿＿

专　　业＿＿＿＿＿＿＿＿

课　　程＿＿＿＿＿＿＿＿

项目名称　生成原理图及打印原理图

适应年级＿＿＿＿＿＿＿＿

一、项目名称：生成原理图报表及打印原理图

二、测试目的

（1）生成 ERC（电气规则检查）表。

（2）生成网络表。

（3）生成元器件列表。

（4）生成交叉参考表。

（5）原理图输出。

三、测试内容（图表、文字说明、技术要求、操作要求等）

1. 生成“振荡器与积分器.Sch”原理图的 ERC 报表

2. 生成“振荡器与积分器.Sch”原理图的网络表

3. 生成“振荡器与积分器.Sch”原理图的元器件列表

4. 生成“振荡器与积分器.Sch”原理图的交叉列表

5. 输出原理图

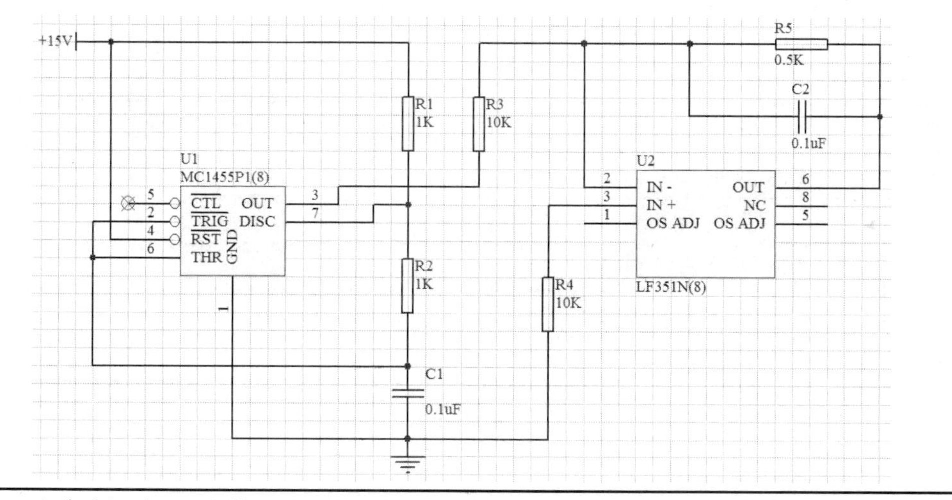

注：测试时间为 90 分钟。

四、评分标准

序号	评分点名称	评分点评分标准	评分点配分
1	生成 ERC（电气规则检查）表	能按一般步骤基本完成得 20 分，否则扣 20 分	20
2	生成网络表	按应用的熟悉程度给分	20
3	生成元器件列表	按设置的熟悉程度给分	20
4	生成交叉参考表	按使用的熟悉程度给分	20
5	输出原理图	能按一般步骤基本完成得 20 分，否则扣 20 分	20

五、有关准备

材料准备（备料、图或文字说明）	“振荡器与积分器.Sch”原理图
设备准备（设备标准、名称、型号、精确度、数量等）	配备 Windows XP 操作系统的微机一台
工具准备（标准、名称、规格、数量）	安装有 Protel 99 SE 的计算机一台
场地准备（面积、考位、照明、电水源等）	可在计算机中心机房测试
操作人数（个人独立完成或小组协作完成）	一人，个人独立完成
特殊要求说明	无

六、需要说明的问题和要求

（1）测试应在学生学习完相应内容之后进行。
（2）测试之前应进行必要的练习。

七、评分记录

班级＿＿＿＿＿＿　学生姓名（学号）＿＿＿＿＿＿＿＿＿＿＿＿＿＿

序号	评分点名称	评分点配分	评分点实得分
1	产生 ERC（电气规则检查）表	20	
2	生成网络表	20	
3	生成元器件列表	20	
4	生成交叉参考表	20	
5	输出原理图	20	

评委签名＿＿＿＿＿＿＿＿＿＿＿＿＿
考核日期＿＿＿＿＿＿＿＿＿＿＿＿＿

项目八
认识 PCB

项目提要

学习任务 1　PCB 概述
学习任务 2　PCB 的设计步骤与基本原则
学习任务 3　PCB 设计编辑器
学习任务 4　PCB 的 3D 显示
学习任务 5　设置 PCB 工作层
学习任务 6　PCB 电路参数设置

PCB 即印制电路板（Printed Circuit Board），也叫作印制线路板（Printed Wiring Board）。它由绝缘底板、连接导线和装配焊接电子元器件的焊盘组成，具有导电线路和绝缘底板的双重作用。

PCB 的设计，是根据设计人员的意图，将电路原理图转换成 PCB 图，并确定加工技术要求的过程。PCB 的设计包括电路设计和 PCB 导线设计两部分。前面的项目中对原理图的设计做了详细的讲述，从本项目开始，将学习 Protel 99 SE 另一个重要部分 ——PCB 的设计。

本项目主要学习与 PCB 设计密切相关的一些基本知识，包括 PCB 的结构、相关概念、设计原则、布线流程、工作参数设置等，从而为 PCB 设计制作打下基础。

学习任务 1　PCB 概述

一、PCB 的分类

PCB 从结构来分，一般可以分为单面板、双面板和多层板三种。

1. 单面板

单面板是一种单面敷铜的电路板，制作 PCB 时只可在敷铜的一面布线并放置元器件。单面板成本低，不用打过孔（Via），被广泛应用。但是，由于单面板的布线只能在一面上进行，对于比较复杂的电路，它的设计往往比双面板或多面板困难很多。一般简单的电路图会考虑使用单面板。

2. 双面板

双面板包括顶层（Top Layer）和底层（Bottom Layer）两层，两面均敷铜，中间为绝缘层。双面板两面都可以布线，通过过孔（Via）连通。相比于单面板而言，双面板可用于比较复杂的电路中，但设计起来并不一定比单面板困难，因此被广泛采用，是目前最常见的一种PCB。

3. 多层板

多层板就是包含了多个工作层面的电路板。它是在双面板的基础上增加了内部电源层、内部接地层以及多个中间布线层。当电路较为复杂，双面板已无法实现理想布线时，采用多层板就会较好地完成布线。

随着电子技术飞速发展，电路的集成度越来越高，多层板的应用也越来越广泛。多层板的设计往往不是面向元器件和布线的设计，多是采用硬件描述语言（VHDL）来进行模块化设计，制作成本较高。

根据多层板的加工工艺，多层板一般是偶数层，多为四层或四层以上的电路板。

二、PCB 的特点

PCB 的特点表现在以下几个方面：

（1）PCB 可以实现电路中各个元器件的电气连接，代替复杂的布线，减少接线工作量和连接时间，降低线路的差错率，简化电子产品的装配、焊接、调试工作，降低产品成本，提高生产率。

（2）布线密度高，缩小了整机体积，有利于电子产品的小型化。

（3）PCB 具有良好的产品一致性，它可以采用标准化设计，有利于提高电子产品的质量和可靠性，也有利于在生产过程中实现机械化和自动化。

（4）可以将整块经过装配调试的 PCB 作为一个备件，便于电子整机产品的互换和维修。

三、PCB 设计的主要内容

PCB 设计的主要内容包括：

（1）熟悉并掌握原理图中每个元器件的外形尺寸、封装形式、引线方式、管脚排列顺序、各管脚功能及其形状等，由此确定元件的安装位置和散热、加固等其他安装要求。

（2）查找线路中的电磁干扰源，以及易受外界干扰的敏感器件，确定排除干扰的措施。

（3）根据电气性能和机械性能，布设导线和组件，确定元器件的安装方式、位置和尺寸，确定印制导线的宽度、间距和焊盘的直径、孔距等。

（4）确定 PCB 的尺寸、形状、材料、种类以及外部连接和安装方法。

四、PCB 的组成

1. 覆铜板

覆以铜箔制成的覆箔板称为覆铜板，它是制作 PCB 的主要材料。按基板的材质一般有以下几种覆铜板：

1）TFZ-62、TFZ-63 酚醛纸基覆铜板

这种覆铜板的特点是价格低廉，但是机械强度低、不耐高温、阻燃性差、抗湿性能差等，主要用在低频和中低档次的民用产品中，如收音机、录音机中。

2）THFB-65 酚醛玻璃布覆铜板

这种覆铜板的特点是质轻、电气和机械性能良好且加工方便，但其价格较高，主要用在工作温度和工作频率较高的无线电设备中。

3）聚四氟乙烯覆铜板

这种覆铜板的特点是绝缘性能好，耐温范围宽（－230 ~ 260 °C），耐腐蚀好等，但价格高，主要用在高频和超高频线路中，如在航天航空领域和军工产品中使用。

4）聚苯乙烯覆铜板

这种覆铜板主要用于高频和超高频 PCB 和印制元件，如微波电路中的定向耦合器等。

2. 铜膜导线与飞线

铜膜导线也称铜膜走线，简称导线，用于连接各个焊盘，是 PCB 最重要的组成部分之一。PCB 的设计是围绕导线如何布置来进行的。

飞线，亦称预拉线，是用来指引布线的一种连线。

飞线与导线有着本质的区别：飞线只是一种形式上的连线，它只是在形式上表示出各个焊盘间的连接关系，没有电气的连接意义；导线则是根据飞线指示的焊盘间的连接关系而布置的，是具有电气连接意义的连接线路。

3. 助焊膜（Solder）和阻焊膜（Paste Mask）

各类膜（Mask）是 PCB 制作过程中必不可少的组成结构，是元器件焊接和装配的必要条件。按膜所处的位置及其作用，膜可以分为元器件面或焊接面的助焊膜（Top or Bottom Solder）和元器件面或焊接面阻焊膜（Top or Bottom Paste Mask）两类。

助焊膜是涂于焊盘上，用于提高可焊性能的一层膜，即绿色板上比焊盘略大的浅色圆。阻焊膜的作用正好相反，为了使制成的电路板适应波峰焊等焊接形式，要求板子上非焊盘处的铜箔不能粘锡，因此在焊盘以外的各部分都要涂覆一层涂料，用于阻止这些部位上锡。这两种膜的功能是一种互补的关系。

4. 层（Layer）

“层”是指 PCB 材料本身的铜箔层。由于电子技术的不断发展，电子线路的元器件密集安装、抗干扰和布线等特殊要求，大部分电子产品中所用的 PCB 不仅是上下两面可供布线，在板的中间还设有能被特殊加工的夹层铜箔。这些层因为加工相对较难，而大多用于设置走线较为简单的电源布线层（Ground Layer 和 Power Layer），并常用大面积填充的方法布线。上下表面层与中间各层需要连通的地方用“过孔（Via）”来连通。在布线过程中，使用层选定后，务必要关闭那些未被使用的层，以免布线出现错误。

5. 焊盘（Pad）

焊盘是将元器件引脚和铜膜导线连接的焊点。焊盘是 PCB 设计中最重要的概念之一。选择元器件焊盘类型要综合考虑该元器件的形状、大小、布线形式、振动、受热情况、受力方向等因素。

Protel 99 SE 在封装库中给出了一系列不同大小和不同形状的焊盘，如圆形、方形、八角等，如图 8.1 所示。

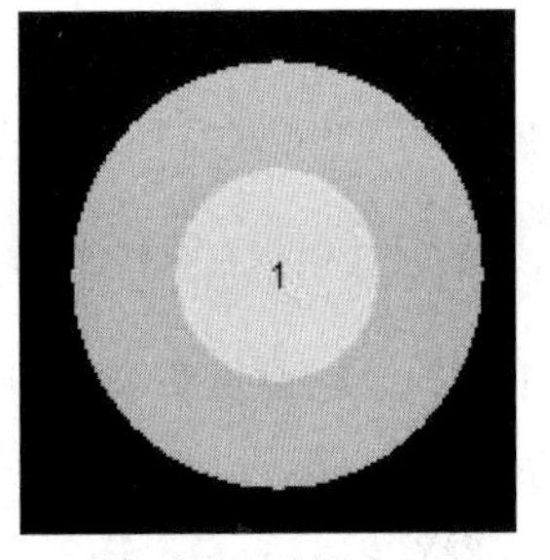

（a）圆形焊盘

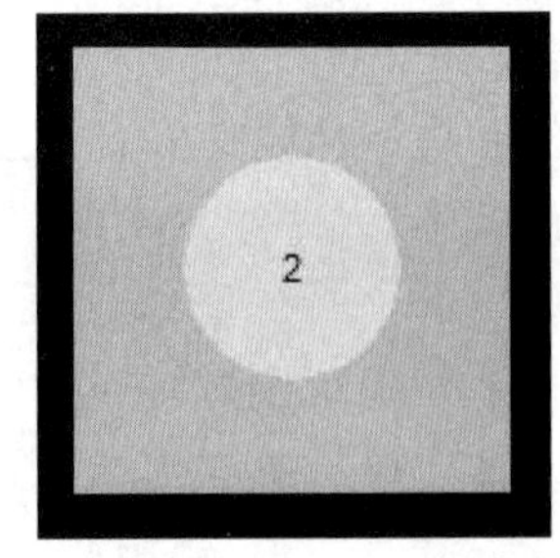

（b）方形焊盘

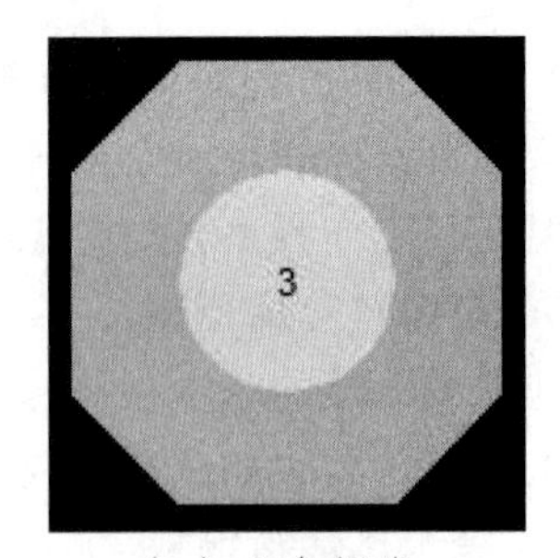

（c）八角焊盘

图 8.1　焊盘的封装

如果封装库中的焊盘形式不够用，就需要自己编辑。比如，对发热且受力较大、电流较大的焊盘，需要设计成“泪滴状”。

一般而言，自行编辑焊盘除了以上因素外，还要考虑以下原则：

（1）形状上长短不一致时，要考虑连线宽度与焊盘特定边长的大小差异不能过大；

（2）需要在元器件引脚之间走线时，选用长短不对称的焊盘往往事半功倍。

（3）各元器件焊盘孔的大小要按元器件引脚粗细分别编辑确定，原则是孔的直径比引脚的直径大 0.2 ~ 0.4 mm。

6. **过孔（Via）**

过孔，又称导孔，是各层导线之间的通路。当铜膜导线在某层受到阻挡无法布线时，可钻一个孔，并在孔壁镀金属，通过该孔的连接，到另一层继续布线，这就是过孔。过孔有三种，即通孔（Through Via）、盲孔（Blind Via）、埋孔（Buried Wia），如图 8.2 所示。

（a）通孔

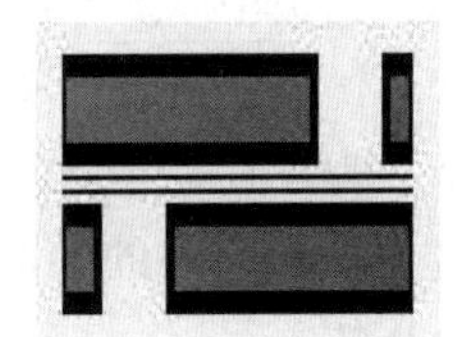

（b）盲孔、埋孔

图 8.2　过孔的类别

导孔从上面看，有两个尺寸，即外圆直径和过孔直径，如图 8.3 所示。

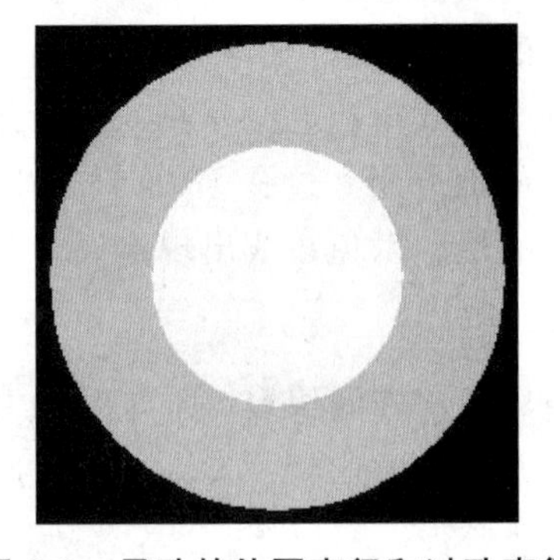

图 8.3　导孔的外圆直径和过孔直径

外圆和过孔间的孔壁由与导线相同的材料构成。

一般而言，设计线路时对导孔的处理有以下原则：

（1）尽量少用导孔，一旦用了导孔，就要处理好它与周边各实体的间隙，特别是容易被忽视的中间各层与导孔不相连的线与导孔的间隙。

（2）依据载流量的大小确定导孔尺寸的大小，如电源层和地层与其他层连接所用的导孔要大一些。

7. 丝印层（Silkscreen Top/Bottom Layer）

为方便电路的安装与维修，在 PCB 的上下两表面会印上需要的标志图案和文字代号等，例如元器件标号和标称值、元器件形状和厂家标志、生产日期等，这就称为丝印层。

8. 敷铜（Polygon）

对于抗干扰要求比较高的电路板，常常需要在 PCB 上敷铜。敷铜可以有效地实现电路板的信号屏蔽作用，提高电路板信号的抗电磁干扰能力。

五、元器件的封装

在设计 PCB 时，一定会考虑 PCB 的大小、安装到 PCB 上的元器件的个数以及这些元器件的形状和尺寸。元器件封装就是表示元器件的外观和焊盘形状及尺寸的图。

纯粹的元器件封装只是空间的概念，所以，不同的元器件可以共用一个元器件的封装，另一方面，同种元器件也可以有不同的封装，如电阻 RES，它的封装形式有 AXIAL-0.3、AXIAL-0.4、AXIAL-0.6 等。所以在取用焊接元器件时，不仅要知道元器件的名称，还要知道元器件封装。元器件的封装可以在设计原理图时指定，也可以在引进网络表时指定。

1. 元器件封装的分类

元器件的封装形式可以分为两大类，即针脚式插件（THT）和表面贴装（SMT）元器件封装。

1）针脚式封装

针脚式封装的元器件在焊接时，先要将元器件针脚插入焊盘导通孔，然后再焊锡。由于针脚式元器件封装的焊盘导通孔贯穿整个电路板，所以在其焊盘的属性对话框中，PCB 的层属性必须为 MultiLayer（优先层）。例如，电阻封装 AXIAL-0.3、二极管封装 DIODE0.4、双列直插式集成元器件封装 DIP-14 均为针脚式封装，如图 8.4 所示。

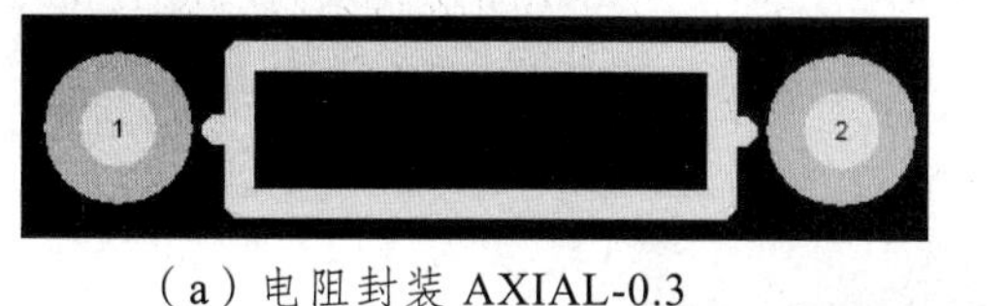

（a）电阻封装 AXIAL-0.3

（b）二极管封装 DIODE0.4

（c）双列直插式集成元器件封装 DIP-14

图 8.4　针脚式封装

2）表面贴装（SMT）封装

表面贴装式（SMT）封装的元器件焊盘只限于表面层，在其焊盘的属性对话框中，层（Layer）属性必须为单一表面，如 TopLayer（顶层）或 BottomLayer（底层）。表面贴装式封装有陶瓷无引线芯片载体（LCCC）、塑料有引线芯片载体（PLCC）、塑料四边引出扁平封装（QFP），如图 8.5 所示。

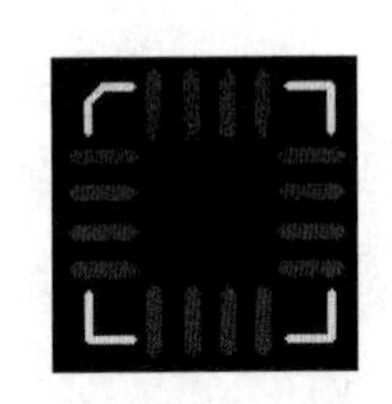

（a）陶瓷无引线芯片载体（LCCC）

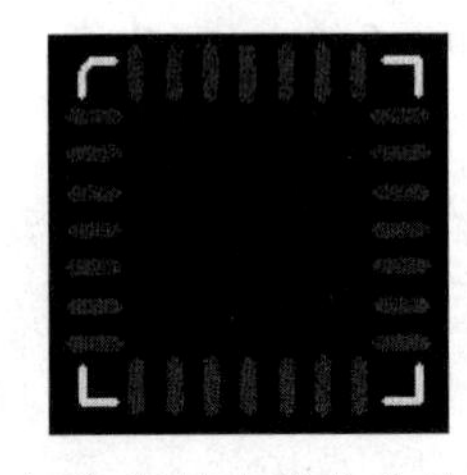

（b）塑料有引线芯片载体（PLCC）

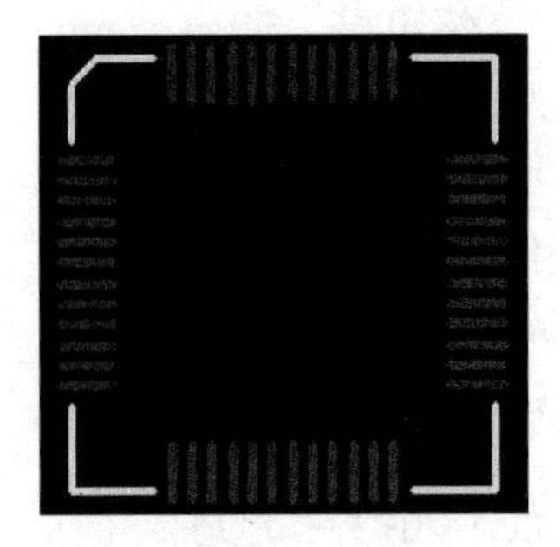

（c）塑料四边引出扁平封装（QFP）

图 8.5　表面贴装式封装

2. 元器件封装的编号

元器件封装的编号一般为“元器件类型 + 焊盘距离（焊盘数）+ 元器件外形尺寸”。这样就可以根据元器件封装编号来判别元器件封装的规格。例如：AXIAL-0.3 表示此元器件封装为轴状的，两焊盘间的距离为 300 mil；DIP-14 表示双排引脚的元器件封装，两排共 14 个引脚。

元器件的封装需与真实的元器件的大小需完全一致，因此，对尺寸的要求很严格。Protel 99 SE 使用两种计量单位，即英制（Imperial Units）和公制（Metric Units）。英制单位为 in（英寸），在 Protel 99 SE 中一般使用 mil，即毫英寸，1 mil = 0.001 in。公制单位一般为 mm（毫米），1 mil = 25.4 μm。

六、元器件布局和排列

元器件布局和排列是指按照电子产品电路原理图，将各元器件、连接导线等有机地连接起来，并保证电子产品可靠稳定的工作。

1. 元器件布局的原则

（1）保证电路性能指标的实现。

（2）有利于布线。

（3）满足结构工艺的要求。

（4）有利于设备的装配、调试和维修。

（5）根据电子产品的工作环境等因素来合理地布局。

2. 元器件排列的方法及要求

1）按电路组成顺序呈直线排列

按电路组成顺序呈直线排列的方法如图 8.6 所示。

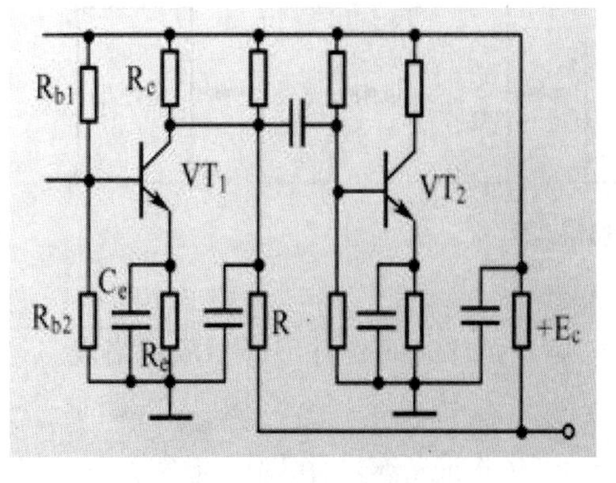

（a）电路原理图

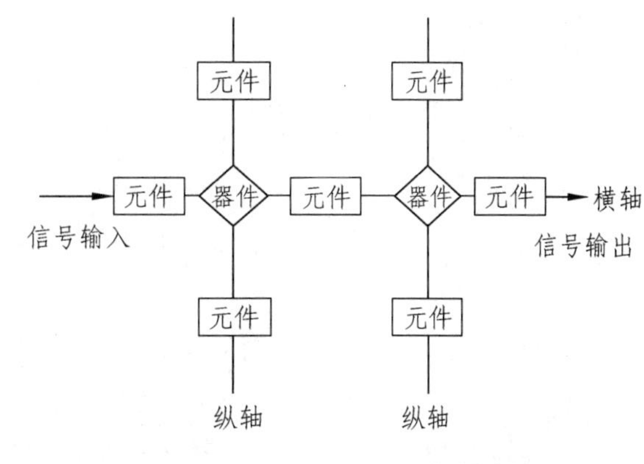

（b）直线排列方式

图 8.6　按电路组成顺序呈直线排列的方法

这种方法一般按电路原理图的组成顺序按级呈直线布置。这种直线排列的优点是：其一，电路结构清楚，便于布设、检查，也便于各级电路的屏蔽或隔离；其二，输出级与输入级相距甚远，使级间寄生反馈减小；其三，前后级之间衔接较好，可使连接线最短，减小电路的分布参数。

2）按电路性能及特点排列

这种方法从信号频率的高低、电路的对称性要求、电位的高低、干扰源的位置等多方面综合考虑，进行元器件位置的排列。

3）按元器件的特点及特殊要求合理排列

敏感组件的排列，要注意远离敏感区；磁声较强的组件，如变压器和某些电感器件，应采取屏蔽措施放置；高压元器件或导线，在排列时要注意和其他元器件保持适当的距离，防止击穿或打火；需要散热的元器件，要装在散热器上并有利于通风散热，同时要远离热敏感元器件。

4）从结构工艺上考虑元器件的排列

PCB 是元器件的支撑主体，元器件的排列应该从结构工艺上考虑，使元器件的排列尽量对称、重量平衡，重心尽量靠板子的中心或下部，且排列整齐、结实可靠。

学习任务 2　PCB 的设计步骤与基本原则

电路设计的最终目的是制作电子产品，而电子产品的物理结构是通过 PCB 来实现的。因此，在绘制好电路原理图后，接着是设计 PCB 图。Protel 99 SE 提供了一个完整的 PCB 设计环境，方便高效，既可以用它进行人工设计，又可以全自动设计，设计的结图可以用多种形式输出。

一、PCB 的设计步骤

PCB 的设计步骤一般可分为如图 8.7 所示的七个步骤。

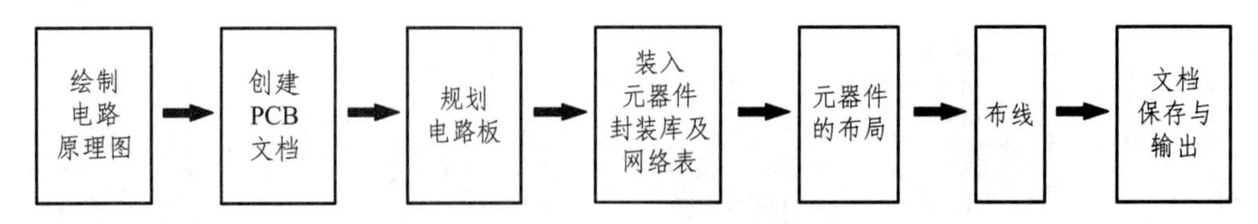

图 8.7 PCB 的设计步骤

1. **绘制电路原理图**

该步骤的主要工作是使用原理图编辑器设计、绘制电路原理图，并编译生成网络表。

2. **创建 PCB 文档**

通过创建 PCB 文档，调出 PCB 编辑器，在 PCB 编辑平面完成设计工作。

3. **规划电路板**

绘制 PCB 之前，要对电路板进行规划，包括定义电路板的尺寸及形状、设定电路板的板层以及设置参数等，确定电路板设计的框架。

4. **装入元器件封装库及网络表**

要把元器件放置到 PCB 上，需要先装载所用元器件的封装库，否则手工放置元器件时调不出元器件，装入网络表时会出现错误。在装载元器件封装库后，将设计好的原理图编译，此时元器件的封装会自动地按类型摆放在 PCB 的右侧。

5. **元器件布局**

可利用自动布局和手工布局两种方式，将元器件封装放置在电路板边框内的适当位置，即元器件所放置的位置能使整个电路板看上去整齐美观且有利于布线。

6. **布　线**

这步工作是完成元器件之间的电路连接，有两种方式：自动布线和手工布线。若在第 4 步装入了网络表，则在该步骤中就可采用自动布线方式。在布线之前，还要设置好设计规则。布线之后，如果没有完全成功或有不满意的地方，再进行手工调整。

7. **文档的保存及输出**

完成电路板的布线后，保存 PCB 图，然后利用各种图形输出设置输出 PCB 图。

二、PCB 设计应遵循的原则

PCB 设计的好坏对电路板抗干扰能力影响较大，因此，在进行 PCB 设计时，必须遵守 PCB 设计的一般原则，并应符合抗干扰设计的要求。要使电子电路获得最佳性能，元器件的布局及导线的布线是很重要的。为了设计出质量好、造价低的 PCB，应遵循以下几个原则：

1. **布局应遵循的原则**

首先，考虑 PCB 的尺寸。PCB 尺寸过大时，印制线路长，阻抗增加，抗噪声能力下降，成本也增加；PCB 尺寸过小时，PCB 散热不好，且邻近线条易受干扰。在确定 PCB 尺寸后，再确定特殊元器件的位置。最后，根据电路的功能单元，对电路的全部元器件进行布局。

（1）尽可能缩短高频元器件之间的连线，设法减少它们的分布参数和相互间的电磁干扰。易受干扰的元器件不能相互挨得太近，输入和输出元器件应尽量远离。

（2）某些元器件或导线之间可能有较高的电位差，要加大它们之间的距离，以免放电引起意外短路。带强电的元器件要尽量布置在调试时手不易触及的地方。

（3）质量超过 15 g 的元器件，要用支架加以固定。因为大且重的元器件发热多，不宜直接装在 PCB 上，要考虑其散热的问题。

（4）对于电位器、可调电感线圈、可变电容器等元器件的布局要考虑整机的结构要求。若是机内调节，要放在印制板上便于调节的地方；若是机外调节，要与调节旋钮在机箱面板上的位置相适应。

（5）电路的布局要按照电路的流向，安排各个功能电路单元的位置，这样的布局便于信号流通，使信号尽可能保持一致的方向。

（6）布局中预留出 PCB 的定位孔和固定支架所占用的位置。

（7）布局时以每个功能电路的核心元器件为中心，让元器件均匀、整齐、紧凑地排列在 PCB 上，尽量减少和缩短各元器件之间的引线和连接。

（8）位于电路板边缘的元器件，离电路板边缘的距离通常不小于 2 mm。电路板的最佳状态为矩形，长宽比为 3∶2 或 4∶3。电路板的尺寸大于 200 mm × 150 mm 时，要考虑电路板所受的机械强度。

（9）在高频下工作的电路，要考虑元器件之间的分布参数。一般电路需要尽可能使元器件平行排列，这样，既美观又方便焊接，易于批量生产。

2. 焊盘大小

焊盘中心孔径要比元器件引线直径稍大一些。焊盘太大易成虚焊。若焊盘的外直径为 D，引线孔径为 d，则 $D \geqslant d+1.2$ mm。对高密度的数字电路，焊盘最小直径可取 $d+1.0$ mm。

3. 布线应遵循的原则

布线的方法以及布线的结对 PCB 的性能影响也很大，一般布线要遵循以下原则：

（1）输入和输出端的导线要尽量避免相邻平行，最好添加线间地线，以免发生反馈耦合。

（2）PCB 导线的最小宽度主要由导线与绝缘基板间的黏附强度和流过它们的电流值决定。对于集成电路，导线宽度通常选 0.2 ~ 0.3 mm。在条件允许的情况下，选择宽一点的线，尤其是电源线和地线。导线的最小间距主要由线间绝缘电阻和击穿电压决定。对于集成电路，只要工艺允许可使间距小于 5 ~ 8 mm。

（3）PCB 导线拐弯一般取圆弧形，直角或锐角在高频电路中会影响电气性能。

（4）尽量避免在 PCB 上使用大面积铜箔，如果铜箔面积过大，在长时间受热时，易发生铜箔膨胀和脱落现象。若必须使用大面积铜箔时，最好用栅格状的，这样有利于排除铜箔与基板间黏合剂受热产生的挥发性气体。

4. PCB 电路的抗干扰措施

PCB 的抗干扰设计与具体电路有着密切的关系，这里有一些常用的措施。

1）电源线设计

根据 PCB 电流的大小，尽量加粗电源线的宽度，减少环路电阻。同时，电源线、地线和数据传递的方向一致，这样有助于增强抗噪声能力。

2）地线设计

地线设计的原则之一是数字地和模拟地分开。若电路板上既有逻辑电路又有线性电路，应尽量使它们分开。低频电路的地应尽量采用单点并联接地，实际布线有困难时可部分串联后再并联接地。高频电路宜采用多点串联接地，地线应短且粗，高频元器件周围尽量用栅格状的大面积铜箔。

地线设计的原则之二是接地线应尽量加粗。若地线用很细的线条，则接地电位随电流的变化而变化，使抗噪声性能降低。因此，应将接地线加粗，使它能通过三倍于印制板上的允许电流。如有可能，接地线直径应在 2 ~ 3 mm 以上。

地线设计的原则之三是接地线构成闭环路。只由数字电路组成的 PCB，其接地电路构成闭环能提高抗噪声能力。

5. 去耦电容配置

PCB 设计的常规做法是在 PCB 的各个关键部位配置适当的去耦电容。配置去耦电容的一般原则是：

（1）电源输入端跨接 10 ~ 100 μF 的电解电容器，如有可能，接 100 μF 以上的更好。

（2）原则上每个集成电路的芯片都应布置一个 0.01 pF 的瓷片电容，如果电路板空隙不够，可每 4 ~ 8 个芯片布置一个 1 ~ 10 pF 的钽电容。

（3）对于抗噪声能力弱、关断时电源变化大的元器件，如 RAM、ROM 存储元器件，应在芯片的电源线和地线之间接入去耦电容。

（4）电容引线不能太长，尤其是高频旁路电容不能有引线。

应注意以下两点：其一，在 PCB 中有接触器、继电器、按钮等元器件时，操作它们时均会产生较大火花放电，必须采用 RC 电路来吸收放电电流。一般 R 取 1 ~ 2 kΩ，C 取 2.2 ~ 47 μF。其二，CMOS 的输入阻抗很高，且易受感应，因此对不使用的端口要接地或接正极电源。

6. 各元器件之间的接线

按照电路原理图，将各个元器件的位置初步确定下来，然后经过不断调整使布局更加合理，最后就需要对 PCB 中各元器件进行接线。元器件之间的接线方式如下：

（1）PCB 中不允许有交叉的线条，可以用“钻”、“绕”两种方法解决，即让某引线从别的电阻、电容、三极管脚下的空隙处“钻”过去，或从可能交叉的某条引线的一端“绕”过去。

（2）电阻、二极管、管状电容器等元器件有“立式”和“卧式”两种安装方式。立式指的是元器件垂直于电路板安装、焊接，其优点是节省空间；卧室指的是元器件平行并紧贴于电路板安装、焊接，其优点是元器件安装的机械强度较好。对于这两种不同的安装元器件的方法，PCB 上的元器件孔距是不一样的。

（3）同一级电路的接地点应尽可能靠近，并且本级电路的电源滤波电容也应接在该级接地点上。特别是本级晶体管基极、发射极的接地不能离得太远，否则这两个接地间的铜箔太长会引起干扰与自激，采用这样的“一点接地法”的电路，工作较稳定，不易自激。

（4）总地线必须严格按高频、中频、低频逐级从弱电到强电的顺序排列，切不可随意乱接，宁可级间接线长点，也要遵守这一规定。特别是变频头、再生头、调频头的接地线安排要求更为严格，如有不当就会产生自激以致无法工作。调频头等高频电路常采用大面积包围式地线，以保证有良好的屏蔽效果。

（5）强电流引线，如公共引线、功放电源引线等，应尽可能宽些，以降低布线电阻及其电压降，减小寄生耦合而产生的自激。

（6）阻抗高的走线尽量短，阻抗低的走线可长一些，因为阻抗高的走线容易发射和吸收信号，引起电路不稳定。电源线、地线、无反馈元器件的基极走线、发射极引线等均属低阻抗走线。

（7）电位器安放位置应当满足整机结构安装及面板布局的要求，因此应尽可能放在板的边缘，旋转柄朝外。

（8）设计 PCB 时，在使用 IC 底座的场合下，要特别注意 IC 座上定位槽放置的方位是否正确，并注意各个 IC 引脚位置是否正确，例如第 1 脚只能位于 IC 底座的右下角或者左上角，而且紧靠定位槽。

（9）在对进出接线端进行布置时，相关联的两引线端的距离不要太大，一般以 0.2 ~ 0.3 in 较为合适。进出接线端尽量集中在 1 ~ 2 个侧，不要过于分散。

（10）在保证电路性能要求的前提下，设计时应尽可能合理走线，并按一定顺序要求走线，力求直观，便于安装和检修。

（11）设计应按一定顺序和方向进行，例如可以按由左到右或由上而下的顺序进行。

学习任务 3　PCB 设计编辑器

一、PCB 的文档管理

PCB 的文档管理包括：新建 PCB 文档，打开已有的 PCB 文档，保存和关闭 PCB 文档。

1. 新建 PCB 文档

（1）打开一个项目文件，如“4 Port Serial Interface Board.ddb”，执行菜单命令 File/New 后，Protel 面板就会出现一个新建项目文件的对话框，如图 8.8 所示。

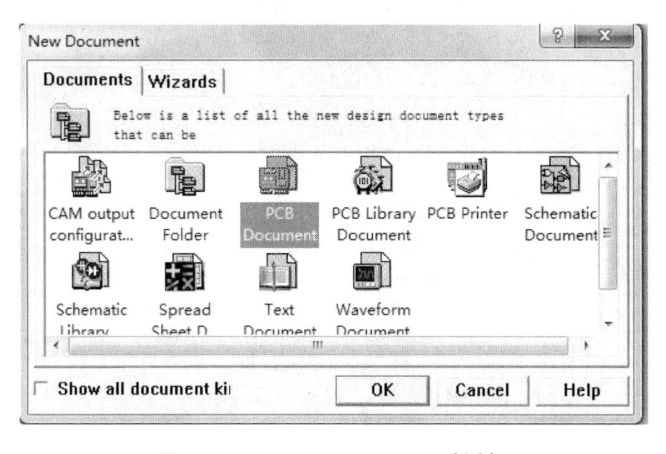

图 8.8　New Component 对话框

（2）在图 8.8 所示的对话框中，选择 PCB Document，即可新建一个名为 PCB1.PCB 的文件，如图 8.9 所示。

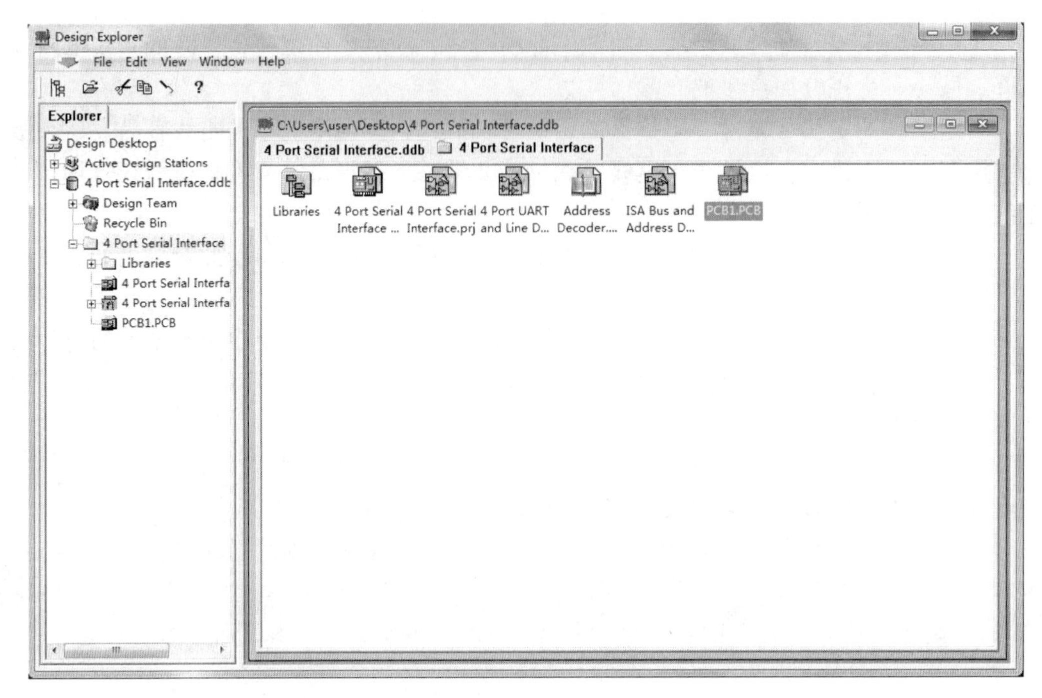

图 8.9　新建一个名为 PCB1.PCB 文件

（3）新的 PCB 文件的默认名称为 PCB1.PCB，一般需要对文件进行重命名。重命名有两种方式：一是在蓝色的文件名处直接修改文件名，二是将鼠标移至文件处，单击鼠标右键，选择 Rename 命令，完成文件名称的修改。

值得注意的是，文件重命名需要文件处在关闭的状态下，如果已打开，则无法完成文件的重命名操作。

2. 打开 PCB 文档

如果 PCB 文档已经建立，可以打开此 PCB 文档，操作方法有两种：

（1）在 Explorer 中按照目录打开 PCB 文档所在的项目文件，如图 8.10 所示。

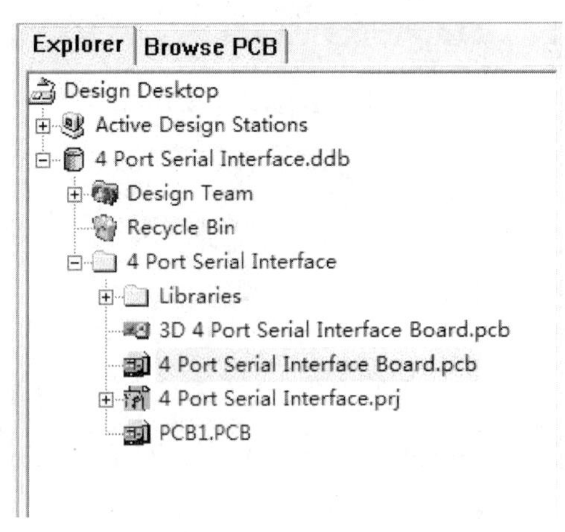

图 8.10　在 Explorer 中打开 PCB 文件

（2）在工作区域内双击要打开的 PCB 文档图标，如图 8.11 所示。

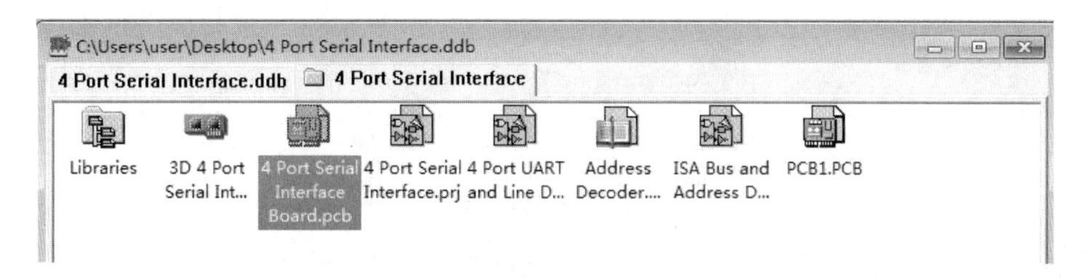

图 8.11 在工作区打开 PCB 文件

3. 保存 PCB 文档

保存 PCB 文档的方法有多种，执行菜单命令 File/Save As，或单击工具栏中的 ，均可保存当前正在编辑的 PCB 文档。

4. 关闭 PCB 文档

关闭 PCB 文档有两种方法：

（1）执行菜单命令 File/Close。

（2）将鼠标移至编辑窗口中要关闭的 PCB 文档标签，单击鼠标右键，弹出快捷菜单，再执行其中的 Close 命令。

关闭 PCB 文档时，若当前的 PCB 图有改动，而未被保存，则屏幕上会弹出 Confirm 对话框，如图 8.12 所示。

图 8.12 Confirm 对话框

该对话框提示是否将所做的改动保存。单击 Yes 按钮，保存所做的改动；单击 No 按钮，不保存所做的改动；单击 Cancel 按钮，取消关闭 PCB 文档操作。

二、PCB 工具栏

PCB 编辑器中的工具栏主要是为了方便设计者的操作而设置的，一些菜单命令的运行也可以通过工具栏按钮来实现。当光标指向某按钮时，系统会弹出一个画面说明该按钮的功能。

通过执行 View/Toolbars/PCB Standard 菜单命令，可把 PCB 标准工具栏关闭，若再次执行此命令，则可将其打开。PCB 工具栏有以下几种：

（1）标准工具栏，如图 8.13 所示。

图 8.13 标准工具栏

该工具栏提供文档的打开、保存、打印、画面缩放、对象选取等命令按钮。

（2）放置工具栏，如图 8.14 所示。

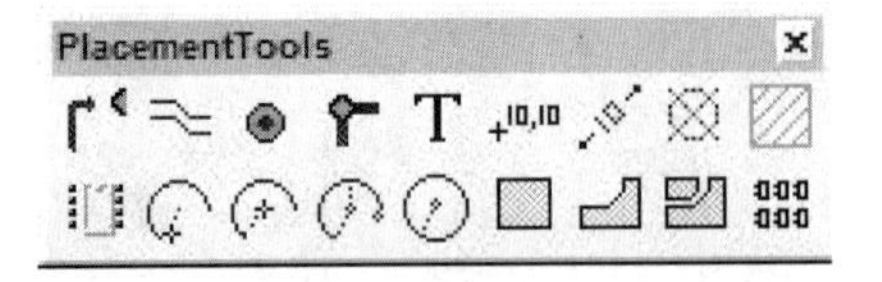

图 8.14 放置工具栏

该工具栏提供布线和图形绘制命令，其功能说明如表 8.1 所示。

表 8.1 放置工具栏中各按钮的功能

按钮	功能说明	菜单命令
	放置交互式导线	Place/Interactive Routing
	当前文档放置导线	Place/Line
	放置焊盘	Place/Pad
	放置导孔	Place/Via
T	放置字符串	Place/String
+10,10	放置位置坐标	Place/Coordinate
	放置尺寸标注	Place/Dimension
	设置光标原点	Edit/Origin/Set
	放置元器件	Place/Component
	边缘法绘制圆弧	Place/Arc（Edge）
	中心法绘制圆弧	Place/Arc（Center）
	任意角度绘制圆弧	Place/Arc（Any Angle）
	绘制整圆	Place/Full Circle
	放置矩形填充	Place/Fill
	放置多边形填充	Place/Polygon Plane
	放置分散填充	Place/Split Plane
	特殊粘贴剪贴板中的内容	Edit/Define an Array Placement of Clipboard Content

（3）元器件布置工具栏，如图 8.15 所示。

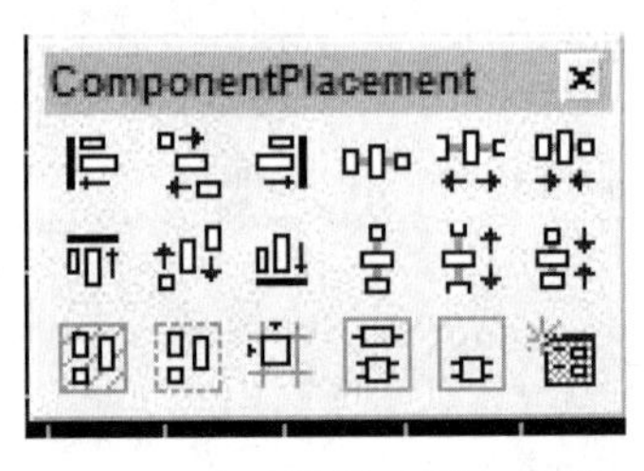

图 8.15 元器件布置工具栏

使用该工具栏中的命令按钮，可方便地进行元器件的排列和布局。

（4）选取工具栏，如图 8.16 所示。

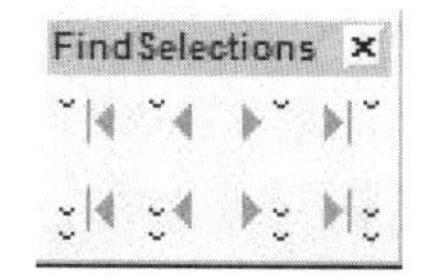

图 8.16　选取工具栏

使用该工具栏中的按钮，可以从一个被选元器件以向前或向后的方向走向下一个。

（5）定制工具栏。

若还需要一些工具栏，可使用 Protel 99 SE 提供的定制工具栏功能。执行菜单命令 View/Toolbars/Customize，可调出定制 PCB 编辑工具的对话框，如图 8.17 所示。

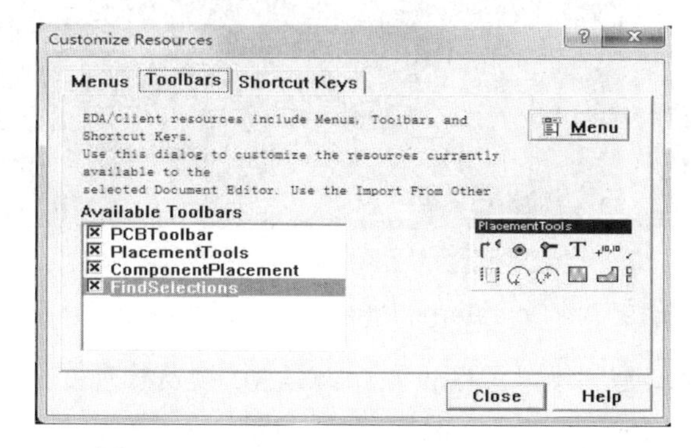

图 8.17　Customize Resources 对话框

学习任务 4　PCB 的 3D 显示

Protel 99 SE 具有 PCB 的 3D 显示功能，使用该功能可以清晰地显示 PCB 的三维立体效果，并且可以随意旋转、缩小、放大及改变背景颜色等。在三维视图中，通过设置可使某一网络高亮显示，也可将元器件、丝网、铜箔、字符隐藏起来。

现以“4 Port Serial Interface”的 PCB 为例说明 PCB 的三维显示操作过程。

（1）打开“4 Port Serial Interface”数据库，打开“4 Port Serial Interface.pcb”文档，如图 8.18 所示。

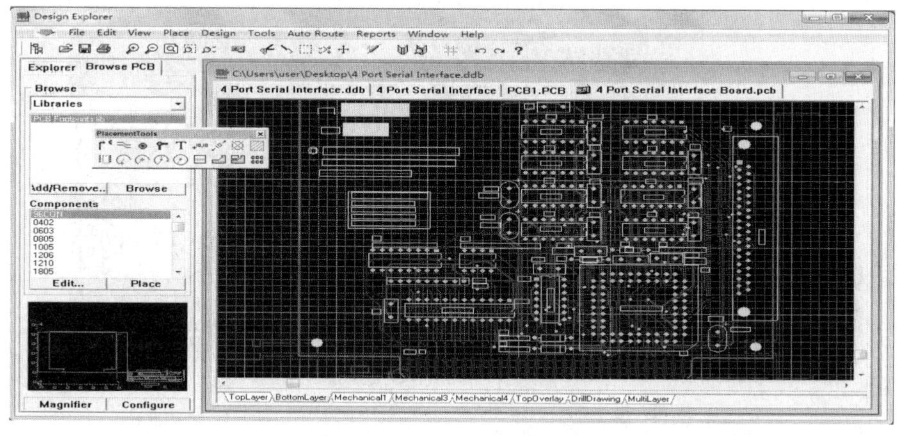

图 8.18　打开“4 Port Serial Interface.pcb”文档

（2）执行菜单命令 View/Board in 3D，或者按下标准工具栏中的 按钮，就进入 3D 显示画面，如图 8.19 所示。

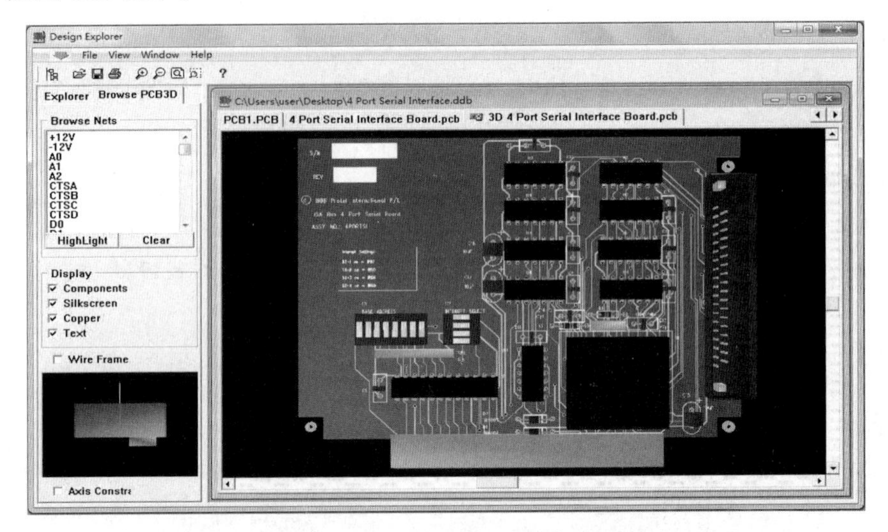

图 8.19 “4 Port Serial Interface.pcb”印制板 3D 显示

在图 8.19 中，右窗口是三维显示区；左窗口是 3D 浏览管理面板 Browse PCB3D，其内容分为三栏：网络浏览（Browse Nets）栏、显示（Display）栏和图形旋转控制栏。

- 网络浏览（Browse Nets）栏：列出了当前显示图中所有的网络名称。当选择某一个网络号后，单击该栏下面的 Highlight 按钮，右边三维图中的该网络会高亮显示。按下 Clear 按钮，取消选中网络的高亮显示。
- 显示（Display）栏：该栏中有四个选项，即 Components（元器件）、Silkscreen（丝网）、Copper（铜箔）和 Text（字符）。这四个选项可以同时多选，也可以单选。选中的选项在图中有显示，未选中项在图中不显示。
- 图形旋转控制栏：当光标移到该栏时，光标变为控制旋转状，上下左右移动光标时，可控制右边的三维图形跟随旋转，如图 8.20 所示。

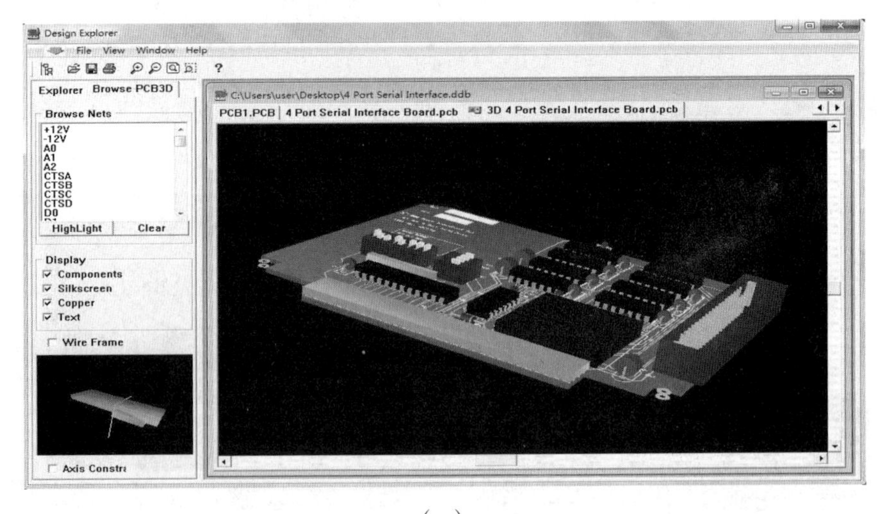

（a）

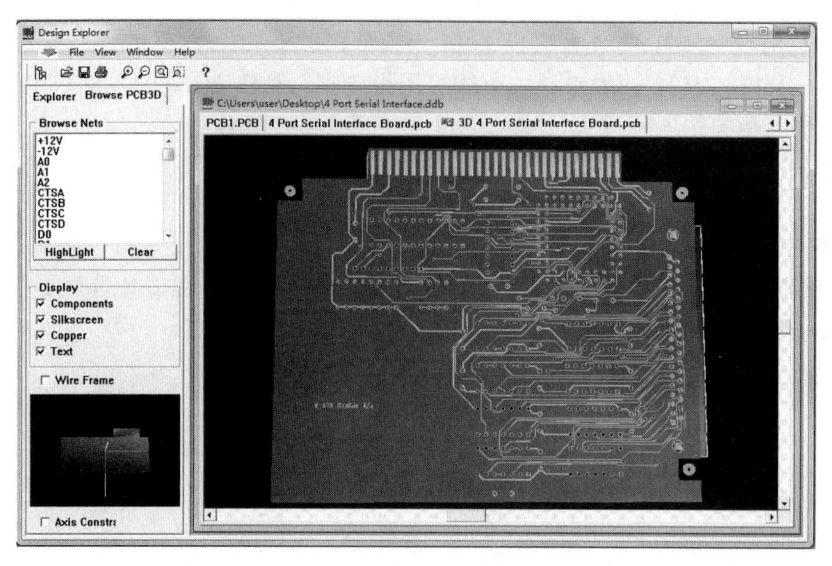

（b）

图 8.20　旋转中的电路板 3D 显示

（3）在“3D 4 Port Serial Interface.pcb”文档中，执行 View/Preferences 命令，弹出参数设置对话框，如图 8.21 所示。

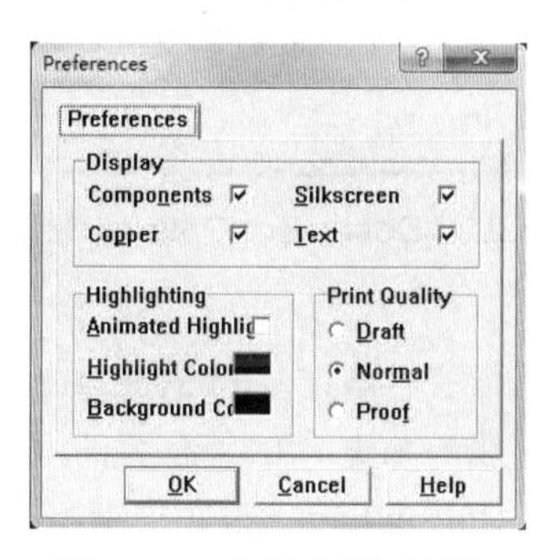

图 8.21　参数设置对话框

使用该对话框，可对 3D 显示图形进行参数设置。在这个对话框中，有三个选项栏。

• Display 栏：与 3D 浏览管理器一样，也可以对元器件、丝网、铜箔、字符等显示或隐藏进行设置。

• Highlighting 栏：用来设置要高亮显示网络的颜色以及 3D 图形的背景颜色。

• Print Quality 栏：用来设置打印质量。

通过执行主菜单 View 的各下拉命令，可对 3D 显示画面进行调整。

学习任务 5　设置 PCB 工作层

在进行电路板设计时，工作层是一个重要的概念，不同电路板的结构各不相同。Protel 99 SE 提供了 32 层的铜膜信号层，它们分别是顶层（TopLayer）、底层（BottomLayer）和 30 个中间层（MidLayer1 ~ 30）。另外还提供了 16 个内部板层（Internal Plane Layer）和 16 个机械板层（Mechanical Layer）。一般来说，布线层用得越多，制作 PCB 的成本就越高。下面来学习 PCB 工作层及相关选项的设置。

一、工作层说明

Protel 99 SE 提供了若干不同类型的工作层面，对不同的层需要进行不同的操作。在设计 PCB 时，设计者必须先选择工作层。进行工作层设置时，执行 PCB 设计管理器的主菜单命令 Design/Options，系统弹出如图 8.22 所示的对话框。

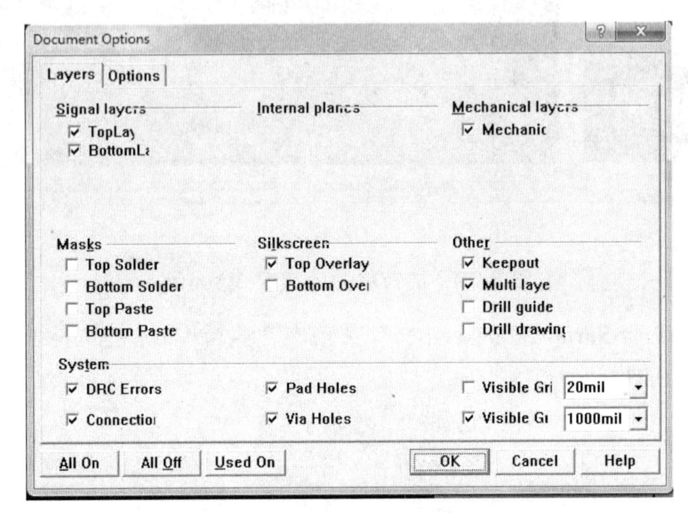

图 8.22　Document Options 对话框

1）信号层（Signal Layers）

Protel 99 SE 中共有 16 个信号层，主要有 TopLayer、BottomLayer、Mid1Layer、Mid2Layer 等。信号层主要用于放置元件、导线等与电气信号有关的电气元素，如 TopLayer 为顶层铜膜布线面，用于放置元器件和布线；BottomLayer 为底层铜膜布线面；MidLayer 为中间布线层，用于布置信号线。

2）内层电源/接地层（Internal Planes）

Protel 99 SE 中提供了四个内层电源/接地层 Plane1 ~ Plane4，主要用于布置电源及接地线。

3）机械层（Mechanical Layers）

制作 PCB 时，系统默认的信号层为两层，但机械层（Mechanical Layers）默认时只有一层。

4）助焊层和阻焊层（Masks）

Protel 99 SE 提供的助焊层和阻焊层有：顶层助焊层（Top Solder Mask）、底层助焊层（Bottom Solder Mask）、顶层阻焊层（Top Paste Mask）、底层阻焊层（Bottom Paste Mask）。

5）丝印层（Silkscreen）

丝印层（Silkscreen）主要用于在 PCB 的上下两表面印上所需要的标志图案和文字代号等，主要包括顶层（Top）、底层（Bottom）两个丝印层。

6）其他工作层（Other）

Protel 99 SE 除了提供以上工作层外，还提供了其他的工作层。如图 8.22 所示，共有四个复选框，其功能如下：

- KeepOut Layer：禁止布线层，用于设定电气边界，此边界外不会布线。
- Multi Layer：用于设置是否显示复合层，如果不选择此项，导孔和焊盘无法显示出来。
- Drill Guide：用于选择绘制钻孔导引层。
- Drill Drawing：用于选择绘制钻孔图层。

（7）系统设置（System）

在系统设置中可以根据需求设置 PCB 系统设计参数，共有六个复选框，其功能如下：

- Connections：用于设置是否显示飞线。在绝大多数情况下都要显示飞线。
- DRC Errors：用于设置是否显示自动布线检查错误信息。
- Pad Holes：用于设置是否显示焊盘通孔。
- Via Holes：用于设置是否显示过孔的通孔。
- Visible Grid1：用于设置是否显示第一组栅格。
- Visible Grid2：用于设置是否显示第二组栅格。

二、层的设置

1. 工作层的设置步骤

（1）执行主菜单命令 Deign/Options，系统将弹出如图 8.22 所示的对话框。在此对话框中打开 Layers 选项卡，可以发现每一个工作层前都有一个复选框。如果工作层前的复选框中有“√”符号，则表明该工作层已被打开，否则该工作层处于关闭状态。当单击 All On 按钮时，将打开所有的工作层；单击 Used On 按钮时，可以设定工作层。

（2）在图 8.22 中，单击 Options 标签，即可进入 Options 选项卡，如图 8.23 所示。

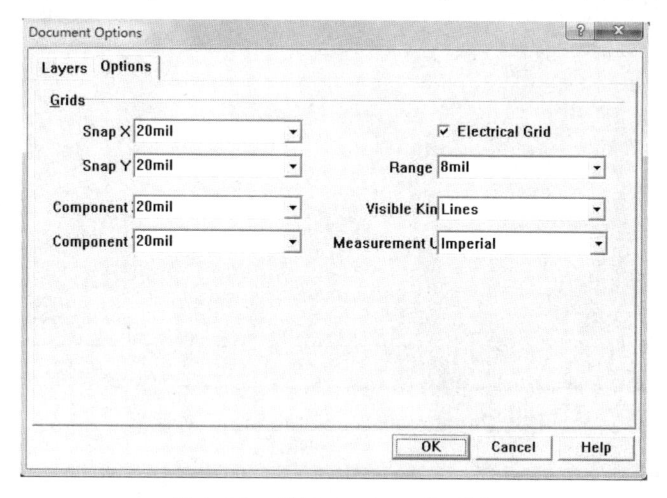

图 8.23 设置 Options 选项卡

此选项卡包括栅格设置、电气栅格设置、计量单位设置等。

2. 参数设置

运用图 8.22 和图 8.23 中的各个选项可以进行相关参数设置。

栅格的设置包括移动栅格的设置和可视栅格的设置。移动栅格主要用于控制工作空间的对象移动栅格的间距。光标移动的间距由在 Snap 文本框中输入的尺寸确定，设计者可以分别设置 X、Y 的栅格间距。

• Component X/Y：用于设置控制元器件移动的间距。Component X 用于设置 *X* 轴方向的栅格间距。Component Y 用于设置 *Y* 轴方向的栅格间距。

• Visible Kind：用于设置显示栅格的类型。系统提供了两种栅格类型，即 Line（线状）和 Dots（点状）。

电气栅格设置主要用于设置电气栅格的属性。它的含义与原理图中的电气栅格相同。选中 Electrical Grid 复选框，表示具有自动捕捉焊盘的功能。Range（范围）用于设置捕捉半径。在布置导线时，系统会以当前的光标为中心，以 Grid 设置值为半径捕捉焊盘，一旦捕捉到焊盘，光标会自动加到焊盘上。

Measurement Unit（度量单位）：用于设置系统度量单位。系统提供了两种度量单位，即 Imperial（英制）和 Metric（公制），系统默认为英制。

三、设置层堆栈管理器

执行主菜单命令 Design/Layer Stack Manager，系统将弹出如图 8.24 所示的 Layer Stack Manager（层堆栈管理器）对话框。

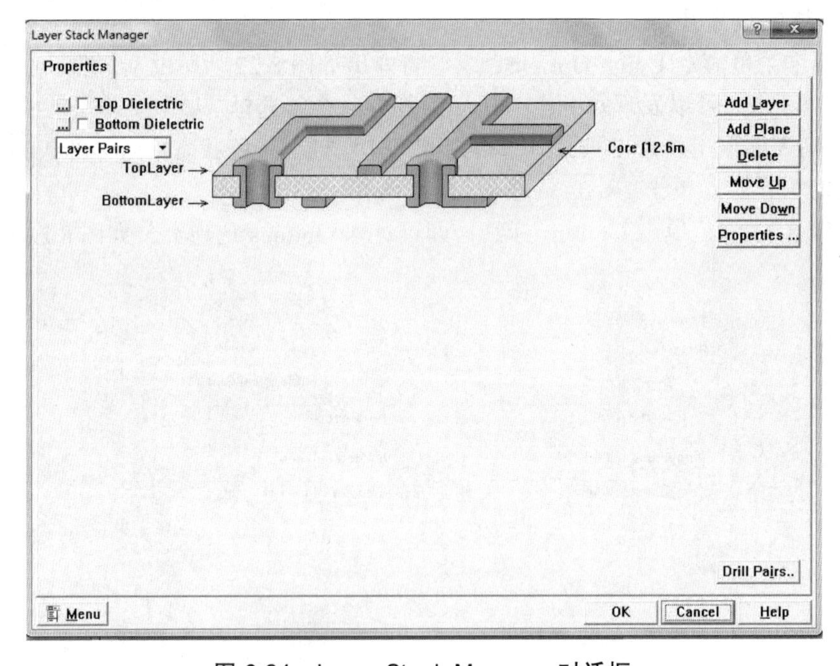

图 8.24　Layer Stack Manager 对话框

在层堆栈管理器中，可以看到板层的立体效果。在此对话框中的右上角有六个按钮，单击 Add Layer 按钮可以添加中间信号层，单击 Add Plane 按钮可以添加内部电源/接地层。值得注意的是，在添加这些层之前，应该首先使用鼠标选中添加层的位置。单击 Delete 按钮可删除层。单击 Move Up 按钮可上移层，单击 Move Down 按钮可下移层。单击 Properties 按钮可以设置所选层的属性。

学习任务6　PCB电路参数设置

执行菜单命令 Tools/Preferences，或在设计窗口中单击鼠标右键，在弹出的右键菜单中选择 Options/Preferences 命令，将出现如图 8.25 所示的 Preferences（系统参数设置）对话框。

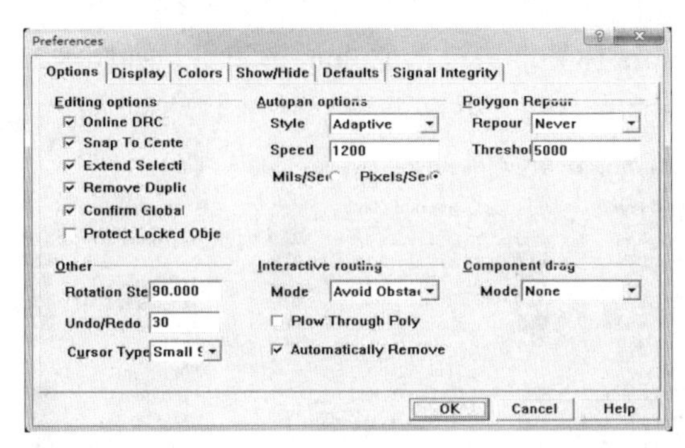

图 8.25　Preferences 对话框——Options 标签页

该对话框用于设置系统有关参数，如板层颜色、显示状态等。图 8.25 包括六个选项卡，分别为 Options、Display、Colors、Show/Hide、Defaults 和 Signal Integrity。

1. Options 选项卡

Options 选项卡如图 8.25 所示。此选项卡分为六个区域：

- Editing Options：编辑选项区域。
- Autopan Options：用于设置自动移动功能。
- Polygon Repour：用于设置交互布线中避免障碍和推挤的布线方式。每次当一个多边形被移动时，它可以自动或者根据设置被调整以避免障碍。
- Other：主要设置旋转角度、光标类型等。
- Interactive Routing：用来设置交互布线模式，可以有三种方式，即 Ignore Obstacle（忽略障碍）、Avoid Obstacle（避开障碍）和 Push Obstacle（移开障碍）。
- Component Drag：用于设置元件拖动功能。

2. Display 选项卡

在图 8.25 中单击 Display 标签即可进入 Display 选项卡，如图 8.26 所示。

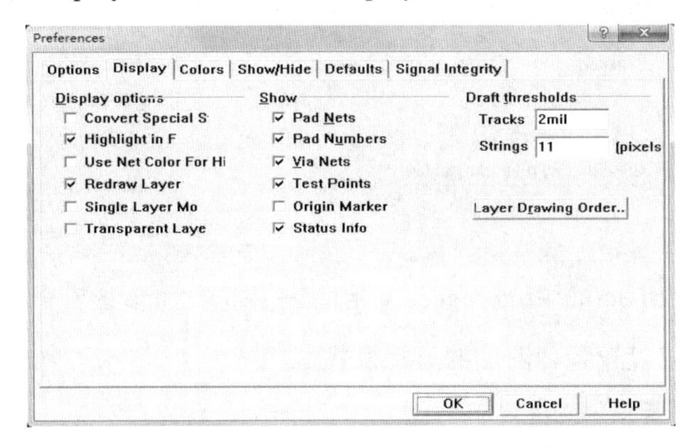

图 8.26　Preferences 对话框——Display 选项卡

Display 选项卡用于设置屏幕显示和元器件显示模式。

- Display Options：显示选项，用来设置屏幕显示。
- Show：通过 Show 区域选项设置 PCB 显示。
- Draft Threshold：用于设置图形显示极限。

3. Colors 选项卡

在图 8.25 中单击 Colors 标签即可进入 Colors 选项卡，如图 8.27 所示。

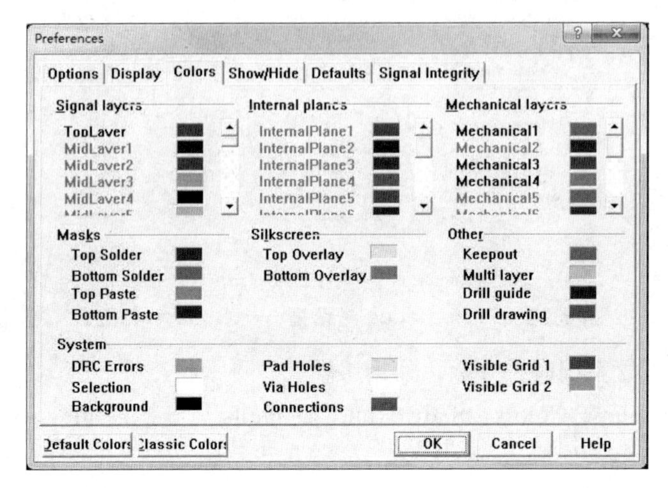

图 8.27 Preferences 对话框 ——Colors 选项卡

在此选项卡中可以调整 Signal layers、Internal planes、Mechanical Layers、Masks、Silkscreen、Other 和 System 的颜色。

4. Show/Hide 选项卡

在图 8.25 中单击 Show/Hide 标签即可进入 Show/Hide 选项卡，如图 8.28 所示。

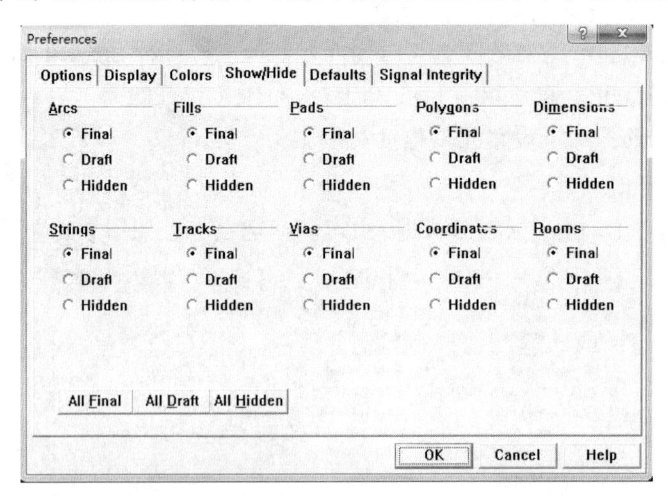

图 8.28 Preferences 对话框 ——Show/Hide 选项卡

在此对话框中可以设置各种图形的显示模式。

5. Defaults 选项卡

在图 8.25 中单击 Default 标签即可进入 Default 选项卡，如图 8.29 所示。

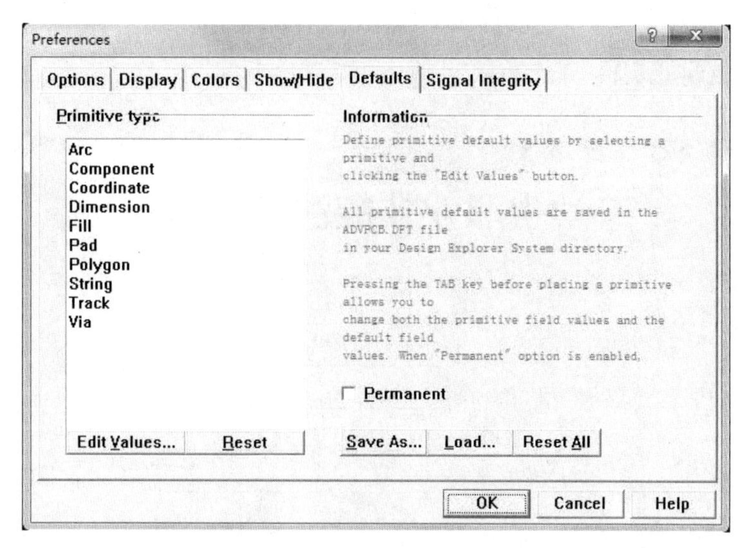

图 8.29 Preferences 对话框 ——Defaults 选项卡

此选项卡用于设置各个组件的系统默认设置。组件包括 Arc（圆弧）、Component（元器件封装）、Coordinate（坐标）、Dimension（尺寸）、Fill（金属填充）、Pad（焊盘）、Polygon（敷铜）、String（字符串）、Track（铜膜导线）、Via（过孔）等。要将系统设置为默认状态，在图 8.29 所示的对话框中，选中组件，单击 Edit Values 按钮即可进入选中的对象属性对话框，各项的修改会在放置字符时反映出来。

6. Signal Integrity **选项卡**

在图 8.25 中单击 Signal Integrity 标签即可进入 Signal Integrity 选项卡，如图 8.30 所示。

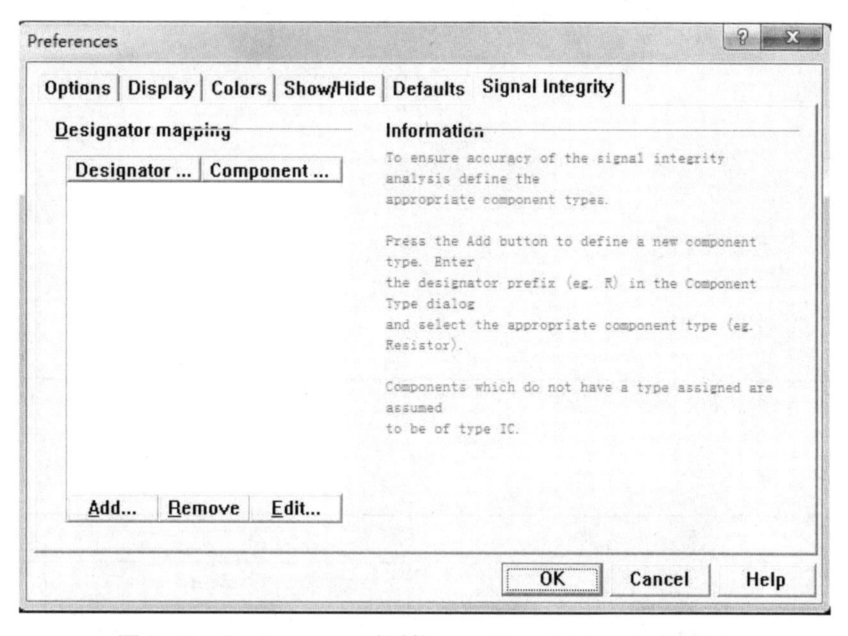

图 8.30 Preferences 对话框 ——Signal Integrity 选项卡

此选项卡可以用来进行信号完整性分析。

学生职业技能测试项目

系（部）____________

专　　业____________

课　　程____________

项目名称　　认识 PCB　　

适应年级____________

一、项目名称：认识 PCB

二、测试目的

（1）了解 PCB，并学习 PCB 的设计步骤与基本原则。

（2）了解 PCB 设计编辑器、3D 显示、工作层的设置以及 PCB 电路参数。

三、测试内容（图表、文字说明、技术要求、操作要求等）

1. 绘出 PCB 设计流程图   2. 对设计好的 PCB 导出 3D 图   3. 设置 PCB 工作层

注：测试时间为 60 分钟。

四、评分标准

序号	评分点名称	评分点评分标准	评分点配分
1	绘出 PCB 设计流程图	能基本完成得 40 分	40
2	对设计好的 PCB 导出 3D 图	按应用的熟悉程度给分	30
3	设置 PCB 工作层	按设置的熟悉程度给分	30

五、有关准备

材料准备（备料、图或文字说明）	设计好的 PCB 板
设备准备（设备标准、名称、型号、精确度、数量等）	配备 Windows XP 操作系统的微机一台
工具准备（标准、名称、规格、数量）	安装有 Protel 99 SE 的计算机一台
场地准备（面积、考位、照明、电水源等）	可在计算机中心机房测试
操作人数（个人独立完成或小组协作完成）	一人，个人独立完成
特殊要求说明	无

六、需要说明的问题和要求

（1）测试应在学生学习完相应内容之后进行。
（2）测试之前应进行必要的练习。

七、评分记录

班级____________ 学生姓名（学号）____________________________

序号	评分点名称	评分点配分	评分点实得分
1	绘出 PCB 设计流程图	40	
2	对设计好的 PCB 导出 3D 图	30	
3	设置 PCB 工作层	30	

评委签名__________________________
考核日期__________________________

项目九
规划 PCB 与加载网络表

学习任务 1　规划 PCB
学习任务 2　加载网络表

PCB 是电子设备的重要组成部件之一。PCB 的设计与制造是影响电子设备质量、成本和市场竞争力的基本因素之一。前一个项目里我们了解了 PCB 的相关概念、结构和设计流程，本项目主要学习 PCB 的规划和元器件的加载。

学习任务 1　规划 PCB

规划 PCB 的方法有两种：一种是直接建立，然后逐项进行各种设置；二是利用 Protel 99 SE 提供的 PCB 向导，根据提示来生成符合要求的 PCB 文件。

一、直接创建 PCB 文件

现以“4 Port Serial Inerface.ddb”为例说明直接创建 PCB 文件的具体操作步骤。

1. 新建 PCB 文件

打开“4 Port Serial Inerface.ddb”项目文件，如图 9.1 所示。

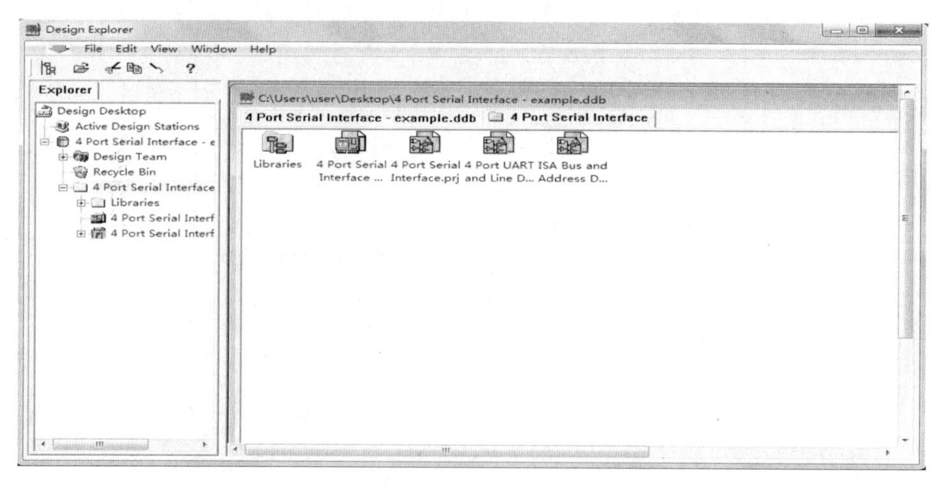

图 9.1　打开“4 Port Serial Inerface.ddb”项目文件

执行主菜单栏中的 File/New 命令，或按快捷键 F+N，打开如图 9.2 所示的 New Document 对话框。

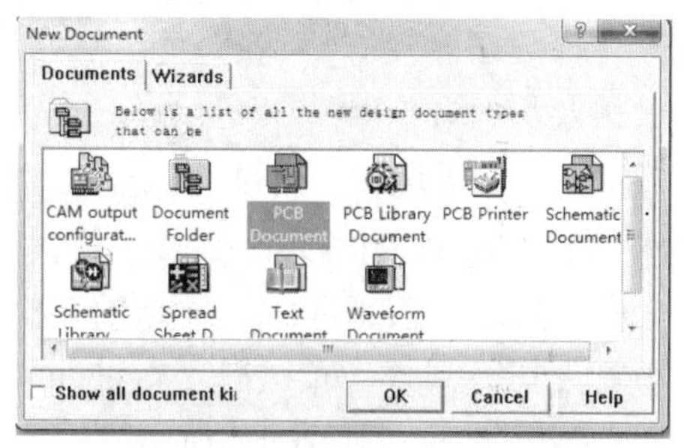

图 9.2　New Document 对话框

在此对话框中选择 PCB Document ，单击 OK 按钮，工作区出现新建的 PCB 文件，默认名为“PCB1.PCB”（可修改文件名），如图 9.3 所示。

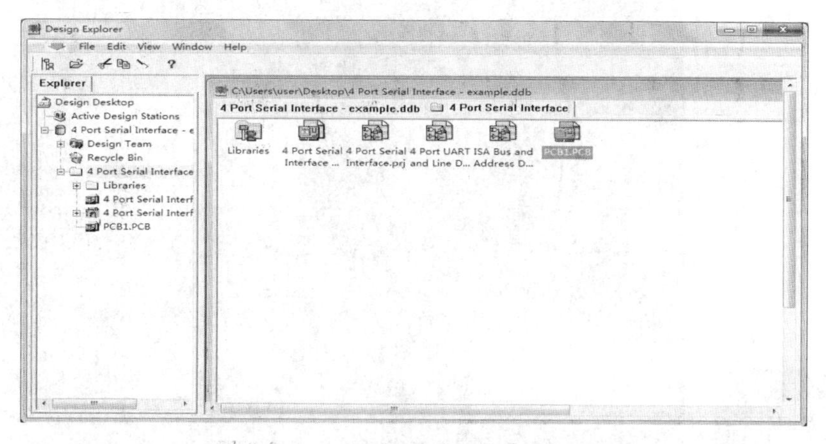

图 9.3　工作区出现新建的 PCB 文件

然后双击该文件将其打开，当前工作区切换为 PCB 图的编辑界面，如图 9.4 所示。

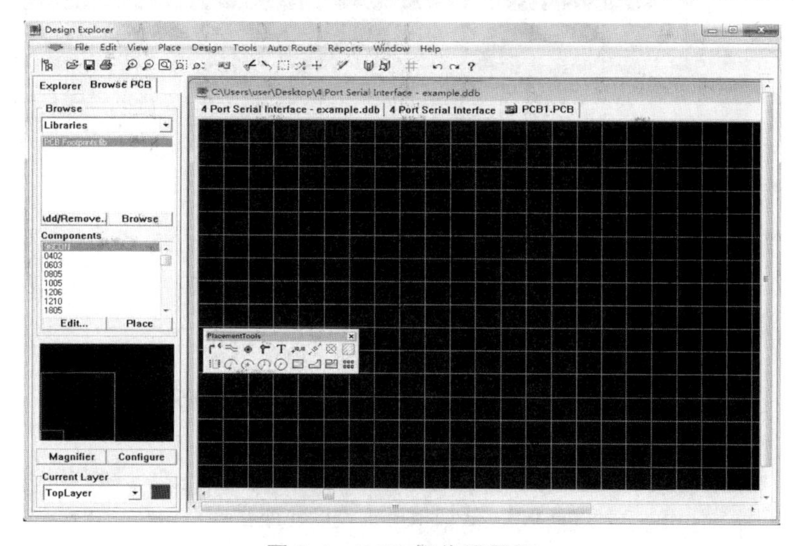

图 9.4　PCB 工作区界面

2. **设置板层**

新建的 PCB 图为空，各项属性都是 Protel 99 SE 提供的默认设置，因此，应根据实际电路板设计的需要，做一些修改。修改顺序没有特别的要求，一般会进行板层的设置。具体方法在项目八的学习任务 5 中已提及。

3. **确定 PCB 的边界**

PCB 的外形轮廓即电路板的边界在禁止布线层（KeepOutLayer）中完成，所有的元件和图形对象不能放置在该边界之外。值得注意的是，在 PCB 图上执行的任何绘制图形的操作都是作用于当前层的，因此必须首先切换到禁止布线层（KeepOutLayer）。这个操作在 PCB 文件工作区的左下角的 Current Layer 区进行，如图 9.5 所示。

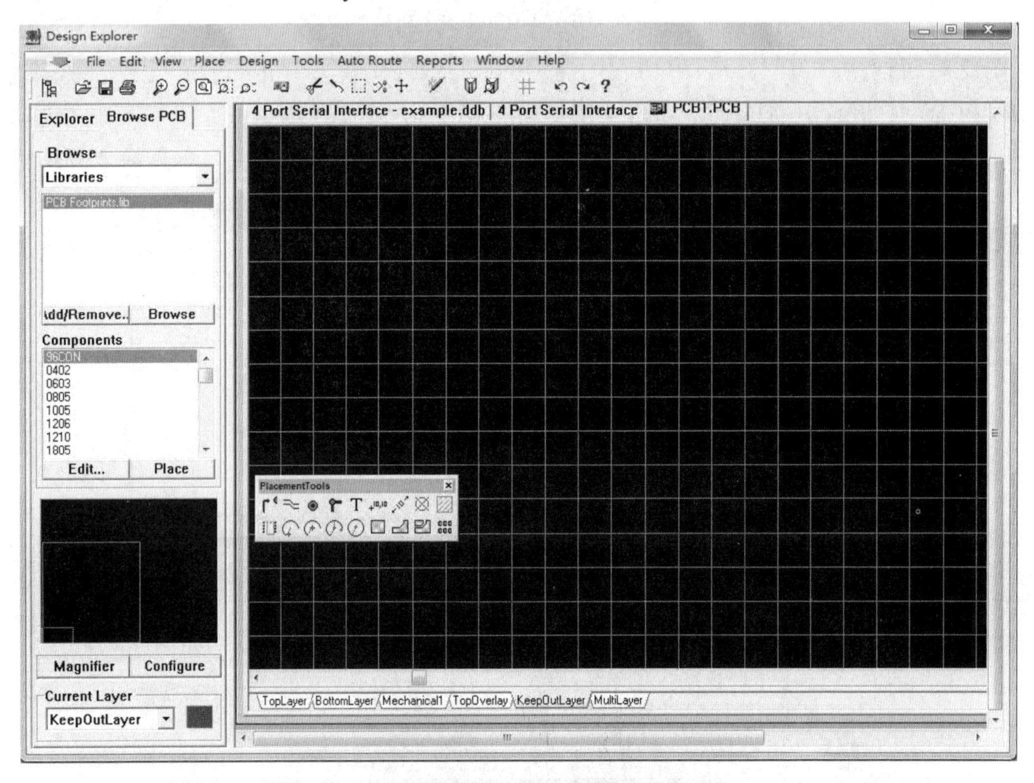

图 9.5 将当前工作层切换到 KeepOutLayer

此时，工作区有两个地方会发生变化，如图 9.6 所示。

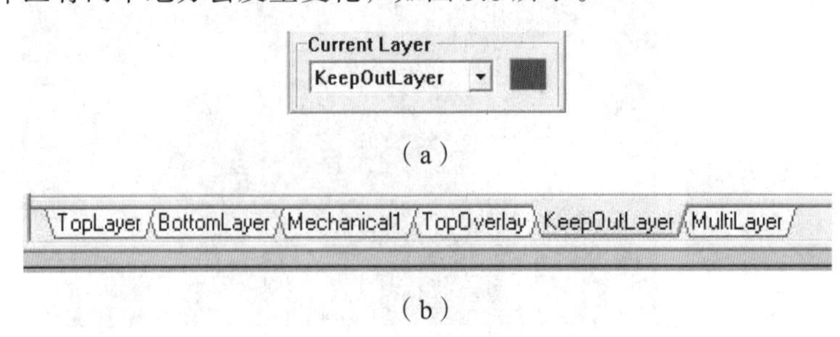

（a）

（b）

图 9.6 层切换时工作区的变化

现以规划一块 400 mil×500 mil 的 PCB 为例进行说明，如图 9.7 所示。

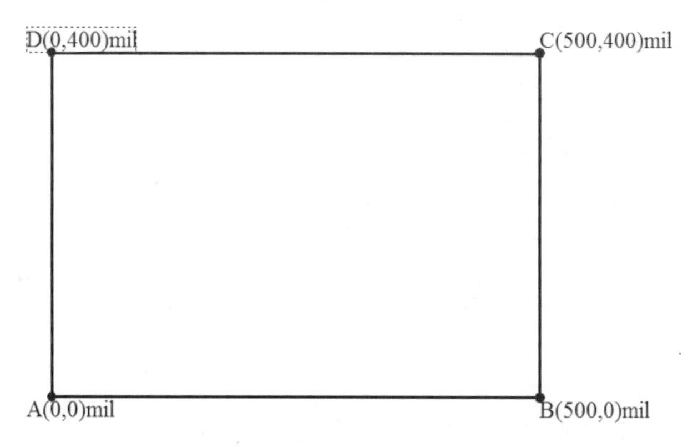

图 9.7　规划一块 400 mil×500 mil 的 PCB

步骤 1：设置原点。

单击主菜单栏 Edit/Origin/Set，工作区出现“十”字形光标，在预想定为原点的地方单击鼠标左键，此处的坐标变为（0，0）。

步骤 2：放置连线。

单击工具栏中的 ，在靠近原点的地方放置四条直线，如图 9.8 所示。

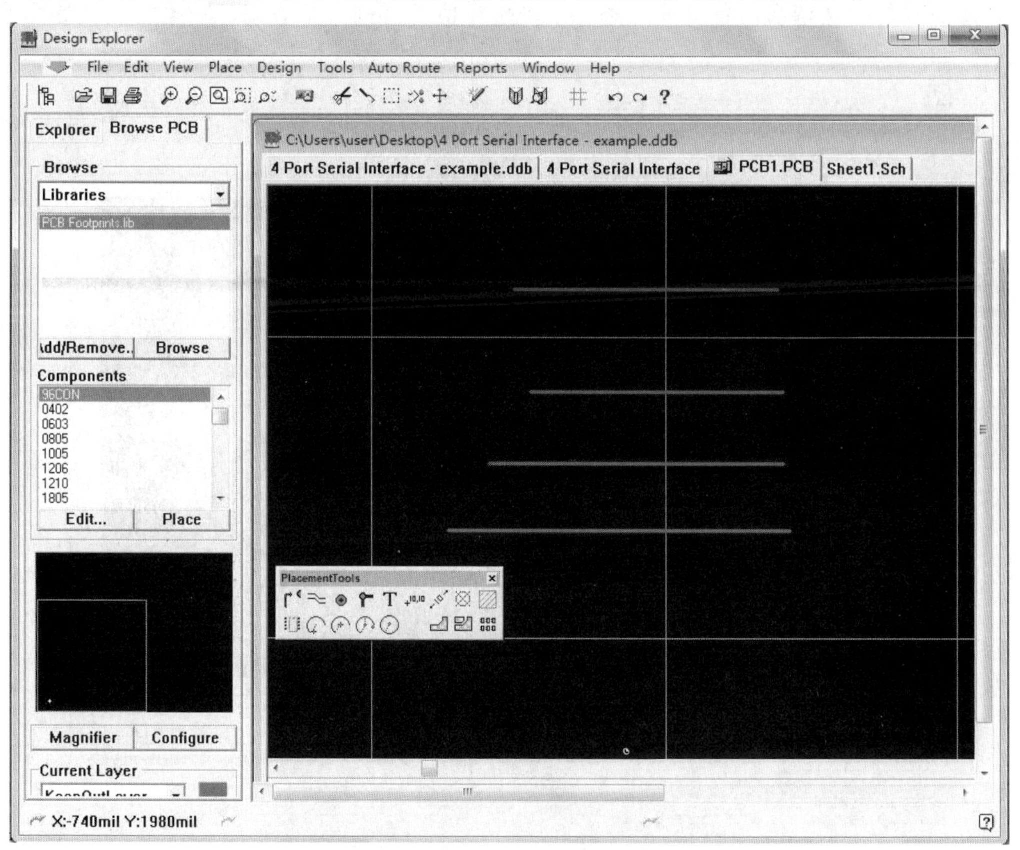

图 9.8　在禁止布线层放置四条直线

步骤 3：运用坐标定位电路板的边界。

单击直线一，出现如图 9.9 所示的 Track 属性对话框。

在此对话框中，将 Start-X、Start-Y、End-X、End-Y 的坐标按 PCB 的大小进行修改，如图 9.10 所示。

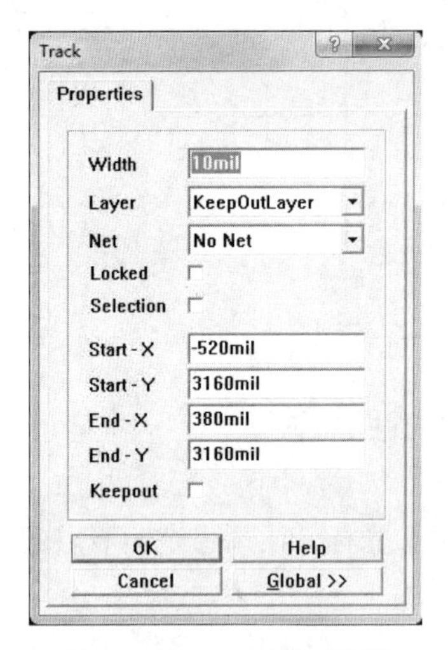

图 9.9　Track 属性对话框

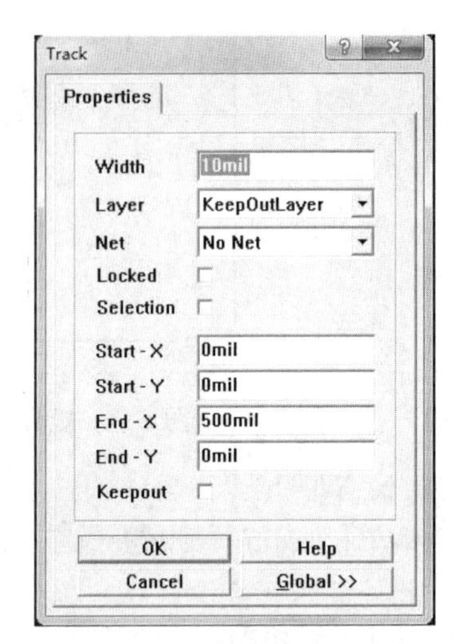

图 9.10　修改直线坐标

运用同样的方法依次设置另外三条直线的坐标值，得到一个规划好的电路板，如图 9.11 所示。

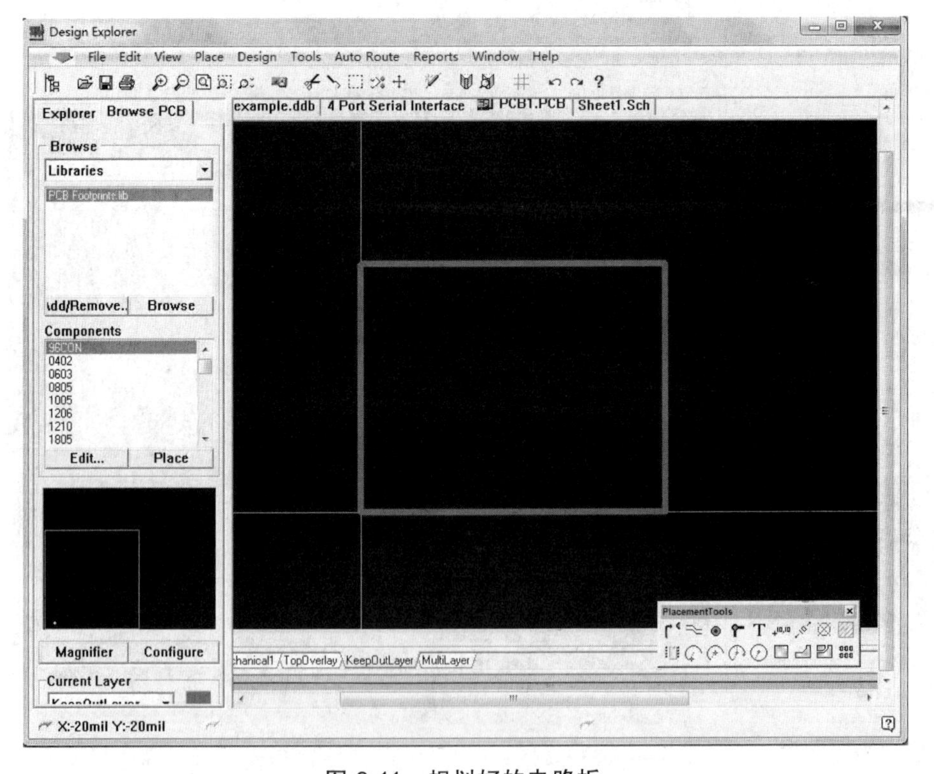

图 9.11　规划好的电路板

二、通过向导创建 PCB

通过向导创建 PCB 不需要太多的菜单操作，只需要根据提示，一步一步地对 PCB 的各项属性进行选择，即可得到初始的 PCB 板。具体的操作步骤如下：

1. 启动 PCB 创建向导

在主菜单栏选择 File/New 命令，弹出 New Document 对话框，如图 9.2 所示。在此对话框中选择 Wizards 标签，出现如图 9.12 所示的对话框。

在此对话框中选择 Printed Circui...，如图 9.13 所示。

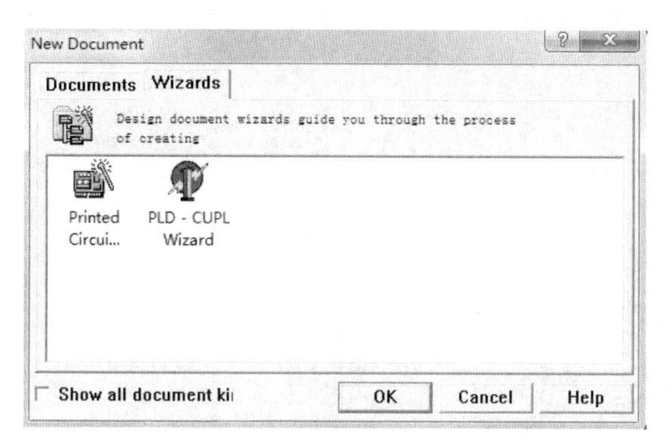

图 9.12　Wizards 对话框

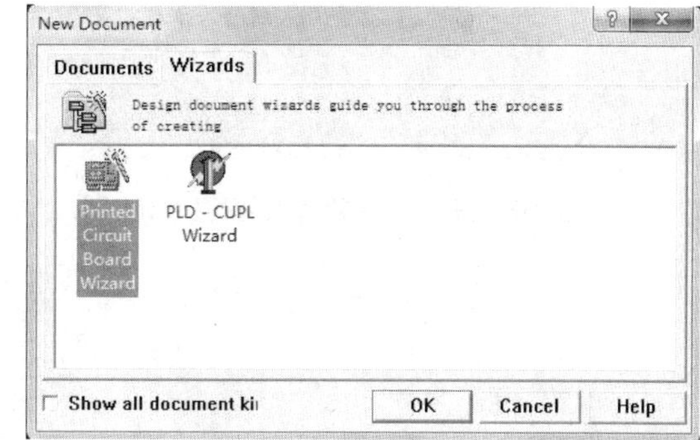

图 9.13　选择 Printer Circuit Board Wizard

单击 OK 按钮，PCB 创建向导就启动了，如图 9.14 所示。

2. 选择预定义的 PCB

在图 9.14 中单击 Next 按钮，出现如图 9.15 所示的对话框。

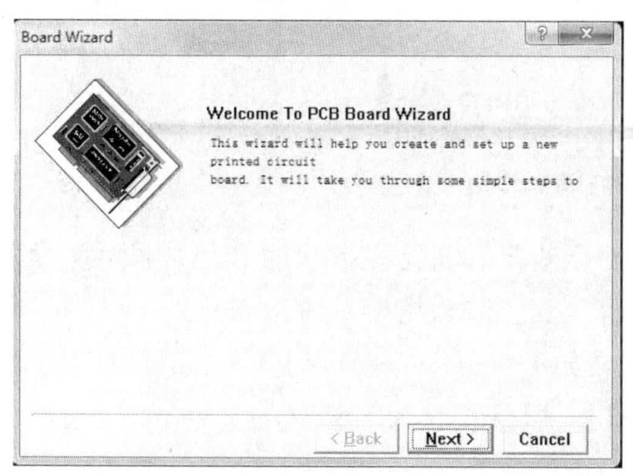

图 9.14　启动 PCB 创建向导

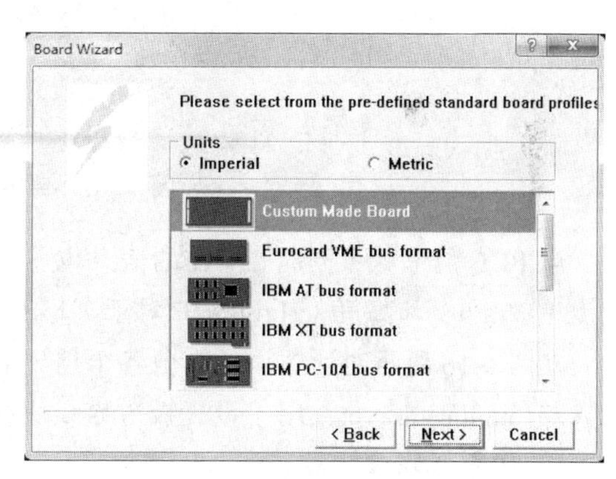

图 9.15　选择预定义的 PCB

在此对话框的上部 Units 区域有两个单选按钮，即 Imperial（英制）和 Metric（公制），用于设置 PCB 的计量单位。对话框的下部是预定义板的列表框，有 Eurocard VME bus format、IBM AT bus format 等模板格式。一般来说，较少用到模板，多是使用第一项 Custom Made Board（自定义电路板）选项。

3. 设置板的轮廓和板图显示

在图 9.15 中单击 Next 按钮，进入设置板的轮廓和板图显示的对话框，如图 9.16 所示。

在此对话框中，右上方有三个单选按钮，用于确定 PCB 的形状，即 Rectangle（矩形）、Circular（圆形，见图 9.17）、Custom（自定义外形，见图 9.18）。

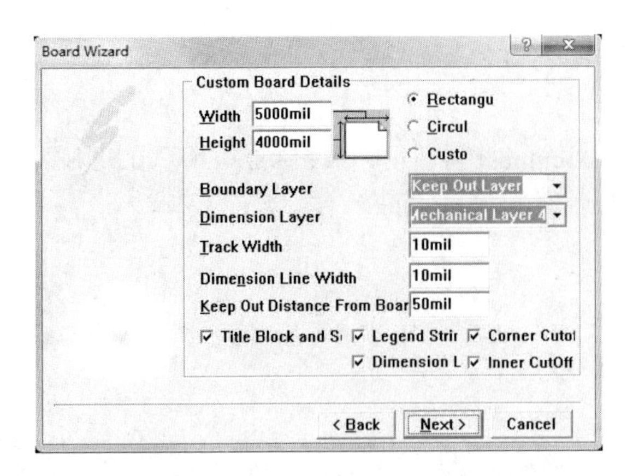

图 9.16　设置板的轮廓和板图显示

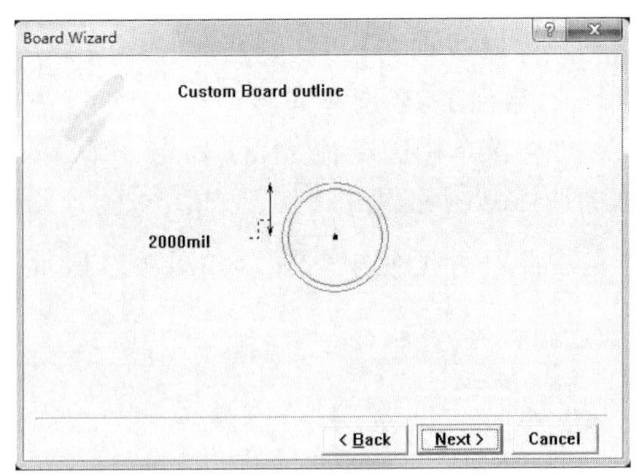

图 9.17　圆形 PCB

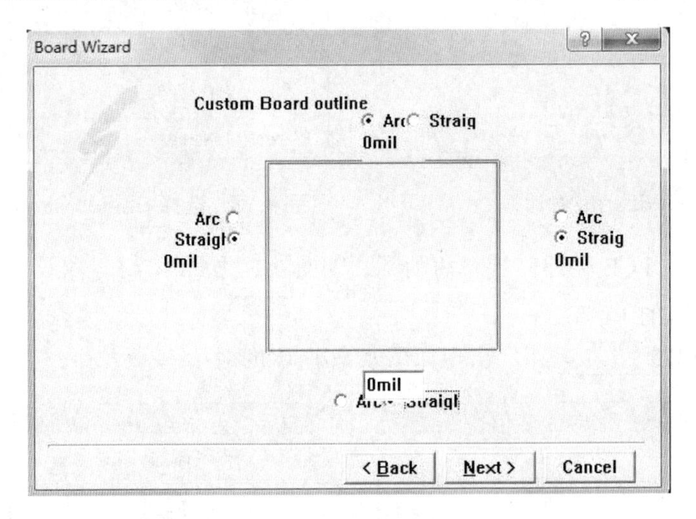

图 9.18　自定义形状的 PCB

当 PCB 的形状不同时，所需的信息也不同。对于矩形和自定义形状的 PCB，需要设置其宽度（Width）和高度（Height）；对于圆形 PCB 而言，需要设置半径（Radius）。

在图 9.16 所示对话框中的其他各个选项的含义如下：

- Boundary Layer：用于设置板边界线所在的层，默认设置为 Keep Out Layer（禁止布线层），一般不要修改。
- Dimension Layer：用于设置尺寸标注层，默认为 Mechanical Layer4（机械层 4）。
- Track Width：用于设置走线宽度。
- Dimension Line Width：用于设置尺寸线的宽度。
- Keep Out Distance From Board Edge：用于设置布线区域到 PCB 板边缘的距离。
- Title Block and Scale：用于设置是否生成标题栏和标尺。
- Legend String：用于设置是否需要图例字符串。
- Dimension Lines：用于设置是否需要生成尺寸标注线。
- Conner CutOff：用于设置是否需要切角。
- Inner CutOff：用于设置是否需要挖孔。

4. 设置矩形边界的尺寸

在图 9.16 中选择使用矩形的 PCB，并选中各个复选框，然后单击 Next 按钮，出现如图 9.19 所示设置矩形边界尺寸的对话框。

在此对话框中可设置矩形的宽度和高度。如果已经认可矩形的尺寸，可直接单击 Next 按钮进入下一步；如果对尺寸或宽高比不满意，可以将光标移到相应的边长上，其数值会自动显示为编辑状态，此时可以输入所需的边长值。设置完成之后，单击 Next 按钮进入下一步，出现设置切角尺寸的对话框，如图 9.20 所示。

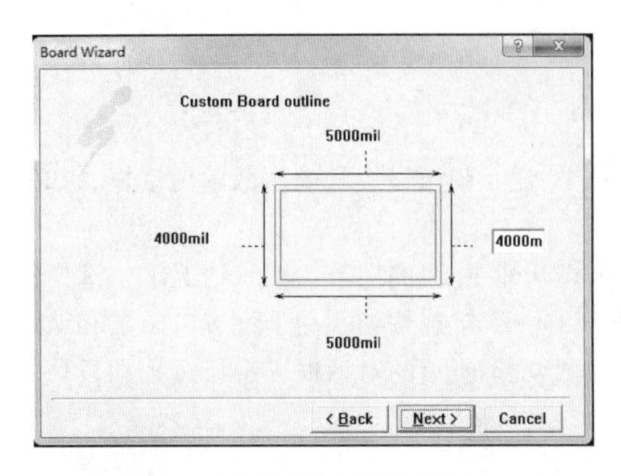

图 9.19　设置矩形边界尺寸

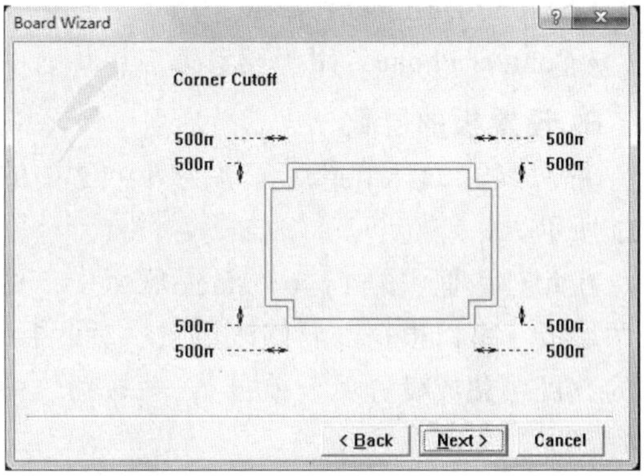

图 9.20　设置切角尺寸

5. 设置切角尺寸

在图 9.20 所示对话框中，可设置矩形边界的切角尺寸。只有在步骤（3）中选择了 Corner Cutoff 复选框才会有这一步。

6. 设置挖孔的尺寸和位置

在图 9.20 中，单击 Next 按钮，出现如图 9.21 所示设置挖孔的位置和尺寸的对话框。

在此对话框中可设置 PCB 上的挖孔。只有在步骤（3）中选择了 Inner CutOff 复选框才会有这一步。挖孔的位置是以其左下角顶点的坐标来确定的，孔的形状只能是矩形，但其宽度和高度都能修改。当然，孔的尺寸不能超出板的范围。完成设置后，单击 Next 按钮，出现设置 PCB 设计信息的对话框，如图 9.22 所示。

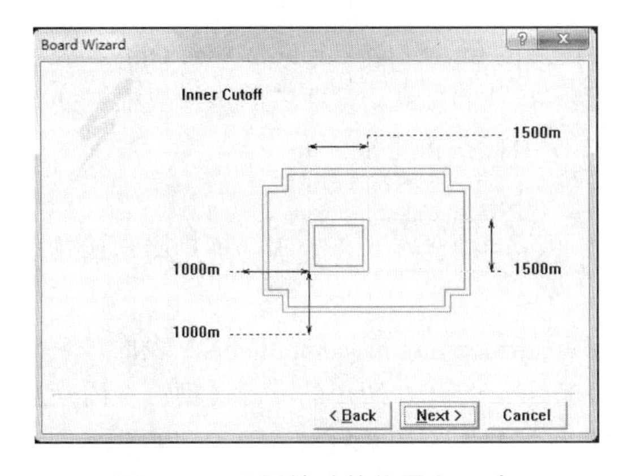

图 9.21　设置挖孔的位置和尺寸

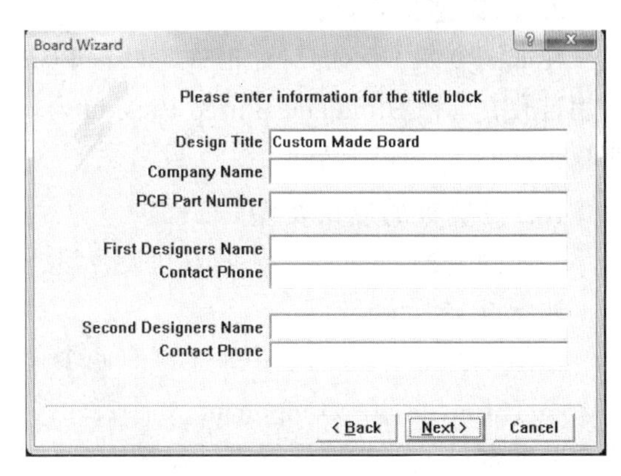

图 9.22　设置 PCB 的设计信息

7. 设置 PCB 设计信息

在图 9.22 所示的对话框中可设置 PCB 设计的相关信息，其中各个文本框的含义如下：

- Design Title：用于设置设计项目的名称。
- Company Name：用于设置公司名称。
- PCB Part Number：用于设置 PCB 序号。
- First Designers Name：用于设置第一设计者的姓名。
- Contact Phone：用于设置第一设计者的联系电话。
- Second Designers Name：用于设置第二设计者的姓名。
- Contact Phone：用于设置第二设计者的联系电话。

8. 设置板的层数

完成 PCB 设计信息后，单击图 9.22 中的 Next 按钮，弹出设置板的层数的对话框，如图 9.23 所示。

在此对话框中的 Layer Stack 区域中，可以选择新建 PCB 的层数。默认情况下，选择的是两层板，可以根据需要修改设置。对话框的下部有一个单选按钮，用于设置电源层和地线层的数目。完成设置后，单击 Next 按钮，弹出如图 9.24 所示的对话框，进行过孔和盲孔的设置。

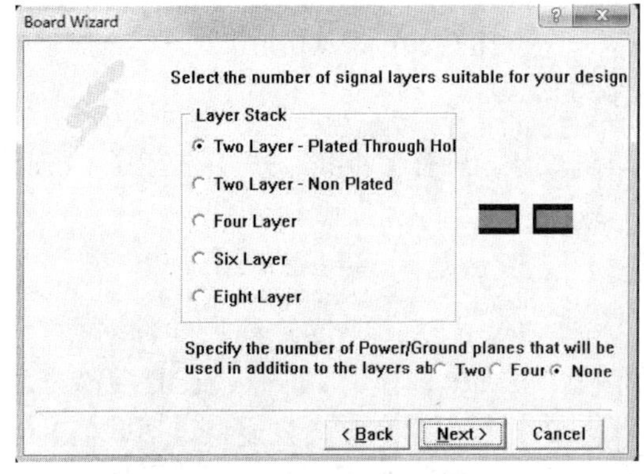

图 9.23　设置板的层数

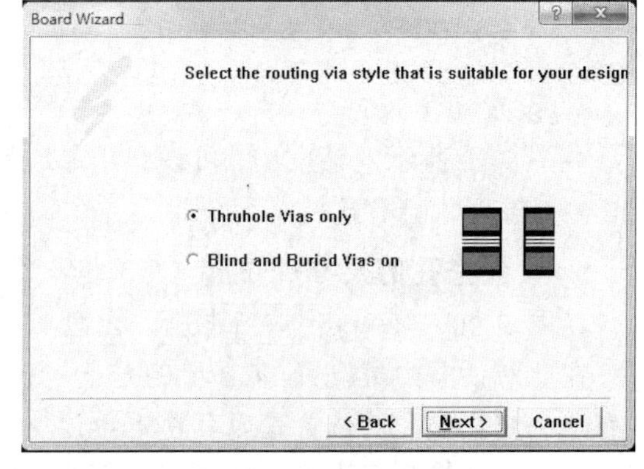

图 9.24　设置过孔和盲孔

9. 设置过孔或盲孔

在如图 9.24 所示的对话框中，设置 PCB 能够使用的孔。选择 Thruhole Vias Only，表示使用过孔，选择 Blind and Buried Vias only，表示使用盲孔和埋孔。这两者的选择要根据 PCB 制板工厂的工艺能力来确定。一般来说，尽量不要使用盲孔和埋孔。

10. 设置板的应用类型

完成图 9.24 所示的过孔或盲孔设置后，单击 Next 按钮，弹出设置板的应用类型的对话框，如图 9.25 所示。

在图 9.25 所示对话框中，上部有两个选项，即 Surface-mount components（表面贴装元件）和 Through-hole components（插装元件），用于设置该 PCB 所用的元件类型。在图 9.25 所示对话框的下部，可设置表面贴装元器件是放置在板的一面还是板的两面。一般选择只在一面放置元器件，这样加工起来比较方便。如果选择 Through-hole components，则对话框如图 9.26 所示。

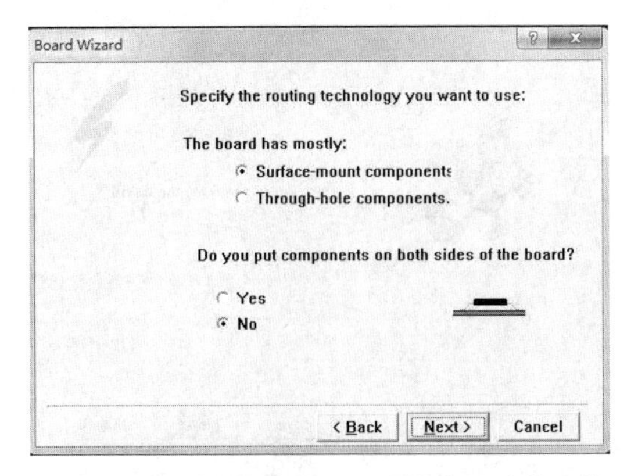

图 9.25 设置板的类型——使用表面贴装元件

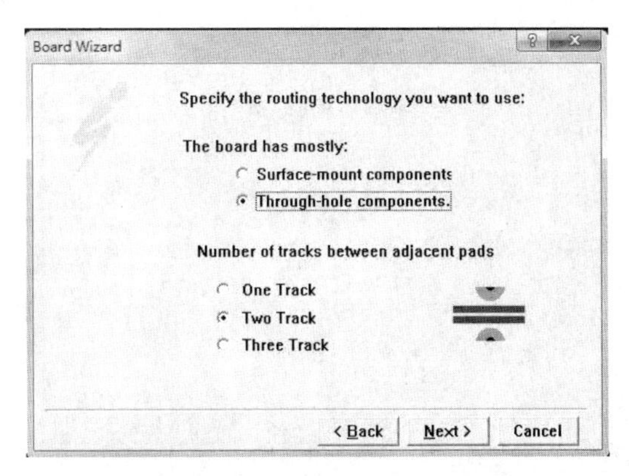

图 9.26 设置板的类型——使用插装元件

在图 9.26 所示对话框的下方，可设置在两个相邻的焊盘之间最多允许通过几条导线。

11. 设置布线的相关尺寸

完成板的类型设置后，在图 9.26 所示对话框中单击 Next 按钮，出现如图 9.27 所示设置 PCB 布线相关尺寸的对话框。

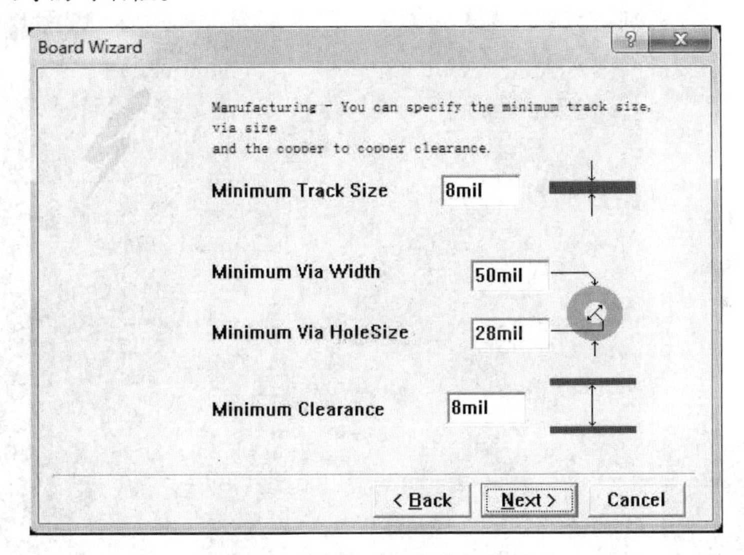

图 9.27 设置 PCB 布线相关尺寸

在图 9.27 中，共有 Minimum Track Size（最小导线宽度）、Minimum Via Width（最小过孔宽度）、Minimum Via Hole Size（最小过孔直径）和 Minimum Clearance（布线的最小安全间距）四个设置项目。

12. 将设置保存为模板

在图 9.27 中完成设置后，单击 Next 按钮，弹出“保存为模板”的对话框，如图 9.28 所示。

在此对话框中，询问是否需要将前面的各种设置保存为模板。如果保存，今后再需要设计同类型的 PCB 时就不必再一步一步设置了，可以直接调用已有的模板。

13. 完成电路板的规划

在图 9.28 所示的对话框中，单击 Next 按钮，弹出完成设置对话框，如图 9.29 所示。

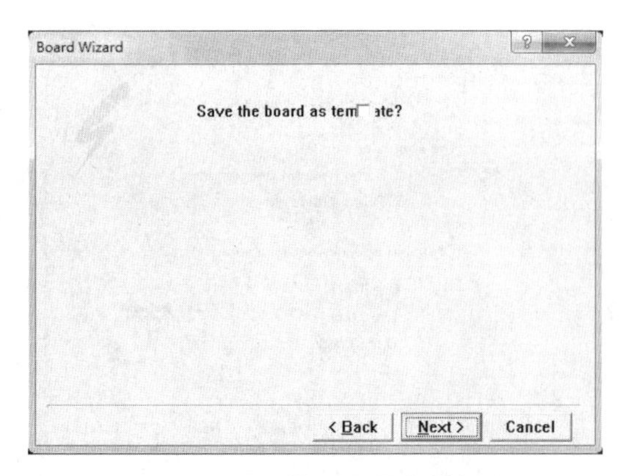

图 9.28　是否设置为模板

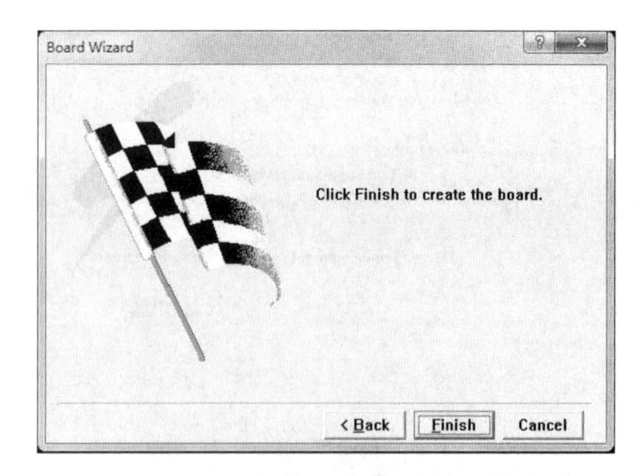

图 9.29　完成 PCB 向导的设置

单击 Finish 按钮，关闭对话框，工作区出现根据上述设置生成的 PCB，如图 9.30 所示。

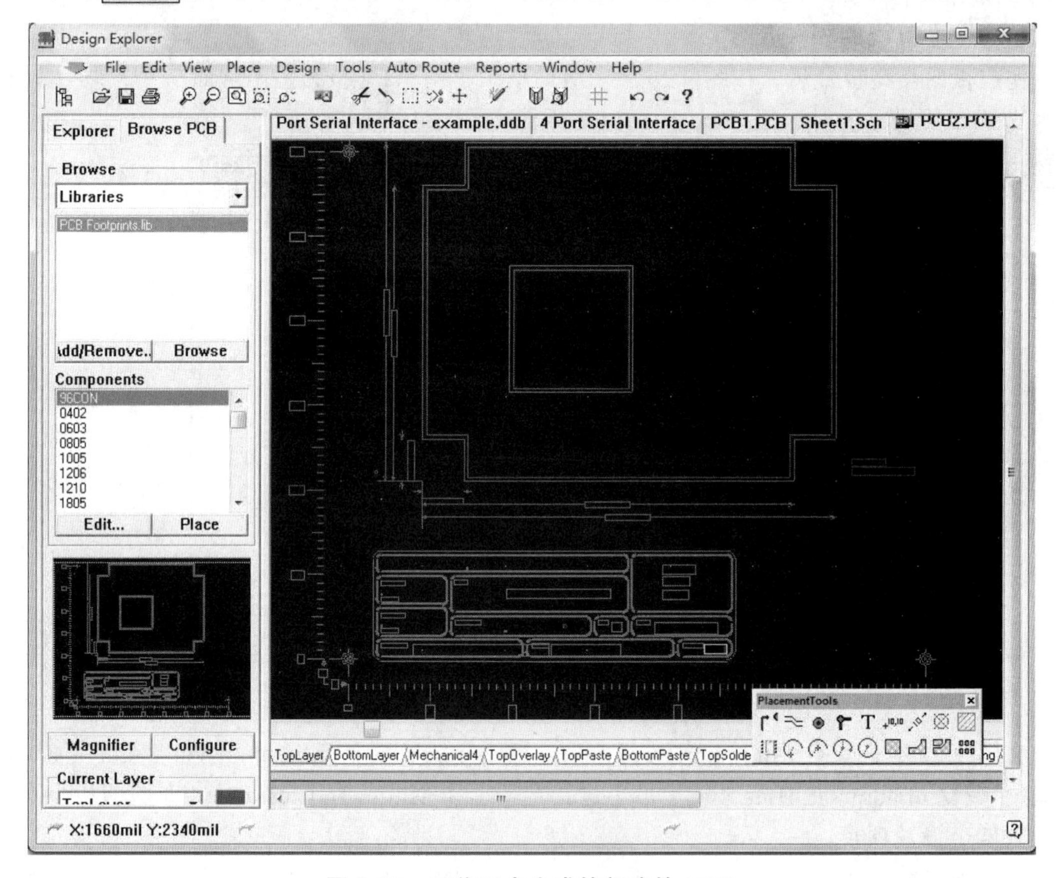

图 9.30　工作区中生成的新建的 PCB

学习任务 2　加载网络表

网络表是连接原理图和 PCB 的桥梁，也是 PCB 自动布线的灵魂。在 PCB 编辑器中加载 PCB 元件库后，就可以执行装入网络表的操作。装入网络表，实际上就是将原理图中元件对应的封装和各个元件之间的连接关系放到 PCB 设计系统中，用来实现电路板中元件的自动放置、自动布局和自动布线。系统提供两种网络表的装入方法，一种是直接装入网络表文件，另一种是利用同步器（Synchronizer）装入网络表。

一、直接装入网络表文件

现以如图 9.31 所示的放大电路为例进行说明。

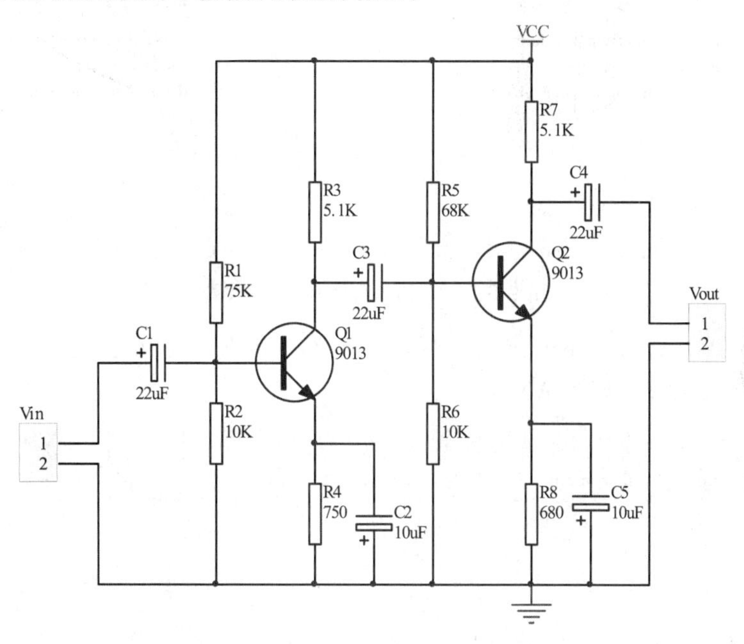

图 9.31　放大电路

1. 在原理图中创建网络表

要制作 PCB，需要原理图和网络表，这是制作 PCB 的前提。执行网络生成命令 Design/Create Netlist，系统将弹出 Netlist Creation 对话框，如图 9.32 所示。

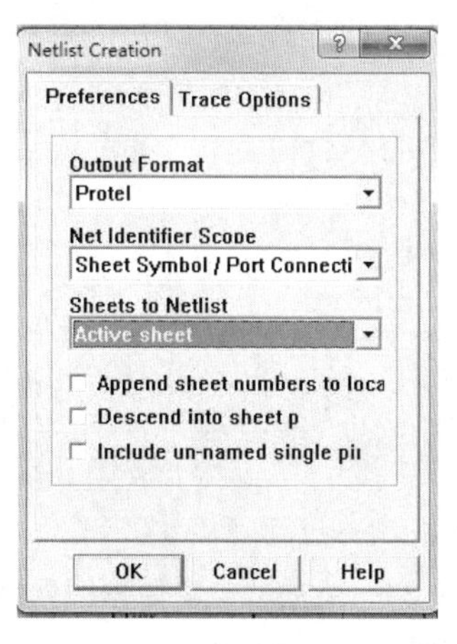

图 9.32　Netlist Creation 对话框——Active sheet 选项

在此对话框中，Sheets to Netlist 栏有三个选项，根据原理图的不同设计，选择不同的选项，如图 9.33 所示。

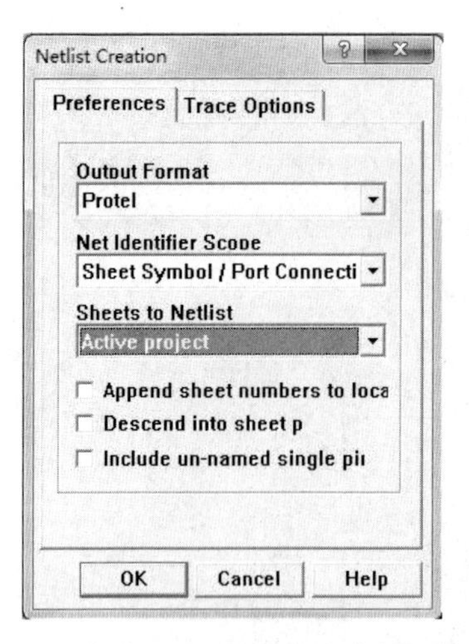

（a）Active project 选项

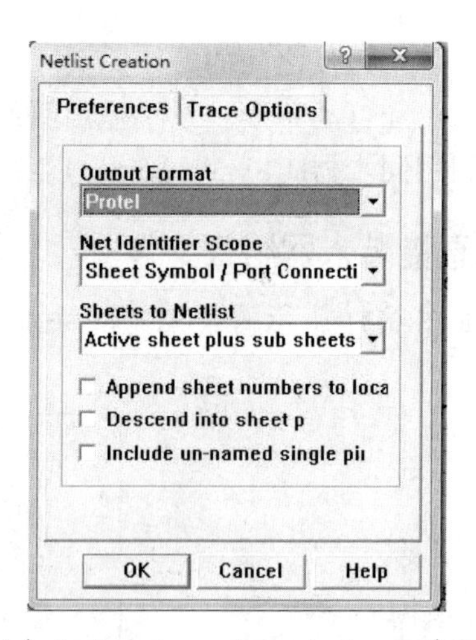

（b）Active sheet plus sub sheets 选项

图 9.33 Netlist Creation 对话框

在此例中选择 Active sheet 选项，然后单击 OK 按钮，系统就生成一个名为“放大电路.NET”的网络表文件，如图 9.34 所示。

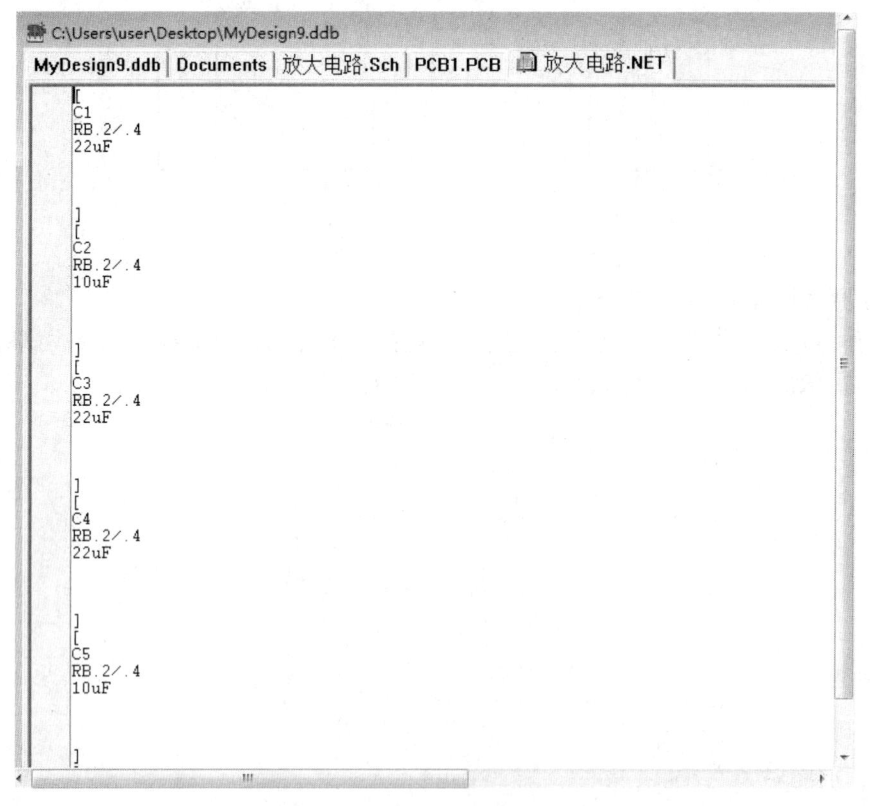

图 9.34 生成的电路原理图网络表

2. 在 PCB 文件中加载网络表

网络表在完成原理图之后生成，在进行 PCB 设计时加载。具体的设计步骤如下：

步骤 1：打开已规划好的 PCB，进入编辑器，如图 9.35 所示。

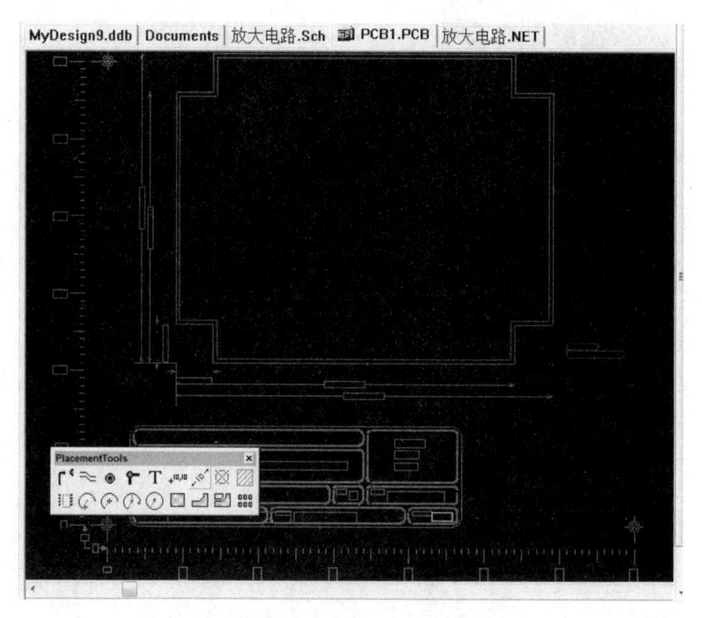

图 9.35　进入规划好的 PCB

步骤 2：在 PCB 编辑器中，执行菜单命令 Design/Load Nets，弹出如图 9.36 所示的 Load/Forward Annotate Netlist 对话框。

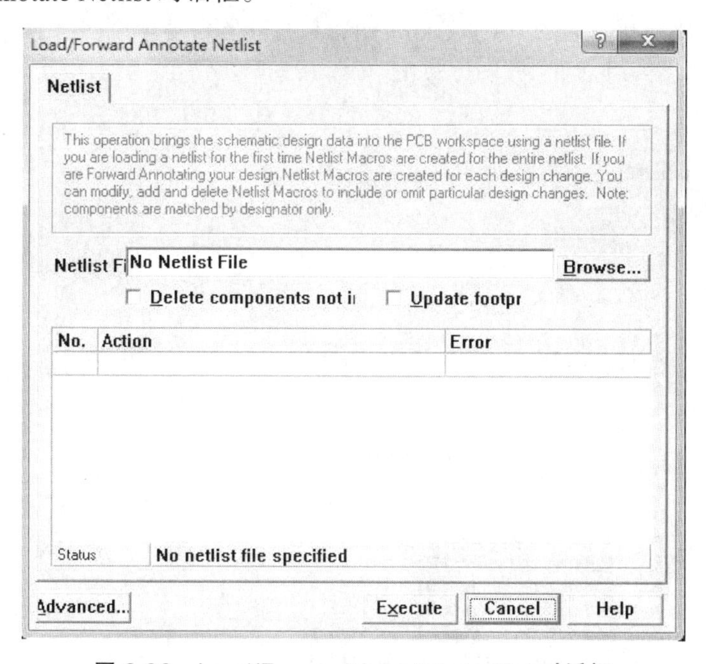

图 9.36　Load/Forward Annotate Netlist 对话框

在此对话框中，有两个复选框，即 Delete components not in netlist 和 Update footprints。选取 Delete components not in netlist，系统会在加载网络表之后，与当前电路板中存在的元件做比较，将网络中没有而在当前电路板中存在的元件删除；如选取 Update footprints，则会自动用网络表内的元件封装替换当前电路板上相同的元件的封装。这两个选项适合于原理图修改后的网络表重新装入。

在 Netlist File 文本框中，可输入加载的网络表文件名。如果不知道网络表文件的名称，单击 Browse 按钮，将弹出如图 9.37 所示的选择网络表文件对话框。

在此对话框中找到网络表所在的数据库的路径和名称，如图 9.38 所示。

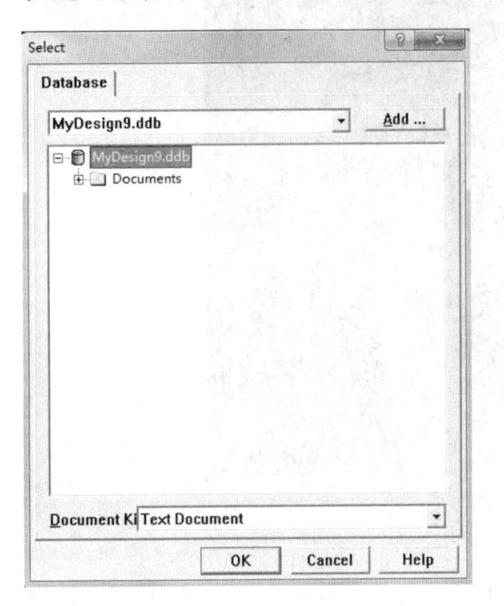

图 9.37 Select 对话框

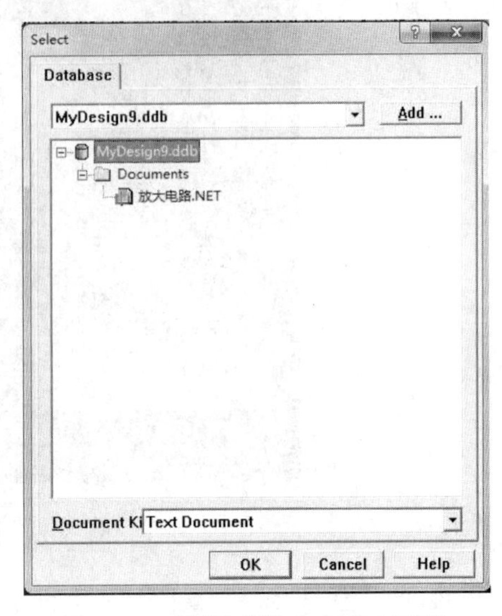

图 9.38 选择“放大电路.NET”

选择“放大电路.NET”后，单击 OK 按钮，系统开始自动生成网络宏（Netlist Macros），并将其在封入网络表的对话框中列出，如图 9.39 所示。

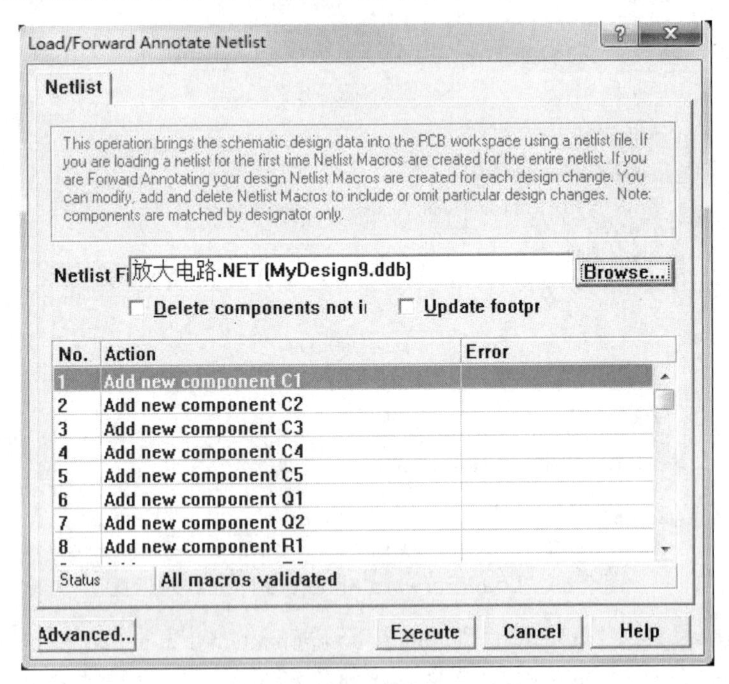

图 9.39 生成的无错误信息的网络表宏信息

步骤 3：如果生成网络宏时出现错误，在图 9.39 中的 Status 栏会出现“××errors found”信息，如图 9.40 所示。

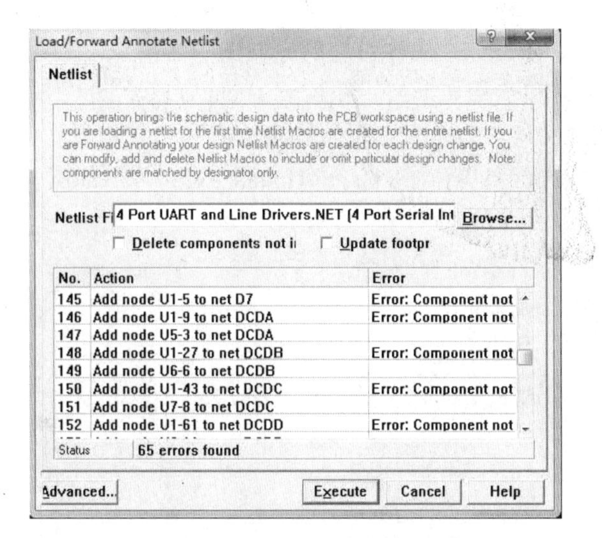

图 9.40 有错误的网络表宏信息

常见的错误是在原理图中没有设定元件的封装或者封装不匹配，此时应该返回到原理图编辑器中修改错误，并重新生成网络表，然后再切换到 PCB 文件中进行操作。常见的错误信息如下：

- Net not found：找不到对应的网络。
- Component not found：找不到对应的元件。
- Net footprint not matching old footprint：新的元件封装与旧的元件封装不匹配。
- Footprint not found in Library：在 PCB 封装库中找不到对应的元件的封装。
- Warning Alternative footprint ×× used instead of：警告信息，用××封装替换。

步骤 4：单击图 9.40 中底部的 Execute 按钮，完成网络表和元件的装放。装入的元器件会根据不同的类型放置在 PCB 板的外边，每一行分别放置同一种元件。元件与连线都用墨绿色的飞线表示，如图 9.41 所示。

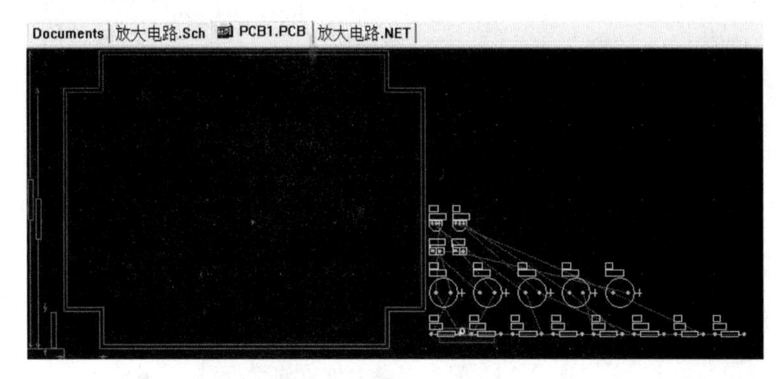

图 9.41 装入网络表

二、利用同步器装入网络表和元件

Protel 99 SE 提供了功能强大的同步器（Synchronizer），能方便快捷地把原理图的网络表装入 PCB 编辑器中，且当原理图修改后（如修改某元件的封装或连接关系等），使用同步器，会自动更新该原理图所对应的 PCB 文件的信息。反之，如果改变了 PCB 文件中的信息，使用同步器，也会自动更新该 PCB 文件对应的原理图中的信息。利用同步器，由原理图更新 PCB，装入网络表的方法和步骤如下：

（1）新建一个 PCB 文件，并按尺寸设置物理边界和电气边界。

（2）打开 PCB 文件，执行菜单命令 Design/Update PCB，弹出如图 9.42 所示的 Synchronizer 对话框。

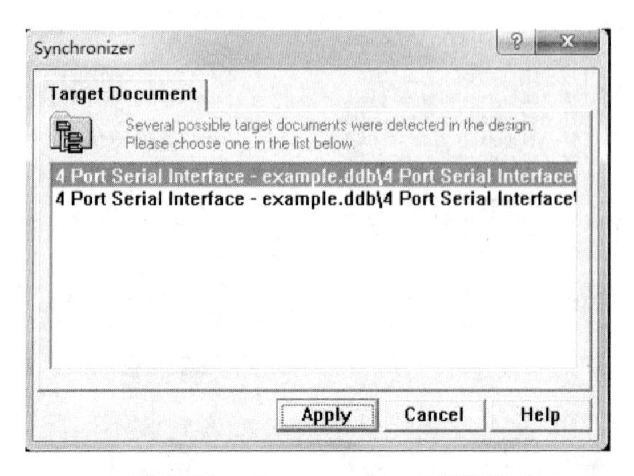

图 9.42　Synchronizer 对话框

在所列出的文档中，选择对应的文件，单击 Apply 按钮，弹出如图 9.43 所示的同步器参数设置对话框。

图 9.43　同步器参数设置对话框

此对话框主要参数设置如下：

• Connectivity：用于设置原理图与 PCB 图之间的连接类型。

• Components：用于设置对原理图中的元件进行了哪些修改。

• Preview Change：用于查看原理图中进行了哪些修改。单击该按钮，弹出网络宏的列表框，如图 9.44 所示。

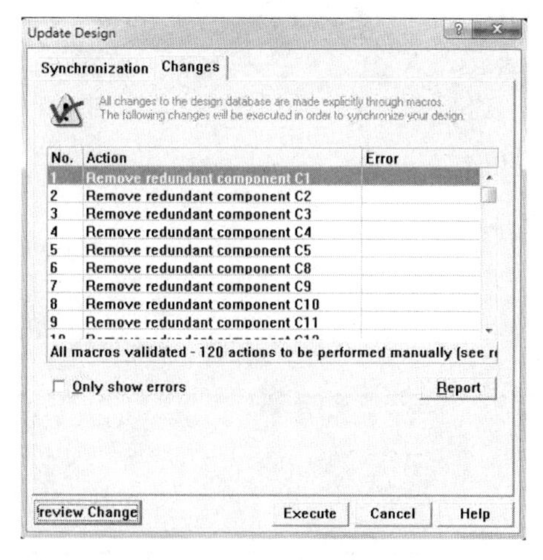

图 9.44　查看原理图中修改信息对话框

（3）单击图 9.44 中的 Execute 按钮，装入网络表和元件。打开 PCB 文件，如图 9.41 所示。

用同样的方法，在原理图编辑器下，对电路图进行修改，然后执行同步命令，也能进行更新。

学生职业技能测试项目

系（部）________________

专　　业________________

课　　程________________

项目名称　规划 PCB 与加载网络表

适应年级________________

一、项目名称：规划 PCB 与加载网络表

二、测试目的

（1）规划 PCB。

（2）加载网络表。

三、测试内容（图表、文字说明、技术要求、操作要求等）

1. 规划 PCB

规划一块 400 mil×500 mil 的 PCB。

（1）用手工方法规划 PCB。

（2）用向导规划 PCB。

2. 加载网络表

注：测试时间为 90 分钟。

四、评分标准

序号	评分点名称	评分点评分标准	评分点配分
1	规划 PCB	手工规划和利用向导规划各 30 分	60
2	加载网络表	按应用的熟悉程度给分	40

五、有关准备

材料准备（备料、图或文字说明）	无
设备准备（设备标准、名称、型号、精确度、数量等）	配备 Windows XP 操作系统的微机一台
工具准备（标准、名称、规格、数量）	安装有 Protel 99 SE 的计算机一台
场地准备（面积、考位、照明、电水源等）	可在计算机中心机房测试
操作人数（个人独立完成或小组协作完成）	一人，个人独立完成
特殊要求说明	无

六、需要说明的问题和要求

（1）测试应在学生学习完相应内容之后进行。
（2）测试之前应进行必要的练习。

七、评分记录

班级____________　学生姓名（学号）____________________

序号	评分点名称	评分点配分	评分点实得分
1	规划 PCB	60	
2	加载网络表	40	

评委签名____________________

考核日期____________________

项目十
PCB布局、布线、手工调整

项目提要

学习任务1　PCB绘图工具栏的使用
学习任务2　PCB布局
学习任务3　PCB布线
学习任务4　PCB手工调整

学习任务1　PCB绘图工具栏的使用

PCB设计编辑器提供了绘图工具（Placement Tools），如图10.1所示。

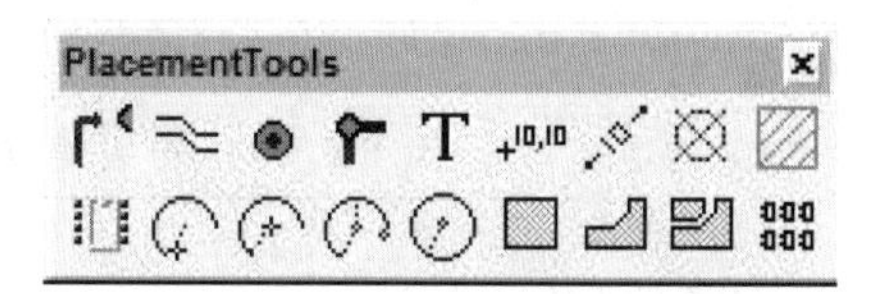

图10.1　Placement Tools工具栏

1. 绘制导线

在图10.1中，和都可以用来绘制导线。（Interactively Route Connections）用于交互式手工布线。（Place Line on the Current Document）用于绘制直线。执行绘制导线命令后，光标变为“十”字状，将光标移到所需的位置并单击，以确定导线的起点，然后将光标移到导线的终点，再单击，即可绘制出一条导线。

将光标移到新的位置，按照上述步骤，可再绘制其他导线。双击鼠标右键，光标变成箭头后，退出该命令状态。

绘制了导线后，还可以对导线进行编辑处理，并设置导线的属性。双击已绘制的导线，或者在进入绘制导线状态时按Tab键，或者选中导线后单击鼠标右键，从弹出的快捷菜单中选择Properties命令，系统将弹出如图10.2所示的Track（导线）属性对话框。其中各选项的功能如下：

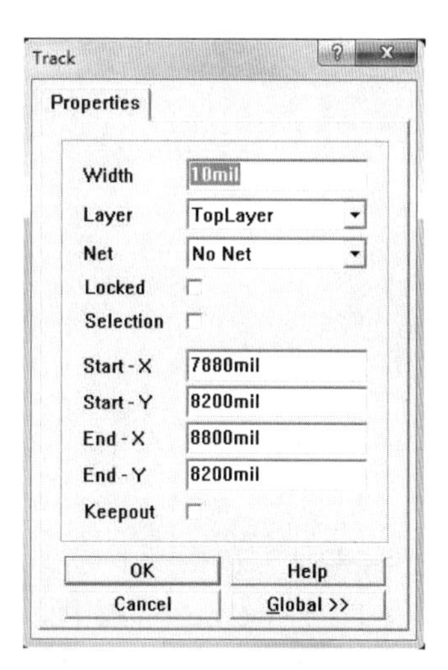

图10.2　Track属性对话框

- Width：设定导线宽度。

• Layer：设定导线所在的层。
• Net：设定导线所在的网络。
• Locked：设定导线位置是否被锁定。
• Selection：设定导线是否处于选取状态。
• Start-X：设定导线起点的 *X* 轴坐标。
• Start-Y：设定导线起点的 *Y* 轴坐标。
• End-X：设定导线终点的 *X* 轴坐标。
• End-Y：设定导线终点的 *Y* 轴坐标。
• Keepout：选中该复选框后，此导线即具有电气边界特性。

2. 放置焊盘

1）放置焊盘的步骤

（1）单击如图 10.1 所示绘图工具栏中的放置焊盘命令按钮 ◉ ，或执行 Place/Pad 命令。
（2）光标变成“十”字状，将光标移至所需的位置单击，即可将一个焊盘放置在该处。
（3）将光标移到新的位置，再放置其他焊盘。
（4）单击鼠标右键，退出该命令状态。

2）设置焊盘属性

在放置焊盘的命令状态下，按 Tab 键或双击焊盘，弹出 Pad 属性对话框，如图 10.3 所示。

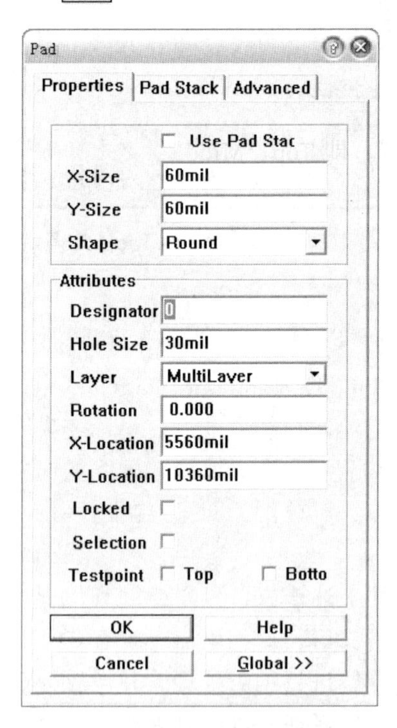

图 10.3　Pad 属性对话框

此对话框包括三个选项卡，即 Properties、Pad Stack、Advanced 选项卡。

（1）Properties 选项卡。

如图 10.3 所示，此选项卡中包含设定焊盘尺寸等 11 项内容。各选项的功能如表 10.1 所示。

表 10.1　Properties 选项卡中各选项的名称与功能

序号	名称	功　能
1	Use Pad Stack	设定采用特殊焊盘。选择此复选框后本选项卡将不可设置
2	X-Size	设定焊盘 *X* 轴尺寸
3	Y-Size	设定焊盘 *Y* 轴尺寸
4	Shape	选择焊盘形状。单击打开其下拉列表，即可选择焊盘形状。这里共有三个焊盘形状，即 Round（圆形）、Rectangle（矩形）、Octagonal（八角形）
5	Designator	设定焊盘序号
6	Hole Size	设定焊盘通孔直径
7	Layer	设定焊盘所在层。通常焊盘层默认为 MultiLayer
8	Rotation	设定焊盘的旋转角度，对圆形焊盘没有意义
9	X-Location	设定焊盘的 *X* 轴坐标
10	Y-Location	设定焊盘的 *Y* 轴坐标
11	Testpoint	设置测试点。有两个选项，即 Top 和 Bottom 区域。如果选择了这两个复选框，则可以分别设置该焊盘的顶层或底层为测试点，设置测试点属性后，在焊盘上会显示 Top & Bottom Testpoint 文本，并且 Locked 属性也被同时自动选中，使该焊盘被锁定

（2）Pad Stack 选项卡。

此选项卡总共有三个区域，即 Top、Middle 和 Bottom 区域，如图 10.4 所示。

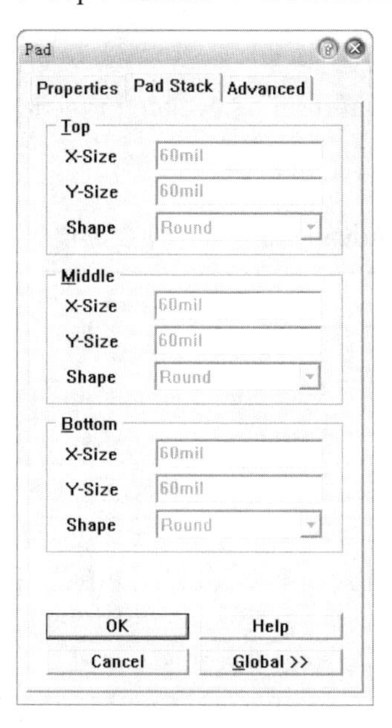

图 10.4　Pad Stack 选项卡

这三个区域分别用于指定焊盘在顶层、中间层和底层的大小和形状。每个区域里都有三个相同的选项，其名称与功能如表 10.2 所示。

表 10.2　Pad Stack 选项卡各选项的名称和功能

序号	名称	功　　能
1	X-Size	设定焊盘的 X 轴尺寸
2	Y-Size	设定焊盘的 Y 轴尺寸
3	Shape	选择焊盘形状，有三种，即即 Round(圆形)、Rectangle(矩形)、Octagonal（八角形）

3）Advance 选项卡

Advanced 选项卡如图 10.5 所示。

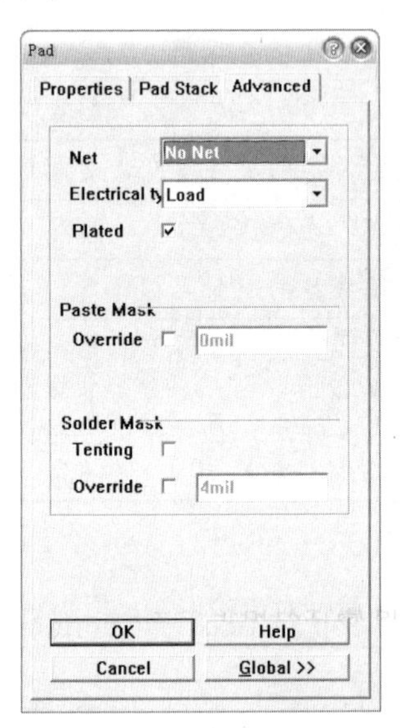

图 10.5　Advanced 选项卡

此选项卡中各选项的名称与功能如表 10.3 所示。

表 10.3　Advanced 选项卡中各选项的名称与功能

序号	名称	功　能
1	Net	设定焊盘所在的网络
2	Electrical type	指定焊盘在网络中的电气属性，它包括 Load（中间点）、Source（起点）和 Terminator（终点）三个选项
3	Plated	设定是否将焊盘的通孔孔壁加以电镀
4	Solder Mask	设置焊盘助焊膜的属性。选择 Override，可设置助焊延伸值，这对于设置 SMT（贴片封装）式的焊点非常有用。如果选中 Tenting，则助焊膜是一个隆起，此时不能设置助焊延伸值
5	Paste Mask	设置焊盘阻焊膜的属性，可以修改 Override 阻焊延伸值

3. 放置过孔

1）放置过孔的方法和步骤

单击绘图工具栏上的 按钮，或执行 Place/Via 命令，光标变成“十”字状。将光标移到所需的位置并单击，则将一个过孔放置到该处。将光标移到新的位置，可再放置其他过孔。单击鼠标右键，可退出该命令状态。

2）设置过孔属性

在放置过孔时按Tab键或者在电路板上双击过孔，系统弹出如图 10.6 所示的对话框。

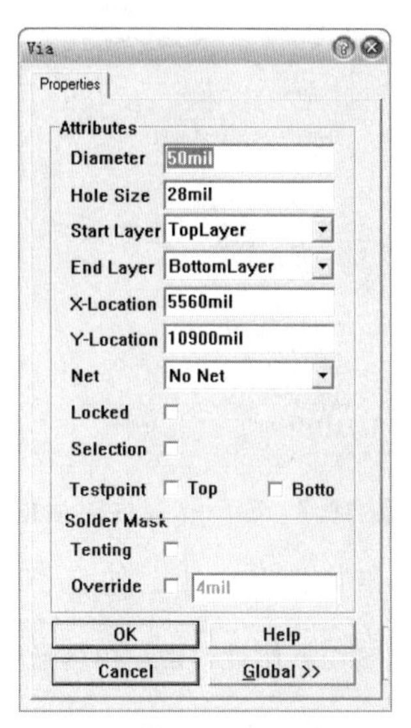

图 10.6　Via（过孔）属性对话框

其中各主要选项的名称与功能如表 10.4 所示。

表 10.4　Via 属性对话框中各选项的名称与功能

序号	名称	功　能
1	Diameter	设定过孔直径
2	Hole Size	设定过孔的通孔直径
3	Start Layer	设定过孔穿过的开始层，可以分别选择 Top Layer（顶层）和 Bottom Layer（底层）
4	End Layer	设定过孔穿过的结束层，也可以分别选择 Top Layer（顶层）和 Bottom Layer（底层）
5	Net	将会显示该过孔是否与 PCB 的网络相连
6	Testpoint	与焊盘属性对话框相应的选项意义一致
7	Solder Mask	设置过孔的助焊膜属性，用户可以选择 Override 设置助焊延伸值。如果选中 Tenting，则助焊膜是一个隆起，此时不能设置助焊延伸值

如果要设置过孔的更多属性，可以单击Global按钮，打开过孔属性全局对话框，在其中设置其他属性。

4. 放置字符串

在绘制 PCB 时，可在板上放置字符串，其方法与步骤如下：

（1）单击绘图工具栏中的 T 按钮。

（2）此时光标变成“十”字状，在此命令状态下，按Tab键，弹出如图 10.7 所示的 String

（字符串标注）属性对话框。

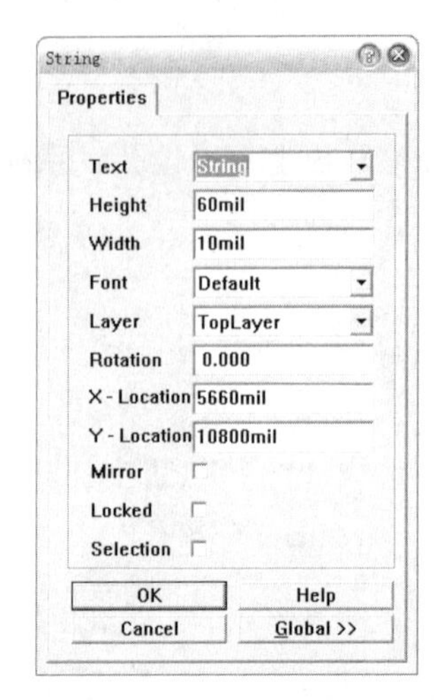

图 10.7　String 属性对话框

在此对话框中可以设置字符串的内容和大小，如表 10.5 所示。

表 10.5　String 属性对话框中各选项的功能

序号	名称	功　能
1	Text	输入字符串的内容
2	Height	设置字符串的高度
3	Width	设置字符串的宽度
4	Font	设置字体
5	Layer	设置字符串所在的层，通常在 Top OverLayer 层
6	Rotation	设置字符串放置的角度
7	X-Location	设置字符串所在位置的横坐标值
8	Y-Location	设置字符串所在位置的纵坐标值
9	Mirror	选中该复选框，则字符串以镜像方式放置
10	Locked	选中该复选框，则将字符串锁定
11	Selection	选中该复选框，则字符串处于选中状态

（3）完成设置后，单击 OK 按钮退出对话框，然后按鼠标左键，把字符串放到相应的位置，如图 10.8 所示。

图 10.8　放置字符串

（4）用同样的方法放置其他字符串标注。要改变字符串标注的方向，只需按空格键即可进行调整，或在图 10.7 所示的 Rotation 文本框中输入字符串旋转角度。

（5）放置字符串后，如果需要对其进行编辑，则可选中字符串，然后按鼠标右键，从快捷菜单中选取 Properties 命令，或者双击字符串，系统也会弹出如图 10.7 所示的属性对话框。

5. 放置坐标

坐标在 PCB 板设计中用得非常普遍，其具体操作步骤和方法如下：

（1）单击绘图工具栏中的 +10,10 按钮。

（2）此时光标变成“十”字状，按 Tab 键，出现如图 10.9 所示的 Coordinate（坐标）属性对话框。

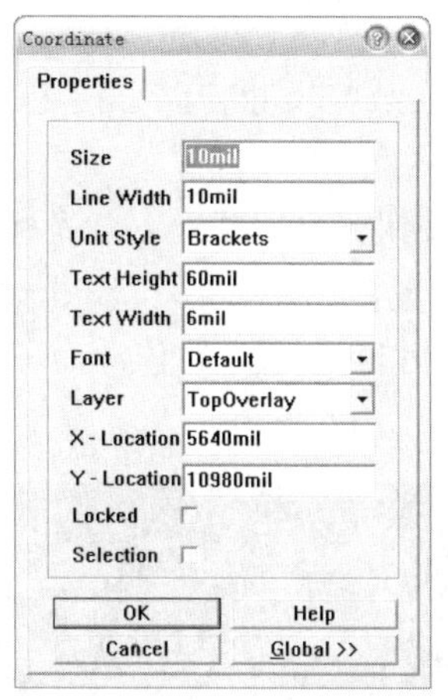

图 10.9　Coordinate 属性对话框

在此对话框中可以设置坐标的属性，如表 10.6 所示。

表 10.6　Coordinate 属性对话框中各选项的功能

序号	名称	功　能
1	Size	设置坐标的大小
2	Line Width	设置线条宽度
3	Unit Style	设置坐标的格式
4	Text Width	设置文本宽度
5	Font	设置坐标字体
6	Layer	设置坐标放置的层
7	X-Location	设置坐标所在位置的横坐标值
8	Y-Location	设置坐标所在位置的纵坐标值
9	Locked	选中该复选框，则将坐标锁定
10	Selection	选中该复选框，则坐标处于选中状态

（3）设置完成后，单击 OK 按钮退出对话框，然后按鼠标左键，把坐标放到相应的位置，如图 10.10 所示。

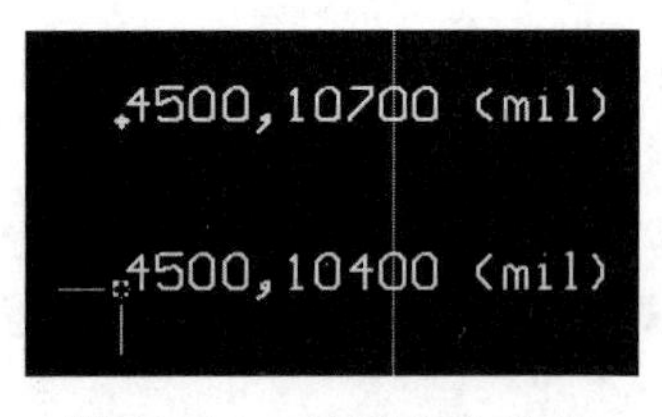

图 10.10　放置多个坐标

（4）用同样的方法放置其他坐标。放置了坐标后，如果要对其进行编辑，则可选中坐标，然后单击鼠标右键，从快捷菜单中选取 Properties 命令，或者双击坐标，系统会弹出如图 10.9 所示的对话框。

6. 放置尺寸标注

在设计 PCB 时，有时需要标注某些尺寸，以方便 PCB 的制造。放置尺寸标注的具体步骤如下：

（1）单击绘图工具栏中的 按钮，出现“十”字光标，然后移动光标到尺寸标注的起点单击，即可确定标注尺寸的起始位置。

（2）移动光标，中间显示的尺寸随着光标的移动而不断发生变化，在合适的位置单击加以确认，即可完成尺寸标注，如图 10.11 所示。

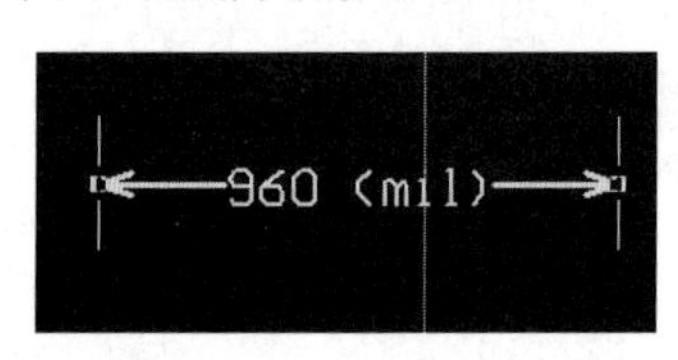

图 10.11　完成一个尺寸标注

（3）还可以在放置尺寸标注命令状态下，按 Tab 键，进入如图 10.12 所示的 Dimension（尺寸标注）属性对话框，做进一步的修改。

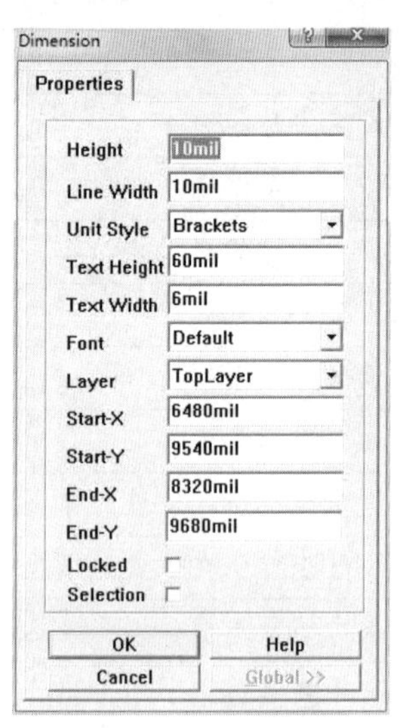

图 10.12　Dimension 属性对话框

此对话框的选项名称及其功能如表 10.7 所示。

表 10.7　Dimension 属性对话框选项及其功能

序号	名称	功　能
1	Height	设置尺寸标注的大小
2	Line Width	设置线条宽度
3	Unit Style	设置坐标的格式
4	Text Height	设置文本高度
5	Text Width	设置文本宽度
6	Font	设置坐标字体
7	Layer	设置放置坐标的层
8	Start-X	设置起点横坐标值
9	Start-Y	设置起点纵坐标值
10	End-X	设置终点横坐标值
11	End-Y	设置终点纵坐标值
12	Locked	选中该复选框，则将坐标锁定
13	Selection	选中该复选框，则坐标处于选中状态

（4）将光标移到新的位置，按照上面的步骤，再放置其他标注。

（5）双击鼠标右键，光标变成箭头后，退出该命令状态。

7. 设置初始原点

在设计 PCB 的过程中，一般使用系统本身提供的坐标系。如果需要自定义坐标系，则用户可以自行设置坐标原点，具体步骤如下：

（1）单击绘图工具栏中的⊠按钮，或者执行菜单命令 Edit/Origin/Set。

（2）此时光标变成了“十”字状，将光标移到所需的位置并单击，即可将该点设置为用户定义坐标系的原点。

（3）如果想要恢复原来的坐标系，则执行菜单命令 Edit/Origin/Reset。

8. 绘制圆弧和圆

1）绘制圆弧

Protel 99 SE 提供了三种绘制圆弧的方法：中心法、边缘法和角度旋转法。

（1）边缘法。

边缘法就是通过圆弧上的两点（起点和终点）来确定圆弧的大小。其绘制过程如下：

① 单击绘图工具栏中的按钮，或执行 Place/Arc（Edge）命令，光标变成了“十”字状。

② 将光标移到所需的位置单击，以确定圆弧的起点，然后再移动鼠标指针到适当的位置单击，确定圆弧的终点。

③ 按鼠标左键确认，即得到一个圆弧，如图 10.13 所示为使用边缘法绘制的圆弧。

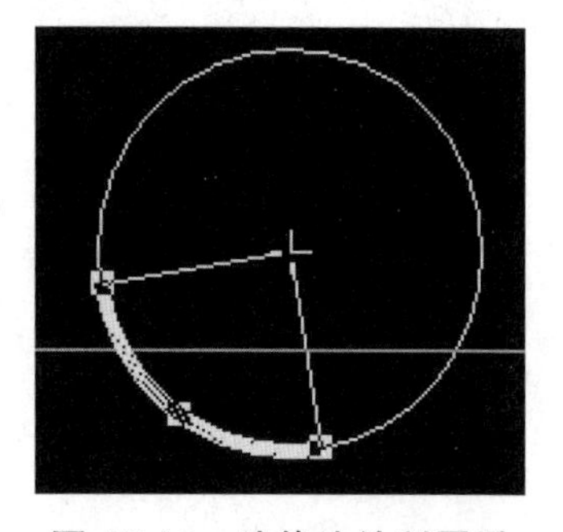

图 10.13　边缘法绘制圆弧

（2）中心法。

用中心法绘制圆弧就是通过确定圆弧中心、圆弧的起点和终点来确定一个圆弧。具体方法和步骤如下：

① 单击绘图工具栏中的按钮，或执行 Place/Arc（Center）命令，此时光标变成“十”字状。

② 将光标移到所需的位置并单击，确定圆弧的中心。再将光标移到所需的位置单击，确定圆弧的起点。最后动光标到适当位置单击，确定圆弧的终点。

③ 按鼠标左键确认，即可得到一个圆弧，如图 10.14 所示。

（3）角度旋转法。

① 单击绘图工具栏中的按钮，或执行 Place/Arc（Any Angle）命令，光标变成了“十”字状。

② 将光标移到所需的位置单击，依次确定圆弧的起点、圆心、终点。

③ 按鼠标左键加以确认，即可得到一个圆弧，如图 10.15 所示。

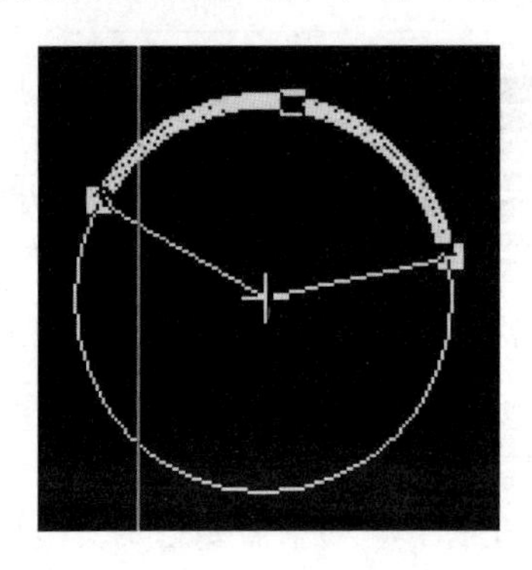

图 10.14　中心法绘制圆弧

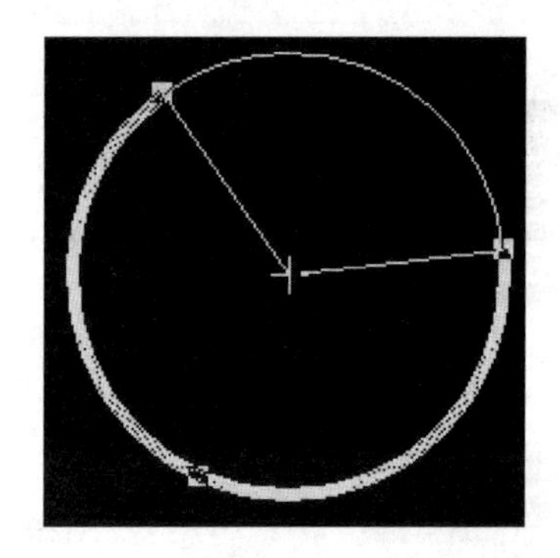

图 10.15　用角度旋转法绘制圆弧

2）绘制整圆

（1）单击绘图工具栏中的按钮，或执行 Place/Full Circle 命令，光标变成了“十”字状。

（2）将光标移到所需的位置单击，确定圆心，然后再移动光标到适当位置单击，确定圆的大小。

（3）按鼠标左键确认，可得到一个圆，如图 10.16 所示。

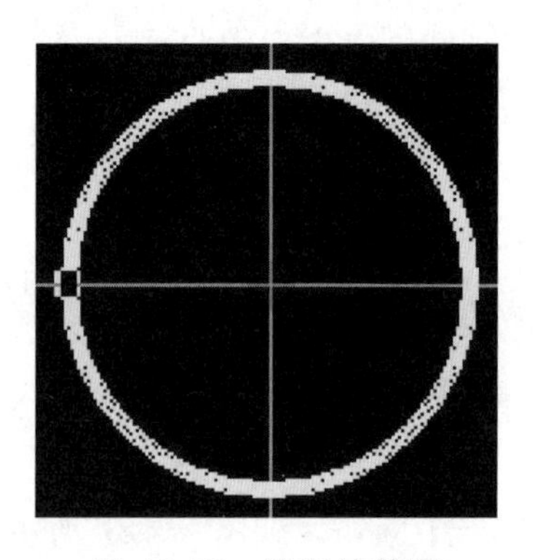

图 10.16　绘制的整圆

3）编辑圆弧

绘制好圆弧后，有时需要对其进行编辑。选中圆弧，然后单击鼠标右键，从快捷菜单中选取 Properties，或者左键双击此圆弧，系统弹出 Arc（圆弧）属性对话框，如图 10.17 所示。

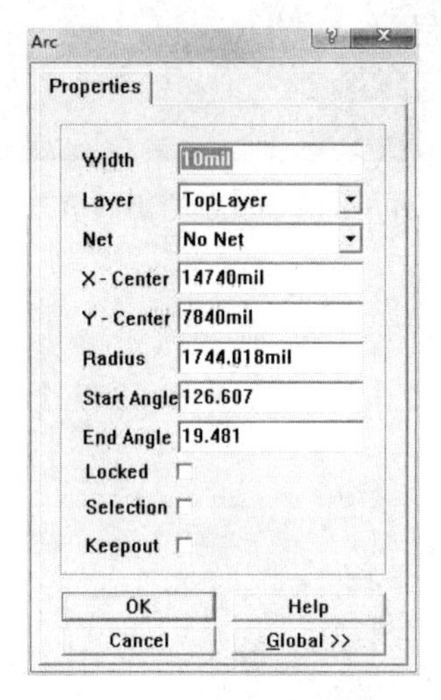

图 10.17 Arc 属性对话框

此对话框各选项的功能如表 10.8 所示。

表 10.8 Arc 属性对话框各选项的功能

序号	名称	功能
1	Width	设置圆弧的宽度
2	Layer	设置圆弧所在的层
3	Net	设置圆弧的网络
4	X-Center	设置圆弧的圆心的横坐标
5	Y-Center	设置圆弧的圆心的纵坐标
6	Radius	设置圆弧的半径
7	Start Angle	设置圆弧的起始角度
8	End Angle	设置圆弧的终止角度
9	Locked	选中该复选框，则将坐标锁定
10	Selection	选中该复选框，则坐标处于选中状态

9. 放置填充

填充一般用于制作 PCB 插件的接触面或用于增强系统的抗干扰性而设置的大面积电源或地。在制作电路板的接触面时，放置填充的部分在实际制作的电路板上是外露的敷铜区。填充通常放置在 PCB 的顶层、底层或内部的电源和接地层上。

1）放置填充的一般步骤

（1）单击绘图工具栏中的▩按钮，或执行 Place/Keepout/Fill 命令。

（2）确定矩形块的左上角和右下角位置，完成矩形的填充，如图 10.18 所示。

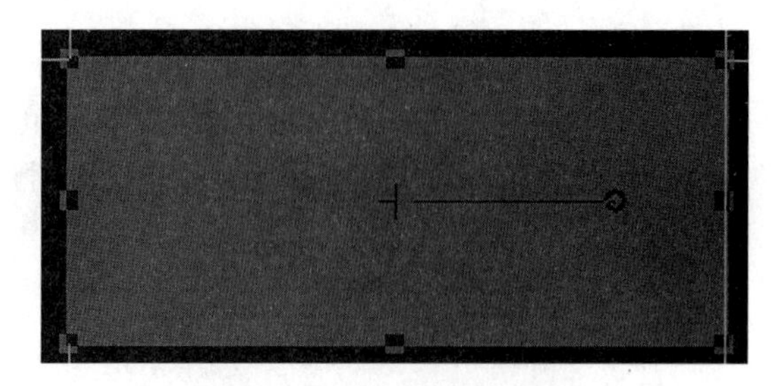

图 10.18　放置的矩形填充

2）填充的编辑

放置填充后，如果需要对其进行编辑，则可选中填充，然后单击鼠标右键，从快捷菜单中选取 Properties 命令，或者直接双击选中的填充，系统会弹出如图 10.19 所示的 Fill（填充）属性对话框。

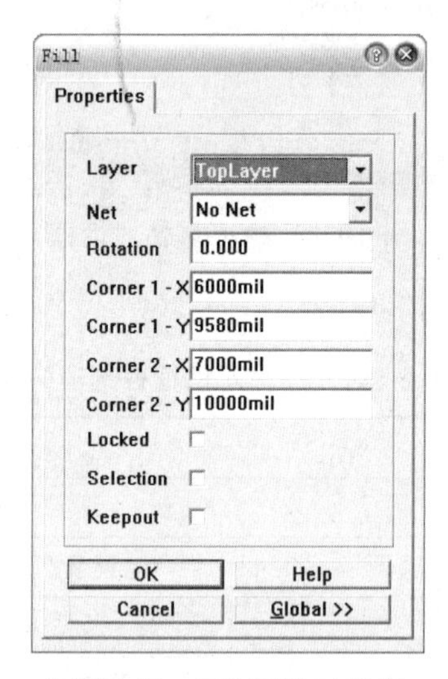

图 10.19　Fill 属性对话框

此对话框中各选项的功能如表 10.9 所示。

表 10.9　Fill 属性对话框各选项的功能

序号	名称	功　能
1	Layer	设置填充的层
2	Net	设置填充的网络
3	Rotation	设置填充旋转的角度
4	Corner1-X	设置矩形对角 1 的横坐标
5	Corner1-Y	设置矩形对角 1 的纵坐标
6	Corner2-X	设置矩形对角 2 的横坐标
7	Corner2-Y	设置矩形对角 2 的纵坐标
8	Locked	选中该复选框，则将坐标锁定
9	Selection	选中该复选框，则坐标处于选中状态

10. **放置多边形平面**

多边形平面与填充相似，常用于大面积电源或接地，以增强系统的抗干扰性。

放置多边形平面的方法如下：

（1）单击绘图工具栏中的按钮，或执行 Place/Polygon Plane 命令。

（2）执行此命令后，系统将会弹出如图 10.20 所示的 Polygon Plane（多边形）属性对话框。

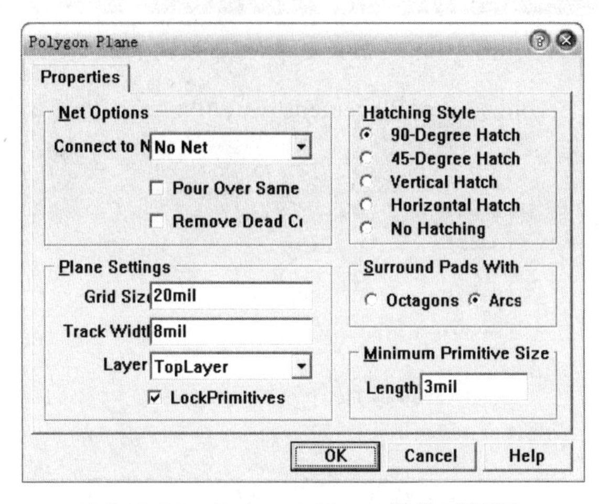

图 10.20 Polygon Plane 属性对话框

（3）设置完对话框后，光标变成“十”字状。先将光标移到所需的位置单击，确定多边形的起点。然后再移动光标到适当的位置单击，确定多边形的中间点。

（4）在终点处单击鼠标右键，程序会自动将终点和起点连接在一起，形成一个封闭的多边形平面，如图 10.21 所示。

图 10.21 多边形平面

学习任务 2 PCB 布局

一、元器件的自动布局

装入网络表和元器件封装后，只是将元器件封装调入了 PCB 编辑平面，要把元器件封装放入 PCB 工作区，需要对元器件封装进行布局。Protel 99 SE 提供了自动布局的功能。下面以“放大电路”为例来说明，如图 10.22 所示。

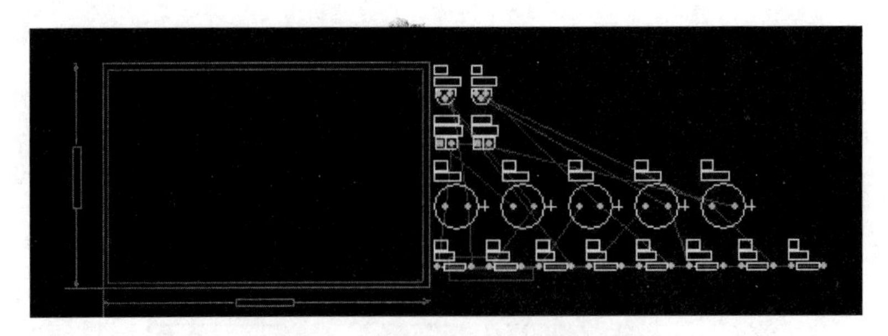

图 10.22　放大电路 PCB 编辑平面

首先，执行菜单命令 Tools/Auto Placement/Auto Placer，将弹出如图 10.23 所示的 Auto Place（自动布局）对话框。

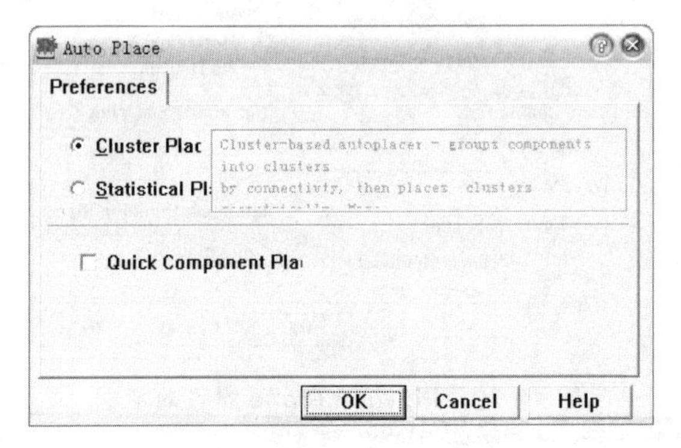

图 10.23　Auto Place 对话框

设计者可以在该对话框中设置有关的自动布局参数。PCB 编辑器提供了两种自动布局器，两种布局器使用不同的计算和优化元器件位置的方法。

1. Cluster Placer

这种布局器基于元器件的连通属性将它们分为不同的元器件组，并且将这些元器件按照一定的几何位置布局。这种布局方式适合于元器件数量（小于 100）较少的 PCB 设计与制作。

2. Statistical Placer

这种布局器使用一种统计算法来放置元器件，以便使元器件间用最短的导线来连接。如果元器件数量超过 100，一般建议使用 Statistical Placer。其对话框如图 10.24 所示。

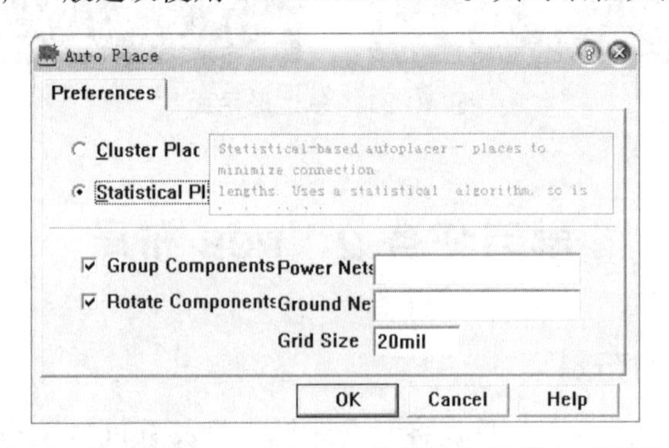

图 10.24　Statistical Placer（统计布局器）对话框

在此对话框中，各选项的功能如表 10.10 所示。

表 10.10 Statistical Placer 对话框各选项的功能

序号	名称	功　能
1	Group Components	将在当前网络中连接紧密的元器件归为一组，在排列时，将该组元器件作为群体而不是个体来考虑
2	Rotate Components	依据当前网络连接与排列的需要，使元器件重组转向。如果不选用该项，则元器件将按原始位置布置，不进行元器件的旋转
3	Power Nets	定义电源网络名称
4	Ground Nets	定义接地网络名称
5	Grids Size	设置元器件自动布局时的栅格间距大小

因为“放大电路”元器件少，连接简单，所以选择 Cluster Placer，然后单击 OK 按钮，系统就会出现如图 10.25 所示的画面。

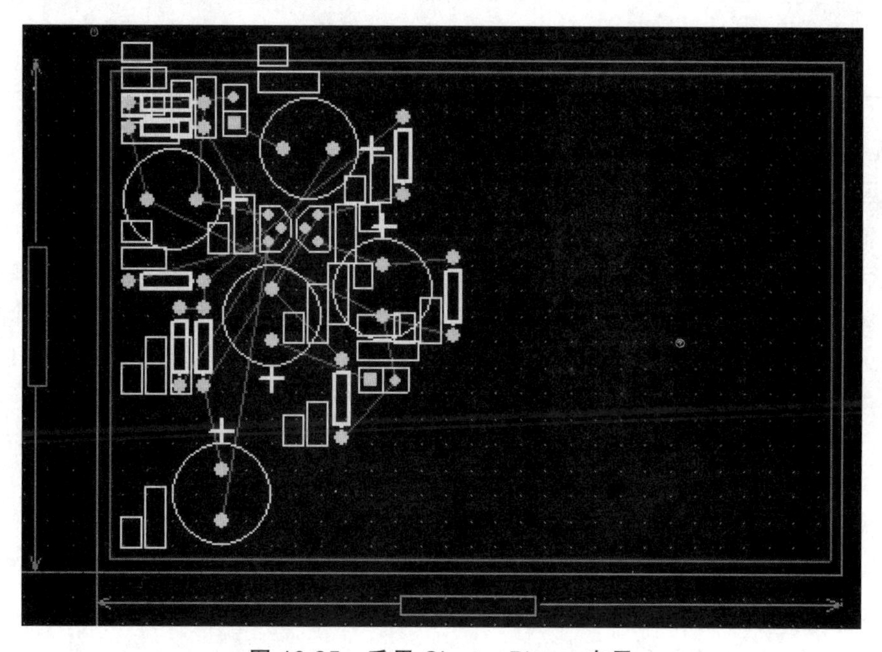

图 10.25 采用 Cluster Placer 布局

二、手工调整元器件的布局

元器件的自动布局一般以寻找最短布线路径为目标，因此布局效果往往不太理想，需要设计者手工调整。以图 10.25 为例，元器件虽然已经布置好了，但元器件的排列还不够整齐，因此必须重新调整某些元器件的位置。进行位置调整，首先应选取元器件，然后对元器件进行移动、旋转和对齐等操作。

1. 元器件的选取和解除

1）元器件的选取

执行菜单栏 Edit/Select 的子菜单命令，即可选取元器件。共有 11 个子菜单命令，其名称和功能如表 10.11 所示。

表 10.11　Edit/Select 的子菜单命令的功能

序号	子菜单命令	功　能
1	Inside Area	将拖动鼠标形成的矩形区域中的所有元器件选中
2	Outside Area	将拖动鼠标形成的矩形区域外的所有元器件选中
3	All	将所有元器件选中
4	Net	将组成某网络的元器件选中
5	Connected Copper	通过连接敷铜来选取相应网络中的对象
6	Physical Connection	通过物理连接来选取对象
7	All on Layer	选定当前工作层上的所有对象
8	Free Objects	选中所有自由对象，即不与电路相连的任何对象
9	All Locked	选中所有锁定的对象
10	Off Grid Pads	选中图中所有的焊盘
11	Toggle Selection	逐个选取对象，最后构成选中的元器件集合

2）元器件选取状态的解除

解除元器件选取状态的操作方法有以下几种：

（1）单击鼠标左键解除对象的选取状态。

① 解除单个对象的选取状态。如果只有一个元器件处于选中状态，这时只需要在图样上非选中区域的任意位置单击鼠标左键即可。当有多个对象被选中时，如果想解除个别对象的选取状态，这时只需将光标移动到相应的对象上，然后单击鼠标左键即可。此时其他先前被选取的对象仍处于选取状态。接下来可以再解除下一个对象的选取状态。

② 解除多个对象的选取状态。当有多个对象被选中时，如果想一次解除所有对象的选取状态，这时只需在图样上非选中区域的任意位置单击鼠标左键即可。

（2）使用工具栏上的解除命令。

在标准工具栏上有一个解除选取图标 ，单击该图标后，图样上所有带有高亮标记的被选对象全部取消被选状态，高亮标记消失。

（3）通过解除选中菜单命令。

执行菜单命令 Edit/DeSelect 可实现解除选中的元器件。

2. 元器件封装的基本操作

此处元器件封装的基本操作是指对已放置到 PCB 编辑平面的元器件封装的基本操作。

1）元器件封装的移动

图 10.26 所示为一个放置在 PCB 编辑平面的 DIP-14 封装，对它作移动操作有三种方法：

（1）在元器件封装上按下鼠标左键不放，光标会自动移动到元器件的参考点上，并变成“十”字状，此时可以拖动光标，元器件封装随着光标一起移动。在合适的位置松开鼠标左键，即可

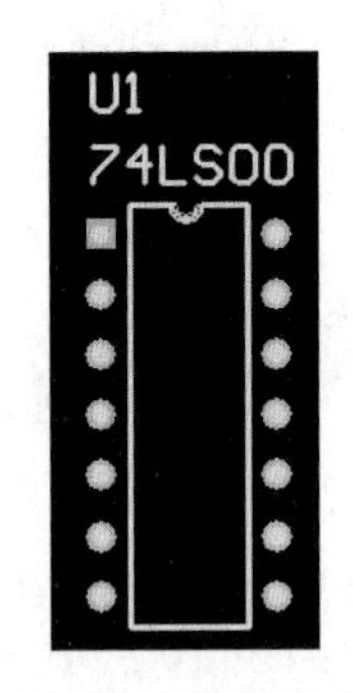

图 10.26　DIP-14 封装

将元器件封装放置在此处。

（2）利用菜单命令进行元器件封装的移动。启动菜单命令 Edit/Move 的下拉菜单进行移动操作。在这个菜单中，与移动元器件封装有关的命令如表 10.12 所示。

表 10.12　与移动元器件封装有关的命令

序号	命令名称	功　能
1	Move	用于单独移动组件
2	Drag	用于移动元器件封装，此时被移动的元器件封装和它相连的导线是否断开与环境的设置有关。如果设置了导线一起移动，与元器件封装相连的导线将跟随着同时移动，不会造成断线的情况。在启动此命令之前，不需要选取元器件
3	Component	专用于单独移动元器件封装，对其他组件无效
4	Move Selection	与 Move 功能相似，只是它动的是所有已选定的元器件封装

2）元器件封装的旋转

（1）旋转 90°。

在选取元器件封装后，如果按空格键，将使元器件封装按某个角度（系统默认为 90°）旋转，如图 10.27 所示。其角度大小可以在环境中设置。

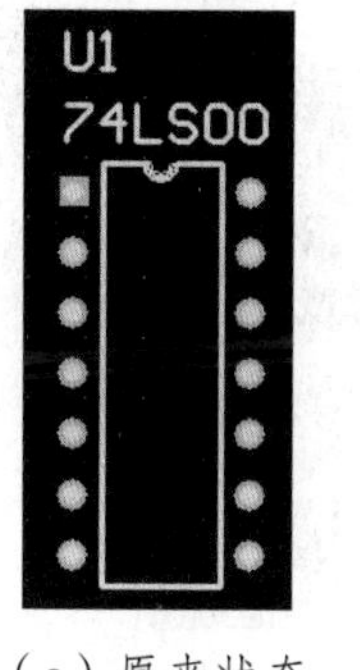

（a）原来状态

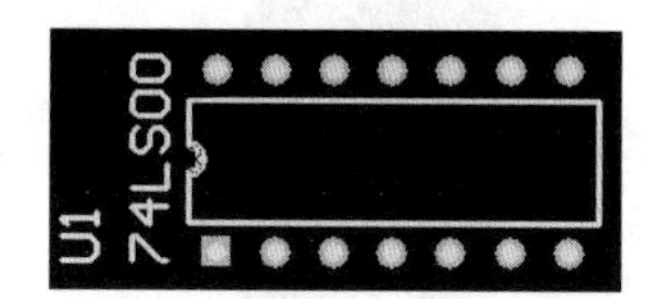

（b）放转 90°后

图 10.27　按空格键使元器件封装旋转 90°

（2）旋转任意角度。

执行菜单命令 Edit/Move/Rotate Selection，可以使元器件封装以任意角度旋转。首先选取需要旋转的元器件封装[以 DIP-14 为例，见图 10.27（a）]，然后启动该命令，系统弹出如图 10.28 所示的对话框。

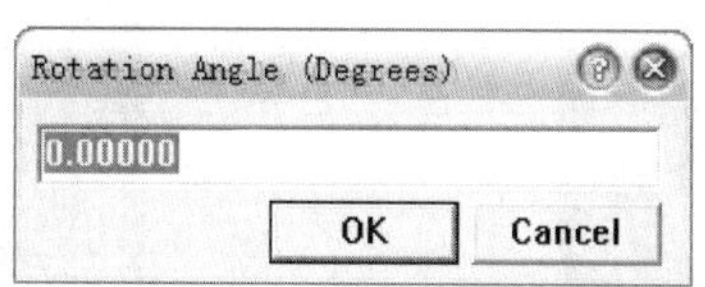

图 10.28　旋转任意角度

在此对话框中输入旋转角度，单位为度。如果输入的角度为正，则元器件封装沿逆时针方向旋转，如果角度为负，则沿顺时针方向旋转。输入角度（45°），如图 10.29 所示。

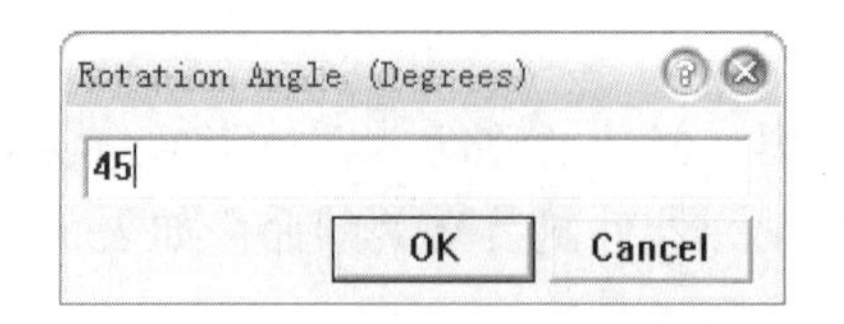

图 10.29 旋转 45°

单击OK按钮，光标变为“十”字状，移动光标到被选中的元器件封装 DIP-14 上，单击鼠标左键，此时 DIP-14 旋转 45°，如图 10.30 所示。

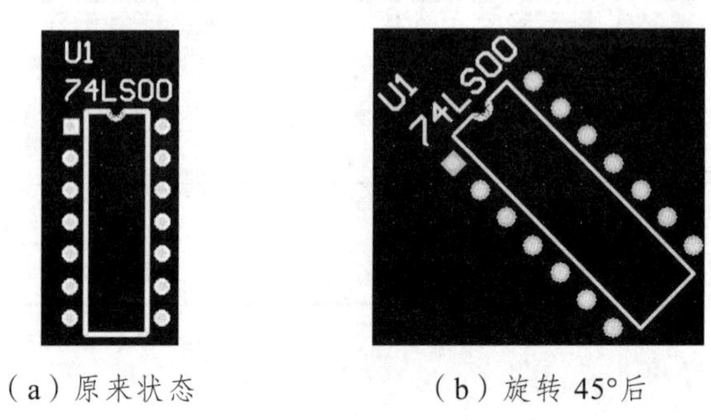

（a）原来状态　　（b）旋转 45°后

图 10.30　任意角度旋转

（3）水平翻转。

选中元器件封装后按X键，可使其在水平方向上翻转，如图 10.31 所示。

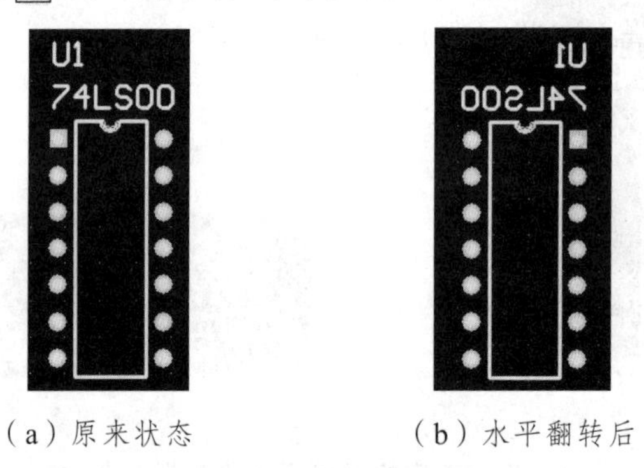

（a）原来状态　　（b）水平翻转后

图 10.31　水平翻转

（4）垂直翻转。

选中元器件封装后按Y键，可使其在垂直方向上翻转，如图 10.32 所示。

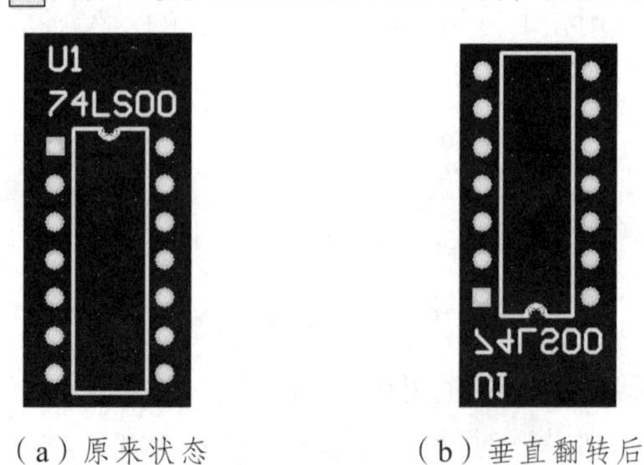

（a）原来状态　　（b）垂直翻转后

图 10.32　垂直翻转

3）元器件封装的板层切换

用鼠标选定元器件封装后，按 L 键，元器件封装就可以切换到另外的板层上，如图 10.33 所示。

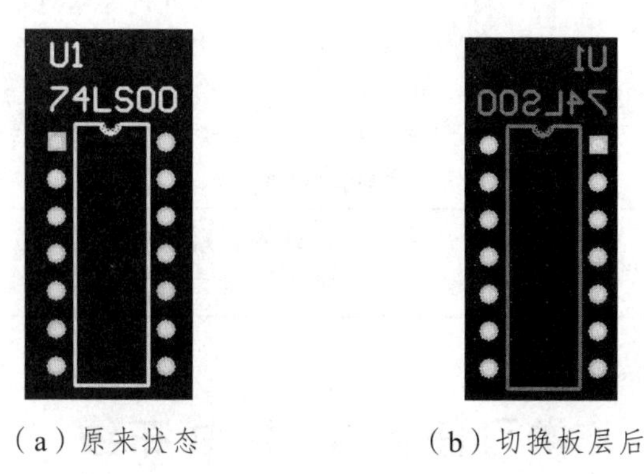

（a）原来状态　　（b）切换板层后

图 10.33　切换板层

4）元器件封装的复制与粘贴

与其他软件相似，复制与粘贴在设计中使用频繁。这类操作命令不仅集中在主菜单 Edit 中，在标准工具栏中也有相关的按钮。

（1）Cut：将选取的元器件封装直接移入剪贴板中，同时将被选元器件封装删除。快捷方法为依次按 E、T 键或同时按下 Ctrl+X 键。

（2）Copy：将选取的元器件封装作为副本放入剪贴板中。快捷方法为依次按 E、P 键或同时按下 Ctrl+C 键。

（3）Paste：将剪贴板中的内容作为副本复制到 PCB 中。快捷方法为依次按 E、P 键或同时按下 Ctrl+V 键。

（4）Paste Special：利用该命令可以实现将剪贴板上的元器件封装阵列式粘贴。更重要的是利用它可以设置一些特殊的粘贴条件。单击 Paste Special 命令，系统将弹出如图 10.34 所示的 Paste Special（特殊粘贴设置）对话框。

图 10.34　Paste Special 对话框

其中四个选项的功能介绍如表 10.13 所示。

表 10.13　Paste Special 对话框选项功能介绍

序号	选项名称	功能说明
1	Paste on current layer	选择此选项，则所有的组件包括元器件封装、焊盘和导线都将粘贴在当前的板层上，否则，粘贴组件时，各个组件根据复制时的组件所在的层粘贴到不同的板层中去。选择该项要慎重，特别是粘贴的组件中包括不同板层间的导线时，如果选中此项，很可能造成导线在同一个板层上交叉
2	Keep net name	如果选择该选项，则粘贴组件时将保持原有的网络名称。由于它保持了原有的网络名称，所以要慎重选择，因为网络名称相同，粘贴的组件和 PCB 原来的组件之间出现了飞线。建议在同一个 PCB 中粘贴时，不要选中此项

续表 10.13

序号	选项名称	功能说明
3	Duplicate designator	如果选择该选项，则在粘贴组件时保持元器件的序号，也就是说在同一个 PCB 中有两个或两个以上序号相同的封装。否则，粘贴时会在元器件序号后面加一个“Copy”字样。该命令通常用于同一个 PCB 内的粘贴组件，如果选择此项，通常不选中“Keep net name”
4	Add to component class	如果选择此选项，则在粘贴时各个元器件封装将添加到复制时元器件封装所在的元器件封装类中

学习任务 3　PCB 布线

一、设计规则

在 PCB 设计过程中执行任何一个操作，如放置导线、自动布线等，都是在设计规则允许的情况下进行的，设计规则是否合理将直接影响到布线的质量和成功率。设计规则的合理性在很大程度上依赖于设计者的设计经验。

Protel 99 SE 有 6 个类别的设计规则，包括布线、制造、放置、信号完整性要求等，其中大部分都可以采用系统默认的设置，设计者真正需要设置的规则并不多。如果要设置设计规则，可根据电路板的要求而定。

执行菜单命令 Design/Rules，将弹出如图 10.35 所示的 Design Rules（设计规则）对话框。

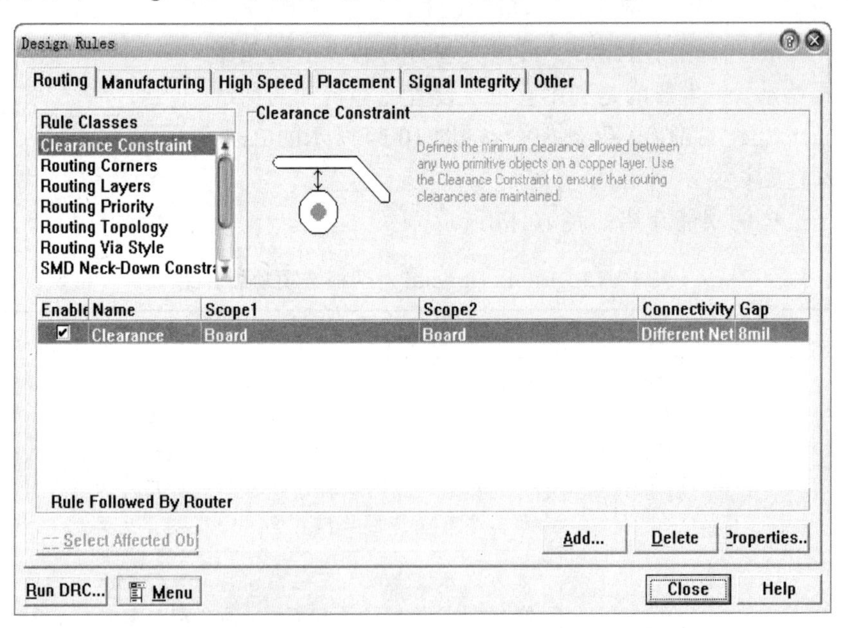

图 10.35　Design Rules 对话框

规则类别与功能说明如表 10.14 所示。

表 10.14　PCB 设计规则类别与功能说明

序号	类　别	功　能
1	Routing	Clearance Constraint
		Routing Corners
		Routing Layers
		Routing Priority
		Routing Topology
		Routing Via Style
		SMD Neck-Down Constraint
		SMD to Corner Constraint
		SMD to Plane Constraint
		Width Constraint
2	Manufacturing	Acute Angle Constraint
		Hole Size Constraint
		Layer Pairs
		Minimum Annular Ring
		Power Plane Clearance
		Power Plane Connect Style
		Paste Mask Expansion
		Polygon Connect Style
		Power Plane Clearance
		Power Place Connect Style
		Solder Mask Expansion
		Testpoint Style
		Testpoint Usage
3	High Speed	Daisy Chain Stub Length
		Length Constraint
		Matched Net Lengths
		Maximum Via Count Constraint
		Parallel Segment Constraint
		Vias Under SMD Constraint
4	Placement	Component Clearance Constraint
		Component Orientations Rule
		Nets to Ignore
		Permitted Layers Rule
		Room Definition

续表 10.14

序号	类　别	功　能
5	Signal Integrity	Flight Time-Rising Edge
		Impedance Constraint
		Overshoot-Falling Edge
		Overshoot-Rising Edge
		Signal Base Value
		Signal Stimulus
		Signal Top Value
		Slope-Falling Edge
		Slope-Rising Edge
		Supply Nets
		Undershoot-Falling Edge
		Undershoot-Rising Edge
6	Other	Short-Circuit Constraint
		Un-connected Pin Constraint
		Un-Routed Net Constraint

二、设置 PCB 布线规则

一般情况下，Protel 99 SE 的自动布线功能能够自动分析当前的 PCB 文件，并选择最佳布线方式，但在自动布线之前，设置布线规则也是十分有必要的。

1. 设置安全间距（Clearance Constraint）

安全间距用于设置同一个工作层上的导线、焊盘、过孔等电气对象之间的最小间距。将光标移动到图 10.35 所示 Design Rules（设计规则）对话框中的 Clearance Constraint 处，单击鼠标右键，系统会弹出如图 10.36 所示的 Clearance Rule 对话框。

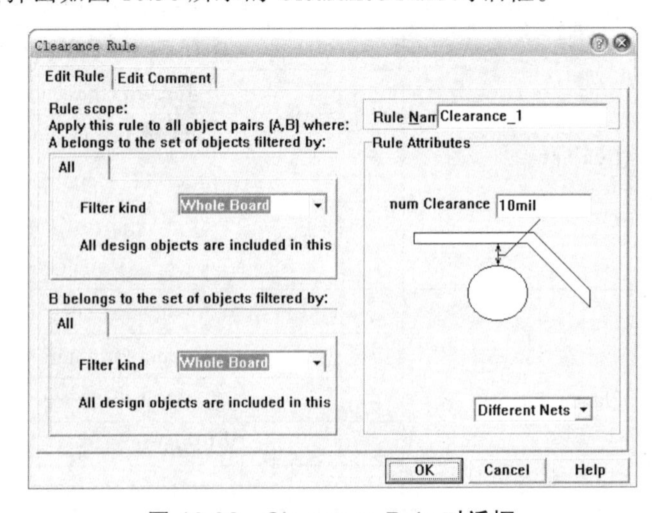

图 10.36　Clearance Rule 对话框

该对话框包括两部分内容：

（1）Rule scope（规则的适用范围）：一般情况下，指定该规则适用于整个电路板（Hole Board）。

（2）Rule Attributes（规则属性）：用来设置最小间距的数值（系统默认 10 mil）及其适用的网络，包括 Different Nets Only（不同网络）、Same Net Only（仅同一网络）、Any Net（任何网络）三个选项。

2. 设置布线的拐角模式（Routing Corners）

此规则主要用于设置布线时拐角的形状及拐角走线垂直距离的最小和最大值。在图 10.37 所示对话框中双击 Routing Corners 选项，系统弹出如图 10.38 所示的 Routing Corners Rule 对话框。

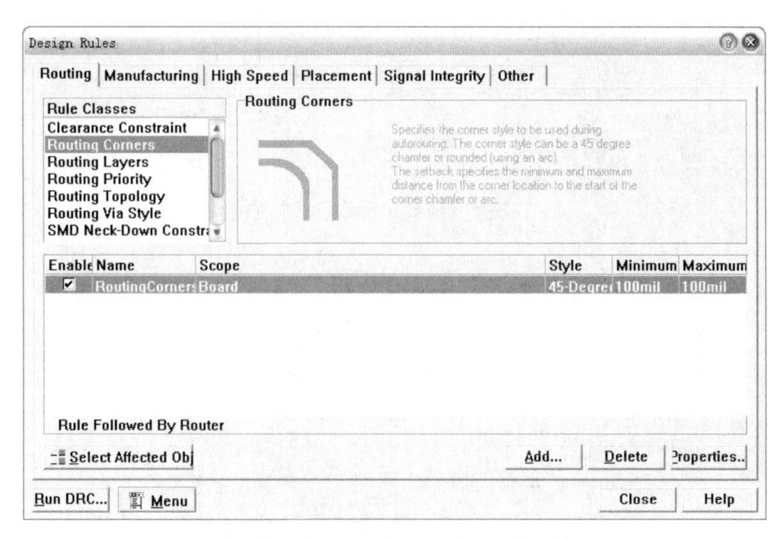

图 10.37　Design Rules 对话框

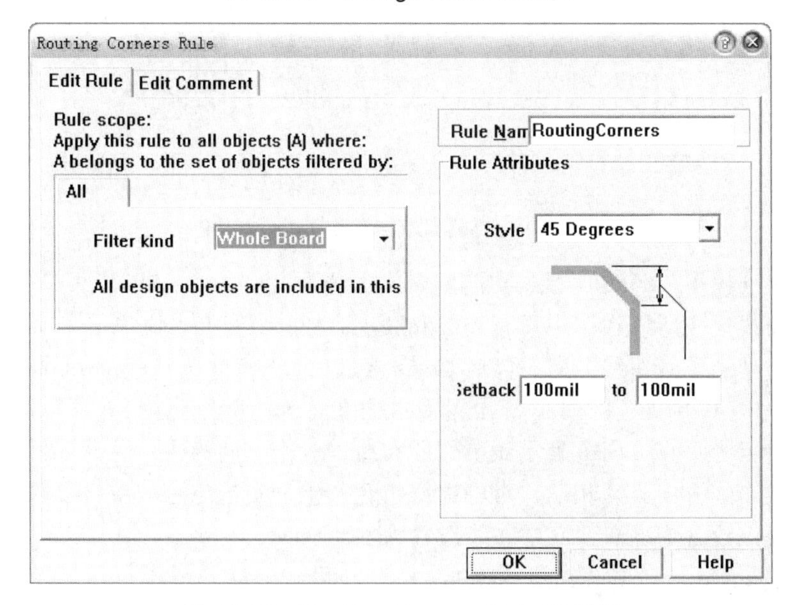

图 10.38　Routing Corners Rule 对话框

3. **设置布线工作层**（Routing Layers）

双击图 10.39 所示对话框中的 Routing Layers，系统弹出如图 10.40 所示的 Routing Layers Rule 对话框。

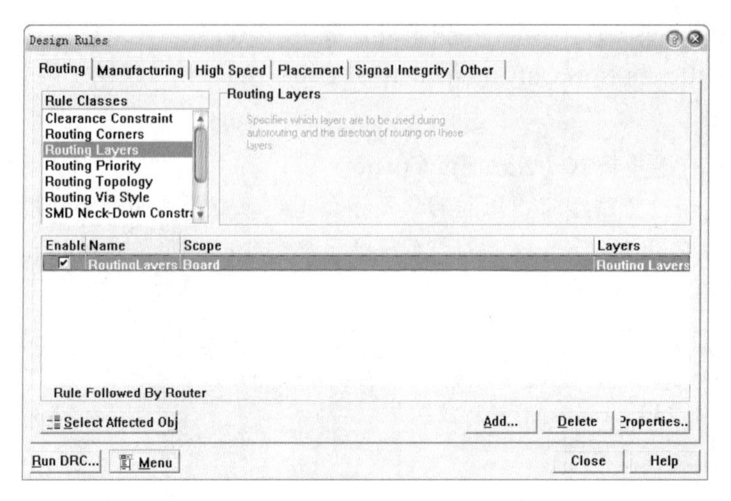

图 10.39　Design Rules 对话框

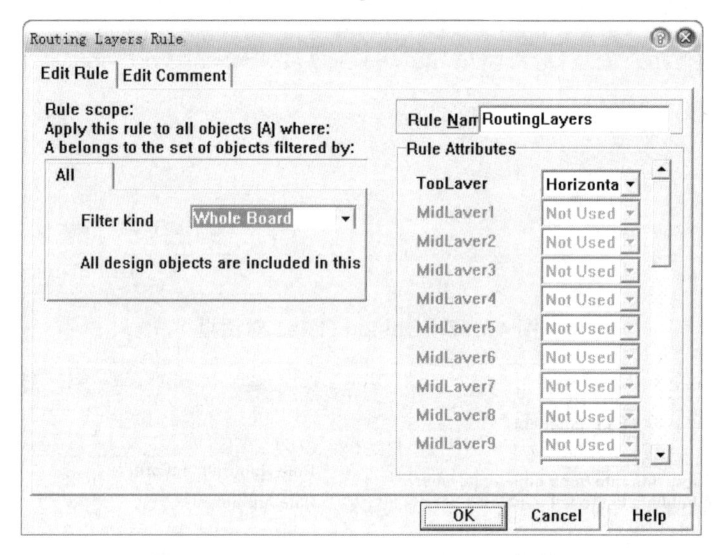

图 10.40　Routing Layers Rule 对话框

此对话框中列出了 32 个信号层。通常情况下，设置顶层（Top Layer）和底层（Bottom Layer）两个工作层为布线层，所以在图中只有顶层和底层有效，其他层均为灰色、无效。在各个层的下拉列表框中列出了其布线方向，包括 Horizontal（水平方向）、Vertical（垂直方向）、Any（任意方向）等 10 种。例如：Top Layer 设置为水平方向，表示该工作层布线以水平方向为主。Bottom Layer 设置为垂直方向，表示该工作层布线以垂直方向为主。无论如何设置，双层板的顶层与底层的布线方向必须相反，否则电路板会产生分布的电容效应。如果是单层布线，顶层布线方向可以设置为 Any，底层布线设置为 Not Used。

4. **设置布线优先级**（Routing Priority）

此项规则用于设置各布线网络的优先级，即布线的先后顺序。系统共提供了 0～100 共

101 个优先级，数字 0 代表优先级最低，数字 100 代表优先级最高。双击 Routing Priority 选项，系统弹出如图 10.41 所示对话框。

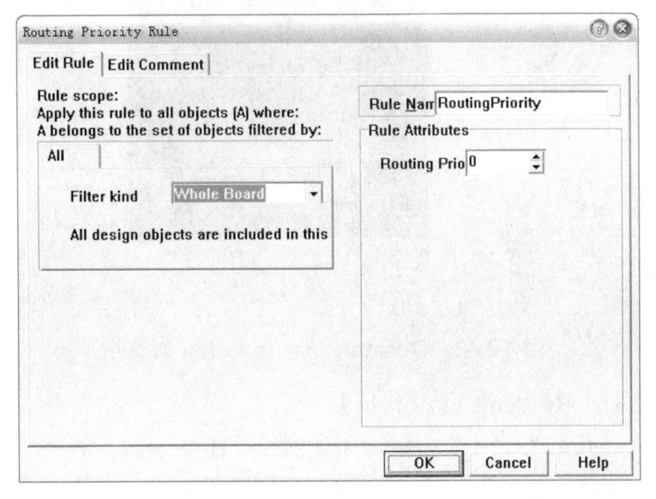

图 10.41 Routing Priority（设置布线优先级）对话框

在该对话框中，在 Routing Attributes 选项区域的 **Routing Prio** 0 栏设置优选级。

5. **设置布线的拓扑结构**（Routing Topology）

拓扑结构是指以焊盘为点，以连接各焊盘的导线为线，构成的几何图形。在 PCB 中，元件焊盘之间的飞线连接方式称为布线的拓扑结构。在图 10.35 所示对话框中双击 Routing Topology 选项，系统弹出如图 10.42 所示的对话框。

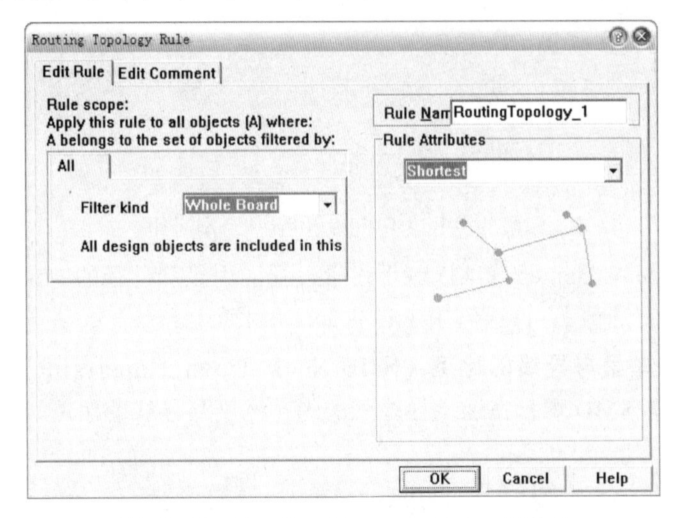

图 10.42 Routing Topology Rule 对话框

其中在 Rule Attributes 的下拉菜单中有 7 种可供选择的拓扑结构，即 Shortest、Horizontal、Vertical、Daisy-Simple、Daisy-Middriven、Daisy-Balanced、Starburst。系统默认的拓扑结构为 Shortest。

如果要自定义和修改布线的拓扑结构，可以执行菜单命令 Design/From To Editor，在弹出对话框中进行设置，如图 10.43 所示。

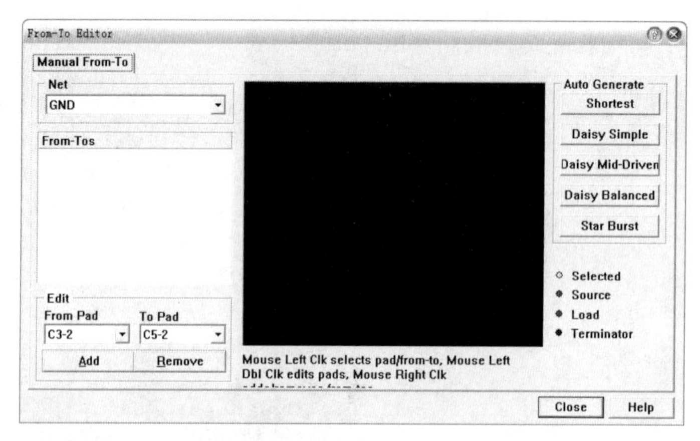

图 10.43　Design/From To Editor 对话框

6. 设置过孔类型（Routing Via Style）

此规则用于设置过孔的外径（Diameter）和内径（Hole Size）的尺寸。在图 10.35 所示对话框中双击 Routing Via Style 选项，系统会弹出如图 10.44 所示的对话框。

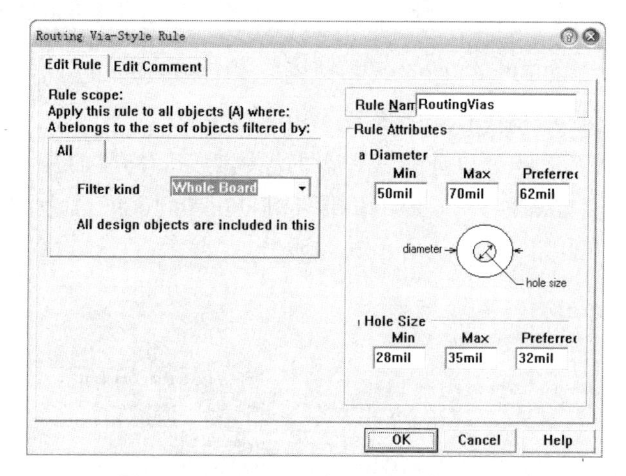

图 10.44　Routing Via Style 对话框

在对话框的 Rule Attributes 选项区域可设置过孔的内径和外径的 Min（最小值）、Max（最大值）、Preferred（首选值）。首选值用于自动布线和手工布线。

7. 设置 SMD 焊盘与导线的比例（SMD Neck-Down Constraint）

此规则用于设置 SMD 焊盘在连接导线处的焊盘宽度与导线的比例，可定义一个百分比，如图 10.45 所示。

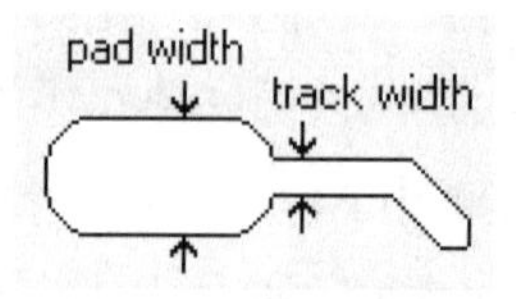

图 10.45　SMD 元件焊盘与导线连接处示意图

在图 10.35 所示对话框中双击 SMD Neck-Down Constraint 选项，弹出如图 10.46 所示的对话框。

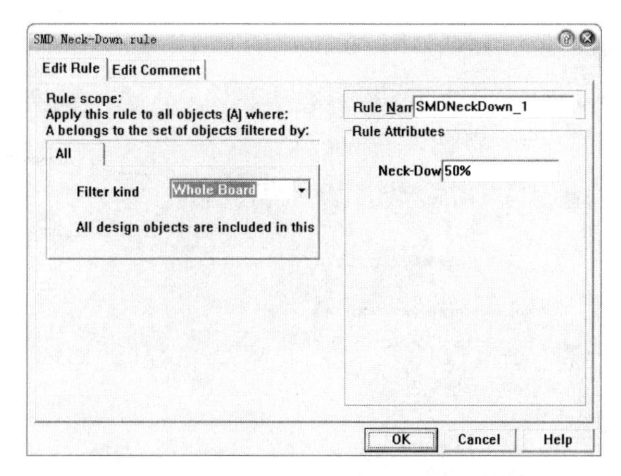

图 10.46　SMD Neck-Down rule 对话框

对话框左边的 Filter Kind 下拉列表框用于设置此规则的适用范围。右边的 Neck-Down 文本框用于设置 SMD 焊盘与导线的比例。如果导线的宽度太大，超过设置的比例值，视为冲突，自动布线无法完成。

8. 设置 SMD 焊盘与拐角处最小间距（SMD To Corner Constraint）

此规则用于设置 SMD 焊盘与导线拐角的间距大小，如图 10.47 所示。

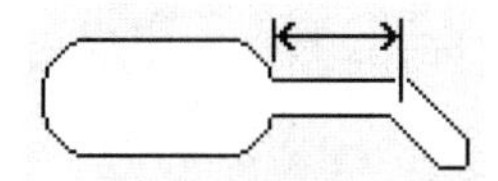

图 10.47　焊盘与导线拐角的间距

在图 10.35 所示对话框中双击 SMD To Corner Constraint 选项，弹出如图 10.48 所示的对话框。

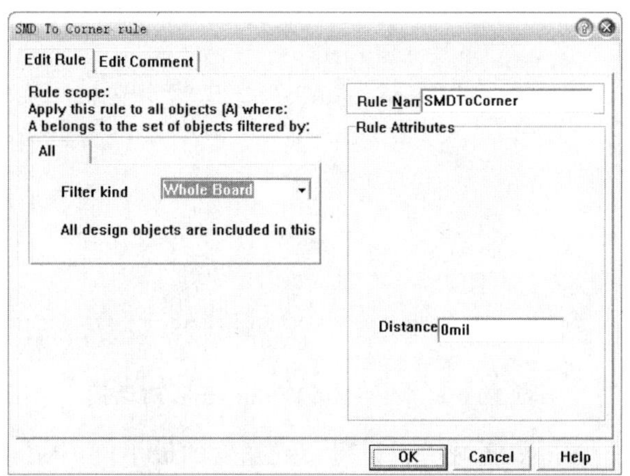

图 10.48　SMD 焊盘与导线拐角处最小间距限制设置对话框

此对话框左边的 Filter Kind 下拉列表框用于设置规则的适用范围，右边的 Distance 文本框用于设置 SMD 焊盘到导线拐角的距离。

9. 设置 SMD 焊盘与电源层过孔间的最小长度（SMD To Plane Constraint）

此规则用于设置 SMD 焊盘与电源层中过孔间的最短布线长度。在图 10.35 所示对话框中双击 SMD To Plane Constraint，出现如图 10.49 所示的对话框。

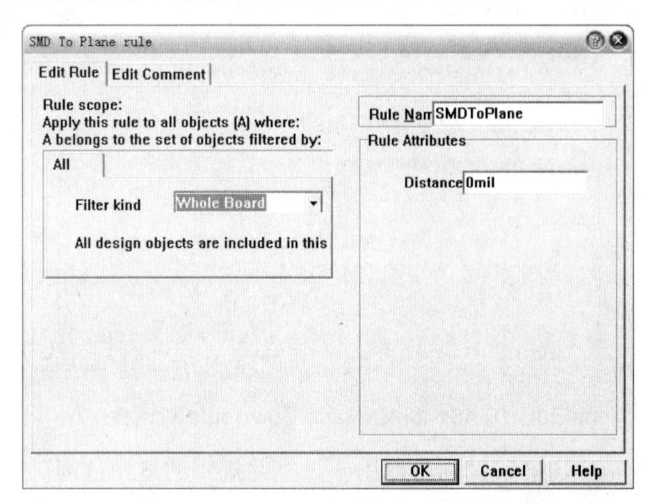

图 10.49　SMD 焊盘与电源层过孔最小长度设置对话框

此对话框左边的 Filter Kind 下拉列表框用于设置规则的适用范围，右边的 Distance 文本框用于设置最短布线长度。

10. **设置布线宽度**（Width Constraint）

此规则用于设置布线时的导线宽度。在图 10.35 所示对话框中双击 Width Constraint 选项，弹出 Max-Min Width Rule 的对话框，如图 10.50 所示。

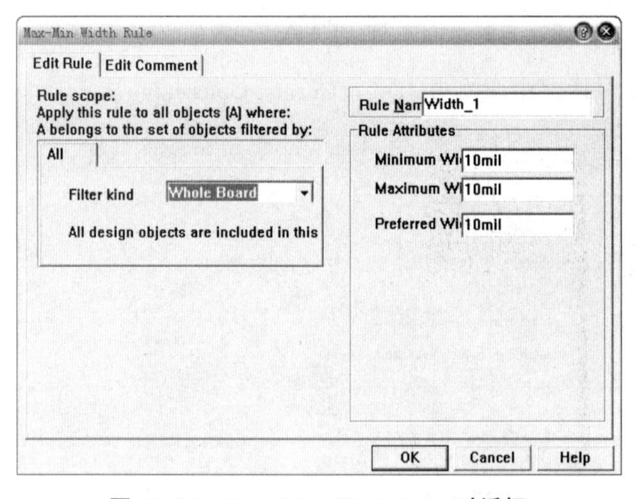

图 10.50　Max-Min Width Rule 对话框

在右边的 Rule Attributes 区域中，设置布线宽度的最小值（Minimum Width）、最大值（Maximum Width）和首选值（Preferred Width）。首选值用于自动布线和手工布线。在实际应用中，通常要加大某些网络的线宽（如地线等），可以再设置一个专门针对该网络的线宽。

三、自动布线的预处理

1. 预布线

在实际工作中，自动布线前常常需要对某些重要的网络进行预布线，然后运用自动布线功能完成余下的布线工作。预布线可以通过执行主菜单 Auto Route 下的菜单命令自动实现，也可通过菜单 Place/Line 进行。Auto Route 下的子菜单命令及功能如表 10.15 所示。

表 10.15　Auto Route 子菜单命令及功能

序号	名称	功能	用法
1	AutoRoute/Net	指定网络自动布线	选择该命令，将光标移到需要布线的网络上单击，该网络立即被自动布线
2	AutoRoute/Connection	指定飞线自动布线	选择该命令，将光标移到需要布线的某条飞线上单击，则该飞线所连接的焊盘就被自动布线
3	AutoRoute/Component	指定元件自动布线	选择该命令，将光标移到需要布线的元件上单击，则与该元件的焊盘相连的所有飞线就被自动布线
4	AutoRoute/Area	指定区域自动布线	选择该命令，用鼠标拉出一个区域，程序自动完成指定区域内的自动布线，且全部或部分在指定区域内的飞线都完成自动布线

2. 锁定某条预布线

在自动布线前，如果要锁定某条预布线，可以双击该连线，屏幕弹出 Track（导线）属性对话框，如图 10.51 所示。

在此对话框中单击 Global >> 按钮，出现导线全局编辑对话框，如图 10.52 所示。

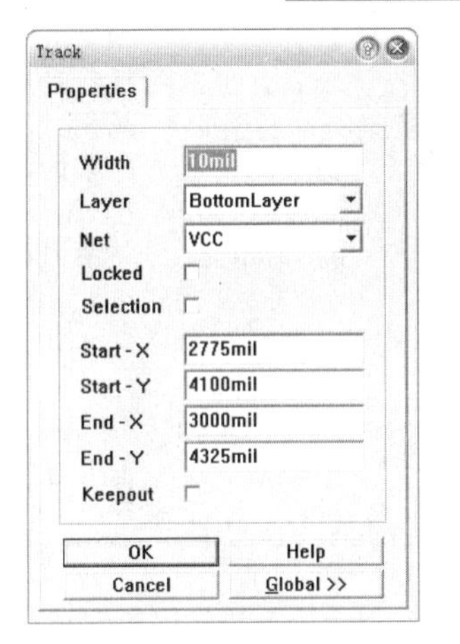

图 10.51　Track 属性对话框

图 10.52　导线全局编辑对话框

在此对话框中，将 **Attributes To Match By** 栏中的“Selection”设置为“Same”，在“Copy Attributes”栏中选中“Locked”复选框，将“Change Scope”下拉列表框设置为“All FREE primitives”，然后单击 OK 按钮，屏幕弹出属性修改确认对话框，单击 Yes 按钮确认修改，该预布线即被锁定，此后在自动布线时，该线不会被修改。

3. 锁定所有预布线

在布线时，如果已经针对某些网络进行了预布线，若要在自动布线时保留这些预布线，可以在自动布线选项中设置锁定所有预布线功能。

执行菜单命令 Auto Route/Setup，弹出自动布线器设置对话框，如图 10.53 所示。

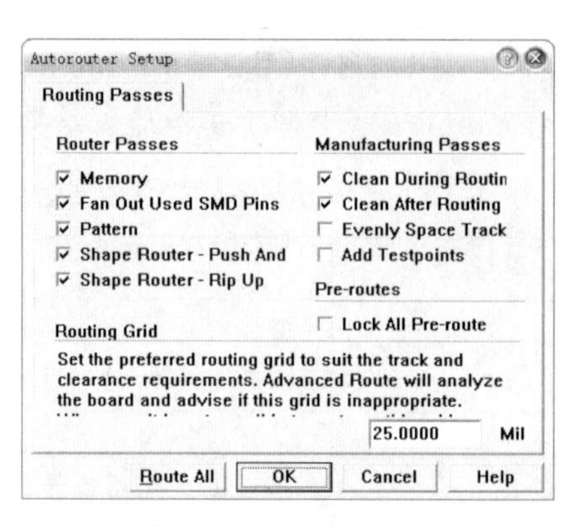

图 10.53　自动布线器设置对话框

选中右边 **Pre-routes** 栏的 **Lock All Pre-route** 复选框，单击 OK 按钮，实现锁定所有预布线功能。

四、运行自动布线

设置好布线规则后，就可以进行自动布线了。单击主菜单 Auto Route，或按下快捷键 A，可选择自动布线的方法。各命令的意义与功能如表 10.16 所示。

表 10.16　自动布线命令及功能

序号	功能	名称	用法
1	全局布线	All	（1）执行菜单命令 Auto Route/All。 （2）系统弹出如图 10.53 所示的自动布线设置对话框。采用默认设置，可实现自动布线。其中三个复选框的功能说明如下： **Evenly Space Track**：选中该复选框，则当集成电路的焊盘间仅有一条走线通过时，该走线将由焊盘间距的中间通过。 **Add Testpoints**：选中该复选框，将为电路板的每条网格线都加入一个测试点。 **Lock All Pre-route**：选中该复选框，在自动布线时，可以保留所有的预布线。 （3）设置完成后，系统开始对电路板进行自动布线，布线结束后，弹出一个自动布线的信息对话框，显示布线情况，如布通率、完成布线的条数、没有完成的布线条数和花费的布线时间
2	对选定网络进行布线	Net	执行菜单命令 Auto Route/Net，光标变成“十”字形。移动光标到某网络的其中一条飞线上并单击，对这条飞线所在的网络进行布线
3	对选定飞线进行布线	Connection	执行菜单命令 Auto Route/Connection，光标变成“十”字形，仅对该飞线进行布线，不影响该飞线所在的网络连接
4	对选定元件进行布线	Component	执行菜单命令 Auto Route/Component，光标变成“十”字形，移动光标到布线的元件上单击，与所选中元件相连接的导线全部布完
5	对选定区域进行布线	Area	执行菜单命令 Auto Route/Area，光标变成“十”字形，按住鼠标左键，拖动一个矩形区域，将对这个区域内的所有元件和导线实行布线
6	其他布线命令	stop	停止自动布线
		Reset	对电路重新布线
		Pause	暂停自动布线过程
		Restart	重新开始自动布线过程，与 Pause 命令相配合

学习任务 4 PCB 手工调整

自动布线完成后，PCB 的设计并没有结束。虽然 Protel 99 SE 自动布线的布通率可达100%，但有些地方的布线仍不能令人满意。另外，还要完成对标注字符串的调整和添加、对电路输入/输出的处理，以及导线宽度调整、填充的放置和确定螺钉固定孔等操作。因此，往往需要设计者在自动布线的基础上进行多次修改，才能使 PCB 设计得更完善，下面讲解如何进行手工调整 PCB。

一、调整布线

如果对自动布线的结果不太满意，则可以拆除以前的布线。Protel 99 SE 系统的 PCB 板设计主菜单 Tools/Un-Route 提供了 4 种常用的拆除布线的命令，如表 10.17 所示。

表 10.17 拆除布线命令的名称和功能

序号	命令	功 能
1	Tools/Un-Route/All	拆除所有的布线，进行手工调整
2	Tools/Un-Route/Net	拆除所选布线网络，进行手工调整
3	Tools/Un-Route/Connection	拆除所选的一条连线，进行手工调整
4	Tools/Un-Route/Component	拆除与所选的元器件相连的导线，进行手工调整

拆除导线后，可以采用手工布线的方法重新布线。调整布线的操作步骤如下：

（1）执行菜单命令 Tools/Un-Route，在弹出的子菜单中选择操作命令。

（2）当选择 All 时，如果电路板上有预布线，系统会弹出对话框，询问是否连同预布线一起拆除。选择“是”，将 PCB 图中所有的布线全部拆除。选择“否”，除预布线外的导线被拆除。

当选择 Net、Connection 或 Component 命令时，光标会变成“十”字状，移动光标到要拆除的网络、连线或元件，单击后相应的导线即被拆除。

（3）执行菜单命令 Place/Interactive Routing，或在工作窗口单击鼠标右键，在弹出的快捷菜单中选择 Interactive Routing，对拆除的导线进行手工布线。

二、添加电源/地的输入端与信号的输出端

如果电路板需要用导线从外边接入电源，同时用导线向外边输出信号，这些工作都是自动布线无法完成的。有两种解决方法：

（1）在电路板上放置焊盘，并将它们和相应的网络连接起来。

① 在 PCB 图的合适位置，放置两个焊盘，如图 10.54 所示。

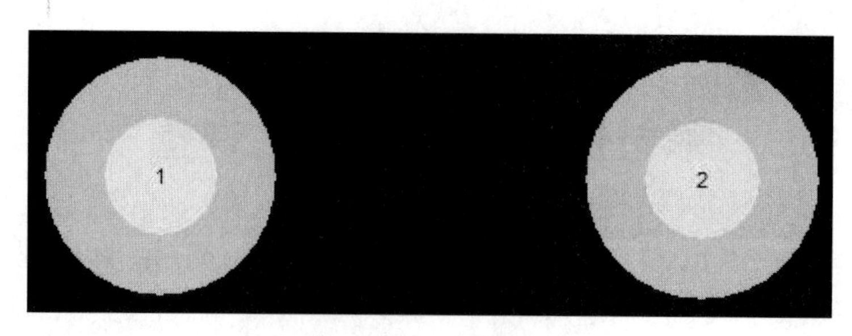

图 10.54　放置焊盘

② 分别查看所放置焊盘的属性。在焊盘属性对话框中，单击 Advanced 选项卡，弹出如图 10.55 所示的对话框。

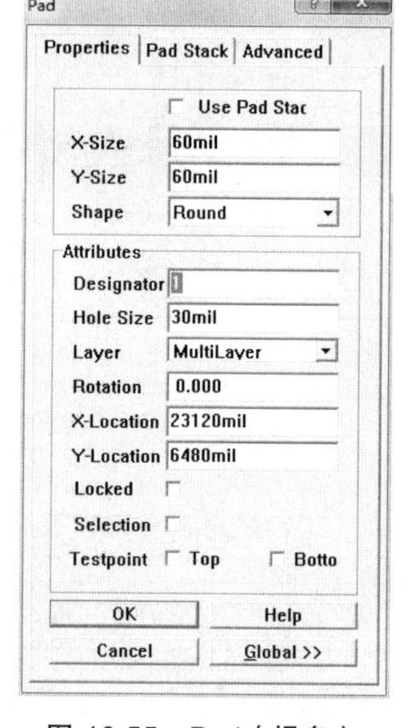

图 10.55　Pad（焊盘）属性对话框

在 Net 下拉列表中选择焊盘所在的网络，以设置焊盘的网络属性。如电源焊盘，属于 VCC 网络；地线焊盘，属于 GND 网络。

③ 执行自动布线命令 Auto Route/Connection，或执行手工布线命令 Place/Interactive Routing，完成三个焊盘与相应网络的布线连接。

（2）在电路板上放置一个接插元件并将它连接到网络上。

返回到原理图编辑器，在电气原理图中添加接插元件并连入到电路中，然后生成网络表，再重新编辑 PCB 文件，这种方法是可行的，但比较烦琐。可以在 PCB 图中直接添加接插元件，通过网络表管理器把该元件连到网络中。具体的操作步骤如下：

① 在 PCB 图中的合适位置，先放置一个有两个焊盘的接插元件，元件封装为 SIP2，元件标号为 I/O。

② 将该元件的焊盘连入网络。I/O-1 引脚接入 GND 网络，I/O-2 引脚接入 VCC 网络。

③ 执行自动布线命令 Auto Route/Connection 或执行手工布线命令 Place/Interactive Routing，完成元件 I/O 与相应网络的布线连接。

三、电源线/接地线的加宽

在 PCB 设计过程中，往往需要将电源线、接地线和通过电流较大的导线加宽。将电源线/接地线加宽的方法有三种，其中手工操作的方式，前面已经讲过。这里主要讲解另外两种方法。

1. 自动布线时加宽

在自动布线时，要求电源网络（VCC）和接地网络（GND）的导线宽度为 50 mil，其他网络的线宽为 10 mil。具体操作步骤如下：

（1）在自动布线的规则设置中设置 Width Constraint（布线宽度）时，将弹出如图 10.56 所示的布线宽度对话框。

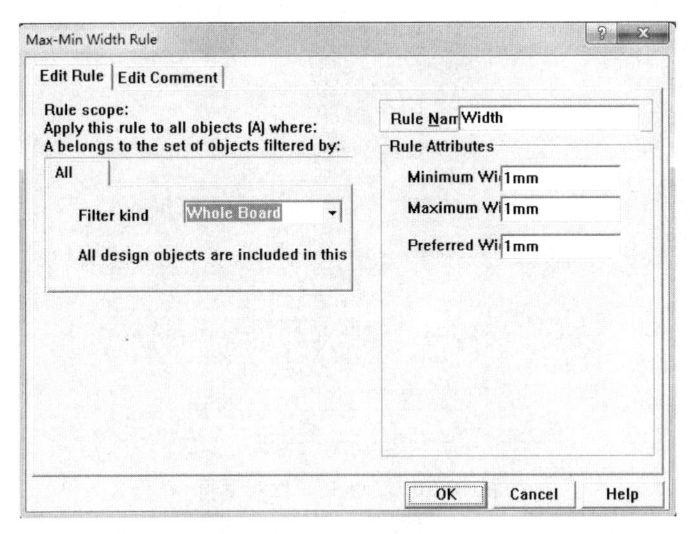

图 10.56　布线宽度对话框

（2）在 Filter kind 下拉列表框中，默认规则的适用范围是 Whole Board。单击打开其下拉列表，选择 Net。在其下方的 Net 下拉列表中选择要加宽的导线所在的网络名，如 VCC，如图 10.57 所示。

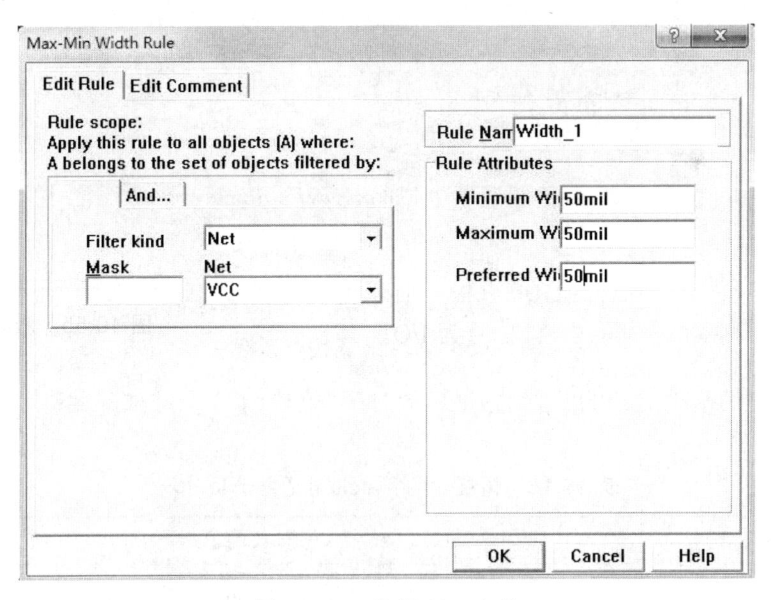

图 10.57　选择 Net 布线

在图中右边的 Rule Attributes 选项区域中，设置布线的最大、最小和首选值（50 mil），其中首选值在布线时采用。最后，单击 OK 按钮完成设置。

（3）执行 Auto Route/All 命令，完成布线。

2. 采用全局编辑功能加宽导线

设置自动布线规则时，所有网络的走线线宽都为 10 mil。现在需将 VCC 和 GND 网络的导线线宽增加为 50 mil，具体操作步骤为：

（1）双击要加宽的导线（如 VCC），弹出 Track 属性设置对话框，如图 10.58 所示。

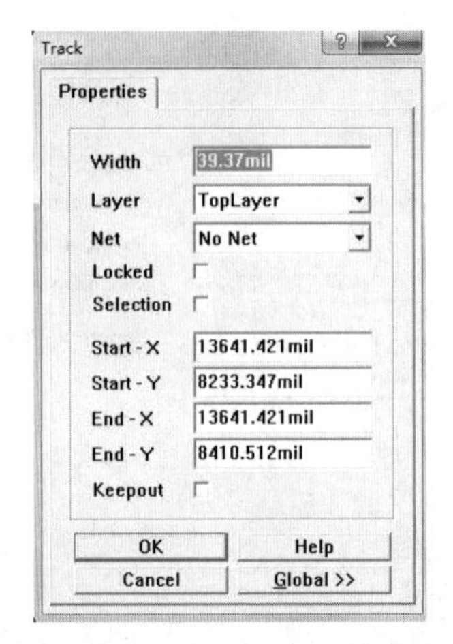

图 10.58 Track 属性对话框

（2）在 Track 属性对话框中，单击右下方的 Global >> 按钮，弹出如图 10.59 所示的对话框。

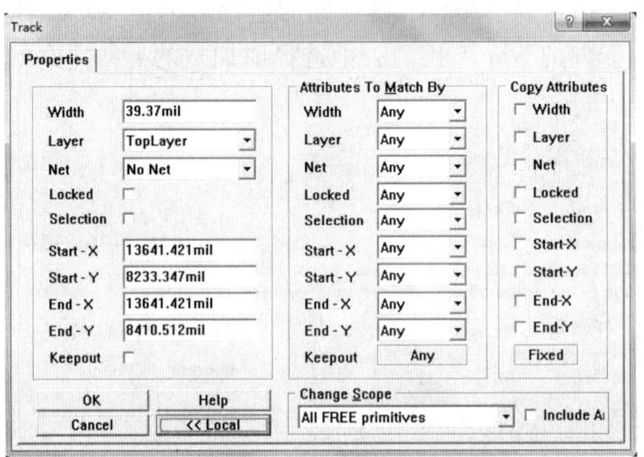

图 10.59 Track 属性对话框

在原对话框的基础上，可以看到拓展后的对话框增加了 3 个选项区域，其功能如表 10.18 所示。

表 10.18 拓展后的 Track 对话框选项功能

<table>
<tr><th>序号</th><th>选项名称</th><th colspan="2">选项功能</th></tr>
<tr><td rowspan="3">1</td><td rowspan="3">Attributes to Match By</td><td rowspan="3">主要设置匹配条件。各下拉列表框都对应某一个对象和匹配条件。对象包括导线宽度（Width）、层（Layer）、网络（Net）等。对象匹配的条件有三个选项</td><td>Same（完全匹配才列入搜索条件）</td></tr>
<tr><td>Different（不一致才列入搜索条件）</td></tr>
<tr><td>Any（无论什么情况都列入搜索条件）</td></tr>
<tr><td>2</td><td>Copy Scope</td><td colspan="2">主要负责选取各属性复选框要复制或替代的选项</td></tr>
<tr><td rowspan="3">3</td><td rowspan="3">Change Scope</td><td rowspan="3">主要设置搜索和替换操作的范围</td><td>All Primitive：要更新所有的导线</td></tr>
<tr><td>All FREE primitive：指对自由对象进行更新</td></tr>
<tr><td>Include Arcs：将圆弧视为导线</td></tr>
</table>

（3）在全局编辑对话框中进行设置，在 Width 文本框中输入 50 mil，在 Attributes To Match By 选项区域中的 Net 下拉列表框中选取 Same，选中 Copy Attributes 选项区域的 Width 复选框。设置结果的含义为：对所选取的导线，如果是与选取导线在同一网络内的所有导线，要改变其宽度，变为 50 mil。最后，单击 OK 按钮。系统将弹出 Confirm 对话框，如图 10.60 所示。

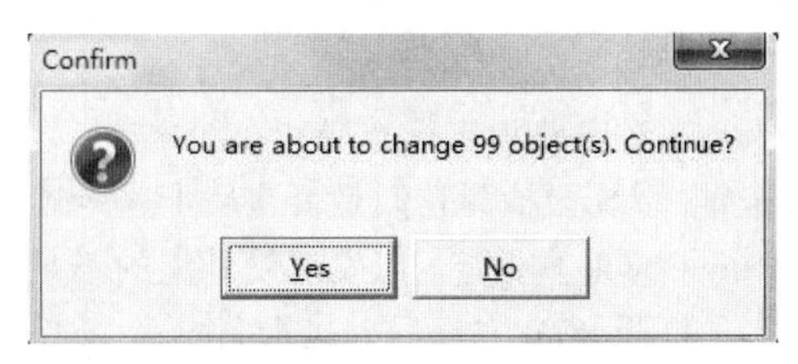

图 10.60 Confirm 对话框

（4）单击 Yes 按钮，符合设置条件的导线宽度被改变。

四、文字标注的调整与添加

文字标注是指元件的标号、标称值和对电路板进行标识的字符串。在对电路板进行自动布局和自动布线后，文字标注的位置有时可能不合理，整体显得比较凌乱，根据需要可以进行调整，也可再添加一些文字标注。

1. 调整文字标注

（1）移动文字标注的位置：将光标移到要调整的文字标注上，按住鼠标左键，光标变成“十”字状，然后移动文字标注到合适的位置，放开鼠标左键即可。

（2）文字标注的内容、角度、大小和字体的调整：将光标移到要调整的文字标注上，双击该文字标注，在弹出的属性对话框中，对 Text（内容）、Height Width（大小）、Rotation（旋转）和 Font（字体）等进行修改。

2. 添加文字标注

（1）将当前工作层切换为 Top OverLay（顶层丝印层）。

（2）执行菜单命令 Place/String，光标变成“十”字状，按下 Tab 键，在弹出的字符串属性对话框中，对字符串的内容、大小等参数进行设置。

（3）设置完成后，移动光标到合适的位置并单击，放置一个文字标注。再单击鼠标右键，结束命令状态。

五、放置螺丝孔

如果需要将电路板固定到机箱里，或是将元件的散热片固定在电路板上，就需要在电路板上打出一些螺丝孔。这些孔与焊盘不同，焊盘的中心是通孔，孔壁上有电镀膜，孔口周围是一圈铜箔，而螺丝孔一般不需要导电部分。但是，仍可以用放置焊盘的方法来制作螺丝孔。其步骤如下：

（1）执行放置焊盘操作。

（2）设置焊盘的属性。在焊盘的属性对话框中，单击 Properties 选项卡，选择圆形焊盘，并设置 X-Size、Y-Size 和 Hole-Size 文本框中的数据相同，目的是取消焊盘的孔口铜箔。孔的尺寸要与螺丝的直径相符。在 Advanced 选项卡中，使 Plated 复选框无效，这样就可以取消通孔壁上的电镀。

（3）单击 OK 按钮，即制成了一个螺丝孔。

（4）用同样的方法，放置另外三个螺丝孔。

六、DRC 校验

在对电路板进行布局和布线之前，会设置相应的设计规则，所以，在执行布局与布线操作时，系统会检测它们是否违反了这些规则。在 Protel 99 SE 中，提供了设计规则检查（Design Rule Check）功能，以发现设计上的不足之处，及时改正。

打开 PCB 文件后，执行菜单命令 Tools/Design Rule Check，系统会弹出如图 10.61 所示的 Design Rule Check 对话框。

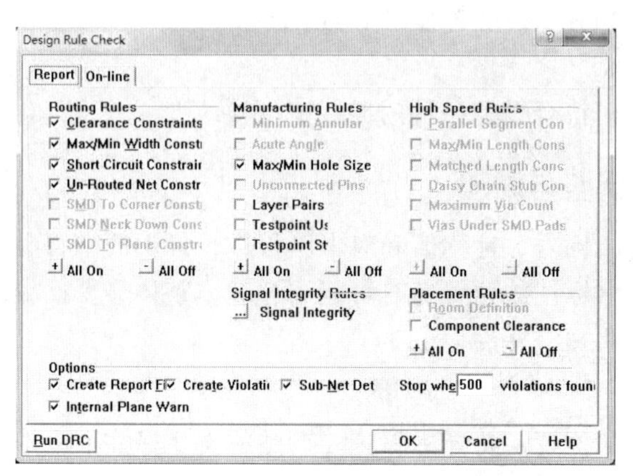

图 10.61　Design Rule Check 对话框

该对话框共有 Report 和 On-line 两个选项卡。

1. Report 选项卡

在 Report 选项卡中，选取需要检查的规则选项，然后单击对话框左下角的 Run DRC 按钮，就可以启动 DRC 运行。

在 Options 选项区域，选取 Create Report File 项，把检查结果生成一个扩展名为“.Drc”的报表文件；选取 Create Violation 项，在电路板中查出有违反规则的地方，用高亮绿色表示。检查报告的示例如图 10.62 所示。

```
Protel Design System Design Rule Check
PCB File : 4 Port Serial Interface\4 Port Serial Interface Board.pcb
Date     : 9-Jun-2014
Time     : 16:02:30

Processing Rule : Hole Size Constraint (Min=1mil) (Max=100mil) (On the board )
   Violation        Pad Free-3(11610mil,5825mil)  MultiLayer  Actual Hole Size = 140mil
   Violation        Pad Free-2(11610mil,2525mil)  MultiLayer  Actual Hole Size = 140mil
   Violation        Pad Free-1(6795mil,2550mil)  MultiLayer  Actual Hole Size = 125mil
   Violation        Pad J1-0(11470mil,5555mil)  MultiLayer  Actual Hole Size = 125mil
   Violation        Pad J1-0(11470mil,3043mil)  MultiLayer  Actual Hole Size = 125mil
Rule Violations :5

Processing Rule : Minimum Annular Ring (Minimum=-50mil) (Is Pad Free-3 )
   Violation        Pad Free-3(11610mil,5825mil)  MultiLayer  (Annular Ring=-90mil)
Rule Violations :1

Processing Rule : Minimum Annular Ring (Minimum=-50mil) (Is Pad Free-2 )
   Violation        Pad Free-2(11610mil,2525mil)  MultiLayer  (Annular Ring=-90mil)
Rule Violations :1

Processing Rule : Minimum Annular Ring (Minimum=-50mil) (Is Pad Free-1 )
   Violation        Pad Free-1(6795mil,2550mil)  MultiLayer  (Annular Ring=-75mil)
Rule Violations :1

Processing Rule : Minimum Annular Ring (Minimum=9mil) (On the board )
Rule Violations :0

Processing Rule : Width Constraint (Min=18mil) (Max=18mil) (Prefered=18mil) (Is on net -12V )
Rule Violations :0

Processing Rule : Width Constraint (Min=18mil) (Max=18mil) (Prefered=18mil) (Is on net +12V )
Rule Violations :0

Processing Rule : Width Constraint (Min=18mil) (Max=18mil) (Prefered=18mil) (Is on net NetD1_K )
Rule Violations :0

Processing Rule : Width Constraint (Min=18mil) (Max=18mil) (Prefered=18mil) (Is on net NetD2_A )
Rule Violations :0
```

图 10.62　报表文件

2. On-line **选项卡**

若想在线运行 DRC 检查，则单击打开 On-line 选项卡，如图 10.63 所示。

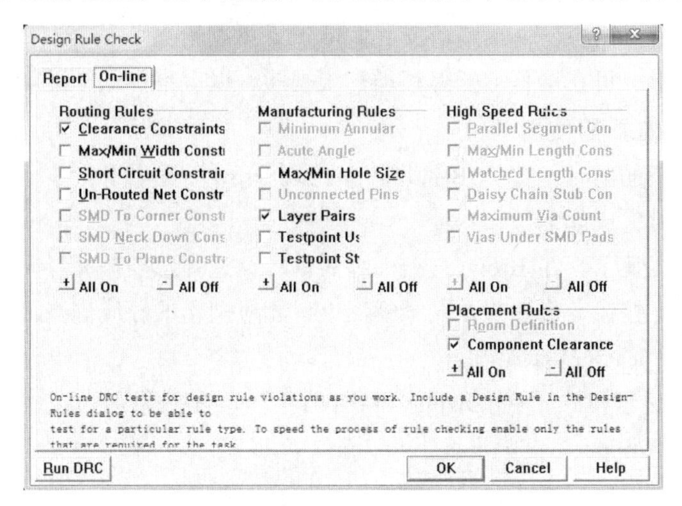

图 10.63 On-line（在线监测）选项卡

设定需要检查的规则选项，单击 OK 按钮，让 DRC 在后台运行，实时监测设计规则，直到 DRC 检测没有违反设计规则为止。

七、PCB 的 3D 显示

Protel 99 SE 系统提供了 3D 预览功能，使用该功能，可以很方便地看到加工成型之后的 PCB 和在电路板焊接元件之后的效果，使设计者对设计好的 PCB 有一个较直观的印象。

1. **生成 PCB 的三维视图和 3D 预览文件的操作过程**

执行菜单命令 View/Board in 3D，在工作窗口会生成 PCB 的三维视图，同时生成 3D 预览文件，如图 10.64 所示。

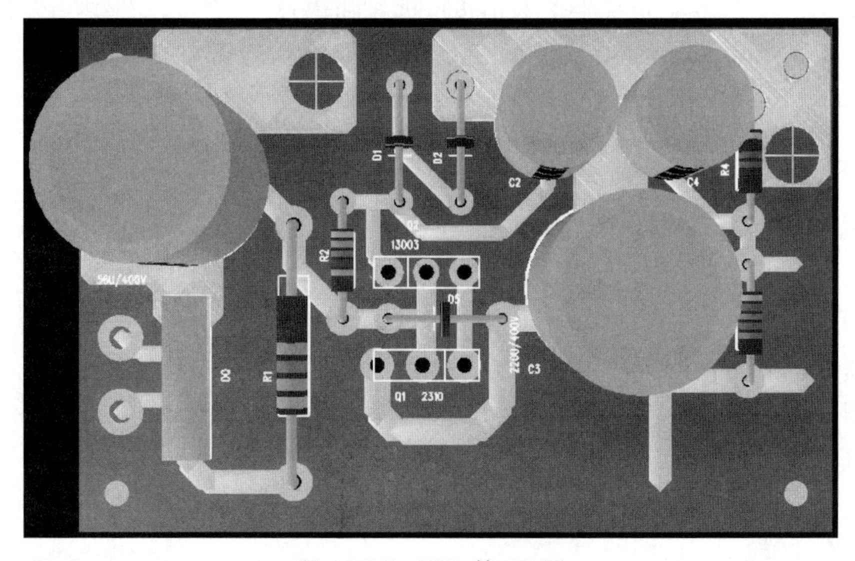

图 10.64 PCB 的 3D 图

2. 与 PCB 三维视图有关的操作

使用主工具栏的放大按钮或按 PageUp 键，可放大三维视图；使用主工具栏的缩小按钮或按 PageDown 键，可缩小三维视图；按下 End 键，可刷新屏幕显示；在工作窗口按住鼠标右键，光标变成手形，可在屏幕上任意移动三维视图，以观察不同的部位。

3. PCB 3D 浏览器的使用

在生成三维视图的同时，在 PCB 管理器中出现 Browse 选项卡。

在此选项卡中可完成如下操作：

（1）网络的高亮显示。在 Browse Nets 列表框中，选择想要高亮显示的网络，然后再单击下面的 HighLight 按钮，会发现在三维视图上，相应网络的导线高亮显示。要取消高亮显示的网络，则单击 Clear 按钮即可。

（2）三维视图显示模式。在 Display 栏有四个复选框，分别为 Components（元件）、Silkscreen（丝印）、Copper（铜膜导线）和 Text（文字）。选取某项后，则在三维视图上仅显示该对象的内容。

（3）选中 Wire Frame 复选框，将用空心线段来描述 3D 视图。

（4）旋转三维视图。将光标放在浏览器左下方的小窗口中，光标变成带箭头的“十”字状，按住鼠标左键并旋转，会发现三维视图也随之旋转，可从各个角度观察 PCB。

4. 打印 3D 视图

执行菜单命令 File/Print，可打印输出 3D 视图。

学生职业技能测试项目

系（部）______________________

专　　业______________________

课　　程______________________

项目名称　PCB 布局、布线、手工调整

适应年级______________________

一、项目名称：PCB 布局、布线、手工调整

二、测试目的

（1）PCB 绘图工具栏的使用。

（2）PCB 布局。

（3）PCB 布线。

（4）PCB 手工调整。

三、测试内容（图表、文字说明、技术要求、操作要求等）

1. PCB 布局

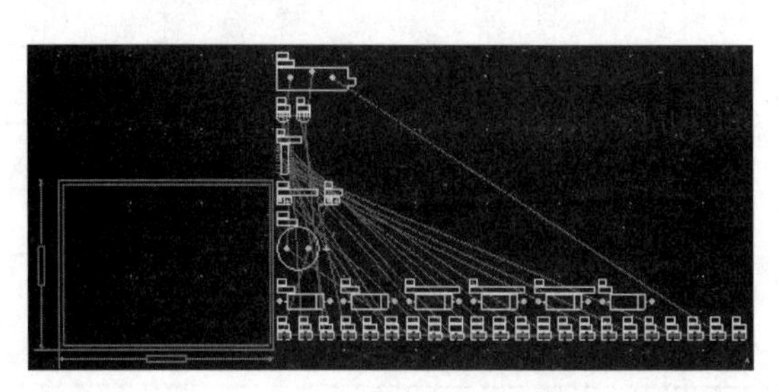

（1）元器件的自动布局。

（2）手工调整元器件的布局。

2. PCB 布线

布线规则：

① 双面板，即 Top Layer：Horizontal；Bottom Layer：Vertical。

② 边框线宽为 10 mil，同时标出边框尺寸。

③ 导线与导线、导线与孔、孔与焊盘的最小安全距离。

④ 线宽设定。

3. PCB 手工调整

（1）调整布线。

（2）添加电源/地的输入端与信号的输出端。

（3）电源线/接地线的加宽。

（4）PCB 的 3D 显示。

注：测试时间为 120 分钟。

四、评分标准

序号	评分点名称	评分点评分标准	评分点配分
1	PCB 布局	按布局合理度给分	40
2	PCB 布线	按应用的熟悉程度给分	40
3	PCB 手工调整	按应用的熟悉程度给分	20

五、有关准备

材料准备（备料、图或文字说明）	FM 收音机导入网络表的 PCB 文件
设备准备（设备标准、名称、型号、精确度、数量等）	配备 Windows XP 操作系统的微机一台
工具准备（标准、名称、规格、数量）	安装有 Protel 99 SE 的计算机一台
场地准备（面积、考位、照明、电水源等）	可在计算机中心机房测试。
操作人数（个人独立完成或小组协作完成）	一人，个人独立完成
特殊要求说明	无

六、需要说明的问题和要求

（1）测试应在学生学习完相应内容之后进行。
（2）测试之前应进行必要的练习。

七、评分记录

班级__________ 学生姓名（学号）____________________

序号	评分点名称	评分点配分	评分点实得分
1	PCB 布局	40	
2	PCB 布线	40	
3	PCB 手工调整	20	

评委签名____________________

考核日期____________________

项目十一
制作元器件封装库与元件封装管理

学习任务 1　元件封装简介
学习任务 2　PCB 元器件编辑器简介
学习任务 3　元件封装制作实例
学习任务 4　元件封装管理

随着电子产业的飞速发展，新型元器件层出不穷，即使是同一类型的元器件，不同的生产厂家仍可能采用不同的封装形式。虽然 Protel 提供了较为强大的元器件封装库，也仍无法完全满足设计者的需求。

在设计 PCB 的过程中，常会遇到这样的问题：一个新型元器件在现有的 Protel 封装库中找不到合适的封装类型与之相匹配，需要设计者制作元器件封装。因此，在制作元器件封装之前，有必要先了解一些元件封装知识。

学习任务 1　元件封装简介

在 PCB 设计中，元件封装是指放置在 PCB 上的元器件的实际管脚的分布结构，即外形与管脚分布结构图。

值得注意的是，PCB 设计中的元件封装与原理图设计过程中的元器件是两个不同的概念。原理图中的元件用来说明元件的电气性能，其外形尺寸是无关紧要的，而 PCB 设计过程中的元件封装，它着重实际器件外形尺寸与管脚结构。所以，一方面，同种元件可以有不同的封装形式。比如电阻，由于功率不同，其外形和焊盘间距也不同。常用电阻的封装形式有 AXIAL-0.3、AXIAL-0.4、AXIAL-0.6 等，如图 11.1 所示。

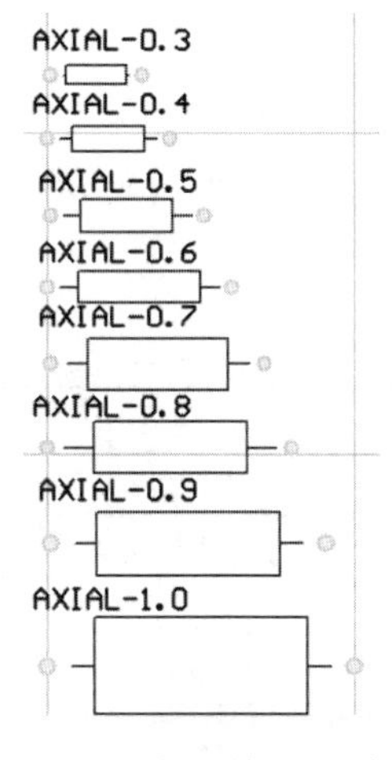

图 11.1　电阻的不同封装

另一方面，不同的元件也可能有相同的封装形式。如普通电阻的封装 AXAIL-0.4 在外形和焊盘位置的分布上与普通二极管的封装 DIODE-0.4 基本一样，两者可以共用一个封装，如图 11.2 所示。

元件封装根据焊接形式的不同可以分为两类，即直插式元件封装和表面贴装式元件封装。

AXIAL-0.4

DIODE-0.4

图 11.2　两种相似的封装

一、直插式元件封装

直插式元件封装带有针式管脚，在 PCB 上元件直接通过焊盘从顶层通到底层。这类元件可用手工焊接和波峰焊技术完成焊接工作。其外形尺寸一般比较大。如图 11.1 和图 11.2 所示所示即为直插式元件封装。在图 11.1 中，封装名称分别为 AXIAL0.3、AXIAL0.4、AXIAL0.5、AXIAL0.6、AXIAL0.7、AXIAL0.8、AXIAL0.9、AXIAL1.0。这些封装名称的不同之处是后面的数字，它们表示两个焊盘之间的距离。这 8 个电阻封装的两个焊盘之间的距离分别为 300 mil、400 mil、500 mil、600 mil、700 mil、800 mil、900 mil、1 000 mil。

二、表面贴装式元件封装

表面贴装式元件也称为贴片元件，这类元件的焊接不需要钻孔，而是通过将 PCB 的表面焊盘与元件管脚粘贴在一起来完成焊接。这些元件的特点是体积小，容易制成结构比较紧凑的 PCB。图 11.3 所示是常见的表面贴装式元件的封装图。

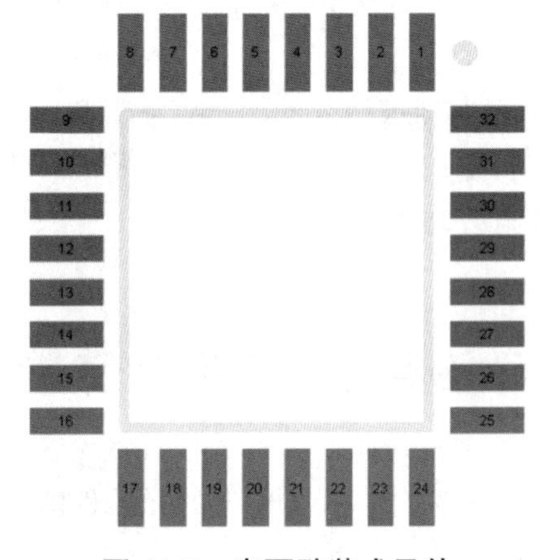

图 11.3　表面贴装式元件

三、元件封装外形

常见的元件封装外形有：单列直插式封装、双列直插式封装、Z 形直插式封装、扁平封装、四列直插式封装和三引脚封装。它们的英文缩写如表 11.1 所示。

表 11.1　常见元件封装外形名称中英文对照表

英文缩写	中文全称
SIP	单列直插式封装
DIP	双列直插式封装
ZIP	Z 形直插式封装（即把单列直插式封装的引脚交叉的反向弯曲）
PLAT	扁平封装
QIL	四列直插式封装
TO	三引脚封装

对应的元件封装外形如图 11.4 所示。

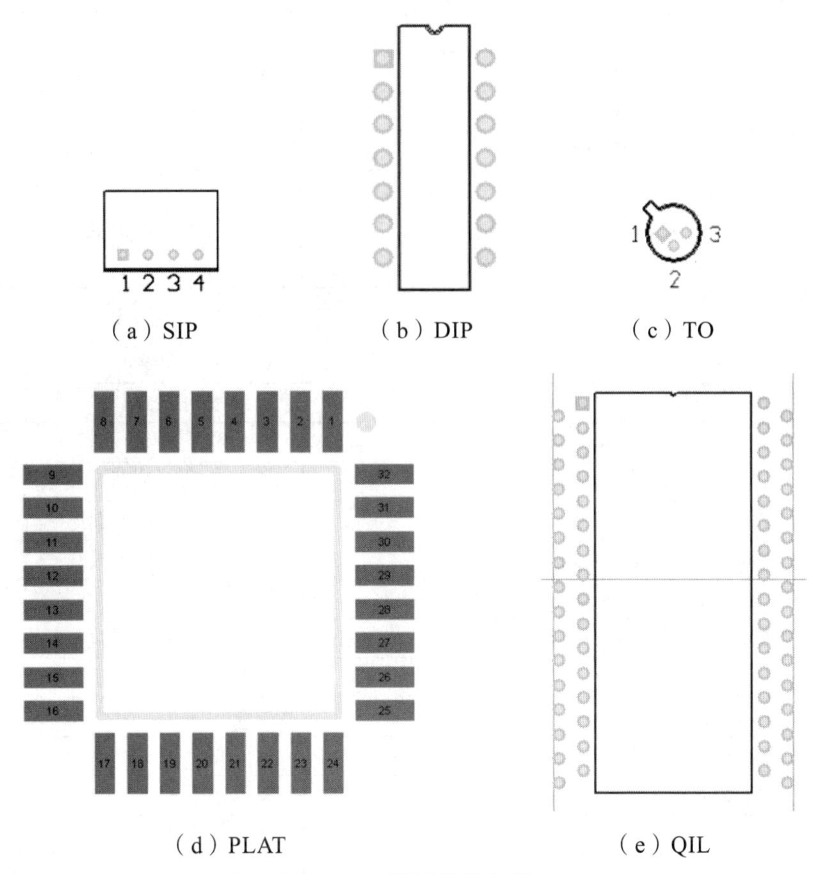

（a）SIP （b）DIP （c）TO

（d）PLAT （e）QIL

图 11.4 常用元件封装

四、常用元件封装名称简介

在制作元件封装之前，先介绍一些有关元件封装名称的基本常识。

1. 元件封装材料缩写

通常，元件的封装材料主要有三种：塑料、陶瓷和金属。这些材料在元件封装名称里通常用表 11.2 所示的字母代替。

表 11.2 元件封装材料英文缩写

英文缩写	中文全称
P	塑料
C	陶瓷
M	金属

2. 常用封装名称

一般来讲，元件封装的外形加上材料即构成封装名称。表 11.3 所列的是常用的元件封装名称。

表 11.3　常用元件封装名称

封装缩写	英文全称	中文全称
BGA	Ball Grid Array	球形栅格阵列封装
CERD	Ceramic Dual in package（CERDIL）	陶瓷双列引脚封装
CQFP	Ceramic Quad Flat Pack	陶瓷方形贴片封装
CPGA	Ceramic Pin Grid Arrays	陶瓷引脚栅格阵列封装
DIC	Dual in line package，metal-Ceramic	金属双列引脚封装
DIP	Dual in line package，Plastic	塑料双列引脚封装
FL WIRE	Capsulated chips with the Flexible gold WIREsi	带软金引脚的集成电路封装芯片
FP	Flat-Package，Plastic	塑料扁平封装
FPC	Flat-Package，Ceramic	陶瓷扁平封装
FPMG	Flat-Package，Metal-Glass	金属扁平封装
PLCC	Plastic Leaded Chip Carriers	塑料无引出脚芯片封装
PGA	Plastic Pin Grid Arrays	引脚栅格阵列装封
PQFP	Plastic Quad Flat Packs	塑料方形贴片封装
QUIC	Quadra in line Package，Ceramic	陶瓷四列引脚封装
QUIP	Quadra in line Package，Plastic	塑料四列引脚封装
QUAD	Quad Packs	方形贴片式封装
LCC	Ceramic Leadless Chip Carriers	陶瓷无引脚芯片封装
SIP	Single in Line package，Plastic	塑料单列引脚封装
SOP	Small Outline package，Plastic	塑料小尺寸封装
TO-3		大功耗双列绝缘引脚金属圆壳封装
TO-5		四周带引脚的玻璃钢圆壳封装
TO-18		三引脚小尺寸玻璃钢圆壳封装
TO-46		三引脚小尺寸玻璃钢圆壳封装
TO-92		三引脚小尺寸塑料圆壳封装
TO-220		带金属热流器的三引脚塑料扁平封装，分流器可固定在散热器上
TQFP	Thin Quad Flat Packs	正方形贴片封装
W-LCC	Ceramic Windowed Leadless Carriers	陶瓷窗口无引脚芯片封装
WPGA	Ceramic Windowed Pin Grid Arrays	陶瓷窗口引脚栅格阵列封装

五、元件封装的制作过程

1. 收集必要的资料

在开始制作封装之前，需要收集的资料主要包括该元件的封装信息。这个工作往往和收集原理图元件同时进行，因为用户手册一般都有元件的封装信息。此外，还可以上网查询相关信息。如果用以上方法仍找不到元器件的封装信息，只能先买回器件，通过测量得到器件的尺寸（用游标卡尺量取正确的尺寸）。

在 PCB 上假如使用英制单位，应注意公制和英制单位的转换。它们之间的转换关系是：1 in = 1 000 mil = 2.54 cm。

2. 绘制元件外形轮廓

在制作元件封装的过程中，首先应绘制出元件的外形轮廓，外形轮廓在 PCB 的丝印层（Top Overlay）上显示出该元件的顶视图。外形轮廓在放置元件时非常有用，如果轮廓足够精确，PCB 上元件排列就很整齐。轮廓不要画得太大，否则会占用过多的 PCB 的空间。

3. 放置元件引脚焊盘

焊盘需要的信息比较多，如焊盘外形、焊盘大小、焊盘序号、焊盘内孔大小、焊盘所在的工作层等。需要注意的是元件外形和焊盘位置之间的相对位置。元件外形容易测量，焊盘分布也容易测量，但两者之间的相对位置却难以准确测量。

学习任务 2　PCB 元器件编辑器简介

元件库编辑器与原理图设计编辑器界面相似，主要由元件库编辑管理器、主工具栏、菜单栏、常用工具栏、编辑区等组成。不同的是，在编辑区有一个“十”字坐标轴，而不是网格。元件库编辑器提供了两个重要的工具栏，即绘制图形工具栏和 IEEE 工具栏。下面简单地介绍元件库编辑器的组成及其界面的管理，使用户对元件库编辑器有一个简单的了解。

一、创建一个新的元件封装库

在 Protel 99 SE 的库文件夹（Library）中，有一个系统自带的元件封装库（库名为“PCB”），常用元件的封装都能从这个库中找到。用户可以创建一个新的元件封装库作为自己的专用库，把平时自己创建的特殊元件封装放置到这个专用库中（库名为“MyFootprint.PCBLIB”）。

制作元件封装和建立元件封装库是使用 Protel 99 SE 的元件封装编辑器来进行的。在项目“MyPCB.PRJPCB”下，执行 File/New/PCB Library 命令，就可以进入元件封装编辑器工作界面，如图 11.5 所示。然后可以执行 File/Save As 命令，将元件封装库保存起来。

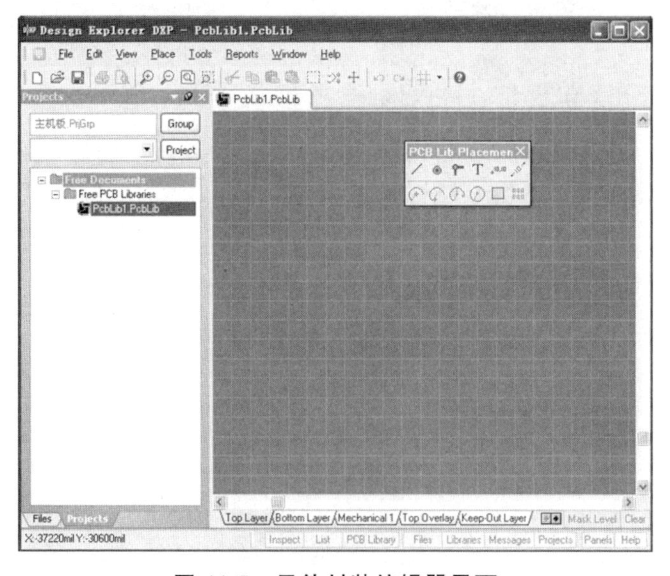

图 11.5　元件封装编辑器界面

二、元件封装编辑器

元件封装编辑器的界面和元件库编辑器的界面类似。下面简单地介绍一下元件封装编辑器的组成及其界面的管理，使用户对元件封装编辑器有一个简单的了解。

从图 11.5 中可以看出，整个编辑器可以分为以下几个部分：

（1）主菜单。主菜单的主要作用是给设计人员提供编辑、绘图命令，以便于创建一个新元件封装。

（2）元件编辑界面（Components Editor Panel）。元件编辑界面主要用于创建一个新元件，将元件放置到 PCB 工作平面上，还可用于更新 PCB 元件库，添加或删除元件库中的元件等各项操作。

（3）主工具栏（Main Toolbars）。主工具栏为用户提供了各种图标操作方式，可以让用户方便、快捷地执行命令和各项功能，如打印、存盘等操作均可以通过主工具栏来实现。

（4）绘图工具栏（Placement Tools）。元件封装编辑器提供的绘图工具同以往我们所接触到的绘图工具是一样的，它的作用类似于菜单命令 Place，就是在工作平面上放置各种图元，如焊点、线段、圆弧等。

（5）元件封装管理器。元件封装库管理器主要用于对元件封装库进行管理。单击项目管理器下面的 PCB Library 标签，就可以进入元件封装管理器，如图 11.6 所示。

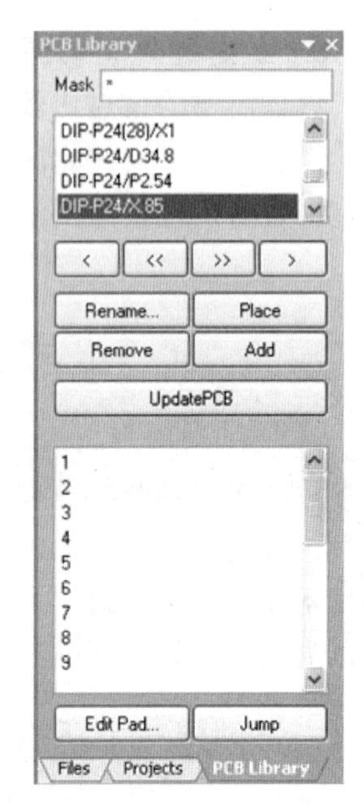

图 11.6　元件封装管理器

（6）状态栏与命令行。在屏幕最下方为状态栏和命令行，它们用于提示用户当前系统所处的状态和正在执行的命令。

学习任务 3　元件封装制作实例

一、手工制作元器件封装——双列直插封装（DIP16）

现以图 11.7 所示的双列直插封装（DIP16）为例，介绍手工制作 DIP 封装的步骤，并将创建的 DIP16 元件封装放置到用户自己的专用库中（库名为“MyFootprint.PCBLIB”）。

手工制作元件封装实际上就是利用 Protel 99 SE 提供的绘图工具，按照实际的尺寸绘制出该元件封装。

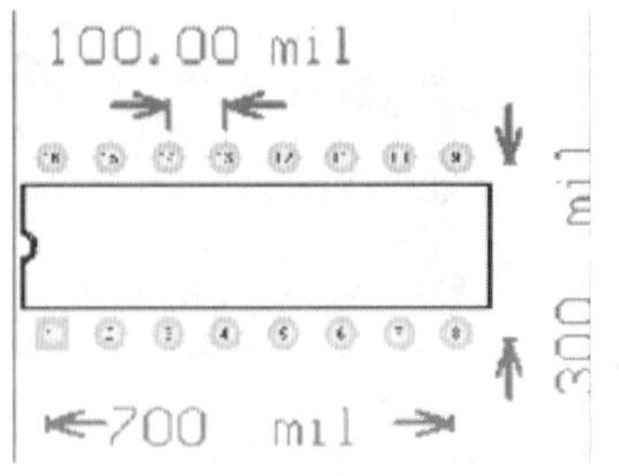

图 11.7　双列直插封装

1. 新建元件封装库

首先在项目管理器（Projects）面板中双击“MyFootprint.PcbLib”文件名，打开新创建的库文件。执行菜单命令 Tools/New Component，弹出如图 11.8 所示的界面。

图 11.8　元件封装向导

此界面是元件封装向导界面。单击 Cancel 按钮取消元件封装向导，进入手工制作环境。这时库里面会出现一个默认名称为“PCB COMPONENT_1-DUPLICATE”的空元件封装，如图 11.9 所示。

图 11.9　库中显示空元件封装名

将光标指到该封装名称处，单击鼠标右键，在弹出的菜单中执行 Rename 命令，然后在随后弹出的如图 11.10 所示的对话框中更改封装名称为“DIP16”，最后单击 OK 按钮，此时库中显示输入新元件封装名称“DIP16”。

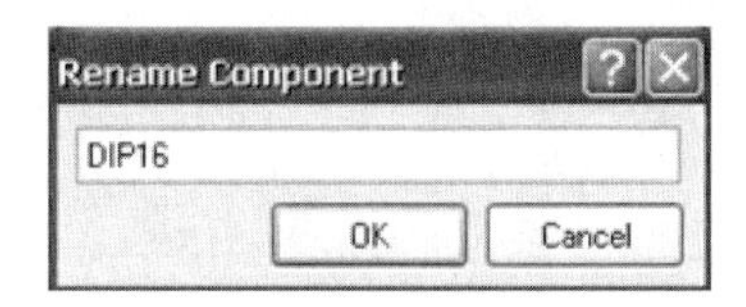

图 11.10　更改元件封装名称

2. 设置元件封装参数

在新建一个 PCB 元件封装库文件后，一般需要先对板面参数进行设置，例如度量单位、过孔的内孔层、鼠标移动的最小间距等。

设置板面参数的操作步骤如下：

（1）执行菜单命令 Tools/Library Options，系统将弹出图 11.11 所示的封装库参数设置对话框。

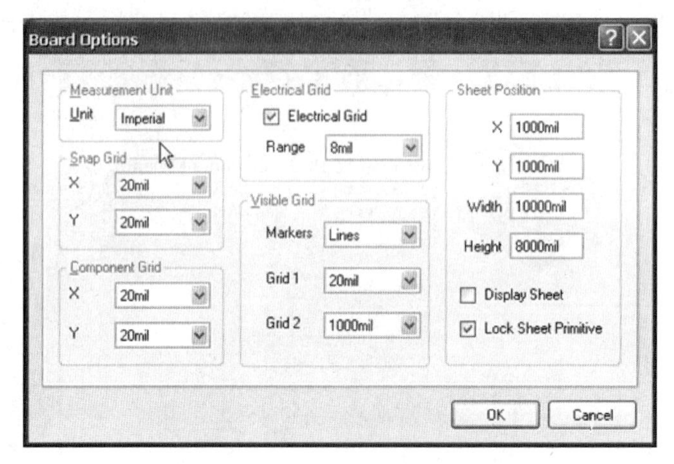

图 11.11　封装库参数设置对话框

（2）在该对话框中，板面参数都是分组设置的。

① Measurement Unit（度量单位）：用于设置系统度量单位。系统提供了两种度量单位，即 Imperial（英制）和 Metric（公制），系统默认为英制。

② Snap Grid（栅格）：用于设置移动栅格。移动栅格主要用于控制工作空间中的对象移动时的栅格间距，用户可以分别设置 X、Y 向的栅格间距。

③ Component Grid（元件栅格）：用于设置元件移动的间距。

④ Electrical Grid（电气栅格）：主要用于设置电气栅格的属性。

⑤ Visible Grid（可视栅格）：用于设置可视栅格的类型和栅距。

⑥ Sheet Position（图纸位置）：用于设置图纸的大小和位置。

3. 放置元件

放置元件的操作步骤如下：

（1）确定基准点。执行菜单命令 Edit/Jump/Location，系统将弹出如图 11.12 所示的对话框。

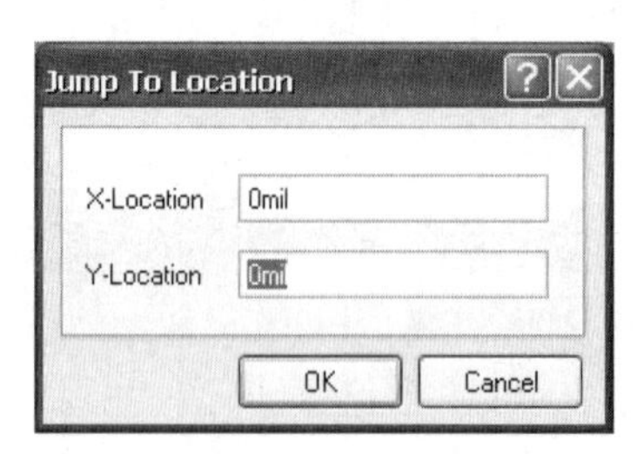

图 11.12　位置设置对话框

在 X/Y-Location 编辑框中输入原点坐标值（0，0），单击 OK 按钮后，光标指向原点位置。这是因为在元件封装编辑时，需要将基准点设定在原点位置。

（2）放置焊盘。单击绘图工具栏中的 ◉ 按钮，光标变为“十”字形，中间带有一个焊盘，且焊盘随着光标的移动而移动。移动到适当的位置后，单击鼠标将其定位。相邻焊盘间距为 100 mil，两列焊盘之间的间距为 300 mil。根据尺寸要求，连续放置 16 个焊盘，如图 11.13 所示。

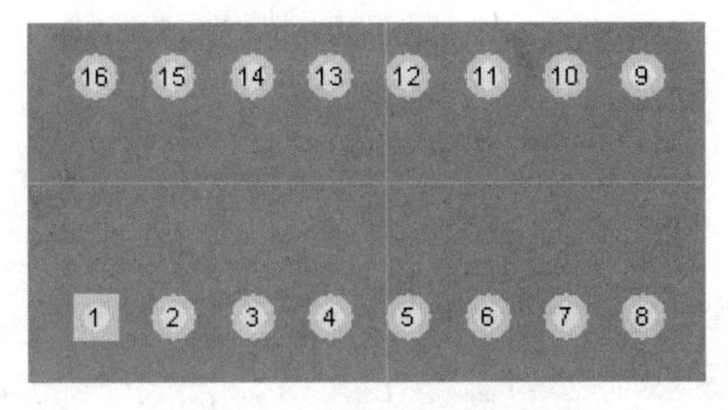

图 11.13　在图纸上放置焊盘

（3）修改焊盘属性。放置焊盘时，按 Tab 键可进入如图 11.14 所示的焊盘属性对话框，以便设置焊盘的属性。

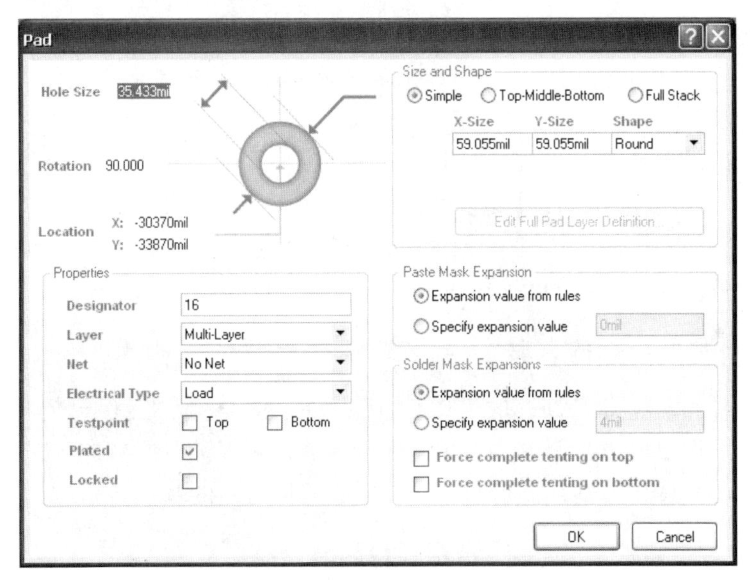

图 11.14　焊盘属性对话框

（4）放置外轮廓线。将工作层面切换到顶层丝印层，即 Top Overlay 层。单击绘图工具栏中的 按钮，光标变为“十”字形。将光标移动到适当的位置后，单击鼠标左键确定元件封装外形轮廓线的起点。接着拖动鼠标，绘制元件的外形轮廓，如图 11.15 所示。

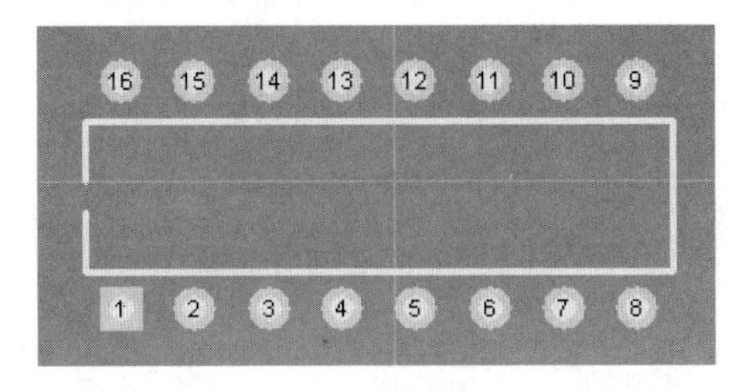

图 11.15　绘制外轮廓后的图形

（5）绘制圆弧。单击绘图工具栏中的 按钮，在外形轮廓线上绘制圆弧。圆弧的参数为：半径 25 mil，起始角 270°，终止角 90°。执行命令后，光标变为“十”字形。将光标移动到适当的位置后，先单击鼠标左键确定圆弧的中心，然后移动鼠标并单击右键确定圆弧的半径，最后确定圆弧的起点和终点。绘制完的图形如图 11.16 所示。

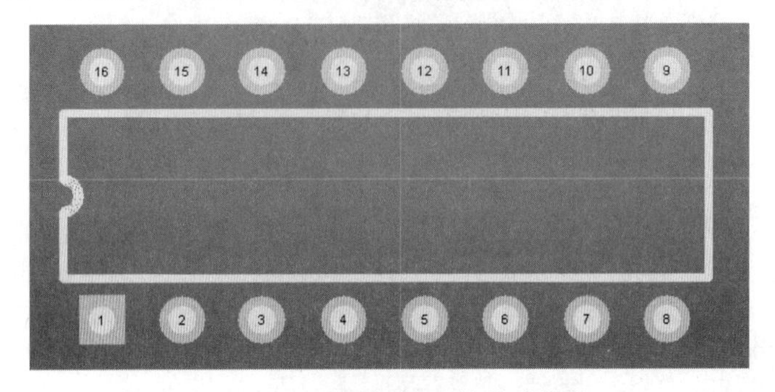

图 11.16　绘制好的元件外形轮廓

4. 设置元件封装的参考点

为了标记一个 PCB 元件用作元件封装，需要设定元件的参考坐标。通常设定 Pin1（即元件的引脚 1）为参考坐标。

设置元件封装的参考点可以执行 Edit/Set Reference 子菜单中的相关命令。其中有 Pin1、Center 和 Location 三条命令。如果执行 Pin1 命令，则设置引脚 1 为元件的参考点；如果执行 Center 命令，则表示将元件的几何中心作为元件的参考点；如果执行 Location 命令，则表示由用户选择一个位置作为元件的参考点。

二、使用封装向导制作封装 ——LCC 元件封装

手工制作元件封装是非常烦琐的工作，Protel 99 SE 提供的元件封装向导（Component Wizard）使设计工作变得非常简单，常用的标准封装都可以通过封装向导来实现。下面以图 11.17 所示的 LCC68 封装为例，介绍利用向导创建元件封装的基本步骤。

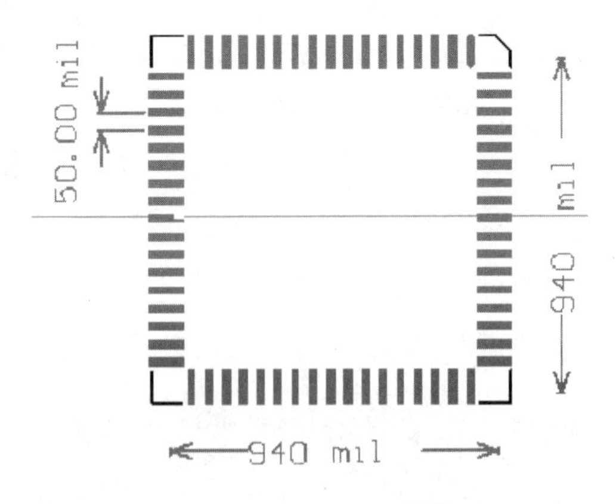

图 11.17　LCC68 封装

（1）在项目管理器（Projects）面板中双击“MyFootprint.PCBLIB”文件名，打开新创建的库文件。执行菜单命令 Tools/New Component，弹出如图 11.18 所示的界面，此界面是元件封装向导界面。然后就可以选择封装形式，并可以定义设计规则。

图 11.18　元件封装向导

（2）用鼠标左键单击 Next > 按钮，系统将弹出如图 11.19 所示的对话框。用户在该对话框中可以设置元件的类型。

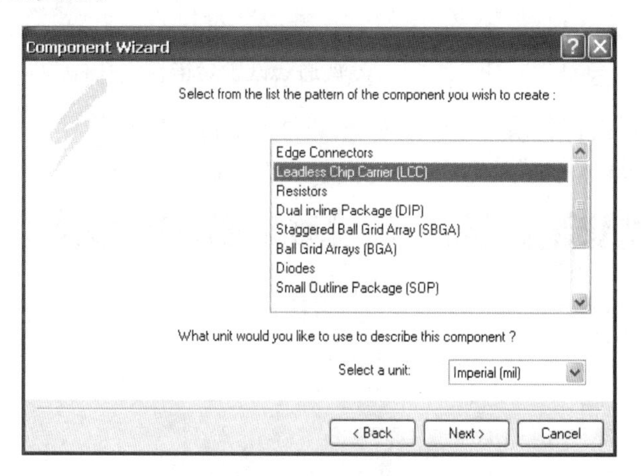

图 11.19　选择封装类型

（3）单击 Next > 按钮，系统会弹出如图 11.20 所示的焊盘尺寸设置对话框。

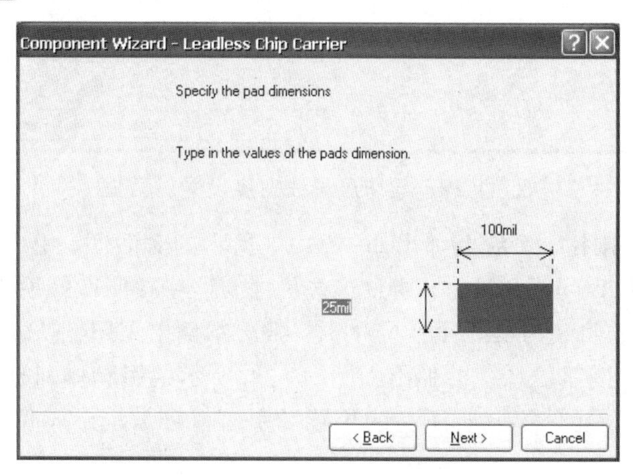

图 11.20　焊盘尺寸设置对话框

（4）单击[Next >]按钮，系统将会弹出如图 11.21 所示的焊盘形状设置对话框。一般情况下，“For the first pad”（第一引脚）设置为圆角焊盘（Rounded），其他引脚设置为方形焊盘（Rectangular）。

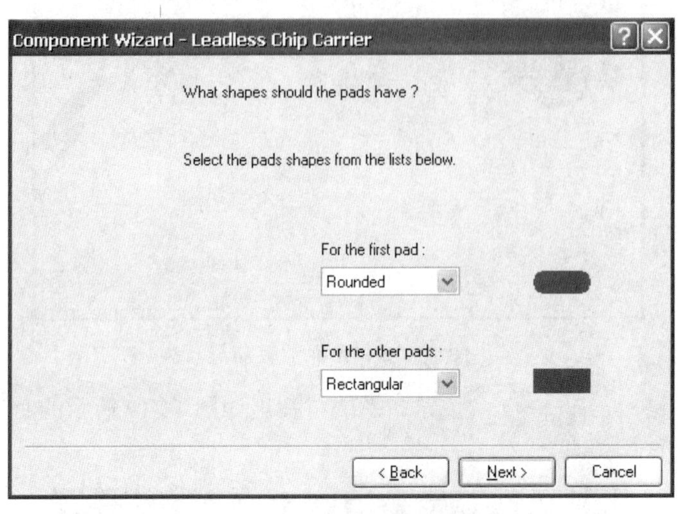

图 11.21　焊盘形状设置对话框

（5）单击[Next >]按钮，系统会弹出如图 11.22 所示的对话框。用户在该对话框中可以设置丝印层导线宽度。本例中将丝印层导线宽度设置为 10 mil。

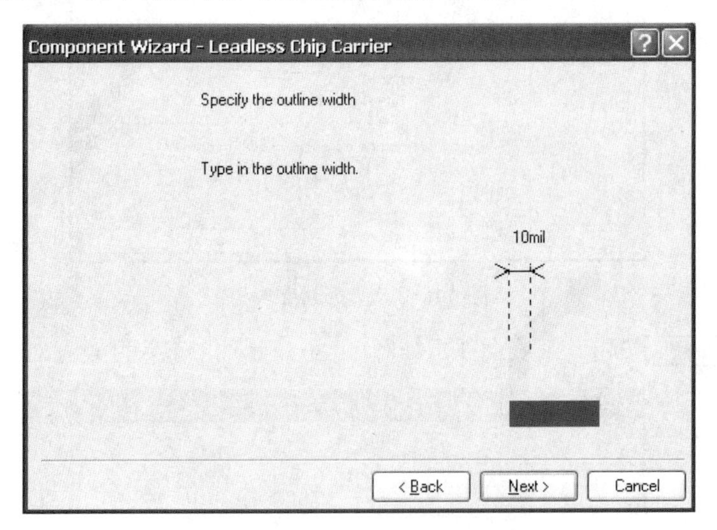

图 11.22　丝印层导线宽度设置对话框

（6）单击[Next >]按钮，系统会弹出如图 11.23 所示的对话框。用户在该对话框中可以设置焊盘的水平间距、垂直间距和尺寸。注意这些尺寸要严格按照产品手册给出的尺寸来设置，否则会导致制作出来的封装与实际元件尺寸不一致。本例中采用默认值。

（7）单击[Next >]按钮，系统会弹出如图 11.24 所示的引脚排列方向设置对话框。用户在该对话框中可以设置元件第一脚所在的位置和引脚排列方向。本例中引脚按逆时针方向排列。

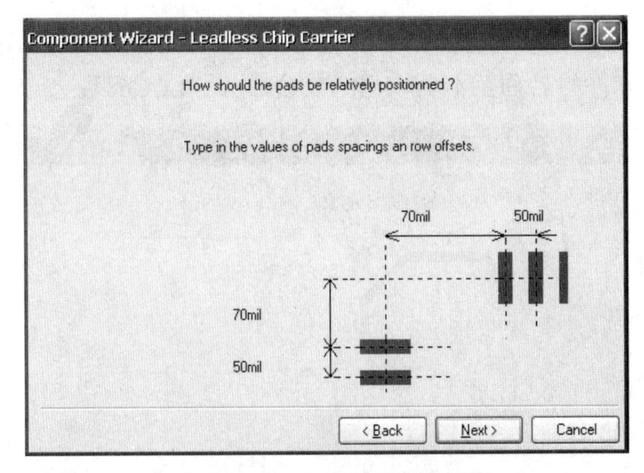

图 11.23　焊盘间距设置对话框

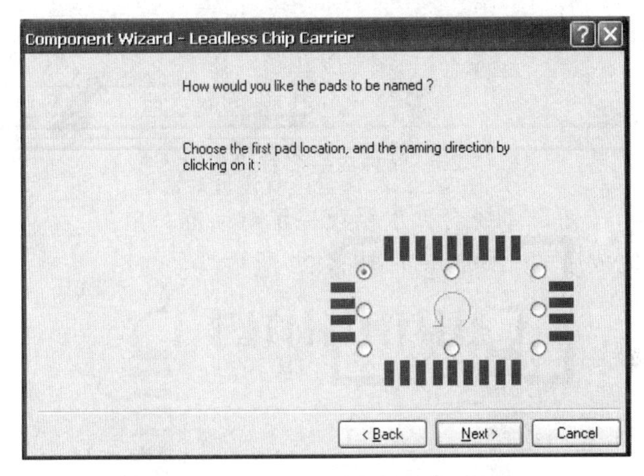

图 11.24　引脚排列方向设置对话框

（8）单击 Next > 按钮，系统会弹出如图 11.25 所示的对话框。用户在该对话框中可以设置元件引脚数量。本例中的封装因有 68 根引脚，每边 17 根，故只需在指定位置输入元件引脚数量“17”即可。

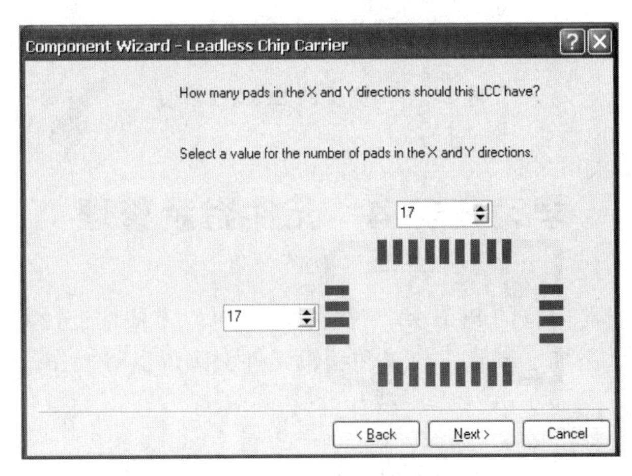

图 11.25　引脚数量设置

（9）单击 Next > 按钮，系统会弹出如图 11.26 所示的元件封装名称设置对话框。用户在该对话框中可以设置元件的名称。本例中的封装命名为“LCC68”。

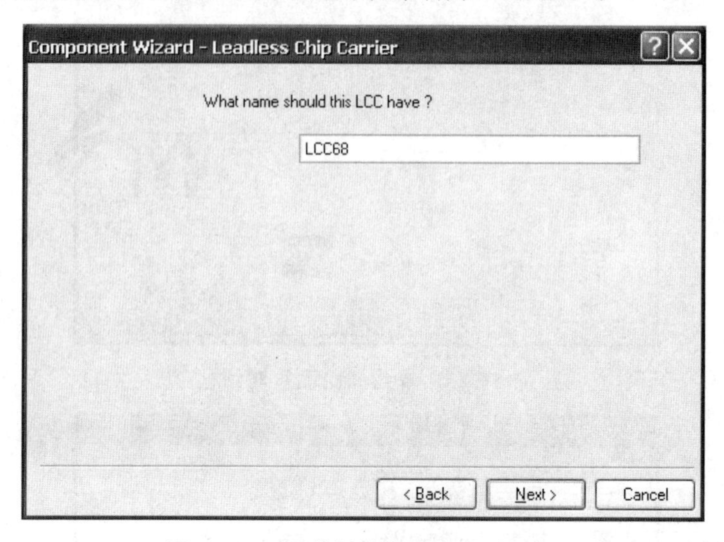

图 11.26　元件封装名称设置对话框

（10）单击 Next > 按钮，系统会弹出结束提示对话框，单击 Finish 按钮，即可完成对新元件封装的制作。完成后的元件封装如图 11.27 所示。

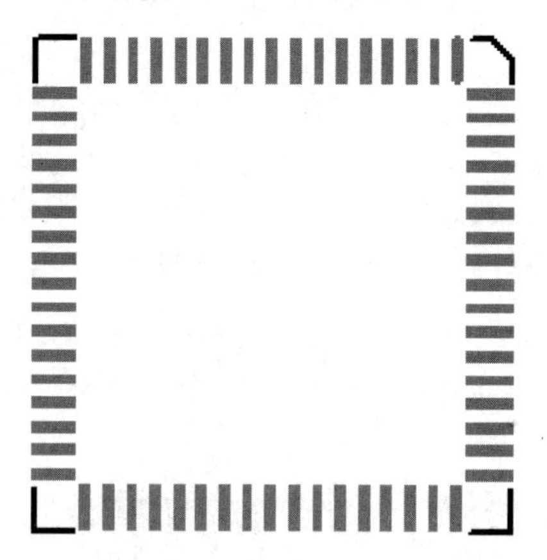

图 11.27　完整的 LCC68 封装

学习任务 4　元件封装管理

运用元件封装编辑器内置的 PCB 元件库管理器，可以方便地进行元件封装库的管理，即对元件封装进行浏览、添加、删除、放置和编辑元件引脚焊盘等操作。

一、浏览元件封装

如图 11.28 所示为 PCB 元件封装库编辑器。

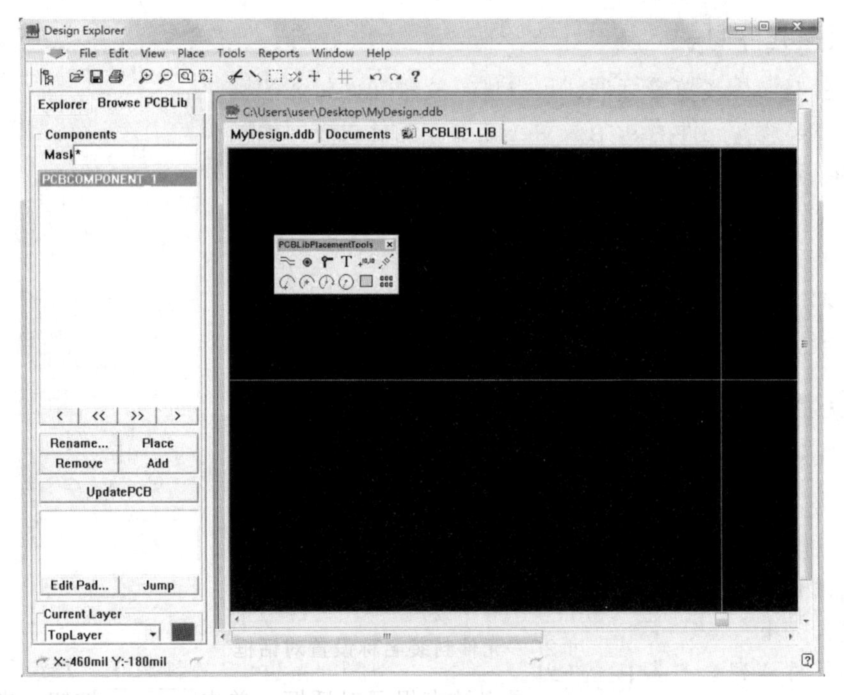

图 11.28 PCB 元件封装库编辑器

单击打开 Browse PCBLib 选项卡，进入元件封装库浏览管理器，如图 11.29 所示。

在元件封装库浏览器中，元件过滤框（Mask）用于元件过滤，即将符合过滤条件的元件封装在元件封装列表框中显示。例如，在元件封装浏览器中的 Mask 框中输入字母“D*”，按 Enter 键，则在元件封装列表框中显示该库中所有以“D”开头的元件封装。

在元件封装列表框中选取某个元件封装后，该元件的封装就在工作窗口中显示。执行 Tool/Prev Component 命令，可浏览前一个元件；执行 Tools/Next Component 命令，可浏览库中的第一个元件；执行 Tools/Last Component 命令，可浏览最后一个元件。

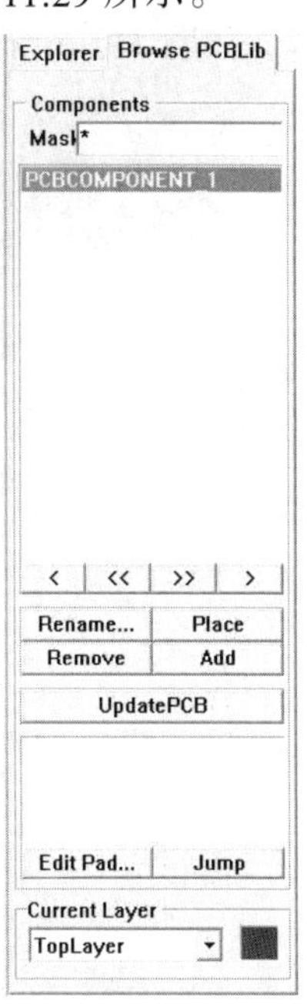

图 11.29 元件封装库浏览器

二、添加元件封装

执行菜单命令 Tools/New Component 或单击图 11.30 中的 Add 按钮，出现元件封装生成向导。利用生成向导可新建一个元件封装。如果不用生成向导，单击 Cancel 按钮，系统将会生成一个名为“PCB COMPONENT_1”的空元件封装。也可以在右边的工作窗口采用手工方式新建一个元件封装，重命名后，保存到元件封装库中。

三、删除元件封装

如果想从元件封装库中删除某个元件，可以先在元件列表框中选取该元件，然后单击 Remove 按钮，在弹出的确认对话框中，单击 Yes 按钮，将元件从库中删除。

四、放置元件封装

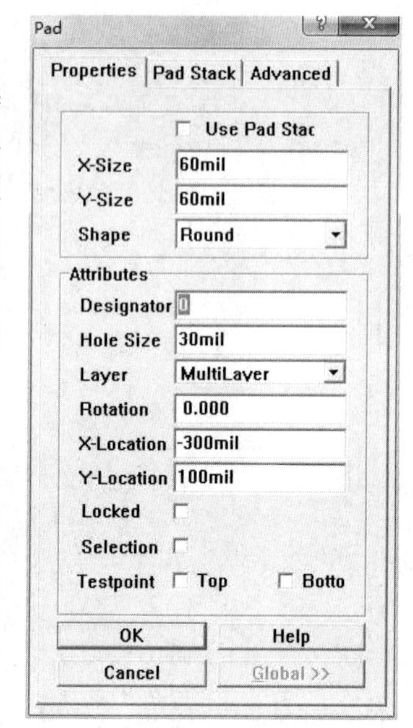

图 11.30 焊盘属性对话框

通过元件封装库浏览管理器，可以进行放置元件封装的操作。首先打开要放置元件的 PCB 文件，然后在元件封装库编辑器中的 PCB 元件浏览管理器的元件列表框中选取要放置的元件，接着单击 Place 按钮，系统自动切换到 PCB 文件，最后移动光标将该元件封装放到适当的位置。如果在放置之前，没有打开任何一个 PCB 文件，系统会自动建立并打开一个 PCB 文件，用来放置元件封装。

五、编辑元件封装的引脚焊盘

在设计 PCB 的过程中，如果原理图元器件与 PCB 元件封装的引脚编号不一致，在自动布线时该元件将不能布线或布线发生错误。此时，需要在元件封装库编辑器中，对 PCB 元件的引脚焊盘的编号（Designator）加以修改，以解决布线的问题。具体操作过程如下：

（1）在元件列表框中选中元件封装，然后在引脚列表框中选中需要编辑的焊盘。

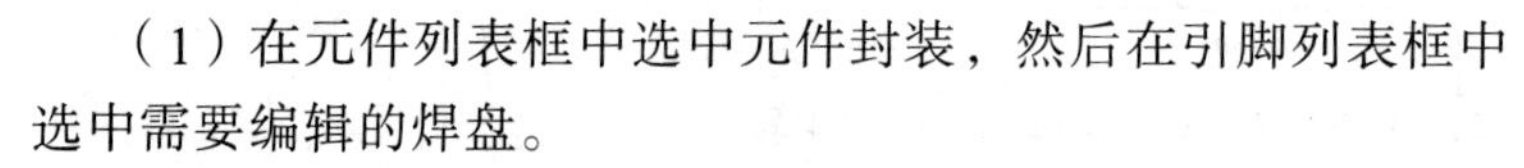

（2）双击选中的对象，或单击图 11.30 中的 Edit Pad... 按钮，系统将弹出焊盘属性对话框，如图 11.30 所示。在该对话框中可以编辑焊盘属性。

学生职业技能测试项目

系（部）＿＿＿＿＿＿＿＿＿＿＿＿＿＿＿＿

专　　业＿＿＿＿＿＿＿＿＿＿＿＿＿＿＿＿

课　　程＿＿＿＿＿＿＿＿＿＿＿＿＿＿＿＿

项目名称　制作元件封装与装载元件封装库

适应年级＿＿＿＿＿＿＿＿＿＿＿＿＿＿＿＿

一、项目名称：制作元件封装与装载元件封装库

二、测试目的

（1）了解 PCB 元器件编辑器。

（2）制作元件封装。

（3）学会元件封装管理。

三、测试内容（图表、文字说明、技术要求、操作要求等）

1. 了解元件封装

收集各种元件封装，了解直插式元件封装与表面贴装式元件封装的区别，了解常用元件封装的名称。

2. 了解 PCB 元器件编辑器

3. 制作元件封装

（1）手工制作元器件封装。

① AXIAL0.3

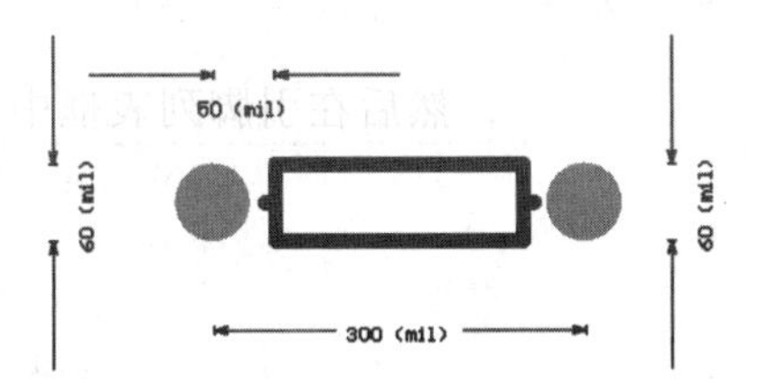

② RB.2/.4

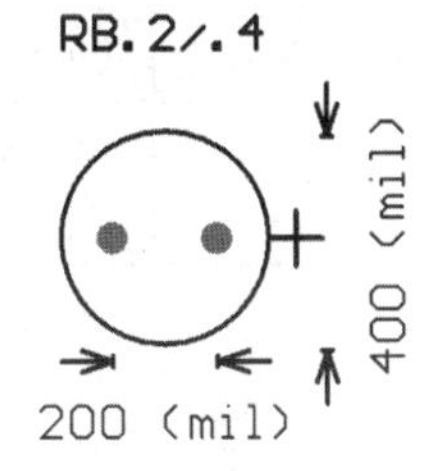

（2）使用封装向导制作元器件封装。

① DIP14

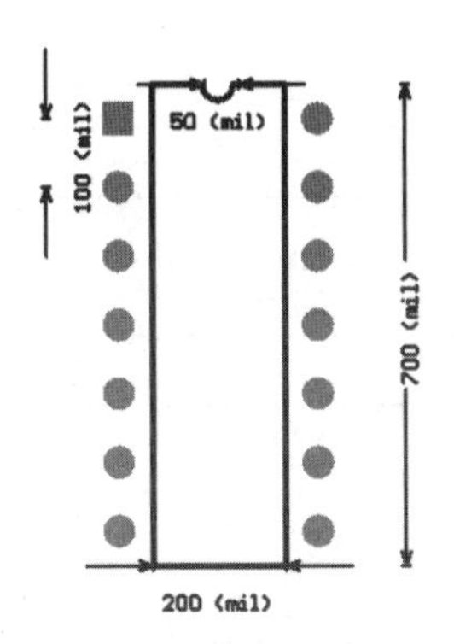

② DIODE0.4

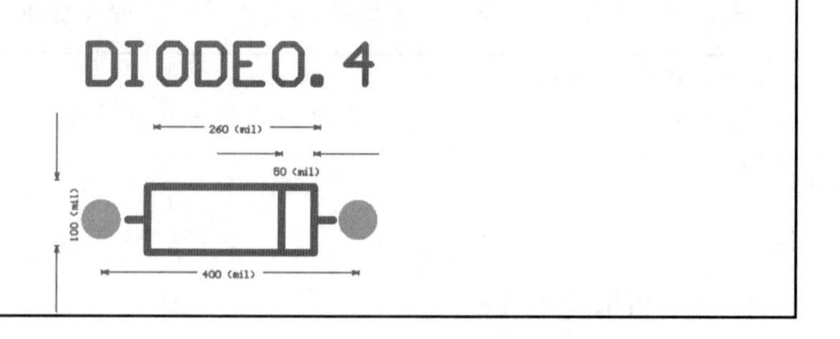

注：测试时间为 90 分钟。

四、评分标准

序号	评分点名称	评分点评分标准	评分点配分
1	了解元件封装	按熟悉程度给分	20
2	手工制作元件封装	按应用的熟悉程度给分	40
3	向导制作元件封装	按应用的熟悉程度给分	40

五、有关准备

材料准备（备料、图或文字说明）	AXIAL0.3、RB.2/.4、DIP14、DIODE0.4 封装尺寸
设备准备（设备标准、名称、型号、精确度、数量等）	配备 Windows XP 操作系统的微机一台
工具准备（标准、名称、规格、数量）	安装有 Protel 99 SE 的计算机一台
场地准备（面积、考位、照明、电水源等）	可在计算机中心机房测试
操作人数（个人独立完成或小组协作完成）	一人，个人独立完成
特殊要求说明	无

六、需要说明的问题和要求

（1）测试应在学生学习完相应内容之后进行。
（2）测试之前应进行必要的练习。

七、评分记录

班级____________　学生姓名（学号）________________________

序号	评分点名称	评分点配分	评分点实得分
1	了解元件封装	20	
2	手工制作元件封装	40	
3	向导制作元件封装	40	

评委签名____________________

考核日期____________________

项目十二
报表文件的生成与PCB文件的打印

学习任务1　各种报表文件的生成
学习任务2　打印电路板图

Protel 99 SE 的 PCB 设计系统提供了生成各种报表的功能，它可以给设计者提供有关设计过程及设计内容的详细资料。在 Reports 菜单项中，如图 12.1 所示，有 Selected Pins（选取引脚报表）、Board Information（电路板信息报表）、Design Hierarchy（设计层次报表）、Netlist Status（网络状态报表）、Signal Integrity（信号分析报表）、Measure Distance（距离测量报表）和 Measure Primitives（对象距离测量报表）共 7 个选项。另外还有有关 CAM 数据报表，如 NC 钻孔报表、元件报表和插件表报表等。下面仍结合前面的例子，来讲解各种报表的功能及生产过程。

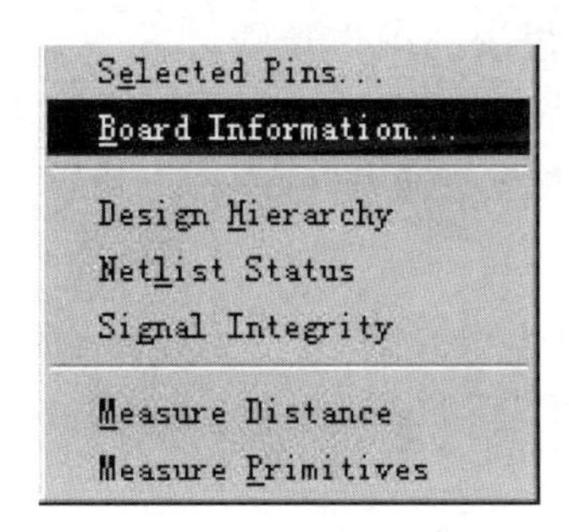

图 12.1　Reports 菜单项

学习任务 1　各种报表文件的生成

一、生成选取引脚报表

选取引脚报表的主要功能是将当前选取的元件的引脚或网络上所连接元件的引脚在报表中全部列出来，并由系统自动生成“*.DMP”报表文件。生成选取引脚报表的操作步骤如下：

1. 生成某元件的选取引脚报表的操作步骤

（1）打开要生成选取引脚报表的 PCB 文件。

（2）在 PCB 管理器中，单击 Browse PCB 选项卡，然后在 Browse 下拉列表中选择 Components（元件），在下边的列表框中立刻列出了该电路板使用的所有元件。在元件列表框中，选择一个元件（如 U12），然后单击 Select 按钮，选取该元件，如图 12.2 所示。利用这个方法可选中多个元件，在 PCB 图中，被选取的元件呈高亮。

（3）执行菜单命令 Reports/Selected Pins，弹出如图 12.3 所示的 Selected Pins（引脚选择）对话框。在对话框中，列出当前所有被选取元件的引脚。选择其中一个引脚，单击 OK 按钮，就会出现如图 12.4 所示的选取引脚报表文件，扩展名为“.DMP”，内容为所选取元件的全部引脚。

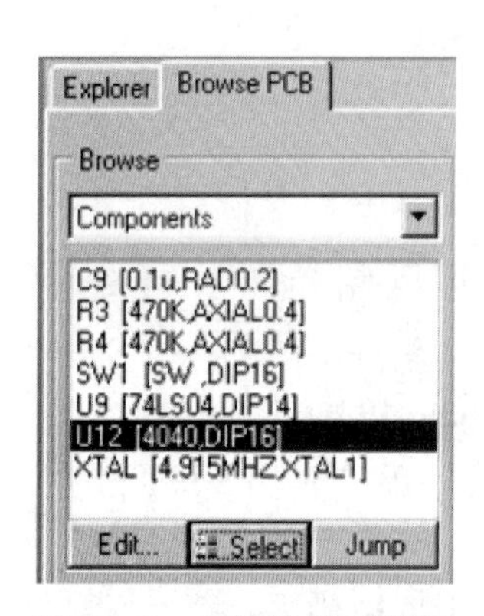

图 12.2 元件选择对话框

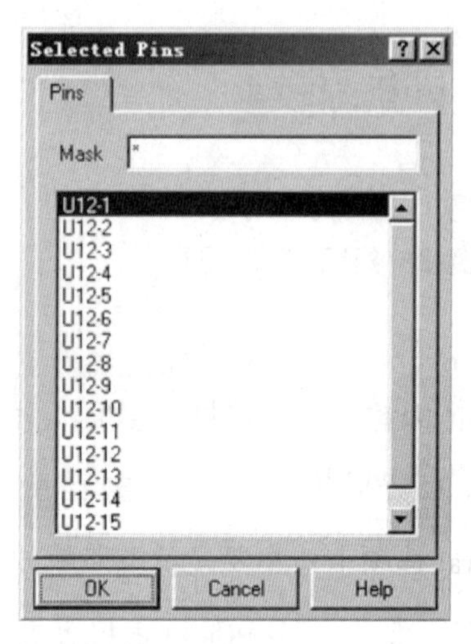

图 12.3 选择管脚对话框

2. 生成某网络的选取引脚报表的操作步骤

与生成某元件的选取引脚报表不同的是，在 PCB 管理器中浏览的对象是“网络”，在生成的选取引脚报表中的内容为该网络所连接的不同元件的全部引脚，以便于设计者验证网络连接关系是否正确，如图 12.5 所示。

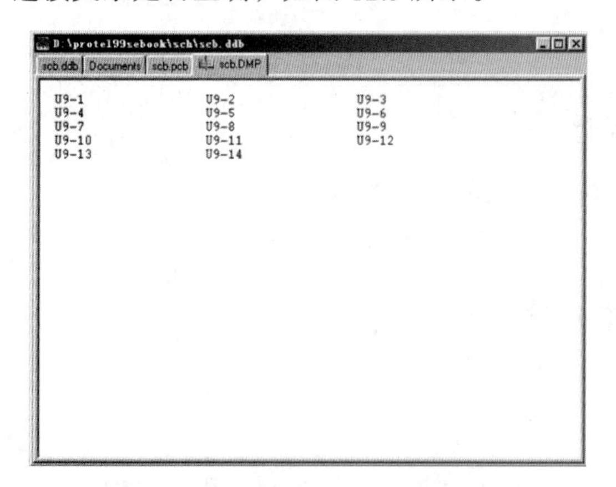

图 12.4 生成某元件的选取引脚报表

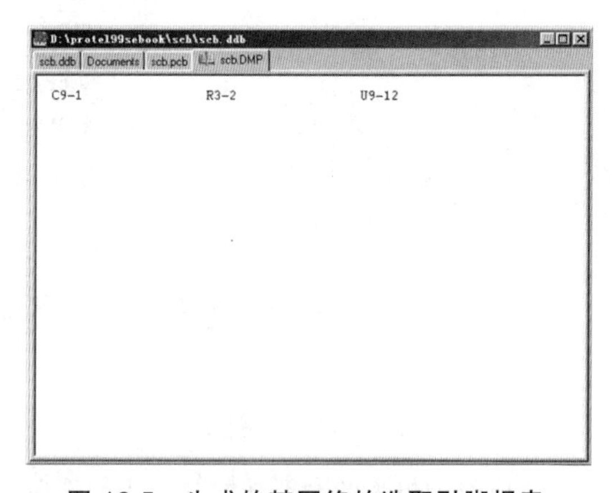

图 12.5 生成的某网络的选取引脚报表

二、生成电路板信息报表

电路板信息报表为设计者提供了电路板的完整信息，包括电路板尺寸、电路板上的焊盘、过孔的数量及电路板上的元件标号等。

生成电路板信息报表的操作步骤如下：

（1）执行菜单命令 Report/Board Information，弹出如图 12.6 所示的 PCB Information（电路板信息）对话框。该对话框共包括 3 个选项卡，包含的信息如下：

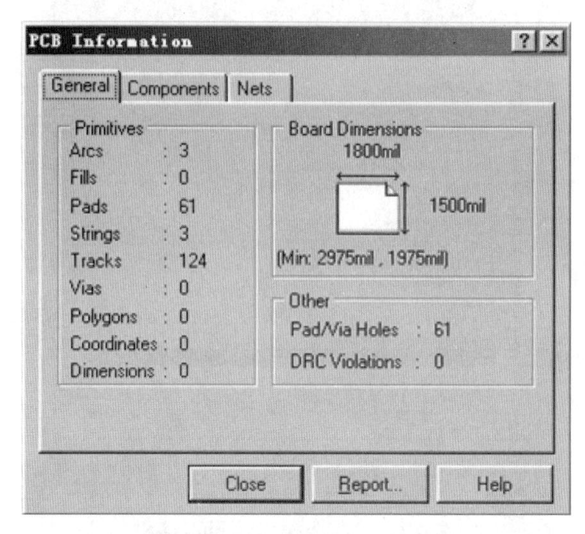

图 12.6　电路板信息对话框

- General 选项卡：主要显示电路板的一般信息。在 Board Dimensions 栏，显示电路板的尺寸；在 Primitives 栏，显示电路板上各个对象的数量，如圆弧、矩形填充、焊盘、字符串、导线、过孔、多边形平面填充、坐标值、尺寸标注等内容；在 Other 栏，显示焊盘和过孔的钻孔总数和违反 DRC 规则的数目。
- Components 选项卡：显示当前电路板上所使用的元件总数和元件顶层与底层的元件数目信息，如图 12.7 所示。
- Nets 选项卡：显示当前电路板中的网络名称及数目，如图 12.8 所示。单击 Pwr/Gnd 按钮，会显示内部层的有关信息。

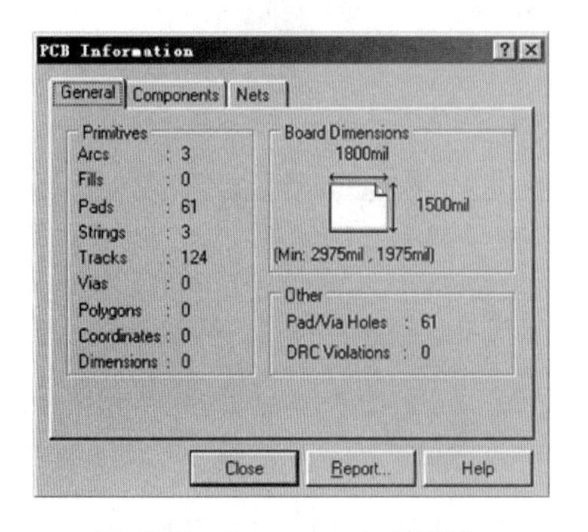

图 12.7　Components 选项卡

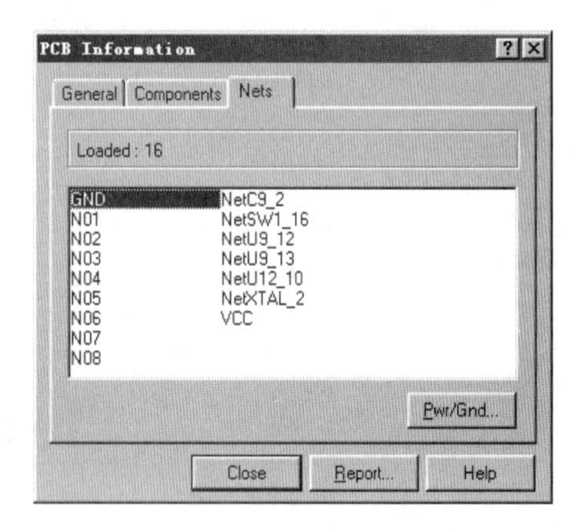

图 12.8　Nets 选项卡

（2）单击 Report 按钮，弹出如图 12.9 所示的选择报表项目的对话框，用来选择要生成报表的项目。单击 All On 按钮，选择所有项目；单击 All Off 按钮，不选择任何项目；选中 Selected objects only 复选框，仅产生所选中项目的电路板信息报表。

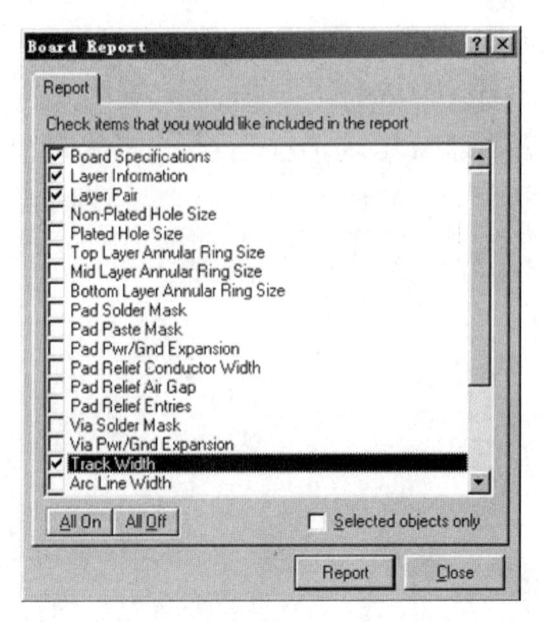

图 12.9　选择报表项目对话框

（3）单击 Report 按钮，将按照所选择的项目生成相应的报表文件，文件名与相应 PCB 文件名相同，扩展名为“.REP”。报表文件的具体内容如图 12.10 所示。

Specifications For scb.pcb

On 17-Jun-2003 at 00:17:37

Size Of board	1.8 x 1.5 sq in
Equivalent 14 pin components	0.70 sq in/14 pin component
Components on board	7

Layer	Route	Pads	Tracks	Fills	Arcs	Text
TopLayer		0	43	0	0	0
BottomLayer		0	38	0	0	0
Mechanical4		0	4	0	0	0
TopOverlay		0	35	0	3	17
KeepOutLayer		0	4	0	0	0
MultiLayer		61	0	0	0	0
Total		61	124	0	3	17

Layer Pair	Vias
Total	0

Track Width	Count
10mil (0.254mm)	90
12mil (0.3048mm)	20
30mil (0.762mm)	14
Total	124

图 12.10　电路板信息报表

三、生成网络状态报表

网络状态报表用于显示电路板中的每一条网络走线的长度。执行菜单命令 Reports/Netlist Status，系统自动打开文本编辑器，产生相应的网络状态报表，扩展名也为.REP。报表文件内容如下：

```
Nets report For Documents\scb.pcb
On 17-Jun-2003 at 00:26:32
GND          Signal Layers Only   Length:1296 mils
N01          Signal Layers Only   Length:221 mils
N02          Signal Layers Only   Length:221 mils
N03          Signal Layers Only   Length:481 mils
N04          Signal Layers Only   Length:180 mils
N05          Signal Layers Only   Length:521 mils
N06          Signal Layers Only   Length:646 mils
N07          Signal Layers Only   Length:646 mils
N08          Signal Layers Only   Length:680 mils
NetC9_2      Signal Layers Only   Length:1684 mils
NetSW1_16    Signal Layers Only   Length:2985 mils
NetU12_10    Signal Layers Only   Length:673 mils
NetU9_12     Signal Layers Only   Length:1269 mils
NetU9_13     Signal Layers Only   Length:1405 mils
NetXTAL_2    Signal Layers Only   Length:1326 mils
VCC          Signal Layers Only   Length:1280 mils
```

注意：当对电路板重新布线后，再生成的网络走线长度将会发生变化。

四、生成设计层次报表

设计层次报表用于显示当前设计数据库文件（*.ddb）的分级结构。执行菜单命令 Reports/Design Hierarchy，生成的设计层次报表内容如下：

```
Design Hierarchy Report for D:\protel99sebook\sch\scb.ddb
Documents
    PCB1.DRC
    PCB1.PCB
    PCB2.PCB
    Place1.Plc
    Place2.Plc
    Place3.Plc
    scb.DRC
    scb.lib
    scb.NET
    scb.pcb
    scb.REP
    scb.Sch
    scb.DMP
```

五、生成 NC 钻孔报表

焊盘和过孔在电路板加工时都需要钻孔。钻孔报表用于提供制作电路板时所需的钻孔资料，直接用于数控钻孔机。生成钻孔报表的操作步骤如下：

（1）执行菜单命令 File/New，系统弹出如图 12.11 所示的新建文件对话框，此处选择 CAM output configuration（辅助制造输出设置文件）图标。

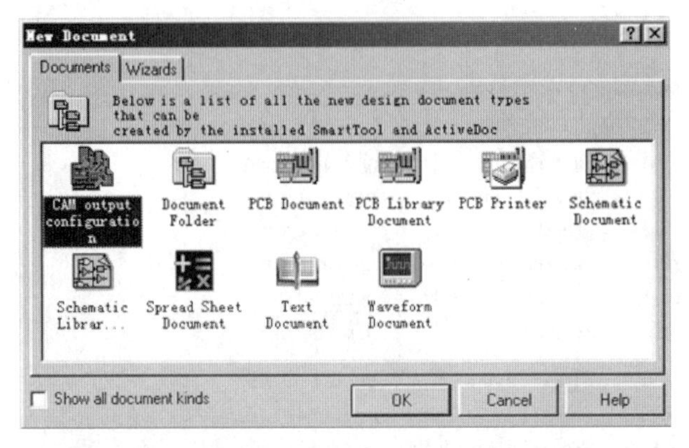

图 12.11　选择 CAM output configuration 图标

（2）单击 OK 按钮，系统将弹出如图 11.12 所示的 Choose PCB（PCB 文件选择）对话框，此处选择需要生成钻孔报表的 PCB 文件。

（3）单击 OK 按钮，系统弹出如图 12.13 所示的 Output Wizard（输出向导）对话框。

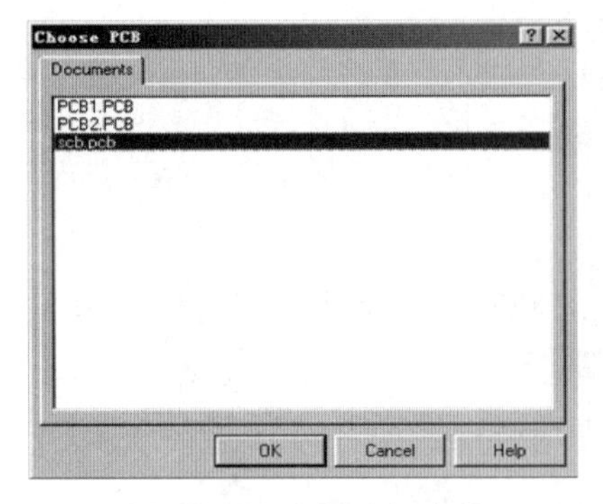

图 12.12　选择需要生成钻孔报表的 PCB 文件

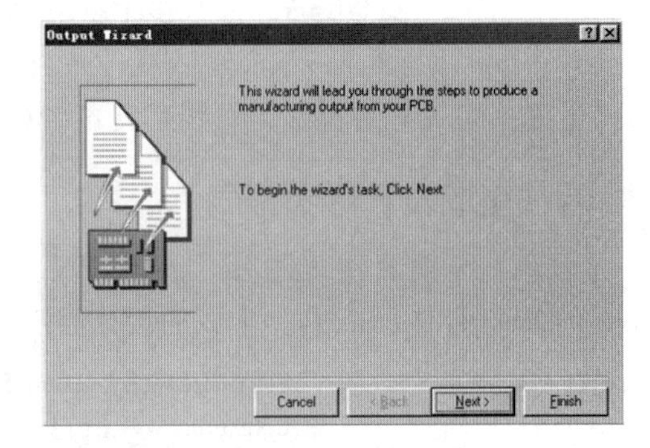

图 12.13　输出向导对话框

（4）单击 Next 按钮，系统弹出如图 12.14 所示的对话框，用于选择需要生成的文件类型，此处选择 NC Drill。

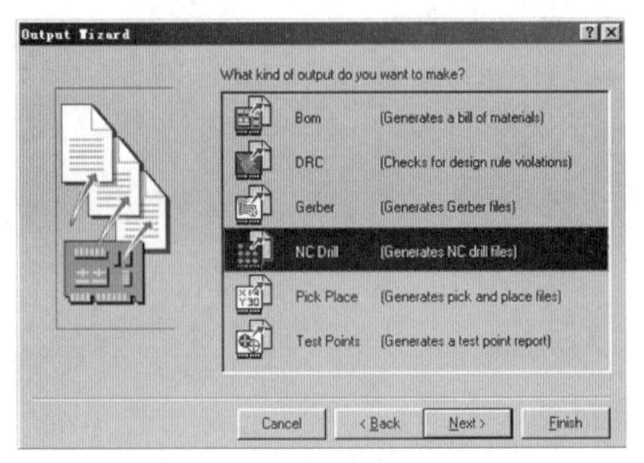

图 12.14　选择钻孔文件类型

（5）单击 Next 按钮，系统弹出如图 12.15 所示的对话框，此处输入将产生的 NC 钻孔文件名称。

（6）单击 Next 按钮，系统弹出如图 12.16 所示的对话框，用于设置单位和单位格式。单位选择英制或公制。英制单位格式有 2∶3，2∶4 和 2∶5 三种。其具体含义，以 2∶3 为例，表示使用 2 位整数 3 位小数的数字格式。

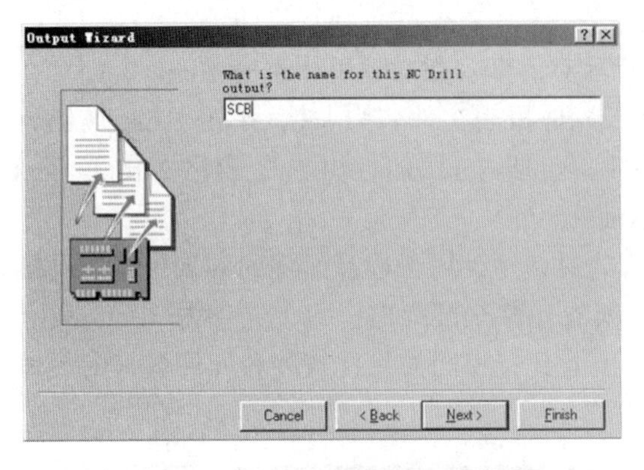

图 12.15　输入钻孔报表文件名称

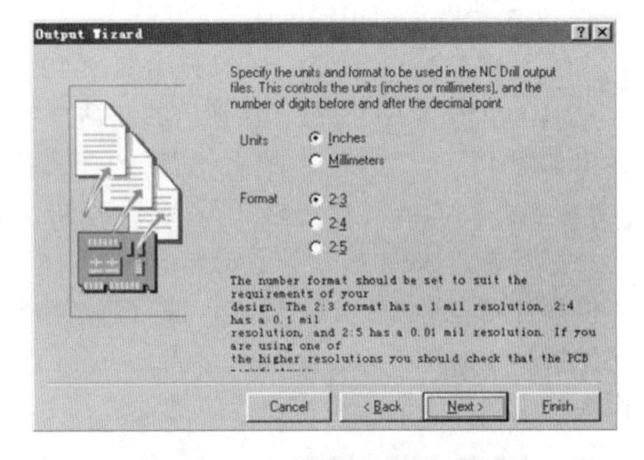

图 12.16　设置单位和单位格式

（7）单击 Finish 按钮，完成 NC 钻孔报表文件的创建，系统默认文件的名称为 CAMManager1.cam。

（8）双击 CAMManager1.cam 文件，执行菜单命令 Tools/Generate CAM File，系统将自动在 Documents 文件夹下建立 CAM for sch 文件夹，其中有 3 个文件，包括 sch.drr、sch.drl 和 sch.txt。打开 sch.drr 文件，其内容如下：

```
---------------------------------------------------------------------------------------------
NCDrill File Report For: scb.pcb     17-Jun-2003    01:41:19
---------------------------------------------------------------------------------------------
Layer Pair  : TopLayer to BottomLayer
ASCII File  : NCDrillOutput.TXT
EIA File    : NCDrillOutput.DRL
Tool        Hole Size            Hole Count Plated          Tool Travel
---------------------------------------------------------------------------------------------
T1          28mil (0.7112mm)        4                       1.42 Inch (36.01 mm)
T2          32mil (0.8128mm)        50                      9.75 Inch (247.55 mm)
T3          30mil (0.762mm)         3                       1.01 Inch (25.73 mm)
T4          60mil (1.524mm)         4          NPTH         6.02 Inch (153.02 mm)
---------------------------------------------------------------------------------------------
Totals                              61                      18.20 Inch (462.31 mm)
Total Processing Time  : 00:00:01
```

六、生成元件报表

元件报表就是一个电路板或一个项目所用元件的清单。对于一个简单的电路板，元件较少，设计者通过查看电路板就一目了然。而对于复杂的电路板，板上元件密布，查看起来就比较困难。使用元件列表，可以帮组设计者了解电路板上的元件信息，有利于设计工作的顺利进行。生成 PCB 元件报表的操作步骤如下：

（1）执行菜单命令 File/New，系统弹出如图 12.11 所示的 New Document 对话框。此处选择 CAM Output Configuration，用来生成辅助制造输出设置文件。

（2）单击 OK 按钮，接着出现的画面如图 12.12 和图 12.13 所示，用于选择产生元件报表的 PCB 文件和使用输出向导。

（3）单击 Next 按钮，系统弹出如图 12.14 所示对话框。在对话框中选择 Bom。

（4）单击 Next 按钮，在弹出的对话框中输入元件报表文件名为 scb。单击 Next 按钮，弹出如图 12.17 所示的对话框，用来选择文件格式，包括 Spreadsheet（电子表格格式）、Text（文本格式）、CSV（字符格式）。默认为 Spreadsheet。

（5）单击 Next 按钮，系统弹出图 12.18 所示的对话框，用于选择元件的列表形式。系统提供两种列表形式：List 形式，将当前电路板上所有元件全部列出，每个元件占一行，所有元件按顺序向下排列；Group 形式，将当前电路板上具有相同的元件封装和元件名称的元件作为一组列出，每一组占一行。此处选择 List 形式。

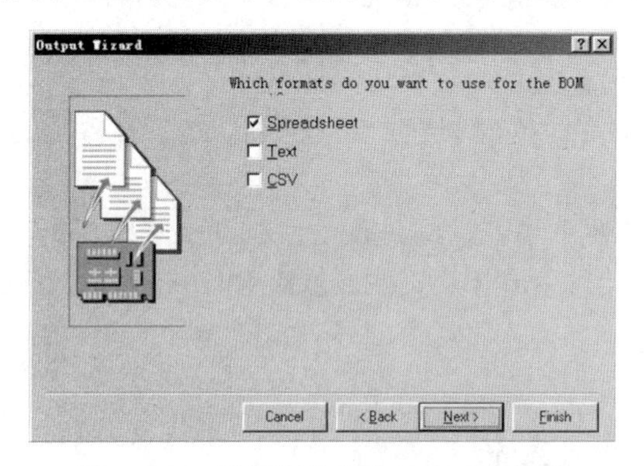

图 12.17　选择元件报表输出文件格式

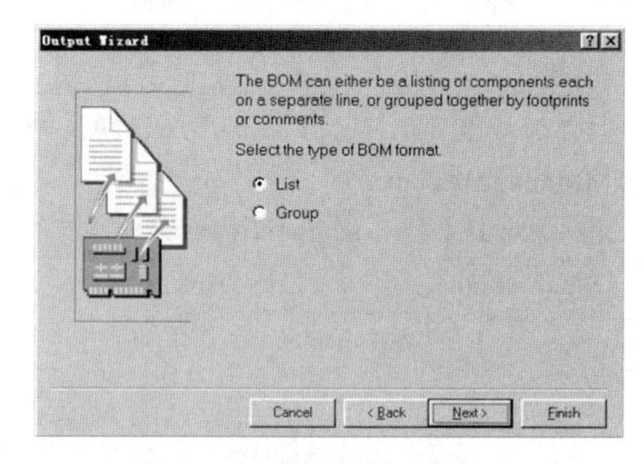

图 12.18　选择元件列表形式

（6）单击 Next 按钮，系统弹出如图 12.19 所示元件排序依据选择对话框。如选择 Commnet，则用元件名称来对元件报表排序。Check the fields to be included in the report 区域用于选择元件报表所包含的范围，包括 Designator、Footprint 和 Comment。此处采用图中的默认选择。

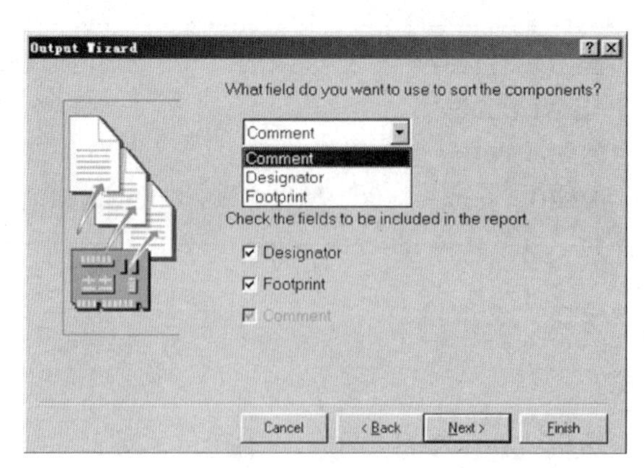

图 12.19　选择元件排序依据

（7）单击 Next 按钮，系统弹出完成对话框，单击 Finish 按钮完成设置。此时，系统生成辅助制造管理文件，默认文件名为 CAMManager2.cam，但它不是元件报表文件。

（8）进入 CAMManager2.cam，然后执行菜单命令 Tools/Generate CAM files，系统将产生 BOM for scb.bom 文件，其内容如图 12.20 所示。

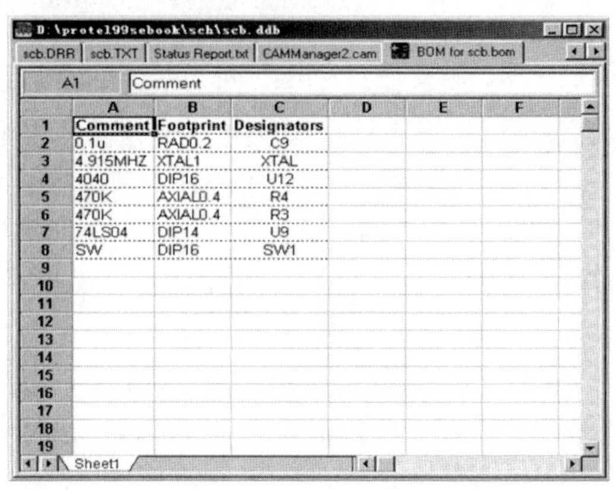

	A	B	C
1	Comment	Footprint	Designators
2	0.1u	RAD0.2	C9
3	4.915MHZ	XTAL1	XTAL
4	4040	DIP16	U12
5	470K	AXIAL0.4	R4
6	470K	AXIAL0.4	R3
7	74LS04	DIP14	U9
8	SW	DIP16	SW1

图 12.20　元件报表

七、生成信号完整性报表

信号完整性报表是根据当前电路板文件的内容和 Signal Integrity 设计规则的设置内容生成的信号分析报表。该报表用于为设计者提供一些有关元件的电气特性资料。生成信号完整性报表的操作步骤如下：

（1）执行菜单命令 Report/Signal Integrity。

（2）执行该命令后，系统将切换到文本编辑器，并在其中产生信号完整性报表文件，扩展名为 SIG。如对 Scb.PCB 文件生成的信号完整性报表文件名为 Scb.SIG，内容如下：

```
Documents\scb.SIG - Signal Integrity Report
------------------------------------------------------------------------
Designator to Component Type Specification
------------------------------------------------------------------------
C                         Capacitor
R                         Resistor
U                         IC
Power Supply Nets
------------------------------------------------------------------------
VCC                        5.000 Volts
GND                        0.000 Volts
Capacitors
------------------------------------------------------------------------
C9                        0.1u
Resistors
------------------------------------------------------------------------
R3                            470K
R4                            470K
ICs with valid models
------------------------------------------------------------------------
```

ICs With No Valid Model

SW1	SW	Closest match in library will be used
U12	4040	Closest match in library will be used
XTAL	4.915MHZ	Closest match in library will be used
U9	74LS04	Closest match in library will be used

八、生成插件表报表

插件表报表用于插件机在电路板上自动插入元件。生成插件表报表的操作步骤如下：

（1）执行菜单命令 File/New，系统弹出如图 12.11 所示的新建文件对话框，选择 CAM output configuration（辅助制造输出设置文件）图标。

（2）单击 OK 按钮，系统将弹出图 12.12 所示的 Choose PCB（PCB 文件选择对话框），选择需要生成钻孔报表的 PCB 文件。

（3）单击 OK 按钮，系统弹出如图 12.13 所示的 Output Wizard（输出向导）对话框。

（4）单击 Next 按钮，系统弹出如图 12.14 所示的对话框，选择需要生成的文件类型。此处选择 Pick Place（Generates Pick and Place file）类型。

（5）单击 Next 按钮，系统弹出如图 12.15 所示的对话框，输入插件表报表文件名称，如 scb。

（6）单击 Next 按钮，在弹出的对话框中输入元件报表文件名为 scb。单击 Next 按钮，弹出如图 12.17 所示的对话框，用来选择文件格式，包括 Spreadsheet（电子表格格式）、Text（文本格式）、CSV（字符格式）。默认为 Spreadsheet。

（7）单击 Next 按钮，在弹出的对话框中选择所使用的单位。单位分为英制和公制，默认选择为英制。

（8）单击 Finish 按钮，完成文件的创建。系统默认文件的名称为“CAMManager3.cam”。

（9）打开 CAMManager3.cam 文件，然后执行菜单命令 Tools/Generate CAM Files，系统将建立名称为“Pick Place for Scb.Pik”的插件表报表文件。打开该文件，如图 12.21 所示。

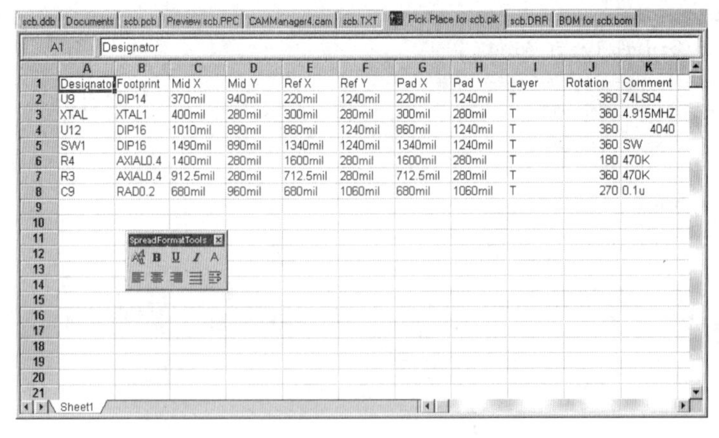

	A	B	C	D	E	F	G	H	I	J	K
1	Designator	Footprint	Mid X	Mid Y	Ref X	Ref Y	Pad X	Pad Y	Layer	Rotation	Comment
2	U9	DIP14	370mil	940mil	220mil	1240mil	220mil	1240mil	T	360	74LS04
3	XTAL	XTAL1	400mil	280mil	300mil	280mil	300mil	280mil	T	360	4.915MHZ
4	U12	DIP16	1010mil	890mil	860mil	1240mil	860mil	1240mil	T	360	4040
5	SW1	DIP16	1490mil	890mil	1340mil	1240mil	1340mil	1240mil	T	360	SW
6	R4	AXIAL0.4	1400mil	280mil	1600mil	280mil	1600mil	280mil	T	180	470K
7	R3	AXIAL0.4	912.5mil	280mil	712.5mil	280mil	712.5mil	280mil	T	360	470K
8	C9	RAD0.2	680mil	960mil	680mil	1060mil	680mil	1060mil	T	270	0.1u

图 12.21　插件表报表（以表格显示）

九、生成距离测量报表

在电路文件中，要想准确地测量出两个点之间的距离，可以使用 Reports/Measure Distance

命令。具体操作步骤如下：

（1）打开 PCB 文件。

（2）执行菜单命令 Reports/Measure Distance。

（3）执行该命令后，光标变成“十”字状，用鼠标左键分别在起点和终点位置点击一下，就会弹出如图 12.22 所示的测量报告对话框。

图中，Distance Measured 为两个点之间的直线距离长度，X Distance 为 *X* 轴方向水平距离的长度，Y Distance 为 *Y* 轴方向垂直距离的长度。

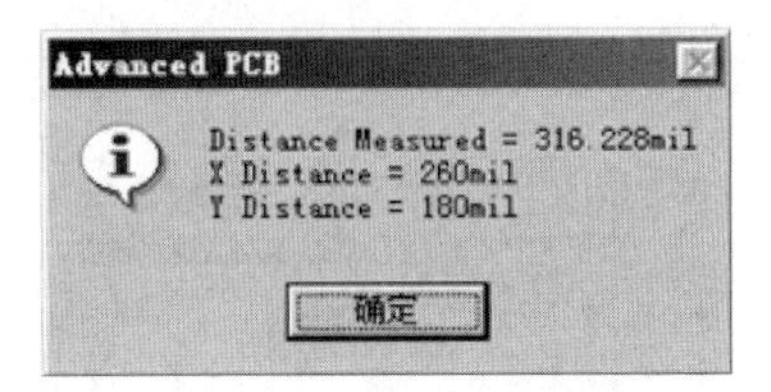

图 12.22　距离测量报表对话框

十、生成对象距离测量报表

与距离测量功能不同的是，它是测量两个对象（焊盘、导线、标注文字等）之间的距离。具体操作步骤如下：

（1）打开 PCB 文件。

（2）执行菜单命令 Reports/Measure Primitives。

（3）执行该命令后，光标变成“十”字状，然后使用鼠标左键在两个对象的测量位置点击一下，就会弹出如图 12.23 所示的对象距离测量报表对话框。

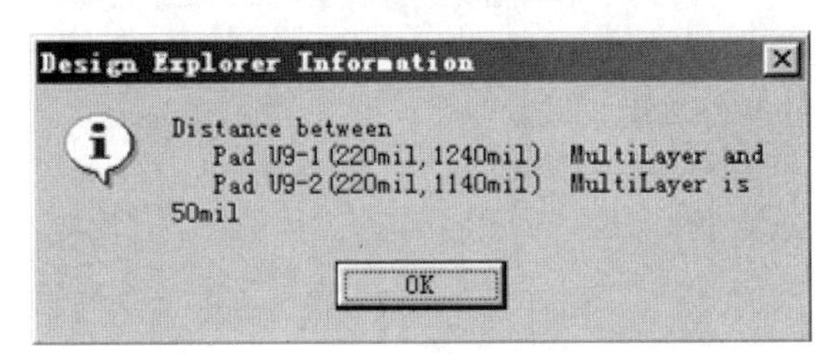

图 12.23　对象距离测量报表对话框

图中，会将对象测量点的坐标、工作层和距离测量结果显示出来。两个焊盘之间的最近距离为 50 mil。

学习任务 2　打印电路板图

虽然 Protel 99 SE 提供了利用 E-mail 将设计图文件发送给生产厂家的功能，但有些人仍然保留着用打印机或者绘图仪将设计图纸打印出来，以备在图纸上进一步检查，最后将印刷电路板的墨图送交生产厂家的习惯。在计算机已经安装了打印机的前提下，在打印之前，要先对打印机进行设置，包括对打印机的类型、纸张大小、电路图纸等进行设置，然后再进行打印输出。

一、打印机的设置

打印机设置的操作过程如下：

（1）打开要打印的 PCB 文件，如 Scb.pcb。

（2）执行菜单命令 File/Printer/Preview。

（3）执行命令后，系统生成 Preview scb.PPC 文件，如图 12.24 所示。

（4）打开 Preview scb.PPC 文件后，执行菜单命令 File/Setup Printer，系统弹出如图 12.25 所示的对话框，可以设置打印的类型。设置内容如下：

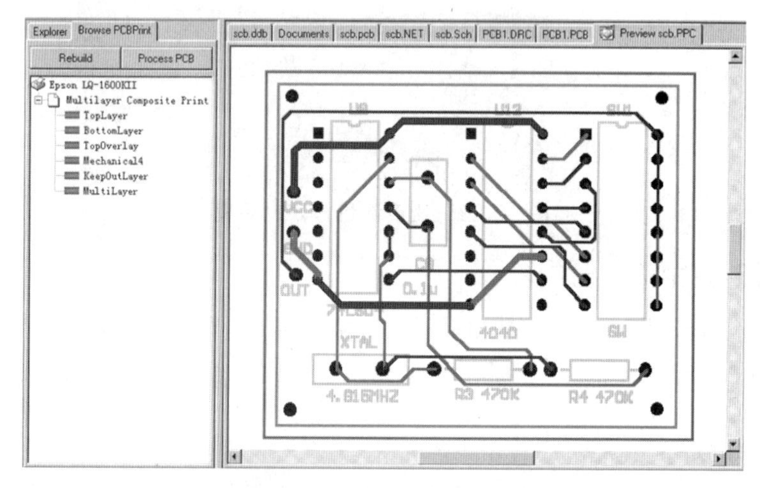

图 12.24　Preview scb.PPC 文件

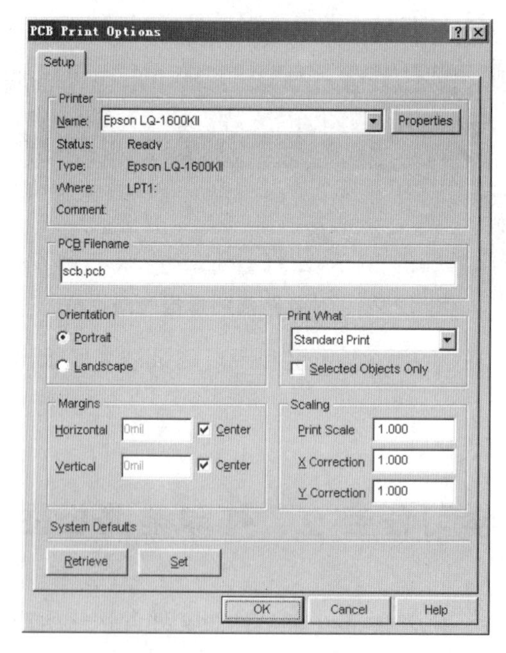

图 12.25　打印机设置对话框

① 在 Printer 下拉列表框中，可选择打印机的型号。

② 在 PCB Filename 文本框中，显示要打印的 PCB 文件名。

③ 在 Orientation 栏中，可选择打印方向，包括 Portrait（纵向）和 Landscape（横向）。

④ 在 Margins 栏中，在 Horizontal 文本框设置水平方向的边距范围，选中 Center 复选框，将以水平居中方式打印；在 Vertical 文本框设置垂直方向的边距范围，选中 Center 复选框，将以垂直居中方式打印。

⑤ 在 Scaling 栏中，Print Scale 文本框用于设置打印输出时的放大比例；X Correction 和 Y Correction 两个文本框用于调整打印机在 X 轴和 Y 轴的输出比例。

⑥ 在 Print What 下拉列表框中，有 3 个选项：

- Standard（标准）：根据 Scaling 设置值提交打印。
- Whole Board On Page：整块板打印在一张图纸上。
- PCB Screen Region：打印电路板屏幕显示区域。

设置完毕后，单击 OK 按钮，完成打印机设置。

二、设置打印模式

系统提供了一些常用的打印模式，可以从 Tools 菜单项中选取，如图 12.26 所示。菜单中各项的功能如下：

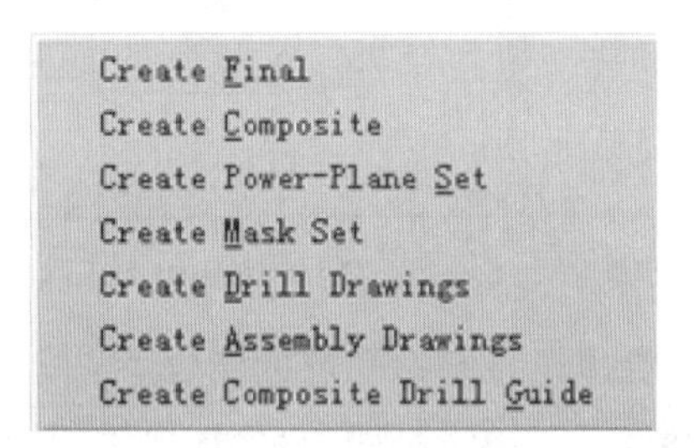

图 12.26 Tools 功能菜单中的打印模式

Create Final：主要用于分层打印的场合，是经常采用的打印模式之一。如图 12.27 所示，左侧窗口已经列出了各层打印输出时的名称，选取某层，右侧窗口将显示该层的打印预览图。

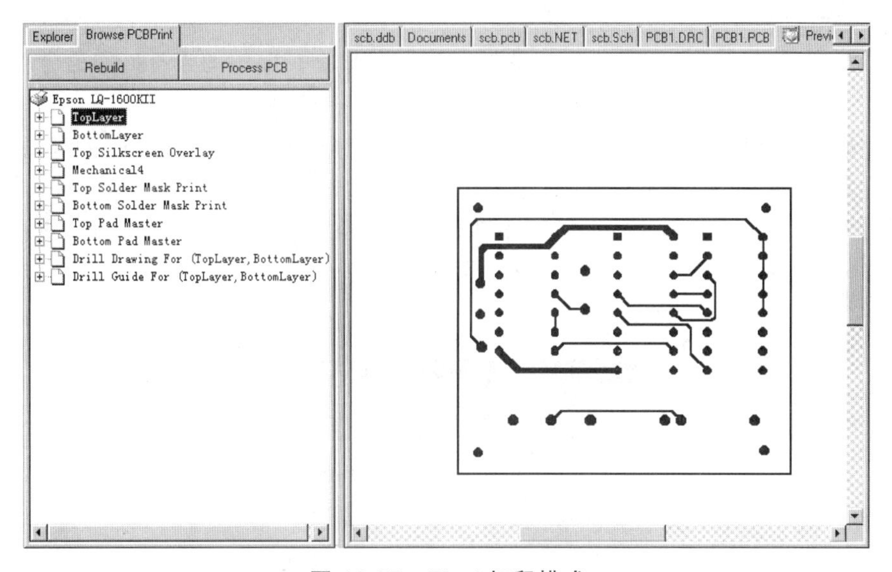

图 12.27 Final 打印模式

Create Component：主要用于叠层打印的场合，是经常采用的打印模式之一。如图 12.28 所示，左侧窗口已经列出了一起打印输出的各层名称，右侧窗口显示了各层叠加在一起的打印预览图。打印机要选用彩色打印机，这样才能将各层用颜色区分开。

Create Power-Plane Set：主要用于打印电源/接地层的场合。

Create Mask Set：主要用于打印阻焊层与助焊层的场合。

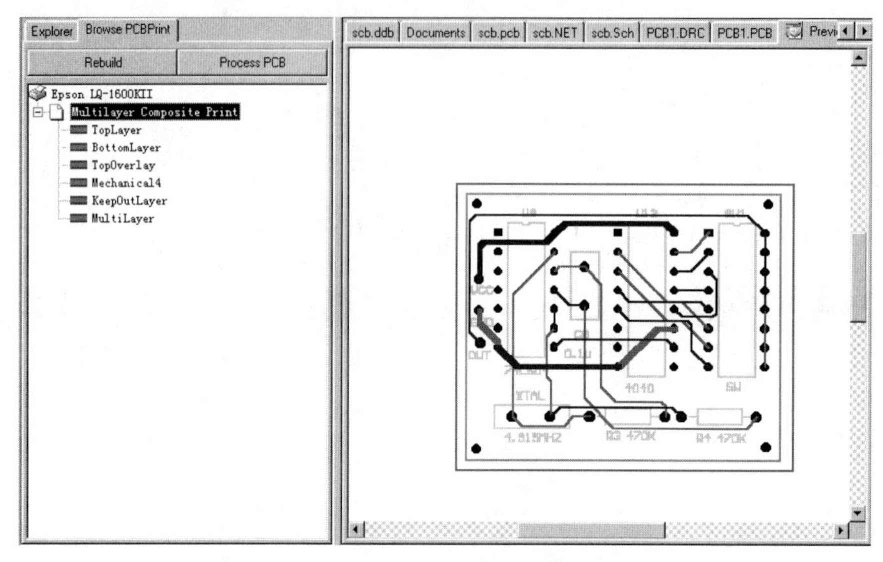

图 12.28 Create Component 打印模式

Create Drill Drawings：主要用于打印钻孔层的场合。

Create Assembly Drawings：主要用于打印与 PCB 顶层和底层相关层内容的场合。

Create Composite Drill Guide：主要用于 Drill Guide、Drill Drawing、Keep-Out、Mechanical 这几个层组合打印的场合。

三、打印输出

设置好打印机，确定打印模式后，就可以执行主菜单 File 中的 4 个打印命令，进行打印输出。

- 执行菜单命令 File/Print All，或用鼠标左键单击主工具栏中的按钮，打印所有的图形。
- 执行菜单命令 File/Print Job，打印操作对象。
- 执行菜单命令 File/Print Page，打印制定页面。执行该命令后，系统弹出如图 12.29 所示的页码输入对话框，以输入需要打印的页号。
- File/Print/Current：打印当前页。

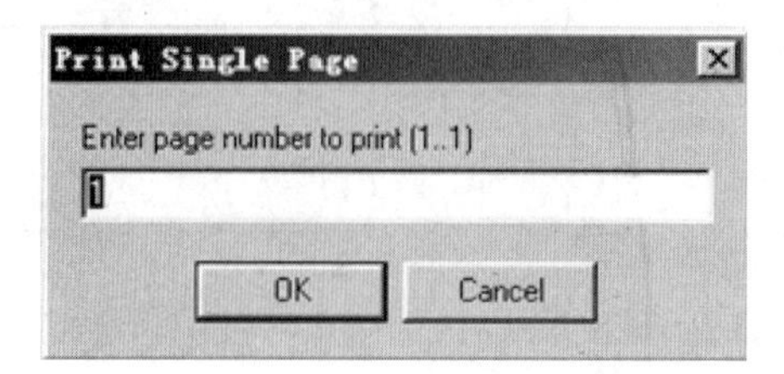

图 12.29 打印页码输入对话框

学生职业技能测试项目

系（部）__________

专　　业__________

课　　程__________

项目名称　报表文件的生成与 PCB 文件的打印

适应年级__________

一、项目名称：报表文件的生成与 PCB 文件的打印

二、测试目的

（1）生成选取引脚报表。

（2）生成电路板信息报表。

（3）生成网络状态报表。

（4）生成设计层次报表。

（5）生成 NC 钻孔报表。

（6）生成元件报表。

（7）生成信号完整性报表。

（8）生成插件表报表。

（9）距离测量报表。

（10）对象距离测量报表。

（11）打印电路板图。

三、测试内容（图表、文字说明、技术要求、操作要求等）

1. 生成“FM 收音机.PCB”选取引脚报表   2. 生成“FM 收音机.PCB”电路板信息报表   3. 生成“FM 收音机.PCB”网络状态报表   4. 生成“FM 收音机.PCB”设计层次报表

5. 生成“FM 收音机.PCB”NC 钻孔报表

6. 生成“FM 收音机.PCB”元件报表

7. 生成“FM 收音机.PCB”信号完整性报表

8. 生成“FM 收音机.PCB”插件表报表

9. 生成“FM 收音机.PCB”距离测量报表

10. 生成“FM 收音机.PCB”对象距离测量报表

11. 打印“FM 收音机.PCB”电路板图

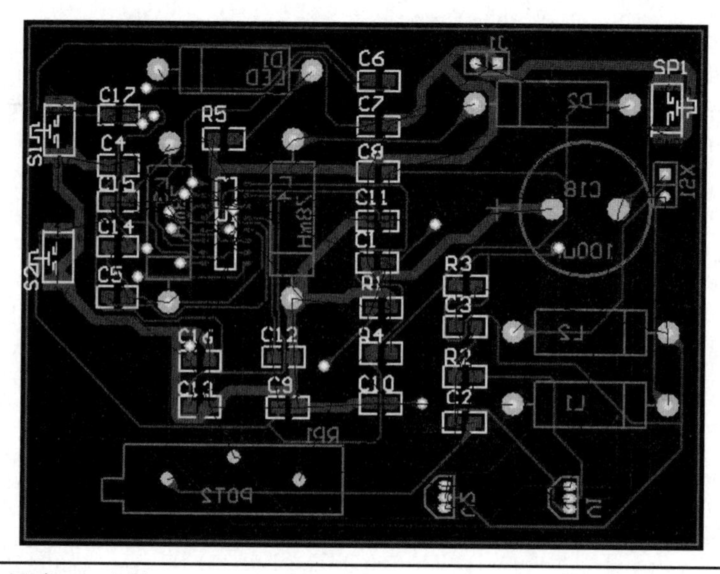

注：测试时间为 60 分钟。

四、评分标准

序号	评分点名称	评分点评分标准	评分点配分
1	生成“FM收音机.PCB”选取引脚报表	能按一般步骤基本完成得分	8
2	生成“FM收音机.PCB”电路板信息报表	能按一般步骤基本完成得分	8
3	生成“FM收音机.PCB”网络状态报表	能按一般步骤基本完成得分	8
4	生成“FM收音机.PCB”设计层次报表	能按一般步骤基本完成得分	8
5	生成“FM收音机.PCB”NC钻孔报表	能按一般步骤基本完成得分	8
6	生成“FM收音机.PCB”元件报表	能按一般步骤基本完成得分	8
7	生成“FM收音机.PCB”信号完整性报表	能按一般步骤基本完成得分	8
8	生成“FM收音机.PCB”插件表报表	能按一般步骤基本完成得分	8
9	生成“FM收音机.PCB”距离测量报表	能按一般步骤基本完成得分	8
10	生成“FM收音机.PCB”对象距离测量报表	能按一般步骤基本完成得分	8
11	打印“FM收音机.PCB”电路板图	能按一般步骤基本完成得分	20

五、有关准备

材料准备（备料、图或文字说明）	“FM收音机.PCB”PCB图
设备准备（设备标准、名称、型号、精确度、数量等）	配备Windows XP操作系统的微机一台
工具准备（标准、名称、规格、数量）	安装有Protel 99 SE的计算机一台
场地准备（面积、考位、照明、电水源等）	可在计算机中心机房测试
操作人数（个人独立完成或小组协作完成）	一人，个人独立完成
特殊要求说明	无

六、需要说明的问题和要求

（1）测试应在学生学习完相应内容之后进行。
（2）测试之前应进行必要的练习。

七、评分记录

班级__________ 学生姓名（学号）______________________

序号	评分点名称	评分点配分	评分点实得分
1	生成“FM 收音机.PCB”选取引脚报表	8	
2	生成“FM 收音机.PCB”电路板信息报表	8	
3	生成“FM 收音机.PCB”网络状态报表	8	
4	生成“FM 收音机.PCB”设计层次报表	8	
5	生成“FM 收音机.PCB”NC 钻孔报表	8	
6	生成“FM 收音机.PCB”元件报表	8	
7	生成“FM 收音机.PCB”信号完整性报表	8	
8	生成“FM 收音机.PCB”插件表报表	8	
9	生成“FM 收音机.PCB”距离测量报表	8	
10	生成“FM 收音机.PCB”对象距离测量报表	8	
11	打印“FM 收音机.PCB”电路板图	20	

评委签名____________________

考核日期____________________

项目十三
PCB 的制作及其加工工艺

学习任务 1　PCB 的制作流程
学习任务 2　PCB 的加工工艺

PCB 是以绝缘板为基材，切成一定尺寸，其上至少附有一个导电图形，并布有孔（如元件孔、紧固孔、金属化孔等），用来代替以往装置电子元器件的底盘，并实现电子元器件之间的相互连接。由于这种板是采用电子印刷术制作的，故被称为“印刷”电路板。习惯称“印制线路板”为“印制电路”是不确切的，因为在印制板上并没有“印制元件”而仅有布线。

学习任务 1　PCB 的制作流程

PCB 的制作流程如下：

（1）打印电路板。

将绘制好的电路板用转印纸以 1∶1 比例打印出来，注意滑的一面面向自己。一般打印两张电路板，即一张纸上打印两张电路板，在其中选择打印效果最好的制作线路板。

（2）裁剪覆铜板。

覆铜板，也就是两面都覆有铜膜的线路板。将覆铜板裁成电路板的大小，不要过大，以节约材料。

（3）预处理覆铜板。

用细砂纸把覆铜板表面的氧化层打磨掉，以保证在转印电路板时，热转印纸上的碳粉能牢固地印在覆铜板上。打磨好的标准是板面光亮，没有明显污渍。

（4）贴感光膜。

在光线很暗的地方把感光膜贴到覆铜板上。注意感光膜有三层，贴上后要把第一层揭掉。

（5）转印电路板。

将打印好的电路板裁剪成合适大小，把印有电路板的一面贴在覆铜板上，对齐后把覆铜板放入热转印机。放入时一定要保证转印纸没有错位。一般来说经过 2～3 次转印，电路板就能很牢固的转印在覆铜板上。热转印机事先就已经预热，温度设定在 160～200 °C，由于温度很高，操作时注意安全。

（6）显影剂中显影。

曝光后，揭去覆盖的 PCB 文件，会看到清晰的线路，表示曝光比较成功。之后，用清水稀释显影剂，具体配制比例在购买的显影剂中会附带有说明。把感光完成后的 PCB 放在显影剂中显影，曝光部分会被清洗掉，而被 PCB 文件遮挡的部分，也就是没有曝光的部分会保留下来，这个时候就可以更加清晰地看到一块即将完成的 PCB 板的雏形了。显影完成用清水清洗一下，再用烘干机将其烘干。

（7）腐蚀线路板。

先检查一下电路板是否转印完整，若有少数地方没有转印好，可以用黑色油性笔修补。然后就可以腐蚀了，等线路板上暴露的铜膜完全被腐蚀掉时，将线路板从腐蚀液中取出并清洗干净，这样一块线路板就腐蚀好了。腐蚀液的成分为浓盐酸、浓双氧水、水，比例为 1∶2∶3。在配制腐蚀液时，先放水，再加浓盐酸、浓双氧水。若操作时浓盐酸、浓双氧水或腐蚀液不小心溅到皮肤或衣物上，要及时用清水清洗。由于要使用强腐蚀性溶液，操作时一定要注意安全。

（8）线路板钻孔。

线路板上是要插入电子元件的，所以就要对线路板钻孔。钻孔前，要依据电子元件管脚的粗细选择不同的钻针。在使用钻机钻孔时，线路板一定要按稳，钻机速度不能过慢。

（9）线路板预处理。

钻完孔后，用细砂纸把覆在线路板上的墨粉打磨掉，并用清水把线路板清洗干净。水干后，用松香水涂在有线路的一面。为加快松香凝固，我们用热风机加热线路板，只需 2 ~ 3 min 松香就能凝固。

（10）焊接电子元器件。

学习任务 2　PCB 的加工工艺

为了满足 PCB 可制造性设计的要求，需要规范 PCB 设计工艺。

一、PCB 材料

（1）PCB 基材主要根据其性能要求选用，推荐选用 FR-4 环氧树脂玻璃纤维基板。选择时应考虑材料的玻璃转化温度、热膨胀系数（CTE）、热传导性、介电常数、表面电阻率、吸湿性等因素。

（2）印制板厚度范围为 0.5 ~ 6.4 mm，常用 0.5 mm、0.8 mm、1 mm、1.6 mm、2.4 mm、3.2 mm 几种。铜箔厚度有 18 μm、35 μm、50 μm、70 μm 几种。通常采用 18 μm、35 μm。

（3）最大面积：$X \times Y$=460 mm×350 mm。最小面积：$X \times Y$=50 mm×50 mm。

（4）在印刷板的上下两表面印刷上所需要的标志图案和文字代号等，例如元件标号和标称值、元件外廓形状和厂家标志、生产日期等。丝印字符要有 1.5 ~ 2.0 mm 的高度。字符不得被元件挡住或侵入焊盘区域。丝印字符笔画的宽度一般设置为 10 mil。

（5）常用印制板设计数据：

普通电路板：板厚为 1.6 mm，对于四层板，内层板厚度为 0.71 mm，内层铜箔厚度为 35 μm。

六层板：内层厚度为 0.36 mm，内层铜箔厚度为 35 μm。外层铜箔厚度选用 18 μm，特殊的板子可用 35 μm，70 μm（如电源板）。

四层板：内层板厚度为 2.4 mm，内层铜箔厚度为 35 μm。

（6）PCB 允许变形弯曲量应小于 0.5%，即在长为 100 mm 的 PCB 范围内最大变形量不超过 0.5 mm。

（7）设计中钻孔孔径规格不要用得太多，应适当选用几种规格。

二、布线密度设计

在组装密度许可的情况下，尽量选用低密度布线设计，以提高可制造性。推荐采用以下三种密度布线：

（1）一级密度布线，适用于组装密度低的印制板。特征：组装通孔和测试焊盘设立在 2.54 mm 的网络上，最小布线宽度和线间隔为 0.25 mm，通孔之间可有两条布线。

（2）二级密度布线，适用于表面贴装器件多的印制板。特征：组装通孔和测试焊盘设立在 1.27 mm 的网络上，最小布线宽度和线间隔为 0.2 mm，在表面贴装器件引线焊盘 1.27 mm 的中心距之间可有一条 0.2 mm 的布线。

（3）三级密度布线，适用于表面贴装器件多，高密度的印制板。特征：组装通孔和测试焊盘设立在 1.27 mm 的网络上；在表面贴装器件引线焊盘 1.27 mm 的中心距之间可有一条 0.2 mm 的布线；2.54 mm 中心距插装通孔之间可有三条 0.15 mm 的布线；最小布线宽度、焊盘与焊盘、焊盘与线、线与线的最小间隔大于等于 0.15 mm；导通过孔最小孔径为 0.2 mm，可不放在网格上；测试通孔直径最小为 0.3 mm，焊盘直径 0.8 mm，必须放在网格上。

（4）线路、焊盘在布线区内。布线区不允许紧靠板边缘，须留出至少 1 mm 的距离。

（5）在印制板设计时，应注意板厚、孔径比应小于 6。

三、焊盘与线路设计

1. 焊盘

（1）焊盘选择和修正：EDA 软件在封装库中给出了一系列不同大小和形状的焊盘。选择元件的焊盘类型要综合考虑该元件的形状、大小、布置形式、振动和受热情况、受力方向等因素。一般情况下，可选择库中的优选焊盘。对有特殊要求的情况，应做适当修正。

（2）对使用波峰焊接和再流焊接的表面贴装元器件的焊盘应采用不同的焊盘标准。

（3）对发热且受力较大、电流较大的焊盘，可设计成“泪滴状”。

（4）对插件元器件，各元件通孔的大小要按元件引脚粗细分别编辑确定，原则是孔的尺寸比引脚直径大 0.2 ~ 0.4 mm。

（5）在大面积的接地（电）中，如果元器件的引脚与其连接，做成“十”字花焊盘，俗称“热焊盘”（Thermal）。这样，可使在焊接时因截面过分散热而产生虚焊点的可能性大大减小。多层板的过孔在内层接电（地）处的处理相同。

2. 印制导线与焊盘

（1）减小印制导线连通焊盘处的宽度，除非受电荷容量、印制板加工极限等因素的限制，最大宽度应为 0.4 mm，或为焊盘宽度的一半（以较小焊盘为准）。

（2）应避免呈一定角度与焊盘相连。只要可能，印制导线应从焊盘的长边的中心处与之相连。

（3）焊盘与较大面积的导电区，如地、电源等平面相连时，应通过较短细的导电线路进行热隔离。

（4）当布线层有大面积铜箔时，应设计成网格状。

3. 焊盘与阻焊膜

（1）印制板上相应于各焊盘的阻焊膜的开口尺寸，其宽度和长度分别应比焊盘尺寸大 0.10 ~ 0.25 mm，以防止阻焊剂污染焊盘。如果阻焊膜的分辨率达不到应用于细间距焊盘的要求时，则细间距焊盘图形范围内不应有阻焊膜。

（2）建议阻焊窗口与实际焊盘要有 3 mil 间隔。

（3）阻焊膜的厚度不得大于焊盘的厚度。

（4）如果两个焊盘之间间距很小，因为绝缘需要，中间必须有阻焊绿油。绿油桥应大于 7 mil 间距。

4. 导通孔布局

应避免在表面安装焊盘上设置导通孔，距焊盘边缘 0.5 mm 以内也要尽量避免设置导通孔，如无法避免，则必须用阻焊剂将焊料流失通道阻断，或将孔堵塞、掩盖起来。

四、布　局

（1）印制板元件面应该有印制板的编号和版本号。

（2）元件布置的有效范围：PCB 板 *X*、*Y* 方向均要留出传送边，每边≥4 mm。此区域里不得有孔、焊盘和走线。遇有高密度板无法留出传送边的，可设计工艺边，以 V 形槽或长槽孔与原板相连，焊接后去除。

（3）光学基准点的使用。

目前，只有布置有表面贴装元件的面才需要基准点，用于 SMT 机台的自动光学识别校正。

光学基准点为装配工艺中的基准点，允许装配使用的每个设备精确地定位电路图案。有两种类型的基准点：全局基准点（Global Fiducials）、局部基准点（Local Fiducials）。

全局基准点（Global Fiducials）用于在单块板上定位所有电路特征的位置。当一个图形电路以拼板（panel）的形式处理时，全局基准点叫作拼板基准点。

局部基准点（Local Fiducials）用于定位单个元件的基准点标记。

要求每一块印制板至少设两个全局基准点，一般要求设三个。这些点在电路板或拼板上应该位于对角线的相对位置，并尽可能地分开。

对于引脚间距小于 0.65 mm（25 mil）的器件，要求对角设两个局部基准点。如果空间有限，可设一个位于器件外形图案中点的基准点作为中心参考点。

常用的基准点符号有四种：■、●、▲、+。推荐使用●（实心圆）。

圆形基准点直径推荐使用 1.25 mm（50 mil）。在同一块板上应保持所有的基准点为同一尺寸。

基准点可以是由防氧化涂层保护的裸铜或镀焊锡涂层（热风整平）。在 PCBLayout 时应标出。同时应考虑材料颜色与环境的反差，通常留出比标识符大 1.5 mm 的无阻焊区（clearance）。

边缘距离：基准点距离印制板边缘至少为 5.0 mm[0.200″]，并满足最小的基准点空旷度要求。

（4）印制板设计前应根据组装密度、元器件情况考虑采用何种工艺流程进行焊接（如双面再流焊、双面混装焊等），然后根据工艺流程来决定主要元器件的位置。

（5）板上元件需均匀排放，避免轻重不均。布局时应考虑热平衡，避免热容量大的元器件集中在某个区域。

（6）元器件在 PCB 上的排列，原则上应随元器件的类型改变而变化，即同类元器件尽可能按相同的方向排列，以便元器件的贴装、焊接和检测。所有的有极性的表面贴装元件在可能的时候都要以相同的方向放置。

（7）在 PCB 布局时要考虑到器件间距不得太小，以便于维修时拆卸元器件。

（8）在高密度组装板中，为了焊后检验（人工或自动），元器件应留出视觉空间。特别是在 QFP、PLCC 器件周围不要有较高的器件。

学生职业技能测试项目

系（部）________________

专　　业________________

课　　程________________

项目名称　PCB 的制作及其加工工艺

适应年级________________

一、项目名称：PCB 的制作及其加工工艺

二、测试目的

（1）熟练掌握 PCB 的制作流程。

（2）熟练掌握 PCB 的加工工艺。

三、测试内容（图表、文字说明、技术要求、操作要求等）

1. PCB 的制作流程   2. PCB 的加工工艺

注：测试时间为 180 分钟。

四、评分标准

序号	评分点名称	评分点评分标准	评分点配分
1	PCB 的制作流程	能按一般步骤基本完成得 50 分	50
2	PCB 的加工工艺	按应用的熟悉程度给分	50

五、有关准备

材料准备（备料、图或文字说明）	覆铜板、转印纸、三氯化铁
设备准备（设备标准、名称、型号、精确度、数量等）	配备 Windows XP 操作系统的微机一台
工具准备（标准、名称、规格、数量）	安装有 Protel 99 SE 的计算机一台、打印机、转印机、打孔机
场地准备（面积、考位、照明、电水源等）	可在电子产品制作室完成
操作人数(个人独立完成或小组协作完成)	小组完成
特殊要求说明	无

六、需要说明的问题和要求

（1）测试应在学生学习完相应内容之后进行。
（2）测试之前应进行必要的练习。

七、评分记录

班级____________　学生姓名（学号）____________________________

序号	评分点名称	评分点配分	评分点实得分
1	PCB 的制作流程	50	
2	PCB 的加工工艺	50	

评委签名_________________________
考核日期_________________________

项目十四
综合实训

实训 1　数字时钟电路 PCB 设计与制作

实 训 任 务 书

项　　目：数字时钟电路 PCB 设计与制作实训
专　　业：____________________
班　　级：____________________
系（部）：____________________

1. 题　目：数字时钟电路 PCB 设计与制作实训
2. 时　间：
3. 地　点：
4. 实训目的与要求：
（1）熟练制作数字时钟电路的元器件库和封装库。
（2）熟练运用 Protel 99 SE 绘制原理图。
（3）灵活运用 Protel 99 SE 设计 PCB 板。
5. 实训内容：
（1）根据原理图需要制作时钟电路的元器件库和封装库。
（2）绘制数字时钟电路原理图，给元器件添加封装。
（3）生成网络表和材料报表。
（4）设计 PCB 板。
（5）制作 PCB 板。
6. 注意事项及纪律要求：
（1）遵守实验室操作规则，听从老师安排。
（2）注意人身安全，防止触电事件。
（3）严格考勤。无故缺勤者一次扣实验成绩 10 分，三次不到者取消实验成绩。

（4）遵守纪律，保持清洁卫生。违反实训纪律者一次扣 1 ~ 3 分，多次不听劝阻者取消实验成绩。

7. 进程安排：

（1）下达实训任务和要求，分析电路图，选择元器件。（2 课时）

（2）制作元器件库和封装库。（4 课时）

（3）绘制原理图，添加封装库，生成网络表。（8 课时）

（4）设计 PCB 板。（6 课时）

（5）制作 PCB 板。（8 课时）

（6）检查实训成果，撰写实训报告。（2 课时）

8. 作业成绩考核（按百分制）：

（1）作业表现（态度、主动性、实训纪律、动手能力）。

（2）作业报告准确完整。

（3）实训场地卫生保洁。

9. 指导教师及学生分组：

指导教师：

学生分组：根据班级学生人数安排。

实 训 指 导 书

项　　目：数字时钟电路 PCB 设计与制作实训

专　　业：________________

班　　级：________________

系（部）：________________

1. 实训目的

（1）熟练制作数字时钟电路的元器件库和封装库。

（2）熟练运用 Protel 99 SE 绘制原理图。

（3）灵活运用 Protel 99 SE 设计 PCB 板。

2. 实训内容

（1）下达实训任务和要求，分析电路图，选择元器件。（2 课时）

（2）制作元器件库和封装库。（4 课时）

（3）绘制原理图，添加封装库，生成网络表。（8 课时）

（4）设计 PCB 板。（6 课时）

（5）制作 PCB 板。（8 课时）

（6）检查实训成果，撰写实训报告。（2 课时）

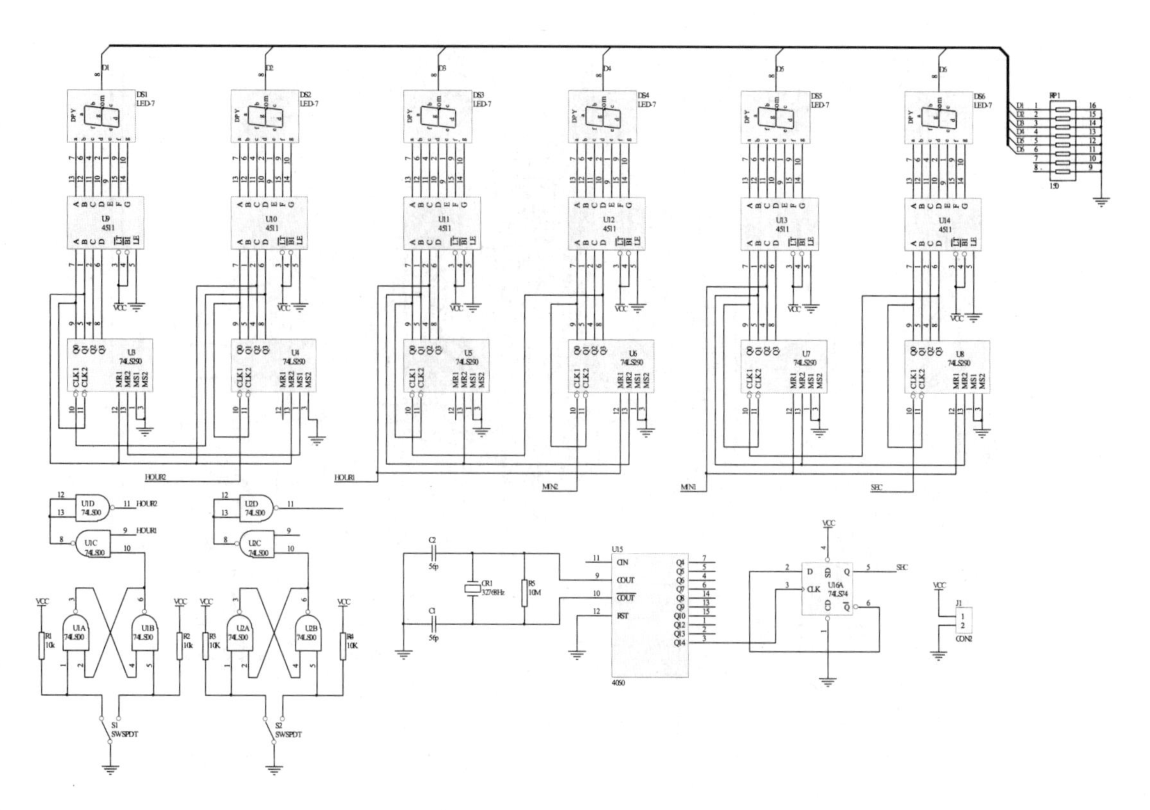

图 13.1　数字时钟电路原理图

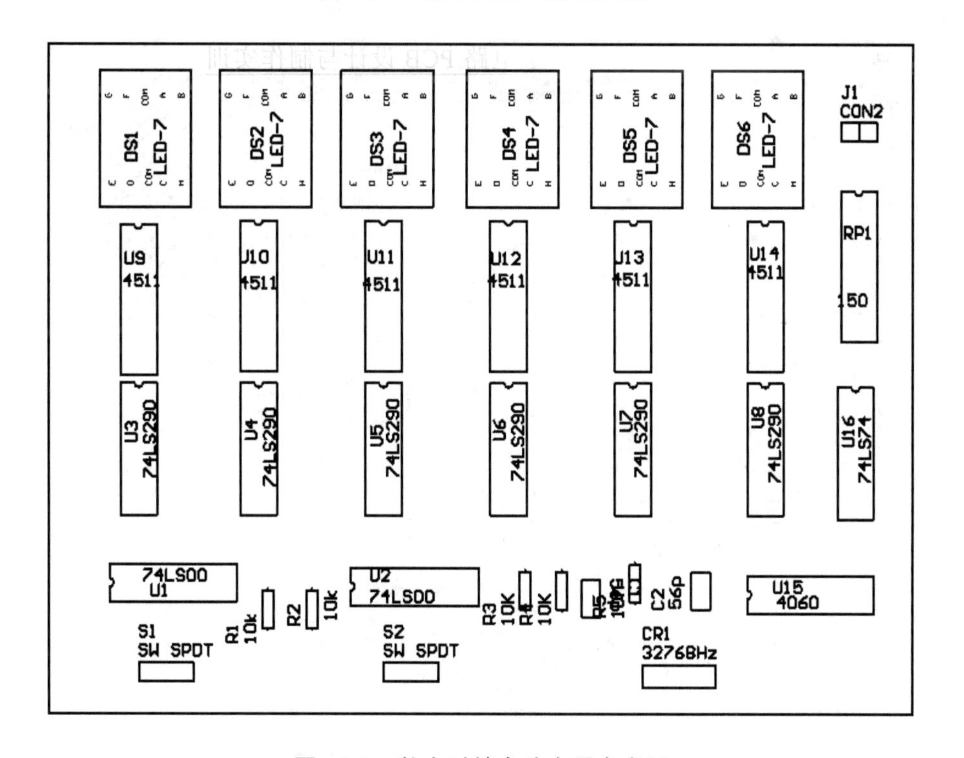

图 13.2　数字时钟电路布局参考图

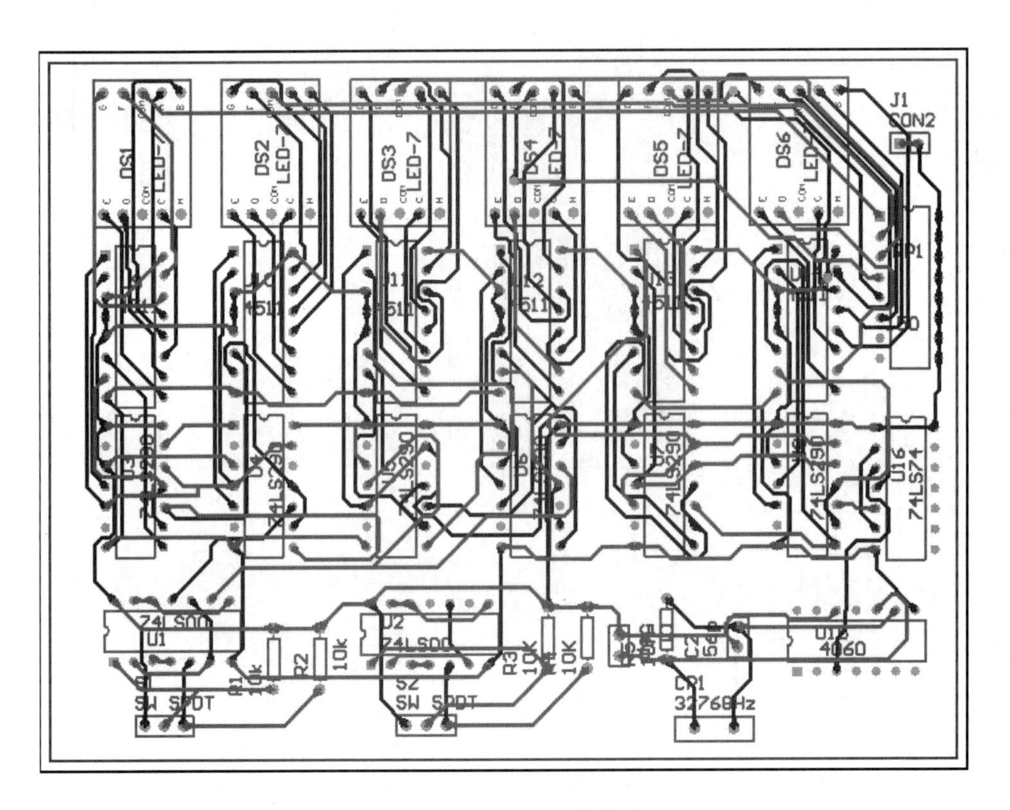

图 13.3 PCB 布局与布线

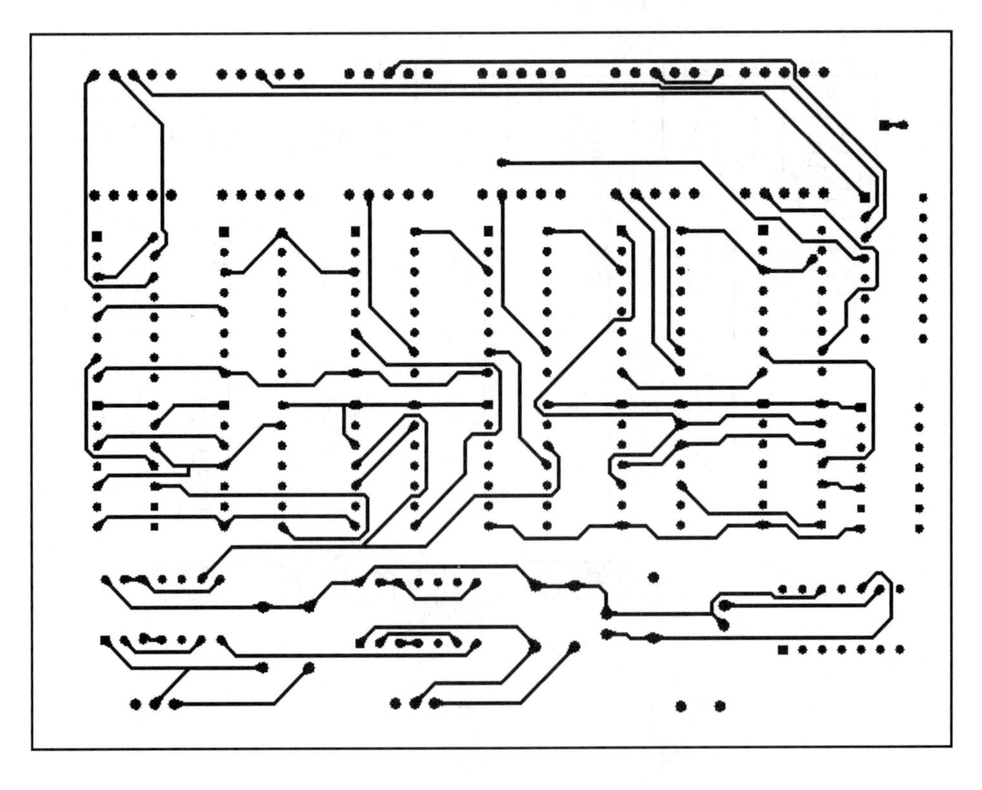

图 13.4 数字时钟电路图顶层

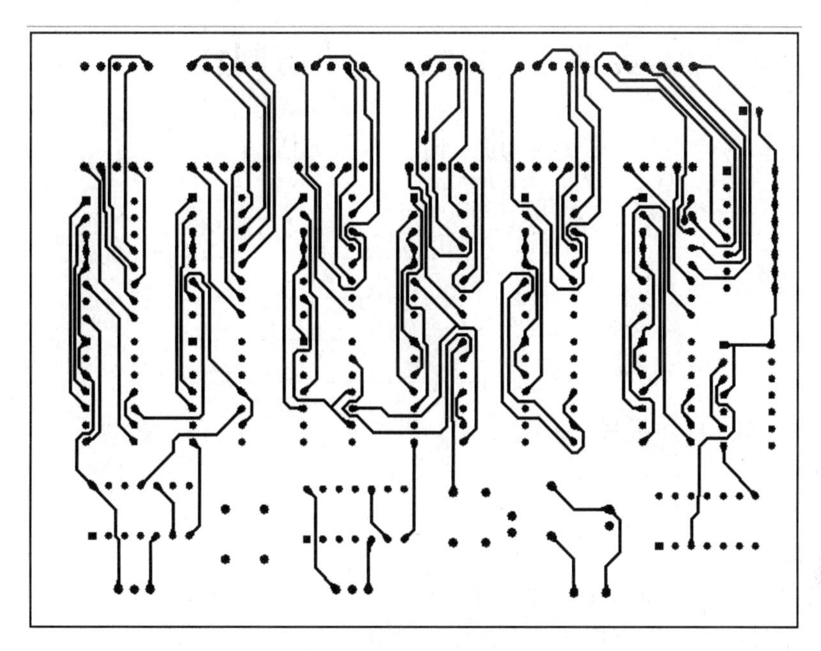

图 13.5　数字时钟电路图底层

元件列表：

Part Type	Designator	Designator	Part ype	Designator	Designator
10K	R3	AXIAL0.3	4060	U15	DIP-14
10K	R4	AXIAL0.3	4511	U10	DIP-16
10M	R5	AXIAL0.3	4511	U9	DIP-16
10k	R2	AXIAL0.3	4511	U12	DIP-16
10k	R1	AXIAL0.3	4511	U13	DIP-16
56p	C2	RAD0.1	4511	U14	DIP-16
56p	C1	RAD0.1	4511	U11	DIP-16
74LS00	U1	DIP-14	32768Hz	CR1	XTAL1
74LS00	U2	DIP-14	CON2	J1	SIP2
74LS74	U16	DIP-14	LED-7	DS2	LED-7
74LS290	U4	DIP-14	LED-7	DS1	LED-7
74LS290	U3	DIP-14	LED-7	DS3	LED-7
74LS290	U5	DIP-14	LED-7	DS6	LED-7
74LS290	U6	DIP-14	LED-7	DS5	LED-7
74LS290	U7	DIP-14	LED-7	DS4	LED-7
74LS290	U8	DIP-14	SW SPDT	S1	TO-126
150	RP1	DIP-16			

实训 2　MP3 设计与制作

实 训 任 务 书

题　　目：MP3 设计与制作实训

专　　业：________________

班　　级：________________

系（部）：________________

1. 项　目：MP3 设计与制作实训

2. 时　间：

3. 地　点：

4. 作业目的与要求：

（1）熟练掌握绘制原理图和层次图的基本操作、命令和步骤。

（2）熟练掌握电气元件制作的基本操作、命令和步骤。

（3）熟练掌握 PCB 设计的基本操作、命令和步骤，并掌握 PCB 的设计能力。

5. 作业内容：

（1）电气原理图分析与设计。

（2）层次原理图分析与设计。

（3）电气元件制作。

（4）PCB 的设计。

6. 注意事项及纪律要求：

（1）遵守实验室操作规则，听从老师安排。

（2）注意人身安全，防止触电事件。

（3）严格考勤。无故缺勤者一次扣实验成绩 10 分，三次不到者取消实验成绩。

（4）遵守纪律，保持清洁卫生。违反实训纪律者一次扣 1 ~ 3 分，多次不听劝阻者取消实验成绩。

7. 进程安排：

（1）电气原理图设计。　　（6 课时）

（2）层次原理图设计。　　（6 课时）

（3）电气元件制作。　　（4 课时）

（4）PCB 的设计。　　（8 课时）

8. 作业成绩考核：（按百分制）

（1）作业表现（态度、主动性、实训纪律、动手能力）。

（2）作业报告准确完整。

（3）实训场地卫生保洁。

9. 指导教师及学生分组：

指导教师：

学生分组：每名学生使用一台计算机。

实 训 指 导 书

题　　目：MP3 设计与制作
专　　业：
班　　级：
系（部）：

1. MP3 电气原理图设计

（1）掌握绘制电气原理图的基本操作、命令和步骤。

（2）熟练掌握利用 Protel 绘制电气原理图的方法。

（3）绘制音频电路和电源电路。

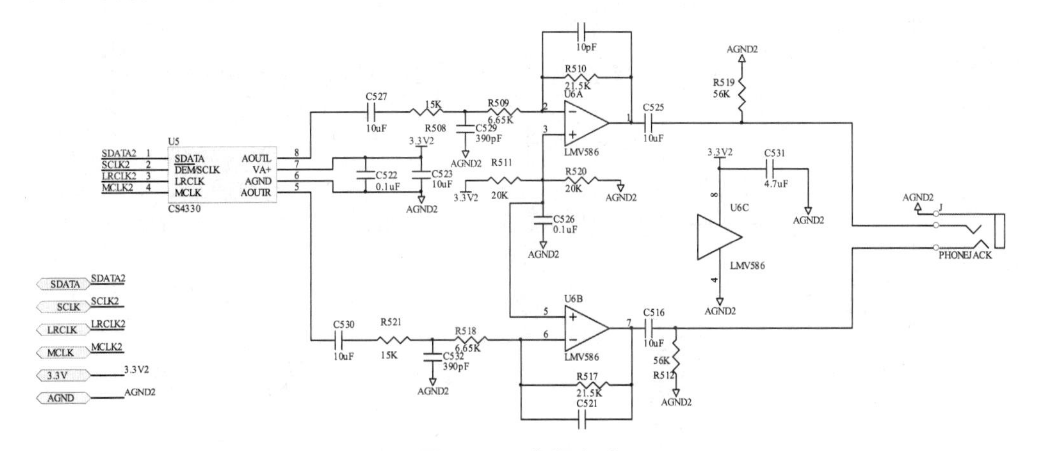

图 13.6　音频电路

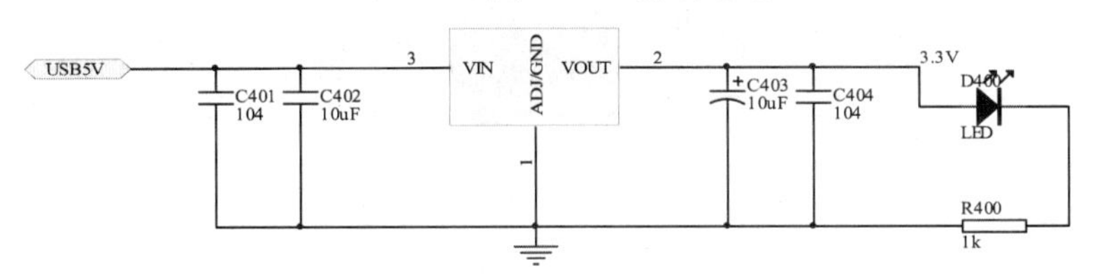

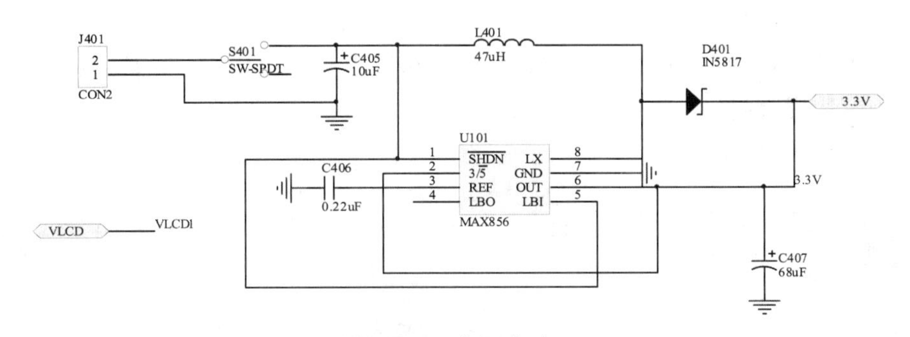

图 13.7　电源电路

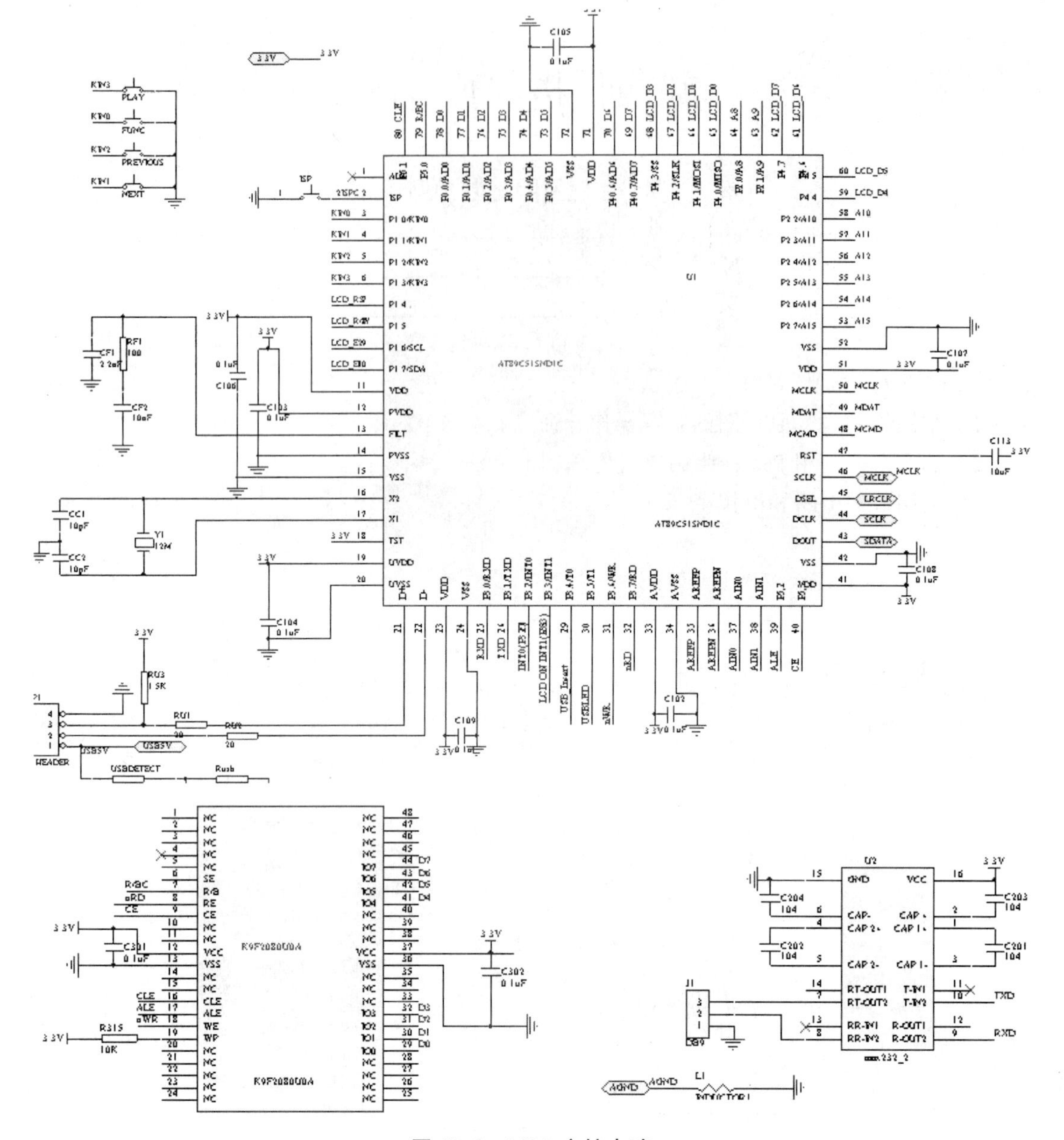

图 13.8　MP3 主控电路

2. MP3 层次原理图设计

（1）掌握绘制层次原理图的基本操作、命令和步骤。

（2）熟练掌握绘制层次原理图的方法。

（3）绘制层次原理图。

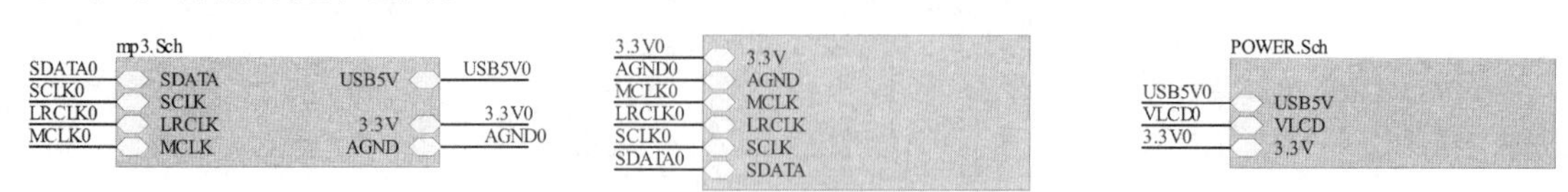

图 13.9　层次原理图总图

（4）电器设计规则检查。
（5）生成元件列表。
（6）建立项目元件库文件。
（7）生成网络表。
3. MP3 PCB 设计
（1）掌握 PCB 设计的基本操作、命令和步骤。
（2）学会设计 PCB 的方法。
（3）测试内容：

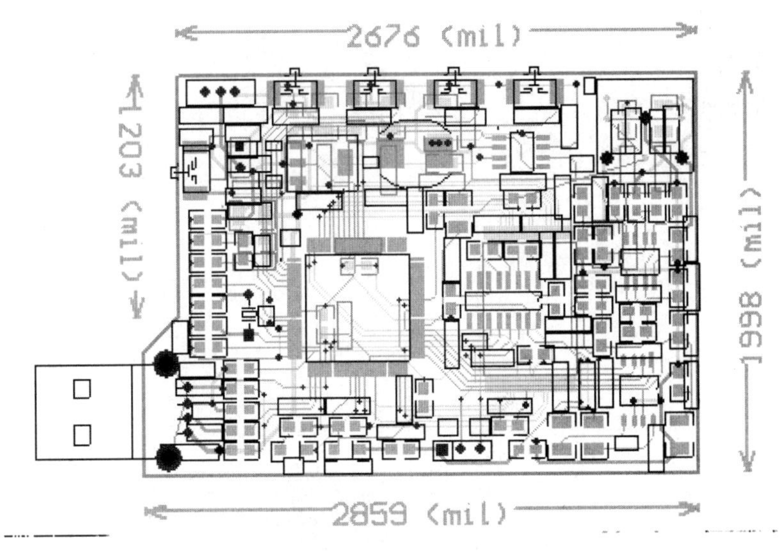

图 13.10　MP3PCB 布局布线图

① 建立*.PCB 文件。
② 设计环境管理与设置。
③ 视窗画面管理，编辑区画面管理，公英制切换，当前坐标原点设置。
④ 文档选项设置，电路板层设置，网格参数设置，系统参数设置。
⑤ 规划绘制电路板边框（3 000 × 2 000 mil），绘制禁止布线层。
⑥ 规则设定：
a. 布局规则设置：
- 元件间距设置（5 mil）。
- 元件方向设置（缺省）。
- 允许放置层（顶层、底层）。

b. 布线规则设置：
- 间距 1 为 12 mil，间距 2 为 6 mil。
- 板层走线方向顶层水平，底层垂直。
- 过孔设置：

  内径：最小 12 mil，最大 24 mil，平均 14 mil。
  外径：最小 24 mil，最大 48 mil，平均 24 mil。

• 线宽设置。

最小：6 mil，最大 200 mil，平均 8 mil。

⑦ 载入元件库。

⑧ 载入网路表。

⑨ 元件自动布局。

⑩ 元件手工布局。

⑪ 交叉编译。

⑫ 数字地与模拟地分割。

⑬ 元件手工布线。

⑭ 多边形覆铜。

⑮ 检测并生成报表。

附录一

************考试卷

科目：　　　　PCB 设计与制作　　　　**考试时间：**

题号	一	二	三	四	五	六	成 绩
得分							
阅卷教师							

一、项目管理和原理图模板制作（10 分）

1. 在指定根目录下新建一个以考号为名的文件夹，然后新建一个以自己名字命名的设计数据库文件。例：003 号考生张三的文件名为“张三.ddb”，然后在其中新建一个原理图设计文件，名为“mydoc.Sch”。

2. 设置图纸大小为 A4，水平放置，工作区颜色和边框颜色为默认色。

3. 绘制自定义标题栏如图 1 所示。其中边框直线为小号直线，颜色为黑色，文字大小为 12 磅，颜色为黑色，字体为仿宋_GB2312。

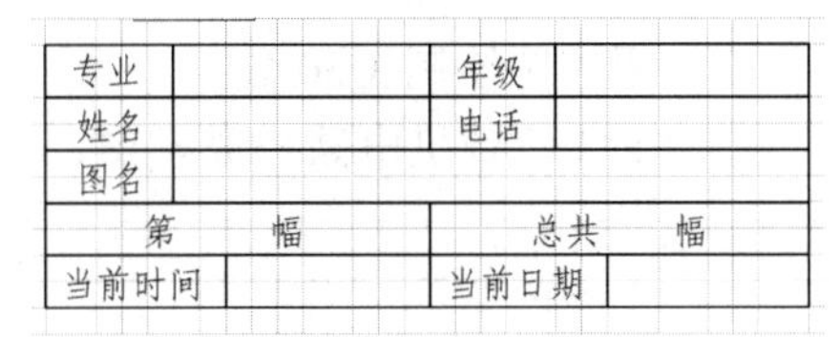

图 1　标题栏设计

二、原理图库操作（12 分）

1. 请考生在设计数据库文件中新建库文件，命名为 schlib1.lib。

2. 在 schlib1.lib 库文件中建立样图 2 所示新元件，元件命名为 SC1088。

3. 保存操作结果。

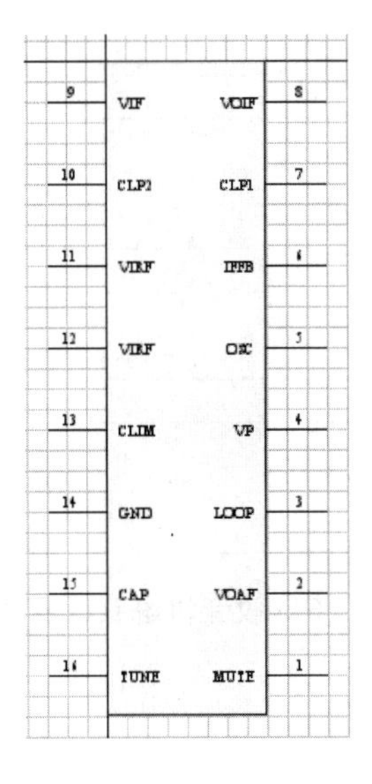

图 2　SC1088 元件图

三、PCB 库操作（12 分）

请考生在设计数据库文件中新建 PCBLIB1.LIB 文件，然后新建 SC1088 的元件封装，名称为“SOP16”。要求按照样图 3 要求创建元件封装。

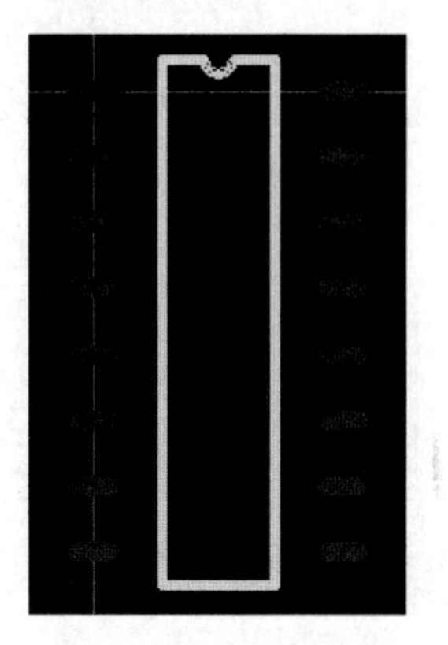

图 3　SOP16 封装

四、原理图绘制（30 分）

绘制 FM 收音机电路板原理图，文件名为“FM 收音机电路板原理图.Sch”。

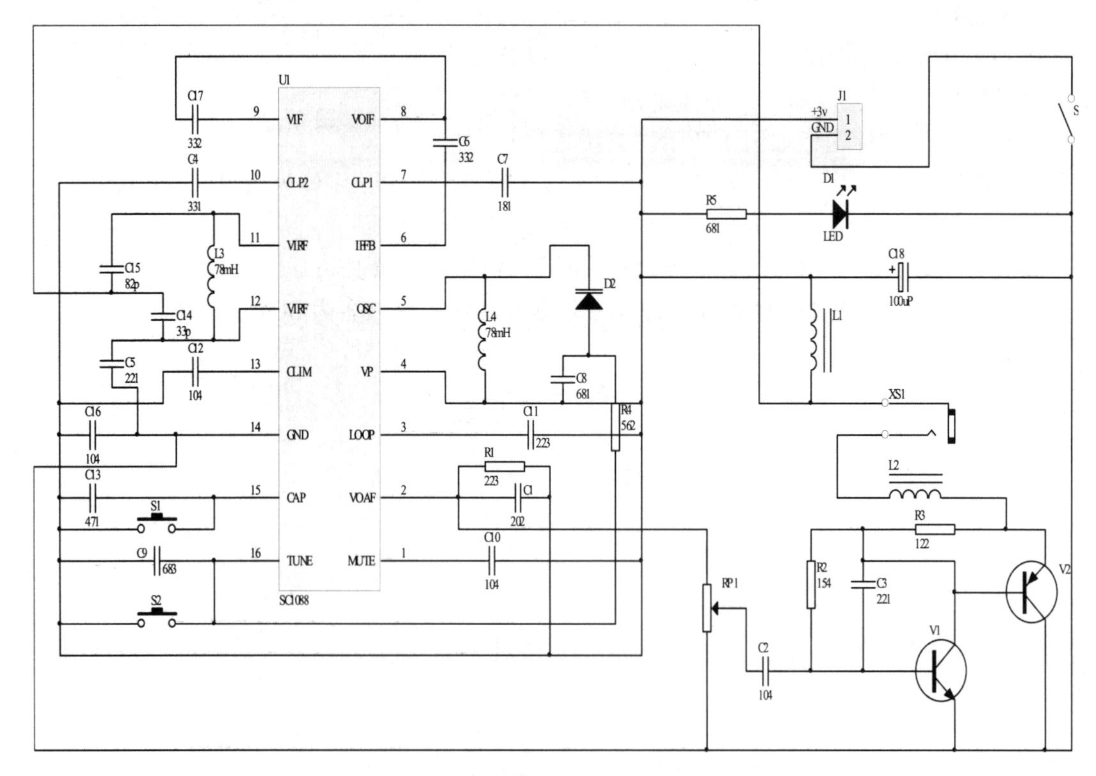

图 4　FM 收音机电路板原理图

五、生成报表（6 分）

1. 生成 ERC 报表。

2. 生成 Netlist.

3. 生成 Bill of Material。

六、PCB 板设计（30 分）

1. 规划 PCB 板。

（1）电路板大小为 80 mm × 60 mm。

（2）文件名为“FM 收音机电路板.PCB”。

2. 布线规则：

（1）信号层为两层，无电源层。顶层为 Horizontal，底层为 Vertical。

（2）选择穿透式过孔。

（3）元件为贴片式，元件可以双面布局。

（4）最小布线宽度及过孔、布线安全间距采用默认设置。

（5）布线宽度设置为 8 ~ 12 mil，推荐宽度为 10 mil。

3. 增加+3 V、GND 网络设置，将布线宽度设置为 20 ~ 100 mil；推荐宽度为 40 mil。

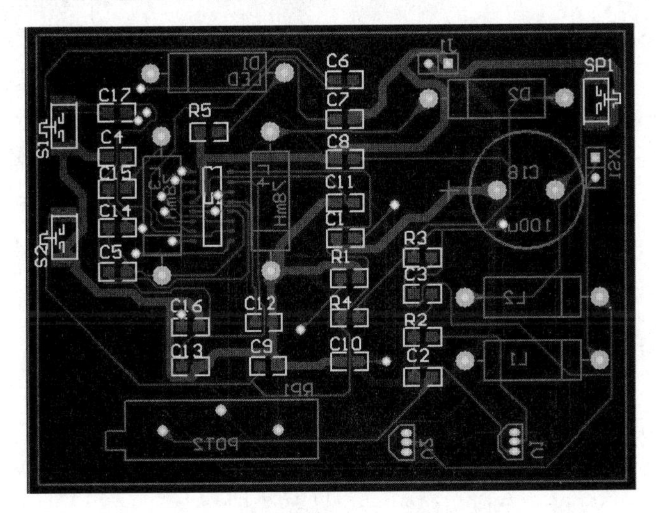

图 5　FM 收音机电路板原理图

附录二　专有词汇中英文对照

A

access code	软件序列号
auto junction	自动放置节点
add template to clipboard	添加当前模板
auto zoom	自动调整视图显示比例
autopan	自动摇景
ANSI	美国国家标准协会模式
add	添加
alignment	对齐
add error markers	添加错误标记
append sheet number to local net names	将原理图编号附加到网络名称上

B

bus	总线
bus entry	总线端口
border	边框、边界
border width	边界宽
border color	边界颜色
Bezier	贝塞尔曲线
bus label format errors	网络标号格式非法
bill of material（BOM）	元器件列表
bottom layer	底层
blind via	盲孔
buried via	埋孔
placement tools	放置工具
board information	电路板信息

C

convert special string	转换特殊字符串
center of object	元器件中心
color option	颜色属性
cursor	光标

change system font	改变系统字体
custom width	自定义宽度
custom height	自定义高度
connection	连接导线
copy	复制
cut	剪贴
curve	曲线
create sheet from symbol	从符号生成图纸
create symbol from sheet	从图纸生成符号
create report file	生成报告文件
CSV format	电子表格可调用格式
client spreadsheet	Protel 99 SE 的表格格式
cross reference	交叉参考
coordinate	坐标
copper	铜箔
conner cut off	切角
company name	公司名称
contact phone	设计者的联系电话

D

drawing tools	绘图工具栏
digital Objects	数字元器件工具栏
default primitives	原始默认选项
drag orthogonal	直角拖动
default template	默认模板
display printer fonts	文本打印输出的样式
digital objects	数字元器件
designator	元器件在图纸中的名称，通常由元器件名和编号组成
deselect	解除选中的元器件
draw solid	实心
duplicate sheet numbers	电路图编号重号
descend into sheet parts	细分到图纸部分
dimension	尺寸
drill guide	钻孔导引层
dimension lines	尺寸标注线
design title	设计项目的名称
design hierarchy	设计层次
degree	度（角度的度量单位）

E

elliptical arc	椭圆弧线
end angle	终止角度
ellipse	椭圆
Electrical Rule Check（ERC）	电气规则检查
electrical grid	电气节点区域
electrical type	电气属性

F

footprint	元器件封装名称
font	字体
fill color	填充颜色
floating input pins	引脚未连接到任何网络
first designers name	第一设计者的姓名

G

grid	栅格
global fiducials	全局基准点

H

Highlighting	高亮

I

inside area	区域内
imperial units	英制
interactive routing	交互式导线
internal plane layer	内部板层
inner cut off	挖孔
interactively route connections	交互式手工布线

J

junction	节点

K

keep out layer	禁止布线层
keep out distance from board edge	布线区域到 PCB 板边缘的距离

L

landscape	水平放置
Lib Reference	元器件在库中的名称
locked	锁定
line	直线
layer	层
LCCC	无引线芯片载体
layer stack manager	层堆栈管理器
local fiducials	局部基准点

M

margin width	边框的宽度
mirrored	镜像
multiple net names on net	同一网络上有多个不同名称的网络名称
monochrome	单色输出
margins	页边距
mask	膜
multi-layer	优选层
metric units	公制
mechanical layer	机械板层
mid-layer	中间布线层
measurement unit	度量单位
minimum track size	最小导线宽度
minimum via width	最小过孔宽度
minimum via hole size	最小过孔直径
minimum clearance	布线的最小安全间距
measure distances	距离测量
measure primitives	对象距离测量

N

net label	网络标号
net identifier scope	网络识别器的范围
netlist	网络表
net identifier scope	网络标识器的范围
netlist status	网络状态

O

object’s electrical hot spot	电气热点

options	选项
outside area	区域外
orientation	放置的方向
output format	输出格式
origin	原点

P

power objects	电源及接地工具栏
Programable Logic Device（PLD）Tools	可编程逻辑电路、可编程逻辑器件工具栏
properties	属性
preferences	参数设置
pin	元器件引脚
permanent	永久锁定
portrait	垂直放置
power objects	电源与接地元器件
paste	粘贴
paste array	阵列粘贴
power port	电源
port	端口
PCB Layout	PCB 布线标记
priority	优先
polygon	多边形
pie chart	扇形
Protel Format	Protel 格式
printer	打印机
preview	预览
Printed Circuit Board（PCB）	PCB
paste mask	阻焊膜
pad	焊盘
polygon	敷铜
PLCC	塑料有引线芯片载体
polygon plane	多边形填充
print quality	打印质量
PCB Part Number	PCB 序号
placement tools	放置工具
physical connection	物理连接

Q

QFP	塑料四边引出扁平封装

R

remove	移除
rectangle	矩形
round rectangle	圆角矩形
rule matrix	规则矩阵模型
rule scope	规则的适用范围
rule attributes	规则属性
routing corners	布线的拐角模式
routing layers	布线工作层
routing priority	布线优先级
routing topology	布线拓扑结构

S

schematic	原理图
stack size	堆栈的大小
standard	标准模式
show reference zone	参考边框显示
show border	图纸边框显示
show template graphics	模板图形显示
sheet color	工作区颜色
snap grid	锁定栅格
sheet	图纸
sheet symbol	图纸符号、方块电路图
sheet entry	电路图端口
start angle	起始角度
scale	缩放比例
solder	助焊膜
silkscreen top/bottom layer	丝印层
SMT	表面贴装技术
split plane	分散填充
silkscreen	丝网
signal layers	信号层
synchronizer	同步器
surface-mount components	表面贴装元件
shape	形状

selected pins　选取引脚
signal integrity　信号整合性分析

T

template　样板
title block　标题栏
toggle selection　切换式选取
track　路径
topology　拓扑结构
text string　字符串
text frame　文本框
top layer　顶层
through via　通孔
THT　插装技术
title block and scale　标题栏和标尺
through-hole components　插装元件
testpoint　测试点

U

undo/redo　撤销或者重复
unconnected net labels　未连接的网络标号
unconnected power objects　未连接到电源的对象

V

via　过孔
visible grid　可视栅格

W

wire　导线
warning　警告

X

X Reference Region　X 轴参考坐标
X-Location　横坐标值

Y

Y Reference Region　Y 轴参考坐标
Y-Location　纵坐标值

参考文献

[1] 殷庆纵，李福勤. 电子线路 CAD[M]. 北京：北京大学出版社，2011.

[2] 王廷才. Protel DXP 应用教程[M]. 北京：机械工业出版社，2006.

[3] 唐俊翟，冯军勤，张曜. Protel DXP 应用实例教程[M]. 北京：冶金工业出版社，2004.

[4] 董国增. 电气 CAD 技术[M]. 北京：机械工业出版社，2012.

[5] 严启罡，黎万平. 电路设计与制板[M]. 湖北：湖北科学技术出版社，2008.

[6] 吉雷. Protel 99 从入门到精通[M]. 西安：西安电子科技大学出版社，2010.

[7] 郭勇，董志刚. Protel 99 SE PCB 设计教程[M]. 北京：机械工业出版社，2005.

[8] 王正谋，朱力恒. Protel 99 SE 电路设计与仿真技术[M]. 福州：福建科学技术出版社，2005.

[9] 崔玮. Protel 99 SE 电路原理图与电路板设计教程[M]. 北京：海洋出版社，2005.

[10] 胡烨，姚鹏翼，陈明. Protel 99 SE 原理图与 PCB 设计教程[M]. 北京：机械工业出版社，2005.

[11] 刘华东. 电子 CAD 技术 ——Protel 电路设计[M]. 北京：清华大学出版社，2007.

[12] 李华嵩，王伟. Protel 电路原理图与 PCB 设计 108 例[M]. 北京：中国青年出版社，2006.

[13] 夏路易，石宗义. 电路原理图与电路板设计教程[M]. 北京：北京希望电子出版社，2002.

[14] 王廷才. 电子线路 CAD Protel 99 使用指南[M]. 北京：机械工业出版社，2001.

[15] 王廷才. 电子线路辅助设计 Protel 99 SE[M]. 北京：高等教育出版社，2004.

[16] 王廷才，赵德申. 电工电子技术 EDA 仿真实验[M]. 北京：机械工业出版社，2003.

[17] 老虎工作室 赵晶. 电路设计与制板 ——Protel 99 高级应用[M]. 北京：人民邮电出版社，2000.

[18] 老虎工作室 张伟. 电子设计与制板 Protel DXP 入门与提高[M]. 北京：人民邮电出版社，2003.

[19] 老虎工作室 倪泽峰. 电子设计与制板 Protel DXP 典型实例[M]. 北京：人民邮电出版社，2003.

[20] 老虎工作室 王力，张伟. 电子设计与制板 Protel DXP 库元器件手册[M]. 北京：人民邮电出版社，2003.

[21] 刘瑞新. Protel DXP 实用教程[M]. 北京：机械工业出版社，2003.

[22] 廖焕霖. Protel 99 电路板设计者必读[M]. 北京：冶金工业出版社，2000.

[23] 杜吉祥，喻波. 电路设计与制作 ——Protel 99[M]. 北京：中国对外翻译出版公司，1999.

[24] 张义和. Protel PCB 99 设计与应用技巧[M]. 北京：科学出版社，2000.

[25] 江思明. 电路工程设计 ——Protel 99 实例演练[M]. 北京：人民邮电出版社，2000.

[26] 清源计算机工作室. Protel 99 原理图与 PCB 设计[M]. 北京：机械工业出版社，2000.

[27] 赵广林. 轻松跟我学 Protel 99 SE 电路设计与制板[M]. 北京：电子工业出版社，2005.

[28] 李俊婷. 计算机辅助电路设计与 Protel DXP[M]. 北京：高等教育出版社，2006.

[29] 聂荣. 实例解析 PCB 设计技巧 ——基于 Protel DXP[M]. 北京：机械工业出版社，2006.